ÉTUDES

SUR

LA GÉOGRAPHIE BOTANIQUE DE L'EUROPE,

ET EN PARTICULIER

SUR LA VÉGÉTATION

DU

PLATEAU CENTRAL DE LA FRANCE.

CLERMONT-FERRAND,
IMPRIMERIE DE FERDINAND THIBAUD.

ÉTUDES

SUR LA

GÉOGRAPHIE BOTANIQUE

DE L'EUROPE

ET EN PARTICULIER

SUR LA VÉGÉTATION DU PLATEAU CENTRAL DE LA FRANCE;

PAR

Henri LECOQ,

Professeur d'Histoire naturelle de la ville de Clermont-Ferrand.

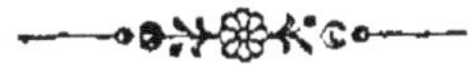

TOME SIXIÈME.

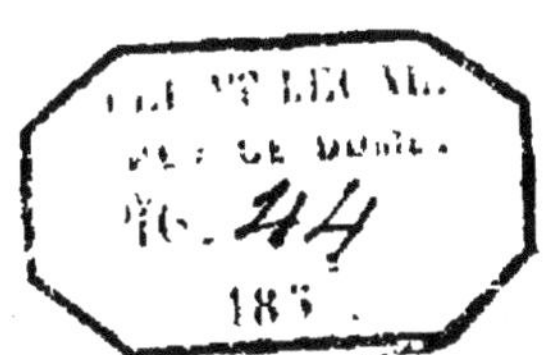

A PARIS,

CHEZ J.-B. BAILLIÈRE,

LIBRAIRE DE L'ACADÉMIE IMPÉRIALE DE MÉDECINE, 19, RUE HAUTEFEUILLE.

A LONDRES, CHEZ H. BAILLIÈRE, 219, REGENT-STREET.
A NEW-YORK, CHEZ H. BAILLIÈRE, 290, BROAD-WAY.
A MADRID, CHEZ C. BAILLY-BAILLIÈRE, CALLE DEL PRINCIPE, 11.

1857.

ÉTUDES

SUR LA

GÉOGRAPHIE BOTANIQUE DE L'EUROPE

ET EN PARTICULIER

SUR CELLE DU PLATEAU CENTRAL DE LA FRANCE.

SUITE DES CALICIFLORES.

FAMILLE DES ROSACÉES.

Tableau des proportions relatives des espèces dans le sens des latitudes.

	Latitude.	Longitude.		
Nigritie..............	0° à 10°	18° O. à 5° E.	0 :	0
Abyssinie	10 à 16	32 E. à 41 E.	1 :	127
Algérie.............	33 à 36	5 O. à 6 E.	1 :	66
Royaume de Grenade.	36 à 37	5 O. à 8 O.	1 :	58
Sicile..............	37 à 38	10 E. à 13 E.	1 :	39
Portugal...........	37 à 42	9 O. à 11 O.	1 :	42
Royaume de Naples..	38 à 42	11 E. à 16 E.	1 :	31
Caucase............	40 à 44	35 E. à 48 E.	1 :	30
Tauride	43 à 46	31 E. à 34 E.	1 :	26
Plateau central.....	44 à 47	0 à 2 E.	1 :	23

	Latitude.	Longitude.			
France	42° à 51°	7° O. à 6° E.	1	:	28
Russie méridionale...	47 à 50	22 E. à 49 E.	1	:	31
Allemagne.........	45 à 55	2 E. à 14 E.	1	:	28
Carpathes.........	49 à 50	19 E. à 22 E.	1	:	20
Angleterre	50 à 58	1 O. à 7 O.	1	:	27
Russie moyenne.....	50 à 60	17 E. à 58 E.	1	:	25
Scandinavie entière..	55 à 71	3 E. à 29 E.	1	:	19
Danemarck........	52 à 57	7 E. à 12 E.	1	:	18
Gothie	55 à 59	10 E. à 15 E.	1	:	18
Suède...........	55 à 69	10 E. à 22 E.	1	:	21
Norvége..........	58 à 71	2 E. à 10 E.	1	:	19
Russie septentr^le....	60 à 66	19 E. à 57 E.	1	:	28
Finlande.........	60 à 70	18 E. à 28 E.	1	:	23
Laponie	65 à 71	14 E. à 40 E.	1	:	26
EUROPE ENTIÈRE............................			1	:	36

Tableau des proportions relatives des espèces dans le sens des longitudes.

	Latitude.	Longitude.			
Irlande.........	51° à 55°	7° O. à 13° O.	1	:	21
Angleterre	50 à 58	1 O. à 7 O.	1	:	27
Allemagne	45 à 55	2 E. à 14 E.	1	:	28
Russie moyenne...	50 à 60	17 E. à 58 E.	1	:	25
Sibérie de l'Oural.	44 à 67	55 E. à 74 E.	1	:	26
Sibérie altaïque...	44 à 67	66 E. à 97 E.	1	:	26
Sibérie du-Baïcal..	49 à 67	93 E. à 116 E.	1	:	21
Dahurie.........	50 à 55	110 E. à 119 E.	1		18
Sibérie orientale...	56 à 67	111 E. à 163 E.	1	:	27
Sibérie arctique...	67 à 78	60 E. à 161 E.	1	:	52
Kamtschatka.....	46 à 67	148 E. à 170 E.	1	:	12
Pays des Tschukhis.	»	»	155 E. à 175 O.	1	:	14
Iles de l'Océan or^al.	51 à 67	170 E. à 130 O.	1	:	19
Amérique russe...	54 à 72	170 O. à 130 E.	1	:	16

Tableau des proportions relatives des espèces dans le sens des altitudes.

	Latitude.	Altitude en mètres.	
Roy. de Gr^{de}, rég. alp. et niv.	36° à 37°	1500 à 3500	1 : 27
Roy. de Grenade, rég. niv..	36 à 37	2500 à 3500	1 : 40
Pyrénées.............	42 à 43	500 à 2700	1 : 18
Pyrénées élevées........	42 à 43	1500 à 2700	1 : 26
Pic du Midi, de Bagnères..	»	»	1 : 18
Plat. central, rég. montagn.	44 à 47	500 à 1900	1 : 14
Plateau central, sommets..	44 à 47	1500 à 1900	1 : 34
Alpes................	45 à 46	500 à 2700	1 : 20
Alpes élevées..........	45 à 46	1500 à 2700	1 : 35

Tableau des proportions relatives des espèces dans les îles.

	Latitude.	Longitude.		
Iles du Cap-Vert....	12° à 14°	24° O. à	27° O.	0 : 0
Canaries..........	28 à 30	15 O. à	20 O.	1 : 100
Hébrides	57 à 58	8 O. à	10 O.	1 : 36
Orcades..........	59	5 O. à	6 O.	1 : 23
Shetland	60 à 61	3 O. à	4 O.	1 : 30
Feroé............	62	9 O.		1 : 22
Islande..........	64 à 66	16 O. à	27 O.	1 : 27
Mageroë..........	71	24 E.		1 : 16
Spitzberg	79 à 80	10 E. à	20 E.	1 : 13
Ile Melville........	76	114 O.		1 : 17
Ile J. Fernandez....	33 à 40 S.	76 O.		1 : 60
Nouv. Zélande (nord).	35 à 42 S.	171 O. à	176 O.	1 : 123
Malouines........	52 S.	59 O. à	65 O.	1 : 41

La grande et magnifique famille des rosacées est composée d'éléments hétérogènes que les botanistes modernes ont classés en groupes distincts. Ils ont eu raison, sans

doute , à cause des différences considérables qui existent
dans la structure des fruits. A notre point de vue nous
ne pouvons adopter ces divisions qui ont l'inconvénient
de fractionner les familles en groupes parfois très-restreints
et qui se prêtent d'une manière moins précise aux considé-
rations géographiques.

Notre premier tableau est très-significatif; il nous montre
les rosacées devenant de plus en plus prépondérantes à
mesure que l'on s'éloigne de l'équateur, jusque vers le
63° de latitude ; là, elles constituent le 1/18 ou 1/19 de
la végétation , et l'on peut dire même que l'Europe septentrionale doit aux rosacées la splendeur et la fraîcheur si
remarquables de ses campagnes , au retour du printemps.
Un peu plus au nord , les rosacées diminuent ; elles ne
forment plus que 1/23 en Finlande , 1/26 en Laponie ,
1/28 dans la Russie septentrionale. — Si , dans la série des
chiffres du tableau, nous voyons quelques exceptions à la marche croissante ou décroissante des nombres , nous en trouvons immédiatement la cause. Ainsi, dans les Carpathes et en
Auvergne, la proportion est relativement trop grande , mais
les montagnes compensent la latitude. Pour cette dernière
contrée il existe aussi une autre cause , c'est que les genres
Rubus et *Rosa* ont été soigneusement étudiés, et qu'il en est
résulté un nombre d'espèces relativement plus considérable
que celui des autres flores.

La dispersion des rosacées dans le sens des longitudes
ne nous offre rien de bien particulier; cependant, dans les
nombres un peu irréguliers, on démêle une augmentation
sensible de cette famille en allant à l'est, au point même
qu'au Kamtschatka et dans l'Amérique russe, elle forme
le 1/12 et le 1/16 du tapis végétal. Le résultat inverse que
l'on voit dans la Sibérie arctique, tient à ce que cette contrée,

située au delà du cercle polaire , dépasse les limites de latitude que peuvent atteindre les rosacées.

L'altitude confirme pleinement les résultats obtenus par l'étude de la latitude. Les montagnes sont favorables à l'expansion de ces plantes ; mais si elles atteignent une élévation trop grande , les rosacées abandonnent les zones supérieures, comme elles se retirent des régions qui dépassent le cercle polaire.

Nous n'avons rien de particulier à citer pour les îles. Leurs chiffres sont en rapport avec ceux des continents voisins. Il est seulement digne de remarque que cette proportion change en faveur de celles qui sont situées un peu à l'est du méridien de Paris, comme Mageroë, où la proportion est de 1∣16, et surtout le Spitzberg où elle est de 1∣13. Il est vrai que ces îles sont placées sur la plus grande convexité que la ligne isotherme fait vers le pôle.

Nous trouverons peu de faits particuliers à signaler , en examinant séparément chacune des familles faites au dépens des rosacées. — Les amygdalées s'avancent moins vers le nord, et disparaissent tout à fait des îles et des hautes montagnes. — Les vraies rosacées sont celles qui vont le plus loin au nord et le plus haut sur les montagnes. — Les sanguisorbées atteignent aussi de très-hautes latitudes, mais· ont peu de tendance vers l'est ; elles manquent dans toutes les Sibéries, la Dahurie, le Kamtschatka , les îles de l'Océan oriental, l'Amérique russe , etc. ; elles restent au contraire sur les hautes montagnes. — Les pomacées se rencontrent partout, même dans les régions les plus boréales. Elles diminuent dans le sens des longitudes, montent jusque sur le sommet des montagnes, et disparaissent presque complétement dans les îles.

G. PRUNUS, *Lin.*

Distribution géographique du genre. — Le magnifique genre *Prunus* est composé d'environ 90 à 100 espèces, réparties en 3 groupes presque égaux, entre l'Europe, l'Asie et l'Amérique septentrionale. — On en compte 31 espèces dans cette dernière partie du monde, dont 5 mexicaines et toutes les autres des Etats-Unis, du Canada, et même des régions boréales de ce continent. — L'Amérique du sud n'en a que 4 espèces du Brésil et du Pérou. — L'Asie compte 30 *Prunus*, dont 8 aux grandes Indes, 4 dans le Népaul, 8 au Japon, 7 en Chine, 1 en Sibérie, et 2 qui se rapprochent du Caucase, et qui appartiennent à l'Asie mineure. — L'Europe possède 24 à 25 espèces de ce genre; elles sont assez également dispersées dans toutes ses parties, occupant plutôt sa région moyenne. — Enfin, un *Prunus* croît en Afrique, aux Canaries. — Un autre à Timor, entre l'Asie et l'Océanie.

PRUNUS SPINOSA, Lin. — Qui n'a pas admiré dans sa vie le charmant spectacle de ces nombreux buissons de *Prunus spinosa*, quand ils se couvrent de leurs pelotons de fleurs blanches et parfumées. Mêlé au groseillier épineux qui lui prête le contraste de son vert feuillage, cet arbrisseau rameux porte ses fleurs neigeuses jusque sur ses épines, et nous les offre dans une saison où nous attendons encore celle des autres végétaux. Préparés de bonne heure, serrés les uns contre les autres, les boutons éclosent aux premiers beaux jours, et leurs fleurs blanches, rehaussées par de nombreuses étamines orangées, se succèdent pendant longtemps, au lieu de s'épanouir à la fois. -- Bientôt après, paraissent sur les rameaux de petits bourgeons effilés, parce qu'ils n'ont pas de fleurs à protéger. Il en sort de jeunes pousses rougeâtres et de petites feuilles qui acquièrent une couleur foncée. Les rameaux ne se continuent que par des bourgeons latéraux , ce qui contribue singulièrement à rendre cet arbrisseau rameux dès sa base. — Pendant l'automne , ce prunier nous offre une autre parure. Ses fruits bleus, couverts de poussière glauque, se mêlent aux fruits rouges des églantiers ; comme ces derniers , ils persistent en hiver, puis ils tombent contenant un noyau aplati et pointu à ses deux extémités. — Voici les dates précises de sa floraison : — 4 avril 1830 , sur la route d'Issoire ; — 6 avril 1828 , sur la route d'Issoire ; — 7 avril 1840, près de Thiers ; — 12 avril 1844, à Aigueperse ; — 16 avril 1840 , à Sisterne ; — 25 avril 1846 , sur les causses de la Lozère, en buissons très-rabougris; — 4 mai 1833, coulée de Gravenoire, près Clermont; — 6 mai 1830 , base et flancs du volcan de Pariou; — 9 mai 1847, dans les bois de la Prada ; — 26 mai 1853, sur le bord du chemin à Randanne.

Nature du sol. — *Altitude.* — Tout à fait indifférent , et montant en Auvergne depuis la plaine jusqu'à 1,000^m. Tenore l'indique dans le royaume de Naples de 0 à 100^m seulement. Walhenberg dit que dans la Suisse septentrionale il atteint la limite supérieure du cerisier. Nous l'avons trouvé à 800^m environ à Châteauneuf, mêlé au buis sur porphyre compacte. Ledebour le cite de 400 à 500^m dans le Brechtau, et de 600 à 1,000^m dans le Talüsch. M. Borne l'a rencontré à 1,000^m dans l'Atlas.

Géographie. — Au sud , la France, l'Espagne , les Baléares et l'Algérie. — Au nord , toute l'Europe centrale et toute la Scandinavie , y compris la Laponie et la Finlande australe ; en Angleterre et en Irlande. — A l'occident, le Portugal. — A l'orient, la Suisse, la Dalmatie, la Croatie, la Hongrie, la Transylvanie, l'Italie, la Sicile, la Tauride, le Caucase, et toute la Géorgie ; les Carpathes, la Turquie, la Grèce, la Russie moyenne, la Russie australe, les déserts de la Caspienne, Astracan. — Quoique cet arbrisseau soit indiqué par Fries dans la Laponie et dans la Finlande australe, M. Ruprecht dit que dans l'Esthonie il est limité par la Narowa au 58°, et ne passe pas de l'autre côté de la rivière. En Angleterre il atteint 59°.

Limites d'extension de l'espèce.

Sud, Algérie............... 35°	}	Écart en latitude :
Nord, Laponie.............. 60	}	25°
Occident, Portugal.......... 10 O.	}	Écart en longitude :
Orient, Astracan .... 47 E.	}	57°
Carré d'expansion............. 1425		

Nous devrions placer ici plusieurs espèces de *Prunus*, telles que *P. fruticans*, Rchb., *P. cerasifera*, Ehrh., *P. insititia*, Lin. et *P. domestica*, Lin. Mais nous ne pouvons pas considérer ces arbres comme spontanés ni complétement naturalisés. La difficulté de distinguer les localités européennes où ils sont réellement sauvages, ne nous permettrait pas d'établir leur géographie d'une manière assez précise.

PRUNUS AVIUM, Lin. — Il n'est pas rare de rencontrer dans nos bois un bel arbre élancé, à écorce lisse et transversalement fibreuse, dont la cime se divise en branches presque régulières ; c'est un des arbres fruitiers que la nature a réservé pour les chantres des forêts. Avant même que les autres végétaux n'aient montré leurs feuilles, les fleurs du cerisier, qui étaient réunies sous des écailles, en sortent en allongeant très-rapidement leurs pédoncules. Elles y restent suspendues pour s'épanouir, et forment sur les branches des verticilles étagés dont la blancheur contraste avec la verdure des jeunes feuilles qui sortent en même temps de bourgeons particuliers. Ces fleurs restent épanouies jusqu'à ce que leurs nombreuses étamines aient répandu leur pollen, et le vent, entraînant leur corolle, les efface de la scène où elles avaient brillé. Alors le feuillage se développe, le bourgeon terminal greffe une pousse nouvelle sur la branche de l'année précédente; les jeunes feuilles qui, dans le bourgeon, étaient pliées en deux parties et appliquées l'une sur l'autre, se déploient et montrent à leur base quelques glandes rougeâtres. Le cerisier est alors un arbre d'un beau vert, d'un port élégant, et ses fruits qui rougissent viennent augmenter par leur présence le charme de son feuillage. Dès la fin du mois de juin, cette végétation si active se repose. Les fruits finissent de mûrir, la plupart sont mangés par les oiseaux qui vont ensuite disséminer au loin leurs noyaux arrondis. A peine les premiers froids des matinées d'automne se sont-ils fait sentir, que son feuillage change de couleur, il devient jaune, orangé et surtout écarlate, et après avoir annoncé le printemps par ses fleurs semblables à de la neige, il prélude aux froids de l'hiver par la vive couleur de feu que revêt son feuillage.

Nature du sol. — Altitude. — Cette espèce est indifférente et occupe tous les terrains. — Elle monte facilement sur les montagnes. Nous la trouvons jusqu'à 1,200^m; De Candolle l'indique dans le Jura à 1,400^m; M. Boissier dans le midi de l'Espagne depuis 2,000^m jusqu'à 2,150^m.

Ledebour le cite dans le Caucase oriental de 500 à 800^m, et dans le Talüsch de 1,200 à 1,800^m.

Géographie. — Au sud, ce cerisier s'avance à la faveur des montagnes jusque dans le midi de l'Espagne, et en Grèce où il fleurit sur le Parnasse. — Au nord, il occupe toute l'Europe centrale, le Danemarck, la Gothie, la Norvége australe, une partie de la Suède, et l'Angleterre jusqu'au 58°. — A l'occident, on le trouve en Portugal. — A l'orient, il est en Suisse où il n'atteint pas la limite supérieure du hêtre comme en Auvergne, en Italie, en Dalmatie, en Croatie, en Hongrie, en Transylvanie, en Grèce, en Tauride, dans le Caucase, et en Géorgie; dans les Carpathes, en Turquie, dans la Russie moyenne, la Russie australe et la Sibérie de l'Oural.

Limites d'extension de l'espèce.

Sud, Royaume de Grenade....	37°	}	Écart en latitude :
Nord, Norvége..............	59	}	22°
Occident, Portugal..........	10 O.	}	Écart en longitude :
Orient, Sibérie de l'Oural.....	58 E.	}	68°
Carre d'expansion.............	1496		

Le *Prunus Cerasus*, Lin., originaire de l'Asie ou tout au moins du Caucase, n'est pas spontané dans nos contrées, mais il y est naturalisé. — D'une taille bien moins élevée que le cerisier des forêts, il reste confiné sur les coteaux pierreux où il forme de petits arbres ou de volumineux buissons. Il ouvre aussi de bonne heure ses grandes fleurs blanches, et comme il vit en sociétés nombreuses sur les collines, on le voit successivement blanchir sous la multitude de ses fleurs. Ses fruits, acides et d'un rouge vif, sont soigneusement recueillis.

Prunus Mahaleb. Lin. — Arbrisseau bas et tortu, à bois dur, rougeâtre et odorant. Il forme des buissons rameux dans les lieux secs, dans les haies, sur les coteaux pierreux, et se couvre au printemps, de feuilles fraîches, larges et pointues, d'un vert tendre, odorantes comme ses fleurs ; celles-ci, qui naissent en avril et en mai, sont nombreuses, en grappes lâches ou en fausses ombelles. Elles produisent beaucoup d'effet par leur abondance et leur contraste avec le feuillage naissant. Les fruits qui leur succèdent sont de petits drupes presque noirs à leur maturité, gonflés d'un suc amer et purpurin, et contiennent un noyau lisse, un peu aplati, dont l'amande est amère et parfumée.

Nature du sol. — Altitude. — Il croît sur le calcaire compacte, sur le calcaire marneux et sur les argiles, dans les plaines ou à une faible élévation. De Candolle le cite cependant à 1,200^m dans les Alpes du Dauphiné.

Géographie. — Au sud, le midi de la France, l'Espagne, la Sicile. — Au nord, la France, une partie de l'Allemagne, la Suisse, le Tyrol. — A l'occident, encore la France, à Abbeville. — A l'orient, la Suisse, l'Italie, la Sicile, la Dalmatie, la Croatie, la Hongrie, la Transylvanie, la Grèce, la Turquie, à Constantinople, où, selon d'Urville, il est très-commun et fleurit en mai ; dans la Russie australe, la Tauride, le Caucase et la Géorgie.

Limites d'extension de l'espèce.

Sud, Sicile................ 37°	}	Ecart en latitude :
Nord, France.............. 50	}	13°
Occident, France.......... 2 O	}	Ecart en longitude :
Orient, Géorgie........... 48 E.	}	50°
Carré d'expansion............. 650		

Prunus Padus. Lin. — Cet arbre, véritablement orne-
mental, croît communément dans les haies, parmi les buissons, sur la lisière des forêts, où on le voit associé au
Viburnum Opulus, à l'*Acer pseudo-Platanus*, à l'*Ulmus
montana*, au Pommier sauvage et à l'aubépine. C'est un
arbre moyen, à écorce rougeâtre pointillée de blanc, à bois
jaune et très-amer. Ses feuilles sont larges, élégamment
dentées et glanduleuses près du pétiole. Ses fleurs, d'un
blanc de neige, à pétales crénelés, forment des grappes
allongées, suspendues, qui contrastent avec le vert naissant
du feuillage, et qui se montrent pendant presque tout le
mois de mai. Ses fruits sont petits et noirs, un peu suc-
culents, et contenant un noyau arrondi et rugueux, répan-
dant, comme la fleur et le feuillage, une forte odeur d'a-
mande amère. — Le *Prunus Padus* se colore en rouge
vif et carminé dès que l'automne arrive, et l'on distingue
de loin ses buissons enflammés dont les feuilles agitées par les
vents de l'équinoxe, deviennent un des plus riches ornements de la saison.

Nature du sol. — Altitude. — Il recherche surtout les
terrains siliceux et graveleux, et s'accommode aussi très-bien
de tous les sols volcaniques. —Il préfère les montagnes aux
plaines, monte en Auvergne jusqu'à 1,300 à 1,400^m, et
s'associe alors au *Pinus sylvestris*, au *Sorbus aucuparia,* etc.
Il atteint 1,200^m dans les Pyrénées, et 1,500 à 1,600^m
dans les Alpes, associé au *Pinus sylvestris*, au *Betula alba*, au
Salix daphnoides, et même à l'*Alnus viridis;* Walhenberg
l'indique dans les lieux humides de la Suisse septentrionale,
généralement au-dessous de la limite des hêtres, mais atteignant, un peu rabougri, la hauteur de 1,500^m. Jacquemont
dit qu'il est très-abondant dans les forêts de l'Himalaya,

en descendant dans la vallée de Cachemire ; il y est associé à
des érables (1).

Géographie. — Son aire est étendue, quoiqu'assez limitée
au sud ; il se trouve dans les Pyrénées, dans le midi de
l'Italie, mais, d'après MM. Grenier et Godron, il manque
dans l'ouest et le midi de la France ; il existe cependant aux
Canaries où il ne se soutient, comme en Calabre, qu'à la
faveur des montagnes. — Au nord, il végète dans presque toute l'Europe centrale et toute la Scandinavie, y
compris toute la Laponie, mais il ne va pas tout à fait
jusqu'au cap Nord, et s'arrête à Hammerfest au 70° 60'.
Il occupe, en Laponie, tous les lieux bas de la région sylvatique jusqu'à Enontekis ; mais dans le nord le plus reculé,
dit Walhenberg, quand il est sur le point de disparaître,
il change d'aspect ; toutes ses branches sont dressées, ses
fleurs inodores, ses feuilles sont plus petites, et la plante
entière devient buissonneuse à tel point, qu'on la prendrait
pour le *P. virginiana*. Les glandes manquent le plus souvent
aux feuilles. Les rameaux sont toujours pubérulents, les
pédoncules des fleurs sont le double plus longs que les fleurs
mêmes, les pétales oblongs. Il croît aussi en Angleterre et
en Irlande jusqu'au 59°. — A l'occident, il existe en Portugal et aux Canaries. — A l'orient, il végète en Suisse,
en Italie, dans la Tauride, le Caucase, la Géorgie, les
déserts de la Caspienne, en Arménie, dans les Carpathes,
toutes les Russies, dans les Sibéries de l'Oural, de l'Altaï
et du Baïkal, dans la Dahurie et le Kamtschatka. Pallas dit
que cet arbrisseau abonde le long du fleuve Jenissey et de ses
affluents : il y croît associé au *Viburnum Opulus*, au *Cra-
tœgus Oxyacantha*, au *Cornus alba*, au *Robinia Caragana*,

(1) Jacquemont, journal, t. 3, p. 172.

au *Ribes rubra* et au *R. nigra.* —Enfin, nous l'avons cité,
d'après Jacquemont , sur les pentes de l'Himalaya.

Limites d'extension de l'espèce.

Sud , Canaries..............	30°	}Écart en latitude :
Nord , Hammerfest.........	70	} 40°
Occident , Canaries..........	18 O.	}Écart en longitude :
Orient , Kamtschatka........	170 E.	} 188°
Carré d'expansion.............	7520	

G. SPIRÆA, *Lin.*

Distribution géographique du genre. — Les *Spiræa*,
au nombre de 70 à 80 , ont trois centres principaux de
réunion. — Le plus considérable est en Asie , où se trouvent au moins la moitié de ses espèces ; on en compte 15
en Sibérie, 10 aux Indes orientales, 3 au Népaul, 5 au
Japon, 2 en Chine , 3 au Kamtschatka et 2 à Java. —
L'Amérique du nord a près de 20 espèces, toutes des Etats-
Unis et du Canada, une seule du Mexique. — C'est à peine
si ce genre est représenté dans l'Amérique du sud, et c'est sur
les terres magellaniques. — L'Europe n'a guère que 12 espèces, presque toutes du centre, de l'Autriche, de la Hongrie,
de la Dalmatie, de la Styrie, de la France et de l'Italie. —
Aucune espèce n'est connue en Afrique.

SPIRÆA ULMARIA, Lin. — Ce n'est pas sans raison que
l'on a donné à cette belle espèce le nom de *reine des prés.*
Elle s'élève, en effet, d'un port majestueux, au-dessus des
plantes qui les composent. Elle forme de nombreuses associations dans les prairies humides ; elle suit, dans leurs cours
sinueux, les bords des ruisseaux des montagnes. Elle pénè-

tre avec eux dans les forêts, dont elle orne les clairières, et vient partout épanouir les blancs panaches formés par ses fleurs, au-dessus des pétales frangés du *Lychnis flos-cuculi*, au-dessus du *Pedicularis palustris*, de l'*Orchis maculata*, et de cette foule de fleurs des prairies marécageuses. Elle naît d'un rhizome articulé qui s'avance tous les ans par la naissance d'une articulation nouvelle, tandis que celui qui est né quatre ans auparavant se détruit. Ses feuilles sont plissées sur toutes leurs nervures dans le bourgeon, et les folioles sont appliquées en recouvrement les unes sur les autres. Les jeunes pétioles sont roses, élargis, embrassants à leur base et garnis de petites folioles irrégulières qui vont en grandissant jusqu'au sommet de la feuille. Elles sont dans leur jeunesse d'un vert très-pur. Ces feuilles sont admirablement réticulées et quelquefois aussi cotonneuses en dessous, sortant avec la tige de la partie antérieure du rhizome. Leurs folioles, alternativement grandes et petites, et leur grand lobe terminal leur donnent beaucoup d'élégance. Le corymbe termine la tige. Les fleurs centrales s'épanouissent les premières et les autres, inférieures, allongent leurs supports, atteignent la hauteur des premières, les dépassent, et viennent successivement se placer au-dessus du corymbe principal. — Les pétales sont velus en-dessus. Les étamines, fortement serrées dans le bouton, ploient leurs filets qui commencent par sortir entre les pétales, pendant que les anthères y sont encore engagées. Presque toutes les fleurs s'épanouissent à la fois. Elles sont très-odorantes et forment de magnifiques panaches blancs. Les stigmates forment 5 petites têtes papillaires. La fécondation est déjà opérée quand chacune de ces fleurs s'ouvre, et cependant la floraison se prolonge, et c'est beaucoup plus tard que les carpelles se détachent et tombent sans s'ouvrir. Ils sont comme tordus lors de la maturité, d'un jaune verdâtre, et inégaux. •

Nature du sol. — Altitude. — Cette espèce est aquatique, mais elle préfère les sols siliceux et volcaniques, où elle acquiert son plus beau développement. Elle croît également dans les plaines et dans les montagnes, et atteint facilement 1,200 à 1,500^m. Ledebour l'indique dans le Breschtau de 400 à 1,000^m.

Géographie. — Cette plante est abondamment répandue dans toute l'Europe. Elle entre, au sud, en Espagne et en Portugal, et trouve sa limite d'extension dans les montagnes de la Calabre. — Au nord, elle n'a pas de limites ; elle occupe tout le centre, toute la Scandinavie. Elle est extrêmement commune en Suède, dit Wahlenberg, dans tous les prés humides, à l'exception des hautes montagnes. Elle est commune dans les prés et les bois humides des régions sylvatique et sous-sylvatique de toutes les Laponies suédoises, et sur les pentes ombragées des Alpes maritimes du Nordland et dans tout le Finmark. Elle atteint Mageroë, l'Altenfiord, Hammerfest et le cap Nord, par 71° 10'. Elle est aussi à Bodoë, aux Loffoden. Elle abonde en Angleterre, en Irlande, dans les trois archipels anglais, aux Feroë et en Islande, où M. Robert dit en avoir cueilli des exemplaires capables de rivaliser en beauté avec des plantes semblables prises aux environs de Paris. Enfin dans la terre des Samoyèdes cette plante dépasse au nord le 71° de latitude. — A l'occident, on la trouve en Portugal et en Islande. — A l'orient, elle s'étend aussi très-loin ; en Suisse, où d'après Wahlenberg, elle ne paraît pas atteindre la limite supérieure du hêtre, en Italie, en Hongrie, en Croatie, en Transylvanie, dans le Caucase, en Arménie, dans toutes les Russies, toutes les Sibéries et en Dahurie.

Limites d'extension de l'espèce.

Sud, Royaume de Naples.....	40°	⎫ Ecart en latitude :
Nord, Pays des Samoyèdes...	72	⎬ 32°
Occident, Islande..........	26 O.	⎫ Ecart en longitude :
Orient, Sibérie orientale.....	160 E.	⎭ 186°
Carré d'expansion............ 5952		

SPIRÆA FILIPENDULA, Lin. — Si l'espèce précédente ne quitte pas les lieux humides et le bord des eaux, celle-ci, au contraire, recherche les lieux secs et pierreux, bien aérés, où elle croît près des buissons du *Rosa rubiginosa* et des touffes du *Thalictrum majus*. Ses racines très-remarquables, sont composées d'une série de renflements noirs réunis par des filets assez minces. ₁La partie antérieure de cette racine ou de ce rhizome, émet de jolies feuilles pennées à pinnules alternativement très-grandes et très-petites, et se termine par un corymbe blanc lavé de rose, dont le développement s'opère comme dans celui du *S. Ulmaria ;* les boutons sont roses et globuleux ; le calice est d'un vert pâle, à 5 sépales arrondis, réfléchis et sablés de rouge. Les pétales sont blancs ou légèrement jaunâtres, avec une teinte de rose en dehors. Les filets sont blancs, les anthères et le pollen d'un jaune très-pâle : les 5 ovaires sont munis de 10 stigmates d'un blanc jaunâtre. Les capsules sont indéhiscentes. — La plante fleurit en juin et juillet, et répand l'odeur du troëne.

Nature du sol. — Altitude. — Ce *Spiræa* recherche les calcaires, les pépérites volcaniques, les rochers maritimes et les lieux argileux. — Il croît en plaine et quelquefois dans la montagne, où il s'élève peu. Ledebour l'indique de 400 à 1,000^m, dans le Breschtau et dans le Talüsch. Dans la Suisse il ne croît que dans la plaine ainsi qu'en Auvergne.

Géographie. — Cette plante est un peu plus méridionale et moins septentrionale que la précédente. Elle atteint, au sud, le midi de l'Espagne et les pâturages du Djebel-Cheliah, dans les montagnes de l'Aurès, en Algérie. — Au nord, elle se trouve dans presque toute l'Europe centrale, jusque dans les prés secs de la Suède, du Danemarck, de la Gothie, de la Norvége, de la Laponie et de la Finlande australe. Elle existe aussi en Angleterre et aux Orcades seulement. — A l'occident, elle habite le Portugal. — A l'orient, elle est rare dans la Suisse, puis se retrouve dans les Carpathes, en Turquie, en Grèce, en Italie, en Dalmatie, en Croatie, en Hongrie, en Transylvanie, dans la Tauride, le Caucase, la Géorgie, autour de la Caspienne, dans le désert des Kirghiz, dans les Russies septentrionale, moyenne et australe, dans les Sibéries de l'Oural et de l'Altaï, jusqu'au Jénissey.

Limites d'extension de l'espèce.

Sud, Algérie................ 35°	}	Écart en latitude :
Nord, Laponie.............. 66	}	31°
Occident, Portugal.......... 10 O.	}	Écart en longitude :
Orient, Jénissey............. 92 E.	}	102°
Carré d'expansion............. 3162		

G. GEUM, *Lin.*

Distribution géographique du genre. — On connaît maintenant plus de 50 espèces de ce genre, distribuées en 3 groupes principaux. — Le plus important est celui de l'Amérique du nord, qui compte 20 espèces : de la Caroline, de la Louisiane, du vaste territoire des États-Unis, et dont une s'avance jusqu'à l'île Melville, tandis qu'une autre est au Mexique. — Ce genre s'étend au delà de l'équateur ; il en existe une espèce au Chili et 3 sur les terres de Magellan, à la pointe australe du Nouveau-Monde, et parallèles, à cette énorme distance, à celle de l'île Melville dont elles sont séparées par la longueur entière des deux Amériques. — L'Asie a aussi 12 à 15 espèces de *Geum* : aux Indes orientales, au Japon, en Sibérie, au Kamtschatka et aux îles Aléoutiennes ; une espèce appartient aussi à la Sibérie arctique. — Le groupe européen comprend 12 espèces : de l'Allemagne, de la France, des Alpes et des Pyrénées, de la Scandinavie, de la Grèce et de l'Espagne. — 2 seulement sont indiquées en Afrique, l'une au cap de Bonne-Espérance, l'autre dans l'Afrique boréale.

GEUM URBANUM, Lin. — Il stationne dans les haies et les buissons, le long des chemins, sur la lisière des bois, dans les lieux à demi-ombragés, où il est souvent accompagné du *Glechoma hederacea*, du *Lamium album*, des jeunes pousses du *Galium aparine*, etc. Sa racine a l'aspect d'un rhizome qui prépare déjà, pendant que la tige florifère et feuillée s'allonge, les bourgeons de l'année suivante. De ce rhizome épais, rose et odorant, sortent des tiges droites et des feuilles stipulées, d'un vert sombre, formées de petites folioles, et surmontées par un grand lobe arrondi. Ces tiges sont terminées par de petites fleurs jaunes sans éclat, dont le calice, à 5 sépales, est accompagné, comme dans les autres espèces, par 5 petites bractées qui alternent avec ses divisions. La fleur reste longtemps ouverte ; les styles ne sont nullement courbés pendant la floraison ou à peine inclinés ; ils s'allongent après la fécondation, prennent une nuance purpurine, se courbent au sommet, se contournent en S, ou se tortillent même à la manière des vrilles, à mesure que les semences appro-

chent de leur maturité. Elles acquièrent ainsi le moyen de
s'accrocher et de se disséminer plus facilement. L'ensemble
du fruit offre alors une tête velue et rougeâtre, composée
de carpelles indéhiscents.

Nature du sol. — Altitude. — Tous les terrains frais lui
conviennent, quelle que soit leur nature. — Ce *Geum*, que l'on
trouve souvent en plaine, peut aussi s'élever à 1,000ᵐ en Auvergne, à 1,600ᵐ dans le midi de l'Espagne, selon M. Boissier; de 200 à 1,000ᵐ dans le Breschtau, et de 1,600
à 1,800ᵐ dans le Talüsch, près de Lenkoran et d'Astara.

Géographie. — Au sud, la France et l'Espagne, jusque
dans le royaume de Grenade. — Au nord, toute l'Europe
centrale, le Danemarck, la Gothie, la Suède, où la plante
fleurit à Upsal le 1ᵉʳ juin 1748, selon Linné, et où elle
devient presque domestique selon Walhenberg; en Norvége,
dans toute la Finlande et dans la Laponie australe. Elle est
aussi en Angleterre et en Irlande. — A l'occident, elle
croît en Portugal. — A l'orient, en Suisse, dans les haies
et autour des maisons, dans les Carpathes, en Turquie,
au mont Athos, dans le midi de l'Italie, en Sicile, en
Tauride, dans tout le Caucase, dans toute la Géorgie et
sur les bords de la Caspienne, dans toutes les Russies et dans
la Sibérie de l'Oural jusqu'au fleuve Tobol.

Limites d'extension de l'espéce.

Sud, Royaume de Grenade....	37°	}	Écart en latitude :
Nord, Laponie..............	66	}	29°
Occident, Portugal..........	10 O.	}	Écart en longitude :
Orient, Sibérie de l'Oural....	66 E.	}	76°
Carré d'expansion............		2206	

GEUM RIVALE, Lin. — Cette espèce vit rarement solitaire ou dispersée. Elle se réunit en groupes nombreux dans les prés humides, le long des ruisseaux, et nous l'avons vue mêlée en grande quantité au *Narcissus poeticus* et au *Polygonum Bistorta*. Ses larges feuilles stipulées partent aussi de son rhizome, et ses tiges se terminent par une ou plusieurs fleurs penchées, à calices tubuleux, à pétales roses et échancrés. Elles restent longtemps fleuries et inclinées, puis elles se redressent pour mûrir leurs fruits. Alors le centre du réceptacle s'allonge, porte les carpelles au-dessus du calice qui reste fermé, et ces carpelles s'étalent au soleil et sont ensuite disséminés. — Cette jolie plante fleurit en juin et en juillet, et varie beaucoup par la nuance de ses fleurs ordinairement peu colorées. Nous l'avons vue à pétales très-développés, d'un beau rouge saumoné, et offrant un si grand éclat, qu'on aurait dit de grosses fraises mûres répandues sur l'herbe de la prairie.

Nature du sol. — Altitude. — Ce *Geum* cherche les terrains siliceux ou volcaniques, fortement mouillés, et préfère les montagnes aux plaines. Nous le trouvons jusqu'à 1,500^m. De Candolle le cite à 1,600^m au mont Pilat. M. Boissier l'a trouvé dans le royaume de Grenade de 1,000 à 1,800^m; Ledebour dit qu'il croît dans le Caucase de 1,400 à 2,000^m.

Géographie. — C'est une plante très-répandue. Au sud, elle atteint le midi de l'Espagne. — Au nord, elle est dans toute l'Europe centrale, dans toute la Scandinavie; en Suède, dit Wahlenberg, elle habite les prés humides et les ruisseaux de la plaine d'où elle remonte partout sur les pentes des montagnes élevées; dans la Laponie elle occupe les mêmes stations, et recherche surtout les prés humides et boisés dans le Nordland et le Finmark. Elle est moins commune dans cette dernière contrée, et, au contraire, très-

abondante dans le Nordland et dans les régions sylvatique et sous-sylvatique des Laponies suédoises , d'où elle
se propage le long des ruisseaux , et monte sur les pentes
des Alpes de la Laponie uméenne. Cette plante existe aussi
en Angleterre , en Irlande, aux Orcades, aux Feroë et en
Islande , et avance plus au nord que la Laponie, dans le
pays des Samoyèdes. — A l'occident, on la trouve en Islande, dans l'Amérique du nord, au Canada, au lac Huron,
à Terre-Neuve et dans les prairies mouillées des montagnes
Rocheuses. — A l'orient , elle végète en Suisse, dans la
plaine et dans les montagnes, dans les monts Carpathes ,
en Turquie , en Italie , en Sicile , dans la Tauride , le Caucase, la Géorgie, l'Arménie , dans toutes les Russies et dans
les Sibéries de l'Oural et de l'Altaï.

Limites d'extension de l'espèce.

Sud, Royaume de Grenade...	37°	}	Ecart en latitude :
Nord, Pays des Samoyèdes....	72	}	35°
Occident, Montagnes Roch^ses.	110 O.	}	Écart en longitude :
Orient, Sibérie altaïque......	96 E.	}	216°
Carré d'expansion............	7560		

GEUM SYLVATICUM. Pourr. — On rencontre cette plante
parmi les broussailles , dans les lieux incultes et un peu
humides. Elle est vivace ; elle ressemble au *G. montanum* par
son port, par son feuillage et par sa fleur jaune et solitaire; elle
en diffère par le lobe terminal de ses feuilles radicales qui
est arrondi et échancré en cœur ; par ses fruits velus, terminés par des arêtes tortillées, glabres ou presque glabres
et non droites et barbues. — Elle fleurit en mai et en juin.

Nature du sol. — Altitude. — Nous avons trouvé ce
Geum sur le terrain calcaire et rocailleux , il croît aussi

sur terrain siliceux. — Il vit en plaine et sur les coteaux, mais il peut s'élever, car il croît sur la montagne Noire, et M. Boissier le cite aussi dans le midi de l'Espagne, depuis 1,000 jusqu'à 2,100ᵐ.

Géographie. — Au sud, la France méditerranéenne, l'Espagne et l'Afrique boréale, jusque dans les montagnes de l'Aurès. — Au nord, les bords du plateau central de la France. — A l'occident, l'Espagne et le Portugal. — A l'orient, la France centrale.

Limites d'extension de l'espèce.

Sud, Algérie...............	35°	Ecart en latitude :
Nord, France..............	44	9°
Occident, Portugal.........	12 O.	Ecart en longitude :
Orient, France.............	0	12°
Carré d'expansion............	108	

GEUM MONTANUM. Lin. — Lorsque les neiges dans les hautes montagnes, sont attaquées par les pluies et le soleil du printemps, elles se retirent graduellement jusqu'à la limite supérieure, où les saisons sont sans action sur elles. Le *Geum montanum* est une des espèces qui, cachées sous leur manteau protecteur, vient des premières épanouir sa large fleur dorée près des groupes de l'*Anemone alpina* et des rosettes groupées de l'*Androsace carnea*. Son rhizome laisse à peine sortir quelques feuilles qui grandiront plus tard, que déjà sa fleur est ouverte, largement étalée, garnie de styles plumeux et de nombreuses étamines. La fécondation dure longtemps; les pétales persistent malgré le froid des nuits, et peu à peu les styles s'allongent, pendant que la tige s'élève et que les feuilles grandissent. Alors la plante a un tout autre aspect; ses carpelles sont réunis en têtes arrondies, auxquelles de longs styles plumeux et rougeâtres donnent une grande légèreté, et ce *Geum* figure alors dans les jardins des montagnes avec les saxifrages, avec le *Trifolium alpinum,* et d'autres espèces tardives, qui ne produisent leur fleur qu'à l'époque où les fruits du *Geum* sont sur le point de se disperser.

Nature du sol. — Altitude. — Terrains siliceux et détritiques des montagnes ; croît sur les trachytes, les tufs ponceux et les granits, et toujours à une grande altitude. De Candolle lui assigne 1,000^m pour limite inférieure à Limone, et 2,500^m pour limite supérieure au pic du Midi. M. Parlatore dit qu'il est commun à 2,250^m dans les Alpes de Chamouny ; nous le trouvons en Auvergne à 1,800^m, sur nos sommets les plus élevés, au mont Dore et au Cantal. Saussure (§ 2263) cite cette plante sur le mont Cervin, à 3,500^m, avec *Aretia helvetica* et *Saxifraga bryoides.* Wahlenberg dit aussi que, dans la Suisse septentrionale, elle atteint la limite des neiges éternelles. Boué l'indique en Turquie, dans la zone subalpine.

Géographie. — Au sud, les Pyrénées. — Au nord, les Carpathes. — A l'occident, les Pyrénées. — A l'orient, la Suisse, les Carpathes, l'Albanie.

Limites d'extension de l'espèce.

Sud, Albanie............... 40°	}	Ecart en latitude :
Nord, Carpathes............ 50	}	10°
Occident, Pyrénées.......... 4 O.	}	Ecart en longitude :
Orient, Albanie............ 19 E.	}	23°
Carré d'expansion............. 230		

G. RUBUS. *Lin.*

Distribution géographique du genre. — Les *Rubus,*

constituent un grand genre dispersé dans toutes les parties
du monde , et composé d'environ 220 à 230 espèces. Ils
occupent surtout trois grands centres : l'Europe moyenne,
l'Asie centrale , et l'Amérique du nord. Le nombre des espèces européennes est loin d'être rigoureusement connu , car
les botanistes qui ont étudié ce genre difficile, les Allemands
surtout , ont contribué à en augmenter considérablement
le nombre. Il est aujourd'hui de 90 à 100 , et ces formes
sont surtout répandues dans les diverses parties de l'Allemagne, en Bohême , en Silésie , en Styrie , en Hongrie , en
Angleterre et même dans l'Europe boréale où les *Rubus*
vont au delà du cercle polaire. La France est aussi très-
riche en *Rubus*, mais ces plantes deviennent bien plus rares
en Espagne, en Italie , en Sicile et en Grèce. — L'Asie
compte 60 *Rubus* au moins , groupés surtout aux Indes
orientales , au Népaul , en Chine , au Japon. On en connaît
10 espèces à Java, et 4 autres se trouvent à Ceylan , à
l'île Célèbes, à Amboine et à Luçon, se rapprochant ainsi peu
à peu de l'Océanie où ce genre a 3 espèces : 1 à la Nouvelle-
Zélande , et 2 à la Nouvelle-Hollande. — L'Amérique du
nord a environ 45 *Rubus* presque tous des États-Unis ,
du Canada et même de l'Amérique boréale. D'autres appartiennent à la Californie, au Mexique, à la Guadeloupe et à
la Jamaïque. — 13 espèces passent la ligne et se trouvent
dans l'Amérique méridionale, surtout au Pérou, au Brésil, au
Chili et à Buenos-Ayres. — Enfin on a découvert jusqu'ici
12 *Rubus* en Afrique ; 5 au Cap ou dans l'Afrique australe,
1 en Abyssinie, 2 à l'île de France , 1 à l'île Bourbon , 1 à
Madère , 1 à Sainte-Hélène et 1 à Madagascar. — Ce genre,
par ses tiges souvent sarmenteuses et épineuses, par ses fleurs
grandes et nombreuses , est un de ceux qui contribuent le
plus à diversifier les grandes scènes de la nature sauvage.

Rubus saxatilis. Lin. — Cette ronce est commune sur les pentes rocailleuses des montagnes, dans les lieux herbeux et souvent humectés par les neiges ou les brouillards. Ses tiges sont sarmenteuses et traînantes, s'étendant quelquefois très-loin parmi les pierres amoncelées. Il s'échappe de ces tiges des rameaux stériles, grêles, anguleux, qui se soutiennent à peine et garnis d'aiguillons faibles et sétacés. Les feuilles, portées sur d'assez longs pétioles, sont composées de 3 folioles molles et pubescentes. Les tiges florifères se terminent par de petites ombelles de 3 à 6 fleurs verdâtres, à pétales blancs serrés contre les étamines, et quelques fleurs sortent aussi solitaires de l'aisselle des feuilles supérieures. Les fruits sont rouges, lisses, aplatis par-dessus et posés sur un plan horizontal ; les premiers qui se forment ont 8 à 10 petits drupes, les suivants en ont moins, et les derniers, ceux de l'automne, finissent par ne plus avoir qu'un seul grain ; tous se détachent et tombent séparément, au lieu d'être soudés comme dans les autres *Rubus.* — Il fleurit en juin et en juillet, et vit souvent en sociétés nombreuses à cause de ses rejets, et se mêle à toutes les plantes des montagnes.

Nature du sol. — *Altitude.* — Nous trouvons cette espèce sur les terrains primitifs, volcaniques et rocailleux, sur les trachytes et les scories ; elle est indiquée sur calcaire dans le Jura, à Nancy, dans le Tyrol septentrional. De Candolle lui assigne comme minimum d'altitude 200^m à Mayence et 1,500^m comme maximum dans le Jura. Wahlenberg dit que dans la Suisse septentrionale, elle préfère la région supérieure des hêtres et devient plus rare dans celle des sapins ; nous la trouvons en Auvergne jusqu'à 1,500 à 1,600^m, au Mont-Dore. Ledebour l'indique dans le Caucase occidental, entre 1,200 et 1,800^m, et au mont Kasbesk jusqu'à 2,400ᵐ ; aux îles Loffoden même il se tient encore sur les montagnes. Lessing l'y indique entre 130 et 360ᵐ.

Géographie. — Au sud , il se trouve dans les Pyrénées et atteint l'Espagne et le royaume de Naples à la faveur des montagnes. — Au nord, il occupe presque toutes les montagnes, se trouve même à Laon , dans les bois, et non à Paris selon M. de Lafont ; on le rencontre dans toute la Scandinavie, occupant toujours les coteaux pierreux comme dans la Laponie. Il est aux Loffoden, à Hammerfest, au cap Nord ; il vit en Angleterre , en Irlande , dans les archipels , aux Feroë, en Islande ; cependant M. Eugène Robert dit ne l'avoir trouvé dans cette île qu'une seule fois ; « il était haut de 2 à 3 pouces , droit et sans épines ; il tapissait le flanc méridional d'une montagne de scories fines et noirâtres. » — A l'orient, il s'étend beaucoup, en Suisse, en Italie, en Croatie , en Hongrie , en Transylvanie , dans le Caucase et le désert des Kirghiz ; dans les Carpathes , dans toutes les Russies, dans les Sibéries de l'Oural, de l'Altaï, du Baïkal, et dans la Dahurie.

Limites d'extension de l'espèce.

Sud, Royaume de Naples..... 40° } Écart en latitude :
Nord, Cap Nord.......... 71 }   31°
Occident, Islande.......... 20 O. } Écart en longitude :
Orient, Dahurie.......... 118 E. }   138°
          Carré d'expansion............ 4278

Rubus cœsius, Lin. — L'étude des espèces de ce genre est trop peu avancée pour que nous puissions faire autre chose, dans notre examen, que de rechercher ce qui se rattache aux principaux groupes d'espèces ou de variétés. Celui du *R. cæsius* est un des plus importants , car nous pouvons lui rapporter les *R. corylifolius, R. dumetorum* , etc. Ils offrent comme les autres *Rubus* des tiges frutescentes , plus ou moins dressées , couvertes de petites épines et presque toujours inclinées, ou plutôt formant un arc dont l'extrémité antérieure vient toucher la terre. Cette extrémité pénètre dans le sol , s'y émousse et y forme même un bourgeon écailleux , qui reste enseveli l'hiver , et qui se redressant au printemps suivant, donne une pousse nouvelle , qui peut se reproduire de la même manière , et qui explique l'extension considérable de cette espèce dans les champs et le long des fossés. Ce phénomène appartient aussi à quelques-unes des formes du *R. fruticosus.* Les fleurs, généralement blanches, ont leurs pétales creusés en cuiller et étalés. Les fruits sont glabres et formés de drupes plus gros et moins nombreux que ceux du *R. fruticosus*; plusieurs d'entr'eux avortent, et ceux qui mûrissent sont couverts d'une poussière bleue comme les prunes. — Fleurit en juin et juillet comme la plupart des *Rubus.*

Nature du sol. — *Altitude.* — Il préfère les terrains calcaires et rocailleux, mais se trouve quelquefois sur les granits et souvent sur les terrains volcaniques. Il préfère la plaine aux montagnes, cependant il a des formes qui s'élèvent très-haut, et de Candolle cite le *R. corylifolius* (que nous lui réunissons) jusqu'à l'altitude de 1,800^m dans les Alpes.

Géographie. — Les *Rubus* ne sont pas en général des plantes méridionales. Celui-ci se trouve dans quelques parties de l'Espagne et atteint aussi le midi de l'Italie. — Au nord, il s'étend dans toute l'Europe centrale, en Danemarck, en Gothie, en Suède où le type se tient en plaine sur les rivages ou près des grands lacs, tandis que le *R. corylifolius* s'élève dans les bois montagneux , en Norvège et

dans la Finlande australe. Il existe aussi en Angleterre et en
Irlande , et quoique ses fruits soient souvent mangés par les
oiseaux , il n'a pas traversé les bras de mer qui séparent
l'Angleterre de ses archipels. — A l'occident , il est en
Portugal. — A l'orient, il végète en Suisse, en Italie, en
Tauride , dans le Caucase, en Géorgie ; dans les Carpathes,
en Grèce, au mont Athos, dans la Russie moyenne où il est
rare, dans la Ingrie, selon M. Ruprecht, mais abondant dans
les autres provinces, dans la Russie australe et dans les
Sibéries de l'Oural et de l'Altaï.

Limites d'extension de l'espèce.

Sud, Royaume de Naples......	40°	} Écart en latitude :	
Nord, Norvège..............	60	)	20°
Occident, Portugal..........	10 O.	} Écart en longitude :	
Orient, Sibérie altaïque......	92 E.	)	102°
Carré d'expansion............	2040		

Rubus glandulosus , Bell. — Plusieurs formes ont été
confondues sous les noms de *R. glandulosus*, Bell., *R. um-
brosus* , Godr. , *R. Hirtus* , Weih. et Née , *R. hybridus,*
Weih. , etc. Nous les rapportons au *R. glandulosus* , au
moins géographiquement. Ces *Rubus* croissent dans les bois ,
sous les hêtres ou sous les sapins , et forment quelquefois
d'énormes buissons surbaissés ou presque étalés sur le sol.
Leurs tiges sont d'un brun rouge , garnies d'aiguillons rougeâtres et recourbés. Les tiges stériles sont couchées , les
autres, un peu redressées, garnies de feuilles à 3 ou 5 folioles
dont les inférieures sont arrondies , et les supérieures ponc-
tuées et fortement dentées. Les fleurs naissent en petites
grappes aux aisselles supérieures. Leurs boutons sont ronds
et couverts de poils glanduleux. Les fleurs sont blanches,

assez grandes, à pétales allongés. Le fruit est ovoïde, noir
et luisant, à carpelles nombreux et serrés. Ce *Rubus* fleurit
en juillet et en août, et dès le mois de septembre on voit
rougir ses feuilles en même temps que ses fruits ; ces derniers
acquièrent bientôt la couleur noire, tandis que les feuilles
se colorent en carmin et en vermillon, contrastent avec la
sombre verdure des sapins et s'associent aux fruits éclatants
du *Sorbus Aucuparia*, aux semences aigrettées de l'*Epilobium spicatum*, pour embellir encore les forêts avant la
fin de l'automne.

Nature du sol. — Altitude. — Nous ne trouvons en
Auvergne ce *Rubus* et ses différentes formes que sur les
terrains primitifs et volcaniques et sur le sol détritique des
forêts. De Candolle les indique dans le Jura, probablement
sur calcaire, entre 1,000 et 1,600^m d'altitude. Ils atteignent
la même élévation sur les montagnes de l'Auvergne.

Géographie. — Au sud, c'est à peine si ce *Rubus* atteint les Pyrénées, mais il se trouve dans le midi de
l'Italie et en Sicile. — Au nord, on le rencontre dans les
Vosges, dans la majeure partie de l'Allemagne, dans le
Danemarck et la Gothie boréale. — A l'occident, on cite le
R. glandulosus en Irlande. — A l'orient, nous pouvons ajouter aux localités que nous avons indiquées, les Carpathes, la Croatie, la Hongrie, la Transylvanie.

Limites d'extension de l'espèce.

Sud, Sicile................	38°	Écart en latitude :
Nord, Gothie..............	58	20°
Occident, Irlande..........	10 O.	Écart en longitude :
Orient, Transylvanie........	21 E.	31°
Carré d'expansion.............	620	

RUBUS TOMENTOSUS, Borckh. — Cette espèce croît dans les haies et les buissons, dans les bois taillis, sur le bord des chemins. Ses tiges, souvent anguleuses, sont munies d'aiguillons élargis et très-forts, droits ou d'autant plus courbés et crochus qu'ils approchent du sommet des tiges. Les tiges stériles sont arquées, faibles et tombantes, les tiges florifères dressées. Les feuilles sont composées de 3 à 5 folioles à grandes dentelures inégales, blanches et tomenteuses en-dessous et quelquefois en-dessus. Les feuilles supérieures n'ont plus que 3 folioles. Les fleurs naissent en grappes terminales dressées et très-fournies, dont les pédicelles mêmes sont couverts d'aiguillons. Ses fleurs sont blanches, à pétales étroits et chiffonnés ; les fruits sont noirs, petits, luisants et composés de nombreux carpelles. — Fleurit en juin et en juillet.

Nature du sol. — Altitude. — Ce *Rubus* est indifférent et se trouve sur les granits, les micaschistes, les coulées volcaniques, le calcaire jurassique, etc. — Il s'élève peu et reste dans les plaines.

Géographie. — Au sud, la Provence, les Pyrénées, le midi de l'Espagne. — Au nord, une partie de l'Allemagne, le Danema:k et la Gothie australe. — A l'occident, le Portugal. — A l'orient, l'Italie, la Sicile, la Croatie, la Transylvanie, la Hongrie, la Turquie et la Grèce.

Limites d'extension de l'espèce.

Sud, Espagne..............	38°	}	Écart en latitude :
Nord, Danemarck..........	56	}	18°
Occident, Portugal..........	10 O.	}	Écart en longitude :
Orient, Grèce..............	22 E.	}	32°
Carré d'expansion.............	576		

RUBUS COLLINUS, DC. — Cette espèce se rapproche
de la précédente, avec laquelle elle a été plusieurs fois confondue, mais son aspect est différent. Elle forme des buissons peu élevés dans les lieux secs, pierreux et découverts.
Ses tiges sont semblables à celles du *R. tomentosus*. Ses
feuilles sont à 5 folioles, blanches et cotonneuses en-dessous
et d'un vert grisâtre en-dessus. Ses fleurs naissent aussi en
panicules; elles sont blanches, plus grandes que celles de
l'espèce précédente, en grappes plus resserrées; les fruits
sont nombreux, d'un beau rouge avant leur maturité, ensuite noirs, petits, globuleux et formés d'un petit nombre
de drupes renflés. — Il fleurit en mai et en juin.

Nature du sol. — Altitude. — Terrain calcaire et rocailleux de la plaine et des coteaux peu élevés.

Géographie. — Peut-être cette plante a-t-elle été confondue avec le *R. tomentosus;* cependant elle est plus méridionale et reste en France ou en Belgique, entre les
Pyrénées, la Corse et Spa, où Lejeune l'a citée, selon
MM. Godron et Grenier, sous le nom de *R. ardennensis;*
entre les Cévennes et Nancy.

Limites d'extension de l'espèce.

Sud, Corse................ 43°	}	Ecart en latitude :
Nord, Ardennes............. 51	}	8°
Occident, France 0	}	Ecart en longitude :
Orient, Nancy............. 4 E.	}	4°
Carré d'expansion.............. 32		

RUBUS FRUTICOSUS, Lin. — Les botanistes modernes
ont démembré cette espèce linnéenne avec une persévérance
toute particulière; et, en effet, quand on examine les formes
innombrables qu'elle présente, les variations de ses feuilles,

de ses tiges stériles et de ses aiguillons, la couleur et la disposition de ses fleurs, ainsi que les diverses apparences que présentent les fruits, il est bien difficile de croire à une seule espèce, et nous pensons que l'étude déjà très-avancée de ce beau genre finira par séparer nettement plusieurs espèces dans le type du *R. fruticosus*. Pour nous, nous devons le considérer comme un groupe, car il nous serait impossible de démêler, dans les formes si nombreuses déjà décrites en Europe, celles que les auteurs ont voulu rapporter à chacune des espèces nouvellement séparées. — Ces plantes, comme la plupart des ronces, ont de longues racines souvent traçantes, et des tiges frutescentes, rondes et plus souvent anguleuses, qui s'allongent, se couvrent de feuilles et d'aiguillons, qui se dressent ou s'inclinent sans se ramifier, et qui végètent avec une rapidité surprenante. Ces tiges restent stériles pendant la première année. A la seconde, on voit paraître à l'aisselle des feuilles des boutons écailleux qui se changent en branches courtes, terminées par des thyrses ou des grappes de fleurs qui n'apparaissent que dans le milieu de l'été. Ses feuilles digitées et nombreuses, d'un vert foncé en-dessus, velues ou tomenteuses en-dessous, ont leurs folioles plissées sur leurs nervures et un peu roulées sur leurs bords dans la préfoliation, et rappellent aussi celles des *Geum*. La fleur qui s'épanouit la première est celle qui termine le thyrse, ensuite celles des sommets des branches latérales du thyrse, en commençant par en bas ; la maturation des fruits suit régulièrement l'ordre de la floraison. Les pétales roses, lilas ou violets de ce groupe d'espèces, sont comme plissés ou chiffonnés dans le bouton ; quelquefois même ils ne s'étendent pas complétement. Ils entourent pendant quelques jours de nombreuses étamines, puis ils tombent avec une grande facilité. Les fruits sont formés d'un grand nombre de très-petits drupes aggrégés et disposés par séries superposées, contenant autour de leur noyau une grande quantité de suc coloré, sucré et parfumé. Ce type et ses formes nombreuses, tient une place importante dans les scènes des campagnes. Ses longues tiges épineuses et ses feuilles dont les nervures sont aussi couvertes d'aiguillons, envahissent les haies et les buissons. Tantôt les tiges sont droites et élancées, tantôt elles s'appuient sur les arbres voisins, et cherchent à dégager leurs rameaux florifères pour les porter à la lumière du jour. C'est un charmant spectacle de voir chaque matin ces fleurs fraîchement écloses sur lesquelles les papillons diurnes semblent se donner rendez-vous, depuis ces argines nacrées, aux taches de léopard, jusqu'à ce sylvain azuré qui abandonne nos jardins pour ces fleurs sauvages. — Plus tard, ce sont les fruits dont le nombre et le poids font fléchir les rameaux. Ils passent par toutes les nuances du rouge et du violet, et finissent par paraître noirs et luisants, se mêlant dans les haies aux fruits bleuâtres du *Prunus spinosa* et aux fruits carminés de l'*Evonymus europœus*. Enfin, un peu plus tard, le dessous des feuilles se couvre de puccinies ou d'*Uredo* noirs ou orangés; les tiges brunissent ainsi que leurs aiguillons; les feuilles deviennent rougeâtres, brunes ou d'un rouge très-vif. C'est ainsi qu'elles persistent en hiver, fixées par un renflement non articulé de leur pétiole. — La floraison commence en juin et en juillet; elle continue souvent en août et en septembre, et il n'est pas rare de voir cette espèce fleurir deux fois.

Nature du sol. — *Altitude.* — Tous les terrains peuvent être envahis par les différentes formes de cette espèce ; on ne peut nier cependant qu'elle ne préfère les terrains siliceux et volcaniques, les sols rocailleux et détritiques. Elle a aussi des formes pour toutes les altitudes , depuis la plaine la plus basse jusque vers des zones de 1,000 à 1,800^m qu'elle atteint dans les Alpes et dans les Pyrénées. Sa zone de prédilection est celle des hêtres.

Géographie. — Ce *Rubus* a des formes ou des variétés qui s'accommodent de tous les climats. — On le trouve, au sud, en France, en Espagne, jusque dans le royaume de Grenade. C'est la seule espèce que cite M. Boissier dans son beau travail. Elle habite sa région chaude et sa région montagneuse. Elle se trouve aussi en Barbarie où les *Rubus* sont rares , mais remplacés par une foule de plantes épineuses. Beaucoup de bois, dit M. Borne, en sont dépourvus, mais le *R. fruticosus* se plaît surtout à l'ombre du *Populus alba*. M. Cosson cite le *R. fruticosus*, var. *discolor*, en Algérie , dans les pâturages de Sidi-Méeid , et sur le Djebel-Cheliah dans l'Aurès. Il croît encore aux Canaries. — Au nord, il s'étend très-communément dans toute l'Europe contrale, dans le Danemarck et la Gothie, et s'arrête dans la Suède et la Norvége australes , dans les lieux pierreux des bords de la mer. Il est en Angleterre, en Irlande , aux Hébrides et aux Orcades qu'il ne dépasse pas. — A l'occident, il reste en Portugal et aux Canaries. — A l'orient, en Suisse , en Italie, en Grèce, en Tauride , dans le Caucase, en Géorgie , dans les montagnes du Talüsch , autour de la Caspienne , dans le désert des Kirghiz; dans les Carpathes, la Turquie , les Russies moyenne et australe , les Sibéries de l'Oural et du Baïkal.

Limites d'extension de l'espèce.

Sud, Canaries............. 30°	}	Ecart en latitude :
Nord, Suède australe........ 56	}	26°

Occident, Canaries.......... 18 O. } Ecart en longitude ·
Orient, Sibérie du Baikal.... 116 E. }   134°
　　　　Carré d'expansion............ 3484

Rubus idœus, Lin. — C'est la seule espèce européenne
d'une nombreuse section des *Rubus.* Elle croît dans les
bois, sur les pentes pierreuses des montagnes, sur le bord
des chemins; elle vit partout en société et forme de
petits taillis dans les clairières des bois, cherchant à étouffer les plantes voisines, essayant de les affamer par ses longues racines traçantes, et passant sa vie à combattre le *Vac-*
cinium Myrtillus, l'*Epilobium spicatum*, le *Doronicum*
austriacum, et toutes ces belles plantes des forêts des
montagnes. Ses tiges cylindriques, glauques et bisannuelles,
sont remplies de moëlle blanche et couvertes de petits aiguillons mous et sétacés. Ses feuilles, élégamment pennées, à
5 folioles, sont tomenteuses et glauques, et comme argentées en-dessous, d'un vert assez sombre en-dessus. Les
fleurs, presque toujours réunies en petites grappes, sont
axillaires, verdâtres ou blanches et sans éclat. D'abord
dressées, elles s'inclinent après la fécondation, et il leur
succède de jolis fruits d'un beau rouge, dont les grains,
soudés et parfumés, se détachent ensemble d'un réceptacle
blanc et saillant dans leur intérieur. Fleurit en juin et
juillet, fructifie en septembre.

Nature du sol. — Altitude. — Nous ne trouvons le
framboisier que sur les terrains siliceux, primitifs et volcaniques, trachytes, basaltes, laves ou scories modernes;
mais dans d'autres contrées comme le Jura, le mont Ventoux, la Belgique, il croît aussi vigoureusement sur les
calcaires. — Il habite les plaines dans le nord, mais dans le
centre et le midi de l'Europe, il recherche les montagnes.

De Candolle l'indique à 1,500^m dans les Alpes et le Jura. Nous l'avons trouvé à 600^m dans les Ardennes ; à 1,600^m au mont Dore au-dessus des sapins. Il est cité à 1,400^m sur le mont Ventoux ; entre 600 et 1,800^m dans le Caucase. M. Borne l'a trouvé à 1,000^m dans l'Atlas.

Géographie. — Le framboisier a une grande expansion géographique. — On le trouve au sud, en France, en Espagne où il est rare, et jusque dans la Barbarie où il s'arrête sur les montagnes de l'Atlas. — Au nord, il occupe toute l'Europe, y compris la Scandinavie. En Suède, il affectionne les lieux pierreux des forêts, mais ne s'élève pas sur les hautes montagnes ; en Laponie, dit Wahlenberg, il recherche surtout les lieux brûlés des forêts et se cantonne autour des villages. Il occupe la région sylvatique de toute la Laponie méridionale où il est rare ; mais il devient très-commun sur les pentes des montagnes du Nordland. Dans les localités les plus élevées de cette contrée il se modifie : ses feuilles sont moins blanches en-dessous et seulement un peu tomenteuses ; elles sont à peine pennées, et les pétioles sont toujours très-sensiblement canaliculées. Le framboisier végète encore en Finlande , en Angleterre, en Irlande et aux Orcades. — A l'occident, nous ne le trouvons pas au delà de l'Irlande. — A l'orient, au contraire, il occupe la Suisse, l'Italie, la Sicile, la Tauride, le Caucase, la Géorgie, l'Arménie, les bords de la Caspienne , Lenkoran ; les Carpathes, la Turquie, toutes les Russies, les Sibéries de l'Oural , de l'Altaï et du Baïkal , la Dahurie et le Kamtschatka.

Limites d'extension de l'espèce.

Sud, Algérie..............	35°	} Ecart en latitude :
Nord, Laponie...........	70	} 35°

Occident, Irlande.......... 15 O. } Écart en longitude :
Orient, Kamtschatka........ 170 E. }   185°
      Carré d'expansion............ 5475

G. FRAGARIA, *Lin.*

Distribution géographique du genre. — Les fraisiers forment un petit genre d'une vingtaine d'espèces partagées presqu'également entre l'Europe, l'Asie et l'Amérique. — La France et l'Allemagne sont les parties de l'Europe qui en possèdent le plus, mais les botanistes ne sont pas tous d'accord sur la distinction de ces espèces. — L'Asie a 7 espèces de fraisiers : des grandes Indes, du Népaul et de Java. — On en compte 5 ou 6 dans l'Amérique septentrionale, dont 1 au Mexique, 1 en Californie, 1 au Canada, les autres aux Etats-Unis. — L'Amérique méridionale en a 2 espèces au Chili. — On n'en connaît aucune ni en Afrique, ni en Océanie.

FRAGARIA VESCA, Lin. — Il est des plantes qui semblent destinées par la nature à charmer tous nos sens. La vue, le goût et l'odorat sont agréablement impressionnés par ces groupes de fraisiers sauvages qui souvent encore portent quelques fleurs régulières et tardives quand déjà des fruits mûrs parfument la forêt et nous invitent à les cueillir. Abrité par ses feuilles mortes qui entourent son rhizome, le fraisier sommeille pendant une partie de l'année ; mais au printemps ses feuilles plissées et soyeuses s'entr'ouvrent et finissent par s'étaler. Des pédoncules axillaires s'en échappent, et de jolies fleurs blanches, garnies de nombreuses étamines jaunes et de carpelles à styles latéraux, préludent aux fruits rouges et savoureux qui doivent leur succéder. Les semences, régulièrement insérées sur ce réceptacle charnu, ne sont pas le seul

moyen que le fraisier emploie pour sa multiplication ; il sort
de l'aisselle de ses feuilles des rejets allongés qui rampent
sur le sol, qui sont munis, à une certaine distance de la plante,
de quelques écailles stipulaires, qui plus loin montrent de
véritables feuilles, et dont un bourrelet, appliqué sur la terre,
donne aussi des racines qui font une plante nouvelle ; le
fraisier est ainsi appelé à vivre en société nombreuse ou en
puissantes familles dérivées d'une souche commune. Les graines lèvent avec des feuilles simples alternes; des feuilles lobées
leur succèdent, et plus tard se présentent les feuilles à trois
folioles. — Notre fraisier est remplacé, selon Liebmann
(Flora, février 1843), sur les hauts plateaux du Mexique par
le *F. mexicana* qui vit dans les mêmes conditions.

Nature du sol. — Altitude. — Le fraisier est indifférent,
tous les sols lui conviennent, il croît également dans la
plaine et sur les montagnes, où de Candolle lui assigne une
limite de 2,000^m dans les Alpes et dans les Pyrénées. Nous
le trouvons jusqu'à 1,500^m dans les bois de sapins du
mont Dore. M. Watson le cite dans les monts Gampiens, à
360^m, et Wahlenberg dit qu'il est commun dans la Suisse
septentrionale, sur les collines et dans les bois des montagnes où il donne encore des fruits mûrs à la limite supérieure
du sapin, vers 1,600 à 1,700^m, puis il atteint jusqu'à 2,000^m
et il reste stérile, étant sans doute continuellement semé
par les oiseaux. Ledebour le cite entre 200 et 1,200^m dans
le Caucase, et Lessing à 360^m aux îles Loffoden.

Géographie. — Le fraisier s'avance au sud, en Espagne, en Afrique, dans l'Atlas, aux Canaries, où peut-être
il a été naturalisé comme à l'île Maurice et à l'île Bourbon.
— Au nord, il existe dans toute l'Europe jusque dans la
Laponie, dans les vallées inferalpines du Nordland, exposées
au midi, jusqu'au 70° 30', dans l'Altenfiord où il peut à.

peine mûrir ses fruits. Il est aussi en Angleterre, en Irlande, aux Orcades et aux Shetland. — A l'occident, il vit en Portugal et aux Canaries; on l'indique sur la côte nord-ouest de l'Amérique, où il a probablement aussi été naturalisé. — A l'orient, en Suisse, en Italie, en Sicile, en Tauride, dans le Caucase, en Géorgie, tout autour de la Caspienne; dans les Carpathes, la Turquie, toutes les Russies, les Sibéries de l'Oural, de l'Altaï, du Baïkal et la Dahurie.

Limites d'extension de l'espèce.

Sud, Canaries............	30°	}	Ecart en latitude :
Nord, Laponie............	70	}	40°
Occident, Canaries........	18 O.	}	Ecart en longitude :
Orient, Dahurie..........	118 E.	}	136°
Carré d'expansion............	5440		

FRAGARIA ELATIOR, Ehrh. — Ce fraisier habite les bois, les coteaux et les bords des chemins. Il a le port de l'espèce précédente, mais il est plus grand et plus robuste dans toutes ses parties. Sa souche manque de stolons. Ses fleurs sont belles, grandes et dioïques, et ses fruits sont ovoïdes et rougeâtres, rétrécis et dépourvus de carpelles à leur base; souvent même l'avortement des ovaires est complet. — Fleurit en mai.

Nature du sol. — *Altitude.* — Nous le trouvons sur les terrains volcaniques, parmi les scories de la plaine ou des coteaux et sur les alluvions anciennes.

Géographie. — On le trouve, au sud, dans une partie de la France, en Espagne et dans le midi de l'Italie. — Au nord, il est disséminé dans toute l'Europe centrale, dans le Danemarck, la Gothie, la Norvége, la Suède et la Finlande australes. Il existe aussi en Irlande. — A l'occident, il reste dans cette dernière contrée. — A l'orient, nous l'avons cité en Italie ; il est aussi en Dalmatie, en Croatie, en Hongrie, en Transylvanie, dans la Russie moyenne, dans le Caucase et en Géorgie.

Limites d'extension de l'espèce.

Sud, Royaume de Naples..... 40° } Ecart en latitude :
Nord, Finlande............. 60   }   20°
Occident, Irlande........... 12 O. } Ecart en longitude :
Orient, Géorgie .... 48 E. }   60°
      Carré d'expansion............ 1200

FRAGARIA COLLINA, Ehrh. — Cette plante croît dans les prés, parmi les buissons, où elle forme comme les autres fraisiers de petits groupes rapprochés. Sa souche est sans stolons, ses feuilles très-soyeuses, et ses tiges ne portent ordinairement que 3 fleurs soutenues par des pédicelles allongés, qui sont, comme les calices, d'un vert jaunâtre et velus. Les pétales sont d'un beau blanc, un peu veinés par transparence, à onglets courts et blancs comme le limbe. Les filets, les anthères et le pollen sont d'un beau jaune et brunissent après la fécondation. Les carpelles sont nombreux, verdâtres et portés à leur maturité sur un réceptacle blanc et charnu. — Fleurit en avril et en mai.

Nature du sol. — Altitude. — Terrains calcaires et marneux de la plaine. Ledebour l'indique cependant dans le Caucase, entre 200 et 1,200ᵐ ; M. de Schœnefeld l'a remarqué sur les pointes calcaires qui dominent les grès de Fontainebleau.

Géographie. — Au sud, le midi de la France et le Caucase. — Au nord, l'Europe centrale, le Danemarck, la Gothie, la Norvége, la Suède et la Finlande australe, sur les collines et dans les lieux bien exposés des terrains calcaires. Ce fraisier n'est indiqué ni en Angleterre, ni dans les archipels, ni même aux Feroë, et il figure dans les listes d'espèces islandaises. — A l'occident, il trouverait sa limite dans cette dernière contrée. — A l'orient, il végète en Italie, en Dalmatie, en Croatie, en Transylvanie, dans le Caucase, la Géorgie, autour de la Caspienne, près de Lenkoran et d'Elisabethpol, dans les plaines des Kirghiz ; dans les Carpathes, dans la Russie moyenne, où, selon M. Ruprecht, il serait en Esthonie et en Ingrie, par 58°, sur les deux rives de la Narowa, dans la Russie australe et dans les Sibéries de l'Oural, de l'Altaï et du Baïkal.

Limites d'extension de l'espèce.

Sud, Géorgie............	40°	} Écart en latitude :
Nord, Islande............	65	} 25°
Occident, Islande..........	24 O.	} Écart en longitude :
Orient, Sibérie du Baïkal.....	116 E.	} 140°
Carré d'expansion............	3500	

G. POTENTILLA, *Lin.*

Distribution géographique du genre. — Le grand genre *Potentilla* possède aujourd'hui près de 200 espèces divisées entre l'Asie, l'Europe et l'Amérique du nord. — C'est en Asie que l'on rencontre la plus grande portion du genre, 70 à 80, dont la moitié se trouvent dans les diverses parties de la Sibérie ; là est le grand centre des *Potentilla*. On en cite ensuite 15 à 20 espèces aux Indes orientales, quelques-unes en Perse, en Arménie, à la Chine et au Japon, et enfin plusieurs arrivent en Dahurie, au Kamtschatka et 3 d'entr'elles jusque sur les îles Aléoutiennes. — Après le centre asiatique,

le plus considérable est en Europe. Il y en a environ 70 espèces disséminées partout : dans le Midi, en Espagne, en
Grèce, en Sicile, en Crète, en Italie ; dans le centre, en
Allemagne, en France, en Saxe, en Hongrie, en Bohême,
en Suisse, dans les Alpes ; au nord, dans la Norvége et la
Suède ; à l'est, dans le Caucase, la Tauride, la Turquie et
diverses parties de la Russie. — Parmi les 40 espèces du
Nouveau-Monde, une seule est australe et se trouve au Chili ;
toutes les autres sont du Nord ; 5 ou 6 du Mexique et de
la Californie, la majeure partie des Etats-Unis et du Canada,
1 de la baie d'Hudson, 2 de l'Amérique arctique, 5 du
Groënland et 1 enfin est rejetée à l'île Melville.

POTENTILLA COMARUM, Scop. — Ses rhizomes longs et
traçants s'enfoncent dans la vase des marais, et produisent
ensuite à leur extrémité des tiges allongées qui rampent
sur le sol ou qui flottent dans les eaux. Ses feuilles d'un vert
sombre, glauques en-dessous, sont formées de 7 folioles ;
les inférieures sont ailées et plus petites, tandis que les supérieures sont seulement déjetées. Elles résistent à l'humidité, et chaque rameau se termine par quelques fleurs d'un
brun pourpre et noirâtre, à pétales caduques, à bractées
calicinales réfléchies. Les fleurs elles-mêmes sont ordinairement penchées. Quand la fécondation a eu lieu, le calice
resserre ses sépales sur le réceptacle qui devient charnu, et
plus tard les carpelles mûris s'en détachent et tombent en
passant entre les sépales du calice coloré en rouge vineux.
Les bractées du calice sont au contraire réfléchies quand
celui-ci se resserre. — Cette plante fleurit longtemps, depuis
le mois de juin jusqu'au mois d'août. Elle vit en société
dans les marais tourbeux, et fait partie des végétaux dont
les racines enlacées et les tiges quelquefois flottantes, enva-

hissent les lacs profonds des montagnes en avançant successivement des bords sur la surface même de l'eau. Ces plantes finissent par former de véritables tissus de racines, radeaux mouvants qui se fixent peu à peu, et cachent parfois des fondrières dangereuses, dont elles défendent l'entrée. Les *Sphagnum*, l'*Andromeda poliifolia,* le *Menianthes trifoliata,* le *Salix repens,* le *Geum rivale,* sont les espèces avec lesquelles le *P. Comarum* est le plus ordinairement associé.

Nature du sol. — Altitude. — Cette plante croît partout, mais elle préfère les terrains siliceux, détritiques, et exige qu'ils soient complétement imbibés d'eau. — Elle accepte la plaine et les montagnes. De Candolle la cite à 0, à Abbeville ; à 1,600^m, dans le Jura , et autour des lacs de l'Aubrac, dans l'Aveyron.

Géographie. — Plante du nord et des régions polaires, elle s'avance peu au midi et ne dépasse pas la chaîne des Pyrénées. — Au nord, elle existe dans toute l'Europe, dans les marais subalpins de la Scandinavie, où elle abonde et où paraît être sa véritable patrie ; dans les marais et les prés mouillés de toutes les Laponies, dans le Nordland et le Finmark, où elle s'élève sur les Alpes, laissant loin derrière elle le *Geum rivale.* Elle est commune en Angleterre , en Irlande, dans tous les archipels, aux Feroë et en Islande, dans les marais à fond tourbeux. — A l'occident, elle s'étend jusqu'au Groënland et habite aussi tout le Canada, le Labrador, et va probablement rejoindre l'Amérique russe, formant ainsi une ceinture fermée tout autour des régions polaires de l'hémisphère boréal. — A l'orient, elle croît en Suisse, où elle est assez rare, dans les marais et se tient dans la plaine. Elle se retrouve en Piémont, en Lombardie, en Croatie, en Hongrie, en Transylvanie, dans le Caucase,

dans toutes les Russies, dans toutes les Sibéries, la Dahurie,
le pays des Tschukschis, le Kamtschatka, d'où elle passe sur
les Aléoutiennes, où elle a été signalée à Unalascha et à
Sitcha, entre dans l'Amérique russe, où elle a été trouvée
dans les baies de Kotzebue et d'Eschscholtz.

Limites d'extension de l'espèce. `

Sud, Pyrénées, Caucase.....	43°	} Écart en latitude :
Nord, Laponie.............	70	27°
Occident et *Orient*........	360	{ Écart en longitude . 360°
Carré d'expansion.............	9720	

POTENTILLA SUPINA, Lin. — C'est la seule potentille
annuelle ; aussi est-elle très-disséminée, tantôt rare, tantôt
assez commune, et recherchant ou les décombres, ou les terrains qui ont été inondés, ou les lieux salifères. Sa tige est
dichotome et rampante , ses feuilles sont ailées à 3 folioles
oblongues dentées, dont les supérieures sont décurrentes.
Ses pédoncules sont axillaires et solitaires, terminés par des
fleurs jaunes, à réceptacle glabre et relevé. Les pédoncules
se réfléchissent pendant la maturation. — Fleurit en mai
et en juin.

Nature du sol. — Altitude. — Recherche les lieux salés
et humides, et les terrains graveleux et sablonneux de la
plaine.

Géographie. — Au sud, le midi de la France, une partie
de l'Espagne, l'Italie et la Sicile. — Au nord, la France,
l'Allemagne, la Russie moyenne. — A l'occident , le Canada et une partie de l'Amérique du nord. — A l'orient, la
Suisse, l'Italie, la Croatie, la Hongrie, la Transylvanie, les
Carpathes , la Russie moyenne, la Russie australe , As-

trakan, les déserts de la Caspienne, le Caucase, la Géorgie, les Sibéries de l'Oural, de l'Altaï, du Baïkal et la Dahurie.

Limites d'extension de l'espèce.

Sud, Sicile................. 38° ⎫ Écart en latitude :
Nord, Russie............... 60 ⎭   22°
Occident, Canada. .... 70 O. ⎫ Écart en longitude :
Orient, Dahurie........... 118 E. ⎭   188°
    Carré d'expansion............ 4130

POTENTILLA RUPESTRIS, Lin. — Cette belle espèce croît au milieu des rochers, dans les lieux secs et arides, où elle vit disséminée et souvent solitaire. Sa racine est forte et ligneuse ; ses feuilles radicales sont velues et composées de 3 paires de folioles, quelquefois de 2 seulement, d'autres fois de 4 et toujours avec impaire. La tige est droite, bifurquée à sa partie supérieure, et soutient quelques fleurs blanches, assez grandes, qui forment une espèce de panicule terminale. Ces fleurs durent assez longtemps, et les semences qui leur succèdent sont lisses et nombreuses. — Fleurit en mai et en juin.

Nature du sol. — Altitude. — Nous avons toujours trouvé cette plante sur le terrain primitif, sur le granit, sur le micaschiste et sur le basalte. Elle croît dans les Ardennes, sur le calcaire ; dans les Vosges, sur le grès ; en Suède, sur les calcaires de transition. — Elle se trouve rarement en plaine. De Candolle la cite à 400^m, à Albi ; et à 1,600^m, dans les Alpes et dans le Jura. Nous la trouvons en Auvergne, entre 600 et 800^m. M. Boissier l'indique à 1,450^m dans la région montagneuse du royaume de Grenade.

Géographie. — Au sud, la France, la Corse, la Sardaigne et l'Espagne. — Au nord, la France, l'Allemagne, la

Gothie boréale, la Lithuanie, la Suède australe et l'Angleterre. — A l'occident, le Portugal. — A l'orient, la Lombardie, le Piémont, la Croatie, la Hongrie, la Transylvanie,
la Turquie, la Grèce, la Tauride, le Caucase, les Sibéries
de l'Altaï, du Baïkal et orientale, ainsi que la Dahurie.

Limites d'extension de l'espèce.

Sud, Royaume de Grenade....	38°	}Ecart en latitude .
Nord, Gothie septentrionale...	59	} 21°
Occident, Portugal.........	10 O.	}Ecart en longitude :
Orient, Sibérie orientale.....	160 E.	} 170°
Carré d'expansion...........	3570	

POTENTILLA ANSERINA, Lin. — Les bords des chemins,
les décombres, les fossés et surtout ceux qui ont été inondés
pendant l'hiver, sont les stations qui conviennent à cette
jolie plante. Elle vit toujours en société, état qu'elle doit
peut-être à de nombreux rejets rampants qui courent sur
le sol et s'y enracinent. Ses feuilles sont irrégulièrement
ailées, soyeuses, accompagnées de stipules multifides, et
c'est de leur aisselle que sortent solitaires ces grandes fleurs
jaunes si régulièrement épanouies , qui s'ouvrent le matin
et se ferment le soir. Elle est souvent associée , dans les
prés humides, à l'*Alopecurus geniculatus*, et, le long des
fossés, au *Polygonum aviculare*. Elle fleurit en mai et continue de fleurir pendant plusieurs mois.

Nature du sol. — *Altitude.* —Elle paraît tout à fait indifférente aux terrains, pourvu qu'ils soient un peu humides; elle
croît également sur les sables et sur les argiles et paraît avoir
une préférence pour les bords des chemins et le voisinage des
lieux habités. —Elle atteint de grandes hauteurs; de Candolle

l'indique à 0 en Hollande et à 1,700^m au mont Genèvre. Nous ne la trouvons pas en Auvergne au-dessus de 1,200^m.

Géographie. — Il est presque impossible de déterminer ses limites tant elles sont étendues. Mais cette espèce offre de grandes lacunes dans sa dispersion, passant d'un point sur un autre qui en est très-éloigné et souvent situé dans un autre hémisphère. — Au sud, elle est en France, dans une partie de l'Espagne dont elle n'atteint pas le midi; dans le royaume de Naples, mais elle n'est pas citée en Algérie ni dans aucune partie de l'Afrique. — Au nord, elle est dans toute l'Europe, y compris la Scandinavie où elle croît le long des chemins ou près des habitations, dans la Laponie sur les bords de la mer, dans tout le Nordland et plus rarement dans le Finmark; elle se trouve dans l'Altenfiord et à Hammerfest par 70° 40′, et aux Loffoden. Elle existe aussi en Angleterre, en Irlande, dans tous les archipels, aux Feroë et en Islande. Dans cette dernière contrée, elle s'approche des sources thermales et s'y développe presqu'en toute saison, malgré le froid, la neige et les glaces qui règnent toute l'année dans cette île. — A l'occident, elle habite une grande partie de l'Amérique, toute la plaine qui s'étend du lac Huron jusqu'aux régions les plus septentrionales, et depuis le Labrador jusqu'au détroit de Kotzebue et dans la Colombie. — A l'orient, elle se trouve en Suisse, le long des chemins humides; dans les Carpathes, en Turquie, en Italie, dans le Caucase; dans toute la Géorgie et aux environs de la mer Caspienne; dans toutes les Russies, dans toutes les Sibéries, y compris la terre des Samoyèdes, en Dahurie, au Kamstchatka, dans l'île de Sitcha et dans l'Amérique russe où elle arrive au détroit de Kotzebue, faisant ainsi le tour de l'hémisphère entre 60° et 70°. Elle est aussi indiquée au Cachemire, en Chine, à Pékin. —

Dans l'hémisphère austral, on l'a rencontrée à la nouvelle
Galles du sud , au Chili , à la Nouvelle-Zélande.

Limites d'extension de l'espèce.

Sud, Cachemire............	32°	Écart en latitude :
Nord, Terre des Samoyèdes...	72	40°
Occident et *Orient*.........	360	Écart en longitude : 360°
Carré d'expansion...........	14400	

Potentilla recta, Lin. — Cette espèce habite les haies
et les broussailles des terrains secs et rocailleux. Sa tige
simple et droite se divise à sa partie supérieure en plusieurs
pédoncules réunis en une sorte d'ombelle. Ses feuilles sont
grandes, à 5 ou 7 folioles oblongues, velues et d'un vert terne.
Ses fleurs, jaunes et assez grandes , s'épanouissent en juin
et en juillet.

Nature du sol. — *Altitude.* — Elle habite les terrains
primitifs et siliceux de la plaine. — Elle peut cependant atteindre les montagnes , car elle est indiquée dans la flore de
Ledebour de 200 à 1,000^m dans le Breschtau, et de 1,000
à 1,600^m dans le Talüsch.

Géographie. — Au sud , elle existe jusqu'aux Pyrénées,
dans une partie de l'Espagne, en Corse et dans le midi de
l'Italie. — Au nord, elle s'avance dans la Russie moyenne
jusqu'à Moscou, dans la Lithuanie et dans la Volhynie. —
A l'occident, elle ne dépasse pas l'Espagne. — A l'orient,
elle habite la Suisse, l'Italie, la Croatie, la Hongrie , la
Transylvanie, les Carpathes , la Turquie, le Balkan, la
Béotie , la Tauride , l'Arménie , le Caucase, la Géorgie ,
les bords de la Caspienne, Elisabethpol, Lenkoran, le désert
des Kirghiz , la Sibérie de l'Oural et celle de l'Altaï.

Limites d'extension de l'espèce.

Sud, Royaume de Naples..... 40   } Écart en latitude :
Nord, Russie............. 55 , }   15°
Occident, Espagne......... 6   } Écart en longitude :
Orient, Sibérie altaïque....... 90 E.}   96°
        Carré d'expansion............. 1440

POTENTILLA HIRTA, Lin. — On rencontre cette potentille
sur les rochers et dans les lieux secs. Sa racine est vivace et
ligneuse ; ses tiges sont moins hautes que celles de la précédente ; ses feuilles radicales sont formées de 5 folioles
oblongues, un peu dentées; celles de la tige sont nombreuses,
accompagnées de stipules lancéolées. Toute la plante est couverte de longs poils blancs. Les fleurs d'un beau jaune forment
au sommet de la tige un corymbe à pédicelles rapprochés.
Les carpelles sont rugueux , plissés et comme bordés d'une
petite saillie membraneuse. — Fleurit en juin et juillet.

Nature du sol. — *Altitude.* — Nous la connaissons sur
les terrains siliceux et en plaine seulement. M. Boissier
l'indique dans le midi de l'Espagne , sur les collines argileuses de sa région montagneuse supérieure et de sa région
alpine, de 1,450 à 2,100^m.

Géographie. — Au sud , le midi de la France , l'Espagne , les Pyrénées , le Djebel-Tougour et les pâturages supérieurs du Djebel-Cheliah, dans la chaîne de l'Aurès, en
Algérie, d'après M. Cosson. — Au nord , une partie de
l'Allemagne, la Russie moyenne , Moscou. — A l'occident,
l'Espagne. — A l'orient, le Piémont, la Sardaigne , l'Italie ,
la Sicile , la Grèce , la Roumélie , la Tauride , les steppes
et le littoral de la Caspienne, le Simbirsk, la Russie australe.
Ledebour se demande si la plante russe ne serait pas plutôt
une variété du *P. recta ?*

Limites d'extension de l'espèce.

Sud, Algérie................ 35°	Écart en latitude :	
Nord, Moscou. 56	21°	
Occident, Espagne......... 9 O.	Écart en longitude :	
Orient, Steppes de la Caspienne. 54 E.	63°	
Carré d'expansion............ 1323		

POTENTILLA ARGENTEA, Lin. — C'est presqu'une plante om estique, vivant autour des habitations, sur le bord des chemins, dans les lieux secs, et élevant des tiges droites et rameuses dont les feuilles caulinaires sont à 5 ou 7 folioles. Ces feuilles, d'abord roulées sur les bords, sont comme pulvérulentes et argentées par-dessous. Ses fleurs sont petites et jaunes, à pétales en cœur et un peu ridés. — Fleurit en juin et juillet, et s'associe à toutes les espèces des bords des chemins et des décombres.

Nature du sol. — Altitude. — Elle préfère les terrains siliceux et graveleux, cependant on la cite sur les calcaires dans plusieurs localités. Elle est presqu'indifférente. — Elle croît dans les plaines, mais elle peut s'élever très-haut sur les montagnes. De Candolle l'indique à 40^m dans l'Anjou, et à 1,300^m à Briançon. Ledebour la cite dans le Talüsch, de 800 à 1,000^m, et sa variété *Thomazii*, dans les mêmes montagnes de 1,600 à 2,000^m. M. de Tchiatcheff cite cette espèce, ou au moins une espèce extrêmement voisine, à la hauteur de 2,700 à 2,800^m sur le cône volcanique du mont Argé, en Asie mineure.

Géographie. — Cette plante est commune dans la majeure partie de l'Europe. — Au sud, elle est moins répandue et s'arrête probablement dans les Pyrénées et en Espagne, et ne se montre pas dans la région méditerranéenne. — Au

nord, elle existe dans presque toute l'Allemagne, dans toute
la Scandinavie où elle devient domestique, jusque dans la
Laponie australe et dans la Finlande. Elle est en Angleterre,
en Irlande, et elle est mentionnée dans le voyage en Islande,
comme croissant sur les hauteurs sèches où le terrain est sablonneux. — A l'occident, l'Islande serait sa station la plus
reculée, bien qu'elle soit indiquée aussi au Canada où elle
doit avoir été transportée. — A l'orient, elle s'étend très-
loin, en Italie, en Dalmatie, en Croatie, en Hongrie, en
Transylvanie, dans la Turquie, la Grèce, la Crimée, la Colchide, le Caucase, l'Arménie, la Géorgie, les bords de la
Caspienne; dans les Russies septentrionale, moyenne et australe, dans les Sibéries de l'Oural, de l'Altaï et du Baïkal.

Limites d'extension de l'espèce.

Sud, Géorgie.............	40°	} Ecart en latitude .
Nord, Laponie............	66	} 26°
Occident, Islande..........	20 O.	} Ecart en longitude :
Orient, Sibérie du Baïkal....	116 E.	} 136°
Carré d'expansion............	3536	

POTENTILLA REPTANS, Lin. — Il est commun le long des
chemins et des fossés, où ses grandes fleurs jaunes, partant de
l'aisselle de feuilles quinées, le font reconnaître au premier
abord. Ses tiges très-longues tracent sur la terre et s'y enracinent; elles produisent des fleurs pendant la majeure partie
de l'année. D'autres tiges restent stériles, rougeâtres, et
s'allongent d'une manière démesurée, si elles rencontrent
un obstacle qui leur cache la terre et ne leur permet pas de
s'enraciner. — Il fleurit, à partir du mois de mai, pendant
une partie de l'année, et se mêle à toutes les plantes des
bords des chemins et des fossés.

Nature du sol. — *Altitude.* — Il est indifférent, pourvu que les terrains soient humides. — Il reste dans les plaines, s'élève peu, même dans les pays chauds. Il est pourtant cité à 1,000^m dans le Talüsch, près de Lenkoran. M. Boissier l'indique aussi jusqu'à 1,000 à 1,200^m dans le midi de l'Espagne.

Géographie. — Au sud, on le trouve dans le midi de la France, dans l'Espagne, en Corse, aux Baléares, à Madère, en Algérie, et Vogel l'a rencontré aussi en Abyssinie, dans les champs, près d'Adoua, où il fleurit en novembre. Il n'est cité par aucun auteur entre l'Abyssinie et l'Algérie, ce qui prouve moins l'absence de la plante que le peu de connaissances acquises sur les contrées intermédiaires. — Au nord, on le trouve dans toute l'Europe centrale, en y comprenant la Scandinavie, ou il s'arrête dans la Suède méridionale ; il est aussi dans la Finlande australe, en Angleterre et en Irlande. Dans l'Ingrie il s'arrête près de Saint-Pétersbourg, par 59°, selon M. Ruprecht. — A l'occident, il végète à Madère et en Portugal. — A l'orient, il vit en Suisse, dans les lieux calcaires et cultivés, selon Wahlenberg ; en Italie, en Sicile, en Dalmatie, en Croatie, en Hongrie, en Transylvanie, en Turquie, en Grèce, en Tauride, dans le Caucase, en Géorgie, autour de la Caspienne, dans les Russies septentrionale, moyenne et australe ; dans la Sibérie de l'Oural.

Limites d'extension de l'espèce.

Sud, Abyssinie............ 12°	}	Ecart en latitude :
Nord, Finlande............ 62	}	50°
Occident, Madère.......... 19 O.	}	Ecart en longitude :
Orient, Sibérie de l'Oural..... 74 E.	}	93°
Carré d'expansion............ 4650		

POTENTILLA TORMENTILLA , Sibth. — Cette plante est
commune sur les pelouses, dans les pacages, parmi les
bruyères et les broussailles, sur la lisière des bois , dans
les prairies tourbeuses. Elle est souvent associée au *Melam-*
pyrum cristatum, au *Genista anglica*, au *Calluna vul-*
garis, au *Pteris aquilina*, au *Juniperus communis*, etc.
Ses racines sont grosses, rougeâtres en dedans, brunes en
dehors, et produissent des tiges rameuses qui se glissent
parmi les autres plantes; elles sont grêles et débiles, mais
nourries par de puissantes racines. Quelquefois elles se redressent selon les variétés. Les feuilles radicales sont pétiolées et fugaces; les caulinaires, sessiles et d'un vert sombre,
sont formées de 3 folioles en coin, dentées vers leur milieu,
et de stipules qui semblent leur ajouter 2 folioles. Les fleurs
sont petites, solitaires, à 4 pétales en cœur, d'un beau
jaune ; les carpelles sont lisses. Fleurit depuis le mois de juin
jusqu'au mois d'octobre.

Nature du sol. — Altitude. — Cette potentille croît de
préférence sur les terrains siliceux et tourbeux, mais elle
n'est pas exclue des terrains argileux, mouillés, ni même
des calcaires. Elle recherche aussi les terrains détritiques.
— Nous la trouvons abondamment entre 1,000 et 1,500^m.
De Candolle la cite à 1,200^m dans les Alpes. Dans le
Breschtau , elle se trouve de 800 à 2,000^m.

Géographie. — Elle n'est pas méridionale et trouve ses
limites dans les Pyrénées, le nord de l'Espagne et dans le
midi de l'Italie. — Au nord , toute l'Europe, toute la Scandinavie, jusqu'à Hammerfest, par 70° 40′, l'Angleterre,
l'Irlande, les archipels anglais, Feroë et l'Islande. — A
l'occident, l'Islande et le Portugal. — A l'orient, la Suisse,
dans les prés de la plaine et de la montagne, l'Italie, la Dalmatie , la Croatie, la Hongrie, la Transylvanie, la Tur-

quie, le Caucase , la Géorgie , les Carpathes ; toutes les
Russies, les Sibéries de l'Oural , de l'Altaï et du Baïkal.

Limites d'extension de l'espèce.

Sud, Royaume de Naples.....	40°	⎫	Écart en latitude :
Nord, Laponie............	70	⎬	30°
Occident, Islande.........	25 O.	⎫	Écart en longitude :
Orient, Sibérie du Baïkal....	116 E·	⎬	141°
Carré d'expansion............	4230		

POTENTILLA AUREA, Lin. — Voisine du *P. verna*, mais
plus élégante encore, cette plante est commune sur les pelouses des montagnes. Elle se groupe en gazons courts et
serrés, couverts d'une multitude de grandes fleurs qui s'inclinent le soir et pendant la pluie, et qui se redressent et
s'ouvrent sous l'influence du soleil pour montrer les taches
orangées de ses éclatantes corolles. Les feuilles, soyeuses en-
dessous, rapprochent leurs folioles étroites, oblongues,
toutes de même grandeur, qui se ferment aussi, et la plante
endormie ne ressemble en rien à la plante qui veille pendant
le jour. Le calice est argenté et soyeux comme ses folioles,
et ses feuilles radicales sont longuement pétiolées. — Elle
fleurit en juin et en juillet, associant ses fleurs dorées aux
corolles bleues du *Viola sudetica*, aux panicules rembrunies
du *Luzula campestris*, aux épis purpurins du *Gymnadenia
conopsea*, etc.

Nature du sol. — *Altitude.* — Cette potentille habite
les terrains siliceux et détritiques, et se trouve aussi sur les
calcaires. Elle prospère admirablement sur les sols volcaniques. — Elle cherche les lieux élevés. De Candolle l'indique
à Mayence, à 200^m ; et à 1,600^m dans le Cantal et dans
le Jura. Nous l'avons vue à près de 1,800^m dans les monta-

gnes de l'Auvergne. Wahlenberg dit que, dans la Suisse
septentrionale, elle est commune dans la région des hêtres
et dans toute la région des sapins, et même bien au delà,
puisqu'on en trouve de dispersées entre les neiges éternelles
à plus de 2,400ᵐ. Elle ne descend jamais. Celle qui est
citée à Mayence, par de Candolle, provient de graines entraînées et amenées des Alpes.

Géographie. — Au sud, les Pyrénées. — Au nord, la
Belgique, la Suisse, les Carpathes, la Silésie, le Danemarck.
— A l'occident, on la cite en Islande et au Groënland,
localités peut-être douteuses. — A l'orient, elle existe en
Piémont, en Lombardie, en Croatie, en Hongrie, en Tran-
sylvanie, en Bosnie.

Limites d'extension de l'espèce.

Sud, Pyrénées..............	43°	} Ecart en latitude :
Nord, Danemarck...........	52	9°
Occident, Groënland........	26 O.	} Ecart en longitude :
Orient, Carpathes...........	22 E.	48°
Carré d'expansion............	432	

POTENTILLA VERNA, Lin. — Cette espèce rampe sur les
rochers, où elle étale des tiges nombreuses et forme de jolis
gazons garnis de feuilles à 5 folioles, et de fleurs nombreuses
d'un jaune éclatant, qui s'épanouissent dès le premier printemps, très-sensibles à la lumière et très-impressionnables
aux variations atmosphériques. Ses étamines sont abritées
par un double calice et par 5 pétales dorés. Le soir, deux
pétales opposés se rapprochent, deux autres s'inclinent et se
courbent, et le dernier, presque droit, ferme en partie la
tente élégante où les organes sont enfermés.

Nature du sol. — *Altitude.* — On trouve cette espèce sur les terrains siliceux et rocheux, sur le granit, les basaltes, les pépérites volcaniques, sur les calcaires compactes et toujours dans les lieux secs, où l'eau des pluies peut facilement s'écouler. — Elle vit indistinctement dans les plaines ou sur les montagnes. De Candolle la cite à 3,000^m au pic du Midi, dans les Pyrénées.

Géographie. — On confond certainement, dans les formes diverses du *P. verna*, plusieurs espèces distinctes, et l'aire d'expansion que nous allons tracer est celle d'un petit groupe d'espèces dont on distinguera les caractères par une étude plus attentive. — Au sud, ces plantes atteignent les Pyrénées, le nord de l'Espagne et l'Italie. — Au nord, elles occupent tout le centre de l'Europe. On les trouve en Danemarck, en Gothie, en Norvége, en Suède, dans les lieux secs de la partie orientale, en Laponie, sur les pentes inférieures des Alpes méridionales, principalement sur le versant norvégien, dans les prés élevés de tout le Nordland et du Finmark. Elle habite l'Angleterre et les Feroë, sans paraître en Islande ni sur les archipels anglais. — Son habitation la plus occidentale est aux Feroë. — A l'orient, elle est assez fréquente en Suisse, depuis les lieux secs de la plaine jusque bien au delà de la limite des sapins. Elle est en Italie, en Dalmatie, en Croatie, en Hongrie, en Transylvanie, dans les Carpathes, dans la Tauride, le Caucase, la Géorgie, dans les déserts de la Caspienne, dans toutes les Russies et dans les Sibéries de l'Oural et du Baïkal.

Limites d'extension de l'espèce.

Sud, Espagne..............	42°	⎱ Écart en latitude :
Nord, Laponie.............	70	⎰ 28°

Occident, Féroé............   9 O.⎞ Ecart en longitude :
Orient, Sibérie du Baïkal.... 116 E.⎠   125°
          Carré d'expansion............. 3500

POTENTILLA CAULESCENS, Lin. — Cette potentille forme de petites touffes ou plutôt de petits gazons sur les rochers, où elle étale ses tiges rameuses. Ses feuilles sont portées sur de longs pétioles, à 5 à 7 folioles oblongues et dentées au sommet. Celles de la tige sont déjetées, bordées de poils argentés qui se reproduisent souvent sur les nervures. Les dernières feuilles persistent en hiver et rougissent comme la tige par l'action du froid. Les fleurs sont blanches, disposées en corymbe , mais isolées sur leurs pédoncules. Les filets des étamines sont velus jusqu'au sommet et le réceptacle saillant est également velouté. — Cette espèce fleurit tard, au mois d'août ou même en septembre.

Nature du sol. — *Altitude.* — Elle habite les rochers calcaires et compactes, à des élévations moyennes. De Candolle l'indique à 400^m à Grenoble et à 1,600^m dans les Alpes et le Jura ; nous la trouvons à 500 ou 600^m seulement. Elle est remplacée dans le midi de l'Espagne par le *P. petrophyla*, Boissier, qui lui ressemble infiniment et qui croît aussi dans les fissures des rochers calcaires, à 2,000^m ou 2,300^m d'altitude. En Suisse, Wahlenberg dit qu'elle fleurit à la fin de l'automne, dans les lieux secs et sur les rochers, près de la limite supérieure du sapin, tout en pouvant descendre plus bas.

Géographie. — Au sud, les Pyrénées et l'Espagne, la Sicile. — Au nord, la Suisse septentrionale, l'Autriche, la Styrie. — A l'occident, l'Espagne. — A l'orient, la Suisse, l'Italie, la Sicile, la Sardaigne, la Croatie, la Hongrie, la Transylvanie.

Limites d'extension de l'espèce.

```
Sud, Sicile................ 38°   | Écart en latitude :
Nord, Suisse.............. 48     )         10°
Occident, Espagne......... 9 O. ) Écart en longitude :
Orient, Transylvanie...... 21 E. )          30°
        Carré d'expansion........... 300
```

POTENTILLA FRAGARIASTRUM, Ehrh. — Avant que les autres végétaux ne se soient éveillés, et souvent même dans les mois de février et de mars, on aperçoit le long des chemins et dans les haies, cherchant à se dégager des feuilles mortes, une petite plante qui a conservé son feuillage sous la neige, et qui montre timidement une petite fleur aussi blanche que le manteau d'hiver dont le soleil l'a délivrée. C'est le *P. Fragariastrum;* elle devance et attend la pervenche, les renoncules, les primevères, et jouit seule alors, sous les chatons fleuris des saules et des noisetiers, des premiers rayons du soleil et des premières visites des insectes. Ses tiges sont munies de stolons à leur base. Ses feuilles radicales ont 3 folioles, presque sessiles, soyeuses et dentées; la tige, très-mince, ne porte que 1 à 2 feuilles trifoliolées. Ses étamines restent couchées en voûte sur le fond de la fleur, ses anthères ne s'ouvrent pas par les bords comme dans les autres espèces du genre, mais antérieurement par des fentes longitudinales. Le réceptacle est velu; les carpelles sont lisses dans leur jeunesse et ridés à leur maturité.

Nature du sol. — Altitude. — Cette espèce préfère les terrains siliceux et sablonneux, mais elle accepte aussi les autres sols. — Elle croît depuis 0 jusqu'à 2,000^m dans les Alpes et les Pyrénées, selon de Candolle, et jusqu'à 1,200^m

dans les montagnes d'Auvergne. Wahlenberg l'indique en Suisse, jusqu'à la limite supérieure des sapins.

Géographie. — Au sud, les Pyrénées, le midi de l'Italie et la Sicile, le nord de l'Espagne. — Au nord, la France, l'Allemagne, le Danemarck austral, la Lithuanie, l'Angleterre et l'Irlande. — A l'occident, l'Irlande. — A l'orient, l'Italie, la Croatie, la Hongrie, la Transylvanie, la Grèce et la Tauride.

Limites d'extension de l'espèce.

Sud, Sicile	38°	⎫	Ecart en latitude :
Nord, Angleterre	58	⎭	20°
Occident, Irlande	22 O.	⎫	Ecart en longitude :
Orient, Tauride	32 E.	⎭	54°
Carré d'expansion	1080		

G. AGRIMONIA, *Lin.*

Distribution géographique du genre. — On connaît à peine 12 espèces d'*Agrimonia*, dont 5 ou 6 appartiennent à l'Asie, et se trouvent au Népaul, aux Indes orientales, à la Chine, à la Sibérie, à la Dahurie. — 3 habitent l'Amérique septentrionale, 1 l'Amérique australe et 2 seulement sont en Europe.

AGRIMONIA EUPATORIA, Lin. — Il vit dans les buissons, le long des chemins, sur le bord des haies et des champs cultivés. On voit, vers le milieu du printemps, ses rhizômes rameux produire de jeunes pousses dont les feuilles ailées, à folioles alternativement grandes et petites, à large impaire rappellent celles des *Geum* et par la forme et par leur mode de développement. Elles sont protégées chacune par une belle stipule découpée et embrassante, d'un vert sombre comme toute la plante. Dès le commencement de l'été, ses tiges se terminent par un long épi de fleurs jaunes très-brièvement pédonculées et dont la floraison continue pendant plusieurs mois. Les fleurs qui s'ouvrent le matin se referment le soir pour ne plus s'ouvrir. Leurs étamines régulièrement disposées, penchées vers le fond de la fleur, se redressent dans la matinée et s'étalent pour répandre le pollen de deux loges nettement séparées par un connectif, tandis que leurs filets se replient pour former un petit grillage. Le calice, régulièrement creusé à l'extérieur de 10 petites fossettes et chargé de poils mous et courbés, prend du développement aussitôt que les pétales sont tombés. Il devient osseux, rougit ou brunit ; ses poils s'allongent, deviennent crochus et d'un rouge rutilant comme les styles accrescents du *Geum urbanum*, et se transforme enfin en un péricarpe ligneux qui enferme deux carpelles dont chacun contient une graine quand l'un des deux n'est pas vide. L'automne agit sur la coloration de l'Aigremoine comme sur un grand nombre de rosacées. Ses feuilles rougissent, puis elles deviennent d'un rouge vif et brillant. — Cette plante fleurit en juin et en juillet. Elle élève souvent ses épis grêles près des corymbes roses du *Sapanoria officinalis*, près des fleurs dorées du *Tanacetum vulgare*, accompagnée du *Senecio Jacobœa* et des capitules radiés de l'*Inula dysenterica*.

Nature du sol. — *Altitude.* — L'Aigremoine est indifférente et croît sur tous les terrains. — Elle aime la plaine et les coteaux et s'élève peu ; cependant Wahlenberg l'indique dans la Suisse septentrionale jusqu'à la limite supérieure des sapins, et M. Boissier la cite aussi jusque dans la région montagneuse du royaume de Grenade.

Géographie. — Au sud, la France, le midi de l'Espagne, la Corse, la Barbarie, Madère et les Canaries. —

Au nord , toute l'Europe centrale, le Danemarck , la Gothie,
la Norvége, la Suède, où Wahlenberg l'indique dans les lieux
secs et le long des chemins, dans les plaines et sur le littoral.
Elle est aussi dans la Finlande australe , en Angleterre et en
Irlande. — A l'occident , elle végète en Portugal , aux Canaries, au Canada, jusqu'au lac Vinipeg et au lac Huron. —
A l'orient, on la trouve en Suisse , en Italie , en Sicile , en
Dalmatie , en Croatie , en Hongrie , en Transylvanie , en
Tauride , dans le Caucase , dans le Talüsch , en Arménie ,
en Géorgie , autour de la Caspienne ; dans les Carpathes ,
la Turquie , l'Epire, la Thrace , les Russies septentrionale ,
moyenne et australe, dans les Sibéries de l'Oural, de l'Altaï
et du Baïkal.

Limites d'extension de l'espèce.

Sud, Canaries.............	30°	}	Écart en latitude :
Nord, Finlande............	62	)	32°
Occident, Canada..........	85 O.	)	Écart en longitude :
Orient, Sibérie du Baïkal.....	116 E.	}	201°
Carré d'expansion............	6432		

AGRIMONIA ODORATA , Mill. — Grande et belle plante
qui habite les haies, les buissons et surtout la lisière des
forêts où elle cherche l'ombre et l'humidité bien plus que
la précédente. Elle lui ressemble mais elle est plus grande
dans toutes ses parties , son feuillage est ample , élégant et
glanduleux , et ses tiges se terminent par de longs épis de
fleurs jaunes. Les calices campanulés sont striés jusque vers
la moitié de leur hauteur, et garnis de poils raides et réfléchis.
— Elle fleurit tard , en juillet et août , et se trouve assez
souvent associée au *Circœa lutetiana.*

Nature du sol. — *Altitude.* — Nous la connaissons sur

le terrain siliceux ou basaltique et sur le sol rocailleux et humide dans la plaine.

Géographie. — Il est impossible de connaître exactement
l'aire d'expansion de cette espèce, car elle a été très-souvent
confondue avec l'*A. Eupatoria.* Il est donc présumable que
l'aire indiquée ci-dessous est trop petite. — Au sud, on cite
cette espèce dans la France australe, aux Canaries, en
Italie et en Sicile. — Au nord, elle croît en Allemagne sur
les bords du lac Lacher, dans le Rhin inférieur, dans les
Ardennes, près de Spa, dans la Russie australe, dans la
Podolie. — A l'orient, dans le Caucase, la Tauride et la
Géorgie?

Limites d'extension de l'espèce.

Sud, Canaries.............. 30°	} Écart en latitude :	
Nord, Allemagne........... 51	} 20°	
Occident, Canaries......... 18 O.	} Écart en longitude :	
Orient, Géorgie............ 45 E.	} 63°	
Carré d'expansion.. 1260		

G. ROSA. *Lin.*

Distribution géographique du genre. — On connaît au
moins 200 espèces de roses, et un nombre incalculable de
formes et de variétés ; mais c'est à peine si, sur ces 200, on
sait la véritable patrie de 160 ou 170. — En Europe, où
les rosiers sauvages ont été soigneusement étudiés, on compte
maintenant entre 76 et 80 espèces distinctes. Les contrées
qui en ont le plus grand nombre sont : la Tauride et le Caucase, la France, l'Allemagne, l'Angleterre et toute l'Europe centrale, dans laquelle nous plaçons la Hongrie, la Silésie, la Bohême, la Turquie, la Belgique. La Scandinavie d'un
côté, l'Italie, l'Espagne et la Sicile de l'autre, en ont bien

moins d'espèces. — L'Asie a de 55 à 60 rosiers, dont plus de la moitié sont de la Chine et de la Sibérie. On en connaît 7 à 8 aux Indes orientales, quelques-uns au Népaul, puis on trouve encore des rosiers en Géorgie, en Perse, au Japon, en Dahurie et au Kamtschatka. — L'Amériqne en possède un assez grand nombre d'espèces ; il y en a 35 de connus, tous du nord des États-Unis, et surtout du Kentucki, du Maryland, de Terre-Neuve, de la Floride, et très-peu de la Californie et du Mexique. — Dans l'Amérique du Sud, on n'en cite qu'une seule espèce dans les montagnes du Brésil. — L'Afrique n'est pas leur patrie ; il y en a 2 en Abyssinie, 2 aux Canaries et 1 dans l'Afrique boréale. Ces plantes, qui appartiennent à l'hémisphère nord, se trouvent à peu près comprises entre le 25° et le 70° de latitude. Celle que M. de Humboldt a trouvée au Mexique ne s'est maintenue au 19° qu'en s'élevant à 3,000^m ; il en est peut-être de même de celle que Meyer a recueillie dans la province de San Fernando.

ROSA PIMPINELLIFOLIA, Lin. — Ce rosier habite les lieux herbeux des montagnes, où il forme à lui seul de petites forêts en miniature, de véritables taillis très-serrés et peu élevés. Parfois il disparaît au milieu des grandes plantes herbacées, du *Lilium Martagon*, du *Linaria striata*, du *Calluna vulgaris*, ou du *Juniperus communis*. Ses tiges, brunes ou rougeâtres, souvent inclinées à la base, sont quelquefois très-épineuses, d'autres fois presque glabres, et forment alors la variété *mitissima*, bien plus répandue que le type sur le plateau central. Ses feuilles ont de 9 à 11 folioles dentées, lisses et d'un vert pâle en-dessous, portées sur des pétioles rudes, et accompagnées de stipules glanduleuses. Les pédoncules sont solitaires, quelquefois géminés, courts et hérissés de poils raides que l'on retrouve aussi sur l'ovaire. Les fleurs sont blanches ou roses, à pétales arrondis. Les divisions du calice sont terminées par un appendice foliacé et denté. Le fruit est petit, presque rond, coriace et d'un rouge brun à sa maturité. — Fleurit en mai et en juin.

Nature du sol. — Altitude. — Indifférent, ce rosier croît sur tous les terrains. Il recherche la silice aux environs de Paris ; il abonde sur les sables maritimes près de Nantes, dans les dunes de la Hollande, sur le calcaire et sur la syenite dans les Vosges ; sur les phonolites, les trachytes et les basaltes en Auvergne. — On le trouve en plaine à Nantes, en Hollande ; à 1,400^m, dans les Vosges ; à 1,600^m en Auvergne ; à 1,300^m dans le Breschtau. Cette plante a des variétés pour tous les climats, pour tous les terrains et pour toutes les hauteurs. La variété *spinosissima* préfère en général les calcaires, et la variété *mitissima* les terrains siliceux.

Géographie. — Il est peu méridional et se trouve cependant dans le midi de la France et de l'Italie, et dans le nord de l'Espagne. — Au nord, il existe dans une partie de l'Europe centrale, dans le Danemarck et la Norvége australe. Il est en Angleterre, en Irlande et aux Orcades (c'est la var. *spinosissima*). Il en existe aussi une forme particulière en Islande : « Ce n'est pas sans intérêt, dit M. Eugène Robert, qu'on observe quelquefois dans cette terre affreuse et bouleversée des touffes du *Rosa pimpinellifolia*, dont les boutons blanchâtres peuvent à peine s'ouvrir. » (Voy. en Islande, p. 358). — L'Islande est son habitation la plus occidentale. — A l'orient, il végète en Italie, en Dalmatie, en Croatie, en Hongrie, en Transylvanie, en Grèce, au mont Athos, en Tauride, dans le Caucase, en Arménie, au mont Ararat, en Géorgie, dans les Carpathes, dans la Tur-

quie occidentale, dans les Russies septentrionale, moyenne
et australe , dans les Sibéries de l'Oural, de l'Altaï, du
Baïkal, orientale, et dans la Dahurie.

Limites d'extension de l'espèce.

Sud, Royaume de Naples.....	40°	}	Ecart en latitude :
Nord, Norvége............	60	}	20°
Occident, Islande..........	22 O.	}	Ecart en longitude :
Orient, Sibérie orientale.....	160 E.	}	182°
Carré d'expansion.............	3640		

ROSA ALPINA, Lin. — Ce charmant arbrisseau habite
les taillis, la lisière ou les clairières des forêts de sapins, les
pentes herbeuses des montagnes, où il associe ses fleurs
richement colorées aux épis bleus de l'*Aconitum Napellus*,
aux larges ombelles de l'*Imperatoria Ostruthium*, aux corolles suspendues de l'*Aquilegia vulgaris*, aux panicules du
Festuca spadicea, au *Streptopus amplexifolius*, etc. Ses
tiges sans épines sont lisses et rougeâtres , couchées et rampantes sur le gazon, ou dressées en jolis buissons. Ses feuilles
sont ailées, à 7 ou 9 folioles allongées et portées sur un pétiole un peu velu. Les pédoncules, quelquefois très-lisses et
d'autres fois hispidules, soutiennent de grandes fleurs d'un
beau rouge, dont les divisions du calice sont terminées par un
appendice foliacé. Le fruit, dont la forme varie, est ordinairement penché, lisse et d'un beau rouge, couronné par un
calice connivent. — Il fleurit en juin, juillet et août.

Nature du sol. — *Altitude.* — Il croît partout, mais préfère les terrains primitifs, les granits, les syenites, les trachytes où les sols détritiques qui les recouvrent. Il préfère
le calcaire, dans le Tyrol, suivant M. Unger. — C'est une
espèce montagnarde que de Candolle indique à 500ᵐ à

Genève , son point le plus bas, et à 1,800^m dans les Alpes
et les Pyrénées. Sur le plateau central, comme dans la Suisse,
elle dépasse la limite supérieure du sapin.

Géographie. — Ce rosier atteint, au sud, les Pyrénées
et le midi de l'Italie. — Au nord, il s'avance dans les montagnes des Alpes, dans quelques parties de l'Allemagne et
devient sporadique en Norvége. — A l'occident, il reste en
France. — A l'orient, il est dans les Carpathes, en Turquie, en Italie, en Dalmatie, en Croatie, en Hongrie, en
Transylvanie ; il manque en Russie, existe probablement
dans le Caucase et se retrouve dans toutes les Sibéries, en
Dahurie et au Kamtschatka.

Limites d'extension de l'espèce.

Sud, Royaume de Naples.....	40°	} Ecart en latitude :
Nord, Norvége.............	60	} 20°
Occident, France...........	0	} Ecart en longitude :
Orient, Kamtschatka........	170 E.	} 170°
Carré d'expansion............	3400	

ROSA CINNAMOMEA, Lin. — Ce rosier, assez rare , forme
de petits buissons dans les haies et sur les sables des rivières. Il se distingue à ses rameaux coudés et glauques , à
ses aiguillons droits, inégaux, à ses folioles pubescentes en-
dessous, à ses fruits rouges et dressés, à sépales connivents, et
à la précocité que montrent ces fruits pour mûrir et devenir
pulpeux. — Fleurit en mai et en juin.

Nature du sol. — *Altitude.* — Nous ne le connaissons
que sur le terrain siliceux de la plaine. Ledebour l'indique
dans le Caucase de 800 à 1,000^m.

Géographie. — C'est un arbrisseau du Nord, qui trouve
sa limite sur le plateau central de la France et dans le Cau-

case. — Au nord, il occupe une grande partie de l'Europe centrale et presque toute la Scandinavie. On le rencontre, dit Wahlenberg, dans la région sylvatique de toutes les Laponies suédoises, sur le bord des ruisseaux ombragés. Il avance dans la Laponie uméenne jusqu'à Gillesmole. Il n'y a pas d'autre rosier dans la Laponie suédoise, ni dans les provinces voisines. — Il trouve sur le plateau central sa limite occidentale. — A l'orient, il végète dans toutes les Russies, dans les Sibéries de l'Oural, de l'Altaï et du Baï-kal, dans la Dahurie et au Kamtschatka.

Limites d'extension de l'espèce.

Sud, Caucase,.............. 44°	}	Ecart en latitude :
Nord, Laponie............. 68	}	24°
Occident, France............ 0	}	Ecart en longitude :
Orient, Kamtschatka........ 170 E.	}	170°
Carré d'expansion............ 4080		

ROSA RUBRIFOLIA, Vill. — Les arbrisseaux dont le feuillage contraste par sa couleur avec la fraîche verdure du printemps, ont le privilége de varier les scènes de la nature et d'attirer immédiatement notre attention. C'est ainsi que l'on distingue, dans les taillis des montagnes et parmi les buissons dispersés sur leurs pentes herbeuses, ce joli rosier dont les feuilles, glauques et roses à la fois, font ressortir le vert pur des saules au naissant feuillage, les bourgeons sati-nés de l'alisier et les bouquets neigeux de l'aubépine, qui cherche tous les lieux où elle pourra rivaliser d'éclat avec les autres parures du printemps. — Le tronc de ce rosier est droit et robuste ; son écorce est rouge, ornée d'aiguillons recourbés et éloignés les uns des autres. Ses feuilles sont grandes, à 7 ou 9 folioles lisses, pointues, dentées et veinées de rouge en dehors. Les jeunes feuilles sont glauques, mais on aperçoit, à travers la poussière bleuâtre et résineuse qui les recouvre et qui les empêche de se mouiller, une nuance de rouge vineux qui appartient à la plante entière, même aux larges stipules qui accompagnent les feuilles. Les pédoncules forment un petit corymbe couronné de fleurs rouges assez grandes, à pétales en cœur. Les fruits sont redressés, droits, ovales, lisses et demi-transparents, mais ils varient comme la plante dans ses diverses localités.

Nature du sol. — Altitude. — Nous ne connaissons ce rosier que sur les terrains siliceux, volcaniques et détritiques, et toujours à une certaine altitude, 1,000 à 1,600^m.

Géographie. — Au sud, il est limité par les Pyrénées et l'Espagne boréale. — Au nord, il habite le Jura, les Vosges et les Ardennes belges. — A l'ouest, il reste dans les Pyrénées. — A l'est, on le trouve dans les Alpes, dans le le Wurtemberg et dans le royaume de Naples, en Dalmatie, en Croatie, en Hongrie, en Transylvanie.

Limites d'extension de l'espèce.

Sud, Royaume de Naples...... 40°	⎫	Ecart en latitude :
Nord, Wurtemberg 49	⎬	9°
Occident, Pyrénées.......... 2 O.	⎫	Ecart en longitude:
Orient, Transylvanie......... 20 E.	⎬	22°
Carré d'expansion............. 198		

Rosa canina, Lin. — Nous réunissons un grand nombre de formes différentes, dont plusieurs mériteraient le titre d'espèces et même d'espèces très-distinctes. Une étude prolongée, des semis et de longues observations finiront peutêtre par mettre un peu d'ordre dans les roses comme dans les *Rubus*, mais en attendant nous ne pouvons nous occuper que de l'ensemble du groupe qui, sous le nom de *Rosa canina*, réunit toutes ces espèces. — Ce sont de charmants arbrisseaux qui végètent en buissons rameux, dont les branches, longues et doucement inclinées, se couvrent le matin de fleurs fraîchement écloses, dont le parfum s'exhale avec la rosée que leur calice et leur feuillage ont recueillie pendant la nuit. C'est ordinairement dans les baies que nous rencontrons cette espèce ainsi que la plupart des rosiers sauvages ; ils essaient de vivre au milieu de végétaux, refoulés comme eux par nos cultures, dans les buissons qui bordent nos champs. Mais il faut voir cette espèce et ses formes nombreuses libres au milieu des campagnes, formant de larges buissons sur les pelouses élevées des régions montagneuses, ornant l'entrée des bois et garnies de leurs bouquets ou de leurs guirlandes fleuries. Ses tiges, vertes ou rougeâtres, sont munies de larges aiguillons transparents et roses dans leur jeunesse, bruns et recourbés plus tard, blancs et desséchés quand ils sont morts. Des feuilles nombreuses enfermées dans des écailles stipulaires, et dont les folioles pliées sur leurs nervures médianes sont appliquées les unes sur les autres, adhèrent à une multitude de rameaux souvent dirigés du même côté, et donnent vers la fin de juin des fleurs grandes et nombreuses. Leur calice s'écarte et souvent ses sépales se réfléchissent. La fleur se dégage du bouton pendant la nuit, elle reste fermée le matin et s'ouvre quelques temps après le lever du soleil. Le soir elle se ferme, et le lendemain, avant même que toutes les étamines aient répandu leur pollen, le moindre souffle l'effeuille, et, comme toutes les roses, elle disparaît de la scène où elle n'a brillé qu'un instant. Pendant plus de 15 jours les mêmes tableaux se représentent avec des fleurs toujours nouvelles, et ce temps accompli, le rosier reste inaperçu au milieu des ronces et des épines. Il nous montre à l'automne une autre parure. Son calice s'est accru, il a pris une consistance charnue, une forme turbinée, et ses fruits couleur de feu, qu'avivent encore les froides journées d'hiver, restent dressés et souvent groupés sur leurs supports, brillant au milieu des neiges, jusqu'à ce que l'oiseau, affaibli par la persistance des frimas, s'en empare et dissémine au loin les semences velues qu'ils renferment. Celles-ci peuvent rester longtemps enfouies sans germer. Elles n'offrent après leur germination qu'une foliole pour feuille primordiale, et les jeunes églantiers croissent avec une extrême lenteur ; mais le vieux pied donne en abondance des pousses vigoureuses et d'un vert tendre, qui reproduisent la plante avec tous ses caractères. Les aiguillons ne sont jamais stipulaires. « Les *R. canina* se reconnaissent, d'après Vaucher, à leurs rameaux flagelliformes, à leurs aiguillons recourbés en faux, à leurs stipules élargies et finement dentées, ainsi qu'à leurs sépales fortement pinnatifides et à leurs fruits redressés et coriaces. »

Nature du sol. — Altitude. — Ces diverses variétés de rosiers croissent partout sur tous les terrains, dans la plaine et sur les montagnes. Nous les trouvons abondamment répandues entre 800 et 1,200^m. La forme *collina* est celle qui monte le plus haut; de Candolle la cite à 1,800^m dans a vallée d'Eyne, aux Pyrénées ; et M. Boissier, de 650 à 2,400^m dans le midi de l'Espagne. Wahlenberg dit que ces rosiers sont communs en Suisse jusqu'à la limite supérieure du hêtre.

Géographie. — L'étendue de ce groupe de roses est considérable, mais chaque variété a des limites plus restreintes. — Au sud, on les trouve en France, dans les Pyrénées, en Espagne, et la forme *dumetorum* est citée aux Canaries, tandis qu'une forme est indiquée, par M. Cosson, sous le nom de *R. canina*, en Algérie, dans les montagnes de l'Aurès, sur le Djebel-Cheliah. — Au nord, ces roses existent dans toute l'Europe centrale ; elles entrent en Scandinavie, en Danemarck, en Gothie où s'arrête le *R. collina*, en Norvége et en Suède où elles se tiennent sur les collines basses, dans la plaine et sur les rivages , n'atteignant pas le nord de ces contrées qui est occupé comme la Laponie par le seul *Rosa cinnamomea*. L'Angleterre, l'Irlande, les Orcades et les Shetland ont aussi le *R. canina*, qui n'aborde ni aux Hébrides, ni aux Feroë, ni en Islande. Sa forme *dumetorum* est seulement en Irlande. Ledebour cite cependant ce *Rosa* en Laponie ; il est assez répandu en Finlande. — A l'occident, il est en Portugal et aux Canaries. — A l'orient, on le connaît en Suisse, en Italie, en Sicile, en Tauride, dans le Caucase, dans l'Asie mineure ; dans les Carpathes, toutes les Russies et les Sibéries de l'Oural, de l'Altaï et du Baïkal.

Limites d'extension de l'espèce.

Sud, Canaries..............	30°	⎫ Ecart en latitude :
Nord, Suède..............	68	⎬ 38°
Occident, Canaries..........	18 O.	⎫ Ecart en longitude :
Orient, Sibérie du Baïkal....	116 E.	⎬ 134°
Carré d'expansion............	5092	

ROSA RUBIGINOSA, Lin. — Cet arbrisseau est peut-être plus gracieux encore que le précédent. Il forme de charmants buissons à tiges vertes ou plus souvent rougeâtres, garnies d'aiguillons crochus. Ses feuilles sont épaisses, petites, toujours odorantes, chargées de glandes rougeâtres et visqueuses, rubigineuses en-dessous. Les fleurs sont plus

petites que celles du *R. canina*, d'un rouge plus intense.
Les pédicelles sont hispides, et souvent le fruit, les ovaires,
et même les stipules présentent ce caractère. Les fruits sont
ovales et d'un rouge écarlate à leur maturité. — Ce rosier
fleurit plus tard que le précédent et se trouve comme lui
dans les haies et les buissons, associé aux *Rubus*, à l'aubépine et aux autres rosiers.

Nature du sol. — *Altitude.* — Il est indifférent et croît
dans les plaines ou sur les montagnes. Nous le trouvons en
Auvergne, de 250 à 1,200^m. M. Martins l'indique au
Ventoux à 1,500^m ; M. Boissier dit que dans le midi de
l'Espagne il se tient entre 1,600 et 1,900^m; M. Ledebour
le cite aussi dans le Talüsch à 1,800^m.

Géographie. — Il est un peu plus méridional que le précédent ; on le trouve en Espagne, en Corse, en Crète et
dans la Barbarie. — Au nord, dans toute l'Europe centrale, en Danemarck, en Gothie et jusqu'en Norvége et en
Suède, où il se tient sur les collines basses ou sur le bord
de la mer. Il existe aussi en Angleterre et en Irlande. — A
l'occident, il habite le Portugal. — A l'orient, la Suisse,
l'Italie, la Sicile, la Dalmatie, la Croatie, la Hongrie, la
Transylvanie, la Grèce, la Tauride, le Caucase et la Géorgie.

Limites d'extension de l'espèce.

Sud, Barbarie..............	35°	⎫ Ecart en latitude :
Nord, Norvége.............	66	⎬ 31°
Occident, Portugal...........	10 O.	⎫ Ecart en longitude :
Orient, Géorgie............	47 E.	⎬ 57°
Carré d'expansion.............	1767	

ROSA TOMENTOSA, Lin. — Magnifique arbrisseau, le plus
beau de nos rosiers indigènes. Quand il peut croître en li-

berté, sur les coteaux ou sur la lisière des bois, sans être gêné par d'autres espéces, il acquiert de grandes dimensions et constitue d'énormes cimes portées sur une seule tige vigoureuse qui perd alors ses épines, tandis que ses rameaux en ont d'assez fortes, droites et comprimées à leur base. Ses feuilles sont 2 fois dentées et tomenteuses. Ses fleurs sont grandes, d'un beau rose, nombreuses; ses fruits ovales, redressés et plus ou moins hispides. — Fleurit en juin et en juillet.

Nature du sol. — Altitude. — Nous l'avons trouvé sur le sol siliceux et détritique, sur les scories, les basaltes et les trachytes, et toujours à une élévation de 800 à 1,200^m. Ledebour le cite dans le Talüsch entre 700 et 800^m.

Géographie. — Il paraît avoir sa limite sud sur le plateau central de la France. — Au nord, il s'étend dans toute l'Europe centrale, dans toute la Scandinavie, y compris la Laponie méridionale, en Finlande et en Irlande, sans toucher l'Angleterre. On le trouve dans l'Ingrie jusqu'au 60°, selon M. Ruprecht, mais il y est rare. — A l'occident, il reste en Irlande. — A l'orient, il se trouve en Piémont, en Lombardie, en Croatie, en Hongrie, en Transylvanie, dans le Caucase, dans le Talüsch, sur les bords de la Caspienne, dans les Russies septentrionale, moyenne et australe, dans les Sibéries de l'Oural, de l'Altaï et du Baïkal.

Limites d'extension de l'espèce.

Sud, France	45°	}	Écart en latitude :
Nord, Laponie	65	}	20°
Occident, Irlande	12 O.	}	Écart en longitude :
Orient, Sibérie du Baïkal	116 E.	}	128°
Carré d'expansion	2560		

Rosa pomifera, Herrm. — Jolie espèce dont les tiges s'élèvent peu et qui habite la lisière des bois, les clairières des taillis, au milieu des buissons de noisetiers, d'aubépine, de viorne ou d'autres rosiers. Son écorce est rougeâtre et ses aiguillons blancs, coniques, acérés et espacés. Ses folioles, au nombre de 5 à 7, sont larges, rapprochées, à l'exception de l'impaire, velues des deux côtés, et portées sur un pétiole épineux et coudé en zig-zag. Ses pédoncules sont lisses et très-courts ; son calice velu, un peu découpé ; sa corolle grande et d'un beau rouge. Ses fruits sont très-gros, pulpeux, d'un rouge vif, arrondis, hérissés et légèrement penchés sur leur pédoncule. — Fleurit en juin et en juillet.

Nature du sol. — Altitude. — Il préfère les terrains siliceux, et surtout les sols volcaniques et détritiques. De Candolle l'indique à 40^m dans l'Anjou, et à 1,400^m au Mont-d'Or. Nous ne l'avons pas trouvé au-dessus de cette altitude et jamais au-dessous de 900 à 1,000^m.

Géographie. — Au sud, il ne s'avance pas au delà des Pyrénées, du nord de l'Espagne et du midi de l'Italie. — Au nord, il existe dans la France orientale, dans l'Allemagne orientale, dans le Danemarck, la Gothie et la Suède australe. Wahlenberg l'indique aussi en Laponie, disséminé sur les rochers inferalpins exposés au midi, dans le Nordland méridional. Il paraît que ce rosier est toujours stérile dans ces localités, comme un rosier qui habite les Feroë, qui fleurit très-rarement et qui est sans doute le même. Wahlenberg ne l'a jamais vu ni en fleurs ni en fruits, aussi doute-t-il un peu de sa détermination. Il végète en Angleterre, en Irlande et sur les 3 archipels anglais. — A l'occident, il est en Irlande. — A l'orient, il habite la Suisse, disséminé dans la plaine, le mont Athos, la Croatie, la

Hongrie, la Transylvanie, la Lithuanie, la Tauride et le Caucase.

Limites d'extension de l'espèce.

Sud, Mont Athos............ 40° } Ecart en latitude :
Nord, Suède............... 60   }   20°
Occident, Irlande........... 11 O. } Ecart en longitude :
Orient, Caucase............. 48 E. }   59°
          Carré d'expansion............. 1180

ROSA ARVENSIS, Lin. — Tous les rosiers semblent destinés par la nature à embellir les lieux sauvages. Celui-ci remplit son rôle dans les haies, dans les buissons, dans les bois taillis et le long des ruisseaux. Ses rameaux flexibles, verts et doucement inclinés, deviennent même quelquefois rampants. Ils sont munis d'aiguillons recourbés au sommet, élargis à la base, et de feuilles à folioles arrondies, glabres et d'un vert pâle en-dessous. Ses fleurs, grandes et d'un beau blanc, sont quelquefois solitaires, mais plus souvent elles sont réunies en corymbe ou en ombelle, et produisent un grand effet par leur épanouissement presque simultané. Les styles sont réunis en une petite colonne. Ces fleurs durent peu, comme toutes les roses, et les fruits qui leur succèdent, dépourvus des divisions supérieures du calice qui sont caduques, sont dressés, arrondis, glabres et d'un rouge assez vif. — Il fleurit en juin et en juillet.

Nature du sol. — Altitude. — Il semble préférer les terrains calcaires et marneux, mais il croît aussi sur les terrains primitifs et volcaniques.

Géographie. — Au sud, le midi de la France et le midi de l'Italie. — Au nord, une partie de l'Allemagne, l'Angleterre et l'Irlande, jusqu'au 56°. — A l'occident, l'Irlande. — A l'orient, l'Italie, la Sicile, la Croatie, la Hongrie, la Transylvanie, l'Albanie, la Macédoine, la Sibérie de l'Oural, près de Yekatherinimbourg.

Limites d'extension de l'espèce.

Sud, Royaume de Naples..... 40°   ⎰Écart en latitude :
Nord, Yekatherinimbourg..... 57   ⎱   17°
Occident, Irlande........... 8 O.⎰Écart en longitude.
Orient, Sibérie............. 59 E.⎱   67°
          Carré d'expansion............ 1139

Rosa sempervirens, Lin. — Ce beau rosier, qui rappelle les formes du précédent, croît aussi comme lui parmi les buissons, sur les coteaux et dans les haies. Il se présente en arbrisseaux aux longs rameaux mollement inclinés, rampants ou presque grimpants, et appuyés sur les buissons voisins ; ses aiguillons sont épars, un peu courbés et très-offensifs ; ses feuilles sont d'un beau vert, consistantes, à 5 à 7 folioles arrondies, vertes et lustrées des deux côtés, et conservant leur verdure pendant tout l'hiver jusqu'à l'apparition des feuilles nouvelles. Les fleurs, d'un beau blanc, naissent en corymbres au sommet des rameaux ; les styles sont soudés en une colonne velue ; le fruit est dressé, glabre, globuleux, d'un beau rouge qui contraste en hiver avec le feuillage persistant de ce rosier. — Il fleurit en mai et en juin, au milieu des *Rhamnus Alaternus, Pistachia Terebinthus, Juniperus Oxicedrus, Ferula communis,* etc.

Nature du sol. — Altitude. — Il croît de préférence sur les terrains calcaires et rocailleux, en plaine ou sur les coteaux.

Géographie. — Au sud, la France, l'Espagne, Minorque, la Corse et la Barbarie — Au nord, il s'arrête autour de Trieste ; il remonte à Lyon; il suit les bords de l'Océan, jusque dans la Vendée, où de la Pilaye l'indique aux environs de Saint-Gille et d'Avrille, où il forme de beaux buissons de 2 à 3 mètres et plus. — A l'occident, il se trouve en Portugal. — A l'orient, il est en Italie, en Sicile, en Dalmatie, en Grèce et en Asie mineure.

Limites d'extension de l'espèce.

Sud, Barbarie.............. 35°		Écart en latitude :
Nord, Vendée.............. 47		12°
Occident, Portugal.......... 12 O.		Écart en longitude :
Orient, Asie mineure........ 35 E.		47°
Carré d'expansion.............. 564		

G. ALCHEMILLA, *Lin.*

Distribution géographique du genre. — Les *Alchemilla*, au nombre de 24 environ, sont distribués dans le monde entier, excepté en Asie. Ce genre est moitié européen, moitié américain. — 9 espèces sont disséminées en Europe, et se trouvent en Espagne, en France, en Suisse, en Allemagne. — Un nombre égal habite dans l'Amérique du sud, surtout dans les montagnes du Pérou. — On en connaît 3 au Mexique. Et plusieurs dans les montagnes de la nouvelle Grenade. — L'Afrique en a 3 espèces, dont 2 dans la partie australe du continent, et une en Abyssinie.

ALCHEMILLA VULGARIS, Lin. — Les prairies humides et quelquefois les pelouses des montagnes sont ornées de cette élégante espèce qui se plaît au milieu des graminées, des *Plantago* et des *Potentilla*. Ses racines vivaces montrent d'abord à leur partie antérieure des bourgeons remarquables

par la superposition de belles stipules, et par le plissement
régulier des jeunes feuilles, dont le limbe plié et replié sur
chaque nervure, s'étend ensuite comme le ferait un éventail,
et finit par former un disque incomplet, denté, d'un beau
vert, auquel ses plis et son élégance ont fait donner le nom
vulgaire de *Manteau des dames*. Des tiges couchées à la
base, dressées à leur partie supérieure, accompagnent ce
feuillage qu'elles portent en partie, et se terminent par de
petites fleurs nombreuses, verdâtres, réunies en paquets à
l'aisselle des feuilles florales, qui vont toujours en diminuant jusqu'au sommet. On voit dans ces fleurs des bractées comme dans les potentilles et les malvacées ; la corolle
manque, et les étamines, dont le nombre normal est de 4,
sont quelquefois réduites à une seule par avortement. Ces
organes s'ouvrent dans leur longueur et mettent à nu un
pollen de couleur foncée qui ne se détache pas facilement de
l'anthère. Aussi les carpelles, solitaires ou géminés, à style
latéral, ne sont pas toujours fertiles. Ils tombent du reste
avec le calice qui les renferme. — Elle fleurit en mai, en
juin et en juillet. — Le 12 mai 1833, à Fontanas ; —
13 mai 1830, à Royat ; — 8 juin 1838, au puy de Dôme ;
— 26 juillet 1843, pentes du Mezenc dans la Haute-Loire ;
— 27 juillet 1827, sommet du puy de Dôme ; — 18 mai
1748, à Upsal (Linné). — Elle varie par la grandeur de
son feuillage, et paraît cependant rester distincte de l'*A.
hybrida*, Hoffm.

Nature du sol. — Altitude. — Quoique cette plante
préfère les sols siliceux et volcaniques, on la trouve aussi sur
les calcaires, sur les alluvions, sur le terrain détritique et
partout où il existe de la fraîcheur et de l'humidité. — Elle
croît assez souvent en plaine, dans les régions du nord, en
Belgique, dans le nord de la France où elle est commune ;

mais dans le centre on ne commence guère à la trouver qu'à
800^m, et elle ne cesse pas jusqu'à 1,500^m, où alors elle
se mêle à l'*A. alpina*, et à l'espèce ou variété *A. hybrida*.
Wahlenberg dit qu'elle croît en Suisse, dans les prés secs
jusqu'aux neiges éternelles. De Candolle l'indique jusqu'à
2,500^m, au port d'Oo, dans les Pyrénées. Le type *hybrida* est une forme de montagnes; il est indiqué par
Ramond sur la crête qui joint les deux sommets du pic du
Midi. Elle était en fleur le 15 septembre 1805, et le 22
septembre 1810. Ramond ne considère nullement cette
plante comme une variété de l'*A. vulgaris*. Depuis le fond
des vallées jusqu'au haut du pic, on la trouve côte à côte
avec l'*A. vulgaris*, diminuant de dimensions à mesure que
l'on s'élève, et conservant toujours leurs caractères distinctifs. C'est cette même variété que M. Boissier a rencontrée
dans le midi de l'Espagne, dans les lieux humides de sa
région nivale, de 2,600^m à 2,800^m; là même où une
autre variété *subsericea* est citée par Ledebour comme atteignant 2,800^m dans le Caucase oriental. Le même auteur
indique la forme ordinaire dans le Brechtau, dans le Talüsch,
sur l'Ararat, dans toute la région alpine du Caucase, depuis 1,600^m jusqu'à 2,800. Lessing lui assigne jusqu'à
585^m aux Loffoden, et M. Martins 690 à 700^m au sommet
de la montagne de Mallingsfall à Vinderoë, une des Feroë;
il dit que c'est la variété *pubescens* (est-ce *hybrida?*) qui
est mélangée à l'*A. alpina*. Walhenberg dit qu'elle croît
dans les lieux herbeux et secs des régions sylvatique et subalpine de toutes les Laponies, et qu'elle est très-commune
dans la région subalpine de la Norvége: elle croît, dit-il,
parmi les saules alpins, le long des ruisseaux, mais elle
monte rarement au-dessus de leur région. Tenore place
cette espèce dans sa région des bois, entre 300 et 800^m.

Géographie. — En réunissant, comme nous venons de le faire, les *A. vulgaris* et *A. hybrida*, l'aire d'expansion de ces plantes est très-considérable. — Au sud, nous les trouvons dans les Pyrénées et jusque dans le midi de l'Espagne. — Au nord, elles appartiennent à presque toute l'Europe : à toute la Scandinavie jusqu'aux Loffoden, à Mageroë, à l'Altenfiord, à Hammerfest, au cap Nord et à la terre des Samoyèdes, à l'Angleterre, à l'Irlande, aux Orcades, aux Feroë, à l'Islande, mais non aux Hébrides ni aux Shetland. Elles ne sont pas non plus sur une partie de la France occidentale et notamment à Nantes. — A l'occident, elles habitent le Portugal, Terre-Neuve, le Labrador, le Groënland. — A l'orient, la Suisse, l'Italie, la Dalmatie, la Croatie, la Hongrie, la Transylvanie, la Grèce, la Tauride, le Caucase, la Géorgie, les plaines de la Caspienne, les Carpathes, la Turquie, toutes les Russies ainsi que les Sibéries de l'Oural et de l'Altaï.

Limites d'extension de l'espèce.

Sud, Royaume de Grenade.... 38°   ⎱Écart en latitude :
Nord, Cap Nord............. 71   ⎰   33°
Occident, Groënland........ 30 O.⎱Écart en longitude :
Orient, Sibérie altaïque.... 96 E.⎰   126°
        Carré d'expansion............ 4158

ALCHEMILLA ALPINA, Lin. Lorsqu'un botaniste atteint pour la première fois de hautes montagnes, avec quel plaisir il accueille les touffes serrées et brillantes de cette espèce. Ses tiges rampantes, à demi-souterraines se cachent dans les fentes des rochers, ou se glissent sous les tapis de mousses. Quand les neiges fondent, on voit les bourgeons, encore entourés de stipules roussâtres, et les jeunes feuilles

si bien plissées, qu'on n'aperçoit absolument que la surface
inférieure argentée par des poils soyeux et couchés. Ce sont
des feuilles digitées , dont les folioles , fendues au sommet ,
s'étendent et offrent une surface supérieure lisse et d'un vert
foncé, contrastant avec la blancheur de la face opposée. Ses
petites fleurs, d'un jaune verdâtre, naissent en corymbes irréguliers , comme celles de l'espèce précédente , et nous présentent les mêmes caractères. — Cette espèce ne se trouve
pas dans toutes les montagnes ; mais quand elle existe, elle
couvre seule de grands espaces. Nous l'avons vue occuper le
sommet du puy Chopine , celui du puy de Dôme , et une
partie du flanc nord de cette montagne ; elle couvre au
Mont-Dore de très-vastes plateaux ; elle abonde sur la
montagne de la Lozère , au-dessus de Villefort , et se
présente de même au Cantal et au Mezenc. Elle fleurit en
juin et en juillet, et si ses touffes , ordinairement très-
serrées , laissent entr'elles quelques espaces libres, ils sont
occupés par l'*Anemone alpina* , le *Trifolium alpinum* , le
Genista pilosa , le *Vaccinium uliginosum* , ou d'autres
espèces montagnardes.

Nature du sol. — *Altitude.* — Tous les terrains lui conviennent, les granits, les micaschistes, toutes les roches volcaniques, les calcaires compactes et les sols détritiques. —
Elle ne se trouve que dans les lieux élevés; en Auvergne
depuis 1,000^m, où elle ne descend qu'accidentellement, jusqu'à 1,800^m. Wahlenberg dit aussi que dans la Suisse septentrionale, où elle atteint la limite des neiges, elle descend
même au-dessous de la limite du noyer. MM. Grenier et
Godron disent au contraire qu'elle ne descend pas au-dessous de la zone supérieure des sapins. Thurmann l'indique
dans le Jura comme généralement répandue vers 1,300^m
ou un peu au-dessus, bien qu'elle manque quelquefois jus-

qu'à 1,400 et qu'elle descende parfois plus bas; mais, disséminée dans sa vraie station, elle tapisse les pâturages alpestres en quantité innombrable. Son apparition est suivie communément de celle de toutes nos espèces alpestres (Thurmann). De Candolle lui donne pour minimum 400^m aux bains de Luques, et 2,500^m dans les Alpes et dans les Pyrénées. Tenore la place en Calabre, dans sa région pratifère, entre 1,200 et 1,600^m. M. Boissier la cite comme rare dans sa région nivale, dans le midi de l'Espagne, vers 2,600^m. Elle manque dans le Caucase, où elle est remplacée par une espèce parallèle, l'*A. sericea*. M. Martins l'indique à 700^m, sur la montagne de Mallingfall, aux Feroë; Lessing de 0 à 620^m aux Loffoden, où elle monte un peu plus haut que *A. vulgaris*. C'est pourtant, comme on le voit, une espèce essentiellement montagnarde.

Géographie. — Au sud, les Pyrénées, le midi de l'Espagne et la Corse. — Au nord, toutes les montagnes de l'Europe, à l'exception du Caucase. Commune dans la Scandinavie, sur toutes les montagnes de la Suède, de la Norvége, de la Laponie. Elle croît, dit Wahlenberg, sur les rochers et sur les pentes des Alpes méridionales où elle est commune, et plus rare sur les Alpes septentrionales. On la trouve sur les rochers subalpins maritimes, jusqu'au cap Nord; elle est disséminée, mais très-abondante où elle se trouve. Sur le versant suédois, elle ne descend pas au-dessous des Hautes-Alpes. Cette alchemille vit aussi en Angleterre, en Irlande, aux Hébrides, aux Feroë, en Islande, mais pas aux Orcades ni aux Shetland. — A l'occident, elle atteint le Groënland. — A l'orient, elle végète en Suisse, en Italie, en Dalmatie, en Croatie, en Hongrie, en Transylvanie, en Grèce, en Turquie, dans la région alpine, en Finlande et dans le nord de la Sibérie de l'Oural.

Limites d'extension de l'espèce.

Sud, Royaume de Grenade.... 38°   ⎞Écart en latitude :
Nord, Cap Nord............. 71   ⎠   33°
Occident, Groënland......... 30 O.⎞Écart en longitude :
Orient, Sibérie de l'Oural..... 60 E.⎠   90°
          Carré d'expansion............. 2970

ALCHEMILLA ARVENSIS, Scop. — Bien différente des autres alchemilles, celle-ci étale dans les champs, au milieu des moissons, et surtout après qu'elles sont récoltées, de petites tiges annuelles, couchées et à peine dressées à leur sommet. Ses feuilles, petites et incisées, rappellent peu les belles feuilles des alchemilles; des stipules, opposées aux feuilles, ont leurs lobes élargis de manière à former une sorte de corbeille dans laquelle les petites fleurs de cette plante, au nombre de 10 ou 12 dans chaque faisceau, sont insérées sur deux rangs. Le calice se referme pendant la maturation pour protéger une seule graine ovale et légèrement aplatie. L'*A. Cornucopiæ*, que l'on rencontre en Espagne dans les champs des collines inférieures, est exactement parallèle à notre espèce. — Elle fleurit en juin et en juillet et prolonge quelquefois sa floraison en automne, accompagnée du *Galeopsis Ladanum*, de l'*Heliotropium europæum*, du *Daucus Carota* et de ces plantes sociales qui couvrent les champs quand la moisson en a été enlevée.

Nature du sol. — Altitude. — Croît partout, mais préfère les champs siliceux et sablonneux de la plaine, quoique pouvant s'élever à près de 1,000^m dans les montagnes du centre de la France.

Géographie. — Au sud, la France, l'Espagne, l'Algérie et les Canaries. — Au nord, l'Europe centrale, le Danemarck, la Gothie, la Norvége et la Suède australes, l'Angleterre, l'Irlande et les Orcades. — A l'occident, le Portugal et les Canaries. — A l'orient, la Suisse, les Carpathes, l'Italie, la Sicile, la Dalmatie, la Croatie, la Hongrie, la Transylvanie, la Grèce, le Caucase, la Géorgie, le Bosphore, la Lithuanie et la Russie australe.

Limites d'extension de l'espèce.

Sud, Canaries............. 30°   Écart en latitude :
Nord, Suède............... 60   30°
Occident, Canaries......... 18 O. Écart en longitude :
Orient, Caucase............ 47 E.   65°
     Carré d'expansion............. 1950

G. SANGUISORBA, *Lin.*

Distribution géographique du genre. — Ce genre, composé de 11 espèces, peut être considéré comme européen ou asiatique. — L'Europe en a 4 espèces : de la Suisse, de la France et de la Gallicie. — L'Asie en a le même nombre dans la Sibérie et les Indes orientales. — On en connaît 2 dans le nord de l'Amérique, au Canada, — et 1 espèce en Algérie.

SANGUISORBA OFFICINALIS, Lin. — Grande et belle plante commune dans les prairies humides des montagnes où l'on voit ses épis bruns et solitaires dominer une foule d'espèces qui apparaissent en même temps dans ces grands jardins de la nature. Ses racines épaisses produisent au printemps une rosette de feuilles ailées, à pétioles rouges, à folioles ovales et dentées, glauques en dessous et alternativement grandes et petites comme celles des *Agrimonia* et des *Geum.* Les

feuilles abritées sous des stipules engainantes, ont les folioles plissées sur leur nervure moyenne et appliquées les
unes contre les autres. La corolle manque, et les fleurs, serrées les unes contre les autres sur un long pédoncule rouge
comme les pétioles, n'ont qu'un calice d'un rouge brun et
vineux presque noir, qui persiste pendant toute la maturation,
qui prend même de la consistance pour protéger les deux
graines qu'il enveloppe et qu'il n'abandonne pas même lors
de leur dissémination à la fin de l'été. — C'est en juin, en
juillet et en août, que l'on voit fleurir cette espèce au milieu
des *Campanula*, des *Lychnis*, du *Cirsium rivulare*, de
l'*Heracleum sibiricum* et de nombreuses graminées.

Nature du sol. — *Altitude.* — Le *Sanguisorba* recherche
les terrains siliceux, primitifs, volcaniques, et les sols détritiques. — Il aime aussi les montagnes, et se trouve en
Auvergne de 800 à 1,200^m d'altitude. Wahlenberg l'indique, dans la Suisse septentrionale, presque jusqu'à la limite du
hêtre. MM. Grenier et Godron disent qu'on le trouve dans les
prés humides et tourbeux de la plaine et des montagnes, jusque vers la limite des sapins. Ledebour le cite dans le Breschtau de 850 à 1,300^m, et à 1,200^m dans le Caucase.

Géographie. — Ce *Sanguisorba* paraît atteindre sa limite
méridionale dans le midi de l'Italie. — Au nord, il vit
disséminé dans l'Europe centrale; il atteint le Danemarck
austral et la Gothie boréale, et s'arrête au milieu de la
Norvége, tandis qu'il vit en Angleterre, en Islande sans
passer par les Archipels, et se retrouve bien plus au nord
dans le pays des Samoyèdes. — Son habitation la plus occidentale est l'Islande. — A l'orient, il est en Suisse, dans
les Carpathes, en Italie, en Croatie, en Hongrie, en Transylvanie, en Turquie, dans les Russies septentrionale, moyenne
et australe, dans le Caucase, dans les Sibéries de l'Oural,

de l'Altaï et du Baïkal, où Pallas le cite comme abondant,
et fournissant par ses racines au *Mus œconomus* une partie
de ses provisions d'hiver; il est aussi en Dahurie.

Limites d'extension de l'espèce.

Sud, Royaume de Naples..... 40°) Ecart en latitude :
Nord, Pays des Samoyèdes... 71   )   31°
Occident, Islande.......... 24 O.) Ecart en longitude :
Orient, Dahurie........... 118 E.)   142°
    Carré d'expansion............ 4402

G. POTERIUM, *Lin.*

Distribution géographique du genre. — On trouve dans
les ouvrages de botanique l'indication de 9 espèces de ce
genre. — 6 sont européennes et croissent en France, en Espagne, en Grèce, en Hongrie, en Allemagne ou en Turquie.
— 1 appartient à l'Asie, à l'Arabie pétrée. — 2 à l'Afrique,
dont l'une à la Barbarie et l'autre aux Canaries.

POTERIUM SANGUISORBA, Lin. — Cette plante est commune dans les lieux secs et rocailleux, sur le bord des
champs, dans les pelouses où l'herbe est courte et clair-
semée. Sa racine vivace est rameuse au sommet, pivotante
à sa base, et les jeunes pousses qui en sortent au printemps offrent de jeunes feuilles à folioles plissées et couchées les unes sur les autres, comme celles du *Sanguisorba
officinalis.* Ses feuilles glauques en-dessous, à pétioles d'un
brun rouge, sont composées de folioles qui se penchent le
soir, et s'endorment appliquées les unes contre les autres.
Elles répandent, quand on les froisse, une odeur agréable
particulière qui a quelque chose de celle de la fraise. De

longs pétioles, bruns ou rouges, portent des têtes de fleurs arrondies où les deux sexes sont presque toujours séparés. La corolle y manque, mais les deux divisions extérieures du calice s'entr'ouvrent, puis les deux autres, et l'on voit apparaître, à la partie supérieure de l'épi, des stigmates en pinceaux rayonnés d'un rouge de carmin et d'une grande élégance. Les sépales, verts, sont souvent rouges à l'extérieur et bordés de pourpre à l'intérieur. Les étamines, au nombre de 20 à 30, qui naissent le plus ordinairement à la base de chaque capitule, sont munies de longs filets déliés, plusieurs fois pliés ou contournés dans l'intérieur du bouton, et qui s'allongent beaucoup lors de l'épanouissement, laissant flotter les anthères au gré du vent. Ces fleurs mâles sont toujours placées sur un même capitule en-dessous des fleurs femelles, et ne paraissent qu'à l'époque où les beaux stigmates rouges et rayonnants des fleurs femelles de ce même capitule sont entièrement flétris. Des pistils dressés au sommet d'un épi, des fleurs mâles tardives, à étamines pendantes, sont les conditions les plus désavantageuses à la fécondation. Aussi, elle s'opère constamment au moyen des étamines des autres épis, soit que ceux-ci appartiennent à la même plante dont les tiges sont généralement rameuses, ou que le vent et les insectes se chargent d'une transmission dioïque. Il faut au reste qu'il en soit ainsi, car les fleurs femelles ne sont presque jamais stériles. Le tube calicinal se renfle, sa surface se ride et il tombe avec une ou deux graines qui lui restent adhérentes, et dont la chute commence toujours au sommet de l'épi. — C'est en mai et en juin que s'opère cette élégante fécondation.

Nature du sol. — *Altitude.* — Cette plante est indifférente et accepte tous les terrains, pourvu qu'ils soient secs et rocailleux. — Elle préfère la plaine, mais elle monte facilement dans les montagnes à 1,000 ou 1,200ᵐ. Ledebour la cite dans le Caucase et dans le Talüsch de 200 à 1,000ᵐ. Wahlenberg dit que dans la Suisse septentrionale on la trouve dans les prés jusqu'à la limite supérieure du hêtre.

Géographie. — Il est presque certain que plusieurs espèces sont encore confondues sous une même dénomination. — Ce groupe s'étend, au sud, en France, en Espagne, aux Baléares, à Madère, en Egypte. — Au nord, on retrouve ses formes diverses dans l'Europe centrale, le Danemarck austral, et des pieds sporadiques en Suède et en Gothie. La plante est assez commune en Angleterre et en Irlande. — A l'occident, on la cite en Portugal, et avec doute en Amérique, près du lac Huron. — A l'orient, elle est en Suisse, en Italie, en Sicile, en Croatie, en Hongrie, en Transylvanie, en Tauride, dans le Caucase, en Géorgie, autour de la Caspienne, dans les Carpathes, en Turquie, dans les Russies moyenne et australe, dans les Sibéries de l'Oural, de l'Altaï et du Baïkal.

Limites d'extension de l'espèce.

Sud, Egypte...............	30°	}Écart en latitude :
Nord, Angleterre..........	57	} 27°
Occident, Portugal.........	10 O.	}Ecart en longitude :
Orient, Sibérie du Baïkal.....	116 E.	} 126°
Carré d'expansion............. 3402		

G. CRATÆGUS.

Distribution géographique du genre. — 60 espèces de ce beau genre décorent de leurs fleurs toutes les parties du monde, à l'exception de l'Océanie. — Leur grand centre est dans l'Amérique du nord, où l'on en compte 32, dont 2 seulement du Mexique, les autres du Canada, de la Caroline, de la Virginie ou des autres possessions des Etats-Unis.—2 espèces vivent au Pérou, une seule au Chili.—Les 11 *Cratægus* européens sont distribués : en France, en Allemagne, en Hongrie, en Italie, en Espagne, en Sicile, en Tauride. — Les 11 espèces asiatiques se trouvent : aux grandes Indes, en Sibérie, en Chine et dans l'Asie mineure. 2 espèces vivent à Java. —L'Afrique ne compte que 3 *Cratægus*, tous trois de la Mauritanie.

CRATÆGUS PYRACANTHA, Pers.—Arbrisseau droit et rameux, à feuilles crénelées, d'un vert sombre, et persistantes. Il décore les pentes rocailleuses de notre région méridionale par ses grappes de fleurs blanches excessivement multipliées, et plus tard par ses magnifiques bouquets de baies rouges ou orangées, couleur de feu, et contrastant avec le vert sombre, de son feuillage éternel. Ses feuilles, quand elles se développent, sont roulées en cornets sur leurs bords ; ses fruits globuleux portent encore les cinq divisions du calice, mais réfléchies dans une petite cavité située au sommet. —Fleurit en mai.

Nature du sol. —Altitude. — Il recherche les calcaires compactes et rocailleux de la plaine ou des coteaux. Tenore l'indique dans le royaume de Naples, dans sa région des bois, entre 300 et 800^m.

Géographie.— Au sud, le midi de la France et de l'Italie, la Sicile et l'Espagne. — Au nord, la partie méridionale du plateau central. — A l'occident, Bordeaux et Bayonne. — A l'orient, l'Italie, la Dalmatie, la Grèce, la Turquie, la Crimée, le Caucase et la Géorgie.

Limites d'extension de l'espèce.

Sud, Sicile................ 38°	) Ecart en latitude :
Nord, Plateau central........ 45	) 7°
Occident, France............ 5 O.	) Ecart en longitude :
Orient, Géorgie............. 47 E.	) 52°
Carré d'expansion............. 364	

CRATÆGUS OXYACANTHA, Lin.— L'aubépine réunit seule
toutes les perfections. Port élégant, rameaux étagés et allongés en guirlande, feuilles naissantes d'un vert pur accompagnant des boutons arrondis et fermés, et préludant à
leur épanouissement; fleurs pures comme la neige, graciou-
sement arrondies, odorantes, relevées par des anthères nombreuses et roses, qui forment une couronne dans la fleur
elle-même. Il n'existe sans doute dans la nature rien de
plus frais que ces fleurs entr'ouvertes, entremêlées de
boutons globuleux, quand les branches qui les portent s'étendent jusque sur l'herbe des prairies, et permettent au
Myosotis de mêler ses fleurs célestes à leur brillant feuillage, et à la renoncule âcre d'ouvrir ses bassins d'or.
au milieu des bouquets superposés de cette blanche épine.
Quand on songe aux milliers de fleurs qui couvrent un buisson de cet arbrisseau, à ces pétales sans nombre qui s'ouvrent et se détachent, à ces innombrables étamines qui répandent des torrents de pollen, à ces feuilles si fraîches et si
promptement développées, on se demande comment il est
possible qu'une si grande puissance de vie se manifeste sans
bruit et dans le plus profond silence pour nos sens. Ses fleurs
multipliées à l'infini, forment des bouquets qui s'échappent à peine du feuillage, ou se laissent deviner dans l'intérieur d'un buisson. L'aubépine se présente au printemps

de l'année, et souvent même elle en subit tous les écarts;
le grésil et quelquefois la neige en flocons viennent se mêler à ses fleurs; mais aussi, quand le soleil de mai brille sur
les campagnes, que les insectes bourdonnent sur ses branches
et montrent dans ses fleurs le feu de leurs élytres ou l'émail
de leurs ailes colorées, quand l'oiseau, rentré de son exil,
chante dans ses bosquets sa victoire et ses amours, aucun
végétal ne peut rivaliser avec l'aubépine. Nous lui par-
donnons ses piquants. Si, pendant quelque temps, nous
oublions ces messagères du printemps, elles se rappellent
bientôt à nos regards en sortant des haies avec une parure
nouvelle. Des milliers de fruits rouges, arrondis et tronqués
dont le froid des matinées d'automne et les premières gelées
avivent encore la couleur, ont remplacé ses blanches guirlandes et survivent aux feuilles qui se détachent et qui tombent.
La ramification des buissons d'aubépine tient à la situation
des bourgeons, qui ne terminent pas les branches et naissent sur le côté. Ces bourgeons ne donnent pas tous des fleurs,
mais ces dernières sont toujours accompagnées de feuilles et
ne naissent pas comme dans les premières de bourgeons isolés. La forme de ces feuilles est très-variable, mais elles sont
souvent lisses, luisantes, lustrées et plissées un peu sur
leur nervure dans le bourgeon. Les dents desséchées du calice qui couronnent le fruit, sont réfléchies en dessous, et ce
fruit varie à l'infini de grosseur et de coloris. — Voici quelques dates de floraison précise pour cette espèce et pour la
suivante, n'étant pas certain de les avoir constamment dis-
tinguées : 4 mai 1848, premières fleurs sur la route d'Issoire; — 5 mai 1848, environs de Billom; — 12 mai 1847,
environs de Billom; — 12 mai 1840, route de Riom; —
21 mai 1840, variété à fleurs roses, près Vic-le-Comte;
— 23 mai 1853, environs de Billom, premières fleurs; —

23 mai 1839 , à Royat ; — 24 mai 1840 , au Puy de Mure ;
— 27 mai 1829, bords de la rivière à Gondolle ; —
30 mai 1839, à la Barraque; — 1 juin 1844, entre Billom et
Saint-Dier; — 5 juin 1848 , à Randanne ; — 19 juin 1845,
en pleines fleurs sur les causses à Florac; — 1 juillet 1850, à
Pessade, route du Mont-Dore.— 13 juillet 1841, fond de la
vallée du Mont-Dore. Ces dernières localités sont très-élevées.

Nature du sol. — *Altitude.* — L'aubépine croît sur
tous les terrains , mais elle paraît avoir une préférence pour
les terrains primitifs et volcaniques. Elle croît en plaine sur
les coteaux et sur les montagnes, depuis les bords de la mer
jusqu'à 1,600^m, dans les Alpes de Provence, selon de
Candolle. Nous la trouvons en Auvergne jusqu'à la même
hauteur, mais c'est entre 800 et 1,000^m qu'elle acquiert
son plus beau développement. M. Boissier la cite dans le
midi de l'Espagne , parmi les buissons de sa région montagneuse, vers 800^m. Ledebour l'indique à 1.200^m dans le
Brechtau ; dans la Suisse septentrionale , Wahlenberg dit
qu'elle croît dans la plaine et dans la montagne jusqu'à la
limite du cerisier, et tout au plus jusqu'à celle du hêtre.
M. Borne m'a assuré l'avoir trouvée à 900^m dans l'Atlas.

Géographie. — Cette espèce est assez répandue dans le
midi de la France, en Espagne, en Corse, en Algérie,
dans les haies près de Bone et de la Calle, ainsi que dans
l'Atlas. — Elle décore tous les paysages de l'Europe centrale, se montre en Danemarck, en Gothie, en Finlande,
et au milieu des buissons de la Suède australe et moyenne.
Elle existe en Angleterre, en Irlande, mais les archipels
en sont privés. — A l'occident, elle végète en Portugal.
— A l'orient, elle se trouve en Suisse, en Italie, en Sicile,
en Hongrie, eu Croatie, en Tauride, dans le Caucase,
en Géorgie, jusque sur les bords de la Caspienne ; dans les

Carpathes, la Turquie, les Russies septentrionale, moyenne
et australe, et dans la Sibérie de l'Oural où Pallas l'a trouvée
en fleur le 14 mai 1771 avec le *Pedicularis comosa*, le
Scorzonera purpurea, le Salvia nemorosa, etc.

Limites d'extension de l'espèce.

Sud, Algérie................ 35°	}	Écart en latitude :
Nord, Finlande............. 65	}	30°
Occident, Portugal.......... 10 O.	}	Écart en longitude :
Orient, Sibérie de l'Oural..... 56 E.	}	66°
Carré d'expansion............. 1980		

CRATÆGUS MONOGYNA, Jacq. — Ce charmant arbrisseau
ne le cède en rien au précédent pour l'élégance et la beauté.
Il croît comme lui dans les haies et les buissons, sur la lisière et
dans les clairières des bois, et se couvre aussi, dans le mois
de mai, de guirlandes de fleurs parfumées. Il a souvent été
confondu avec l'espèce précédente. Il en diffère par ses fleurs
plus petites, serrées, à un style, rarement deux. Il est plus
grand et plus rameux. Ses feuilles sont plus petites et profondément découpées, d'un vert moins foncé. Il n'est pas
moins beau à l'automne quand il est couvert de ses baies rouges, éclatantes, qu'il mêle aux fruits carminés du fusain, aux
baies noires du troène et aux fruits écarlates des églantiers.
— Il fleurit en mai et en juin, retardant ordinairement de
huit jours sur l'espèce précédente.

Nature du sol. — Altitude. — Il croit partout, mais
si le précédent a une certaine préférence pour les terrains
siliceux, celui-ci semble au contraire rechercher les calcaires. — Il peut aussi s'élever davantage. M. Boissier l'indique entre 650 et 1,650^m dans le royaume de Grenade.
— Ledebour dit qu'il se trouve dans le Talüsch entre

1,200 et 1,400^m. M. Cosson l'a rencontré sur plusieurs points de l'Algérie, et notamment sur le Djebel-Tougour, à 2,000^m, croissant avec les cèdres et quelques pieds d'*Acer monspessulanum*.

Géographie. — Au sud, le midi de la France, de l'Espagne et de l'Italie, les Baléares et la Barbarie, jusque dans les montagnes de l'Aurès. — Au nord, il se trouve en Danemarck, en Gothie, en Norvége, en Suède, dans les bois, surtout dans la partie occidentale. Selon M. Ruprecht, il croît, avec le *Berberis vulgaris* et le *Prunus spinosa*, en Estonie, sur la rive gauche de la Narowa, et passe à peine sur la rive droite, atteignant ainsi le 58° de latitude. — A l'occident, il se trouve en Portugal, où il a été confondu avec le *C. Oxyacantha*. — A l'orient, il végète en Suisse, en Italie, dans les haies du royaume de Naples, en Sicile, en Dalmatie, en Croatie, en Hongrie, en Transylvanie, en Grèce, en Tauride, dans le Caucase, en Géorgie, en Syrie près de Balbek, sur les bords de la Caspienne, dans les Carpathes, en Turquie, dans les Russies moyenne et australe.

Limites d'extension de l'espèce.

Sud, Algérie................	35°	}	Ecart en latitude :
Nord, Norvége..............	60	}	25°
Occident, Portugal.	10 O.	}	Ecart en longitude :
Orient, Russie moyenne......	52 E.	}	62°
Carré d'expansion............	1550		

G. COTONEASTER, *Medik.*

Distribution géographique du genre. — C'est à peine si l'on connaît 20 espèces de ce genre, dont 12 ou 14 sont asiatiques, toutes du Népaul, des Indes orientales et de la

Sibérie altaïque. — 5 sont européennes et habitent la France, l'Espagne, le Caucase ou la Hongrie. — Une seule est mexicaine.

COTONEASTER VULGARIS, Lindl. — Ce petit arbrisseau rampe sur les rochers et sur les pelouses élevées des montagnes. Il semble craindre le froid, par la présence du coton dont ses jeunes feuilles et ses pousses nouvelles sont entourées. Ses feuilles sont couchées les unes sur les autres dans le bourgeon. Elles se développent assez rapidement ; leur surface supérieure est lisse, d'un beau vert, mais la face inférieure reste couverte de duvet. Les fleurs sont pressées de s'épanouir dès que les bourgeons se sont ouverts. Elles sont petites, axillaires, blanches ou rosées, et attendent que le soleil se soit élevé sur l'horizon pour s'ouvrir. Elles sont remplacées par de petits fruits rouges et inclinés, couronnés par les dents du calice. — Fleurit en mai et en juin.

Nature du sol. — Altitude. — Nous trouvons cette plante sur les terrains volcaniques et sur le calcaire. M. Mohl l'indique comme exclusivement propre aux calcaires, et c'est en effet sur cette roche que nous l'avons vue dans la Lozère et dans les Ardennes ; c'est sur le calcaire qu'elle croît au Ventoux, dans le Tyrol septentrional, etc. — Elle s'élève assez haut dans les montagnes, à 1,500^m en Auvergne, et elle descend à 600^m aux environs du Puy. D'après Requien elle croît à 1,550^m sur le Ventoux, versant sud, et de 1,200 à 1,500, versant nord. De Candolle l'indique à 12^m à Avignon et à 1,600 au mont Cenis, où nous l'avons rencontrée au moins à cette altitude. Wahlenberg la cite en Suisse, sur les montagnes inférieures, quelquefois cependant jusqu'à la limite supérieure des sapins. Ledebour cite les altitudes de 800 à 1,800^m dans le Caucase et le Brechtau, et de

1,600 à 1,800 dans le Talüsch. C'est, comme on le voit,
une plante des hautes montagnes.

Géographie. — Au sud , les Pyrénées, le midi de l'Italie
et l'Espagne. — Au nord , une grande partie de l'Europe
centrale , la Gothie , la Norvége , la Suède, sur les rochers
herbeux de la plaine et du littoral , la Finlande et même la
Laponie, en Angleterre sur un seul point, selon M. Watson,
un rocher escarpé sur la côte de Carnavon , pays de Galles ;
sur les bords de la Narowa en Esthonie , mais non en Ingrie , selon M. Ruprecht. Limité alors au 58° dans cette
localité. — A l'occident, nous ne pouvons citer que la localité anglaise. — A l'orient , cet arbrisseau s'étend très-loin,
en Suisse , en Italie , en Croatie , en Hongrie , en Dalmatie , en Transylvanie , en Turquie , au mont Athos, dans
les montagnes de la Tauride et du Caucase , dans la Géorgie , le Talüsch , dans les Carpathes , toutes les Russies,
les Sibéries de l'Oural , de l'Altaï , du Baïkal et la Dahurie.
Pallas cite cette plante en Sibérie près de la forge de Jour-
jousenskoï, où elle croissait sur les rochers, et était en fleur
le 23 mai 1770 , avec *Aster alpinus, Centaurea sibirica ,
Onosma simplex.*

Limites d'extension de l'espèce.

Sud, Royaume de Naples.....	40°	⎱Ecart en latitude :
Nord, Laponie............	66	⎰ 26°
Occident, Angleterre........	6 O.	⎱Ecart en longitude :
Orient, Dahurie...........	118 E.	⎰ 124°
Carré d'expansion...........	3224	

Cotoneaster tomentosa , Lindl. — Cette espèce ressemble beaucoup à la précédente , mais elle est plus grande,
ses feuilles sont plus larges, un peu pubescentes en-dessus ;

ses fleurs naissent plusieurs ensemble et se font remarquer par leurs calices cotonneux. Ses fruits sont rouge carmin et non penchés. — Elle fleurit en avril et en mai.

Nature du sol. — *Altitude.* — Terrain calcaire et rocailleux de la plaine.

Géographie. — Son aire paraît assez restreinte ; au sud, on la trouve dans les Pyrénées et dans le midi de l'Italie. — Au nord, dans les Vosges, le Jura, les Carpathes, le Tyrol. — A l'orient, en Dalmatie, en Hongrie, en Transylvanie.

Limites d'extension de l'espèce.

Sud, Royaume de Naples......	40°	}	Écart en latitude :
Nord, Carpathes............	50	}	10°
Occident, Pyrénées.........	3 O.	}	Écart en longitude :
Orient, Transylvanie........	22 E.	}	25°
Carré d'expansion............	250		

G. **MESPILUS**, *Lin.*

Très-petit genre, réduit par démembrement à 5 espèces dont 3 de l'Amérique septentrionale, 1 de la Sicile, et une autre de l'Europe ou de l'Asie.

MESPILUS GERMANICA, Lin. — Petit arbre d'une croissance très-lente, rare dans notre contrée, où il habite les haies et bien rarement la lisière des bois. Son tronc est très-rameux, et l'on y observe, dit Vaucher, trois sortes de rameaux ; ceux qui portent le fruit à leur sommet, ceux qui le porteront l'année suivante et qui se terminent par un bouton fortement écailleux, et les stériles qui avortent ou sont tronqués au sommet ; ces derniers ont des feuilles allongées et légèrement plissées. Les feuilles, velues en dessous, sont

munies de stipules foliolaires et latérales. Les fleurs, grandes
et blanches, sont presque sessiles, et leur calice a l'apparence
de feuilles ordinaires. Le fruit, volumineux, conserve au
sommet les débris persistants des feuilles calicinales. Il tombe
sans s'ouvrir et contient, dans une pulpe comestible, cinq
osselets d'une grande dureté.

Nature du sol. — Altitude. — Nous le trouvons sur
les terrains siliceux et graveleux de la plaine ; mais, dans
d'autres contrées, on le rencontre aussi sur calcaire et dans
les montagnes. Ledebour l'indique depuis la plaine jusqu'à
800^m dans le Caucase, et jusqu'à 1,200^m dans le Talüsch.

Géographie. — Au sud, il se trouve en Espagne, en
Portugal, dans le midi de l'Italie, en Sicile. — Au nord,
il végète dans plusieurs parties de l'Allemagne, dans le nord
de la France, la Belgique et en Angleterre jusqu'à 54°. —
A l'orient, il s'étend dans la Servie, la Thrace, la Dalmatie, dans la Tauride, le Caucase, le Talüsch, la Géorgie,
jusque sur les bords de la mer Caspienne.

Limites d'extension de l'espèce.

Sud, Sicile................ 38°	}	Écart en latitude :
Nord, Angleterre........... 54	}	16°
Occident, Portugal......... 10 O.	}	Écart en longitude :
Orient, Géorgie............ 47 E.	}	57°
Carré d'expansion............ 912		

G. AMELANCHIER.

Distribution géographique du genre. — Il n'y a que
10 espèces connues dans ce genre, et 8 font partie de la
végétation de l'Amérique du nord comme les *Cratægus*.
— 2 seulement sont européennes.

AMELANCHIER VULGARIS, Mœnch. — Cet arbrisseau a de grands rapports avec le *Cotoneaster*, mais il devient plus grand, il s'élève au lieu de ramper et forme de jolis buissons qui naissent dans les fentes des rochers, ou qui croissent dans les lieux pierreux des coteaux où il est souvent associé à l'*Anemone montana*. Son bois est dur, son écorce brune ou noirâtre. Ses bourgeons, même sur le point de s'épanouir, sont entourés d'une bourre cotonneuse, et le coton reste même souvent attaché jusqu'en automne à la nervure médiane, en dessous des feuilles. L'on voit, dès la fin d'avril, ses bouquets de fleurs blanches, aux pétales allongés, se montrer près des feuilles à peine développées. Plus tard, il présente des fruits ovales d'un noir bleuâtre, couronnés par les dents du calice et contenant un assez grand nombre de graines, 8 à 10.

Nature du sol. — Altitude. — Nous avons rencontré cet arbrisseau sur tous les terrains, et toujours sur les rochers ou parmi leurs débris. — Il habite les coteaux, et dans la Suisse septentrionale, comme en Auvergne, il atteint à peine la limite du noyer, selon Wahlenberg. Cependant M. Sendtner l'indique à 1,754^m dans les Alpes bavaroises; M. Massot à 1,640^m dans les Pyrénées, au Canigou. M. Durieu l'a trouvé en Afrique, dans la zone supérieure du Djurdjura, qui s'élève à 2,000^m. Au sud du Ventoux, il s'arrête à 1,350^m; et, dans le midi de l'Espagne, M. Boissier dit qu'il végète dans les fissures des rochers entre 1,650 et 2,100^m. Ledebour le cite dans le Caucase entre 600 et 2,000^m.

Géographie. — Au sud, il se trouve en France, dans les Pyrénées, dans le midi de l'Espagne et dans l'Afrique boréale. — Au nord, il existe dans les Vosges, dans les Carpathes, en Thuringe. — A l'occident, en Portugal. — A l'orient, en Suisse, dans le midi de l'Italie, en Hongrie, en Croatie, en Transylvanie, en Thrace, dans l'île de Crète, dans le Caucase et en Géorgie.

Limites d'extension de l'espèce.

Sud, Algérie..............	35°	}	Écart en latitude :
Nord, Carpathes...........	50	}	15°
Occident, Portugal.........	10 O.	}	Écart en longitude :
Orient, Géorgie...........	46 E.	}	56°
Carré d'expansion............	840		

G. PYRUS, *Lin.*

Distribution géographique du genre. — En réunissant les *Pyrus* et les *Sorbus*, ces arbres élégants forment un genre de 64 espèces, dont 26 européennes, 26 asiatiques, 12 américaines et 1 africaine. — Les 26 espèces d'Europe sont très-inégalement dispersées dans toute l'Allemagne, toute l'Italie, la France, la Grèce, la Dalmatie et la Scandinavie. — Les asiatiques sont surtout originaires de la Sibérie, du Népaul, des Indes orientales, de la Chine et de la Syrie. On en trouve quelques-unes en Perse, en Arabie, au Kamstchatka et l'une d'elles dans l'île de Sitcha une des Aléoutiennes. — Les 11 *Pyrus* de l'Amérique appartiennent tous au nord de ce continent. — Un seul est indiqué avec doute en Afrique, en Egypte.

PYRUS COMMUNIS, Lin. — Grand et bel arbre que nous rencontrons dans les haies et dans les bois, à cime étendue et rameuse, couverte de plusieurs sortes de boutons, dont la majeure partie contient, il est vrai, et des feuilles et des fleurs. Les feuilles sont lisses et luisantes par-dessus, un peu

rudes en-dessous; ses fleurs sont d'un beau blanc, disposées en bouquets dressés, tandis que ceux du cerisier sont
toujours inclinés. Le calice a le tube parfaitement arrondi. Il abandonne au bout de quelques jours les pétales
concaves qui lui sont adhérents, et des groupes de fruits
pyriformes, verts et acerbes, à cinq pepins, sont parfois si
nombreux qu'ils font fléchir les branches. — Cet arbre
s'élève plus que le pommier. Ses branches s'écartent moins.
— Il fleurit en avril, ou dans les premiers jours de mai quand
les années sont tardives. Linné le cite en fleur, à Upsal, le
25 mai 1748.

Nature du sol. — *Altitude.* — Il est indifférent à la
nature du terrain, et croît partout. — Nous ne le trouvons
qu'à une faible altitude, de 400 à 900^m; dans la Suisse
septentrionale, il s'élève, d'après Wahlenberg, presque jusqu'à la limite supérieure du hêtre. Tenore dit que le poirier
et le pommier sauvages figurent parmi les pomacées spontanées de la flore napolitaine. « Le poirier est très-commun
dans tout le royaume, et atteint des dimensions considérables. Il croît indistinctement dans les bois de la première région (de 300 à 800^m), sur les collines et dans les
plaines jusqu'au niveau de la mer (de 0 à 300^m). » M. Boué
dit qu'en Turquie les poiriers sauvages se mêlent encore
aux hêtres à 1,200^m. Dans le Caucase cet arbre se tient
entre 200 et 1,000^m; dans le Talüsch, à cette dernière
altitude.

Géographie. — Au sud, le poirier sauvage entre en Espagne, et se trouve dans le midi de l'Italie et en Sicile. —
Au nord, il occupe, disséminé, une grande partie de l'Europe centrale; il est partout en Danemarck, dans la Gothie
australe, et n'est plus que sporadique en Suède et en Norvége; en Angleterre, il ne dépasse pas le 54°. Il offre plu-

sieurs variétés dans l'Ingrie, dit M. Ruprecht, mais ne va pas au-delà de 58 à 60°. — A l'occident, il végète en Portugal. — A l'orient, en Suisse, en Italie, en Sicile, en Croatie, en Hongrie, en Transylvanie, dans les Carpathes, en Turquie, dans le Caucase et toute la Géorgie, dans les Russies moyenne et australe.

Limites d'extension de l'espèce.

Sud, Sicile................ 38°	Écart en latitude :	
Nord, Ingrie............... 60	22°	
Occident, Portugal.......... 10 O.	Écart en longitude :	
Orient, Caucase .... 48 E.	58°	
Carré d'expansion.............. 1276		

Pyrus salvifolia, DC. — Cet arbre très-rare croît dans les bois où il atteint une faible élévation. Il ressemble au poirier ordinaire, mais ses branches sont plus grosses, ses bourgeons sont entourés de coton floconneux qui persiste comme dans l'*Amelanchier* sur le dessous des feuilles, et qui les rend même cotonneuses en-dessus dans leur jeunesse. Ses fleurs blanches, qui paraissent en mai, forment de petits corymbes. Ses fruits, portés sur de longs pédoncules, sont plus gros que dans le poirier commun.

Nature du sol. — Altitude. — Terrain siliceux et graveleux des coteaux de la Creuse, à peu près à 600ᵐ d'altitude.

Géographie. — Cette espèce, à peine connue à l'état sauvage, paraît occuper une partie seulement de la France centrale, que l'on peut à peine évaluer à 6 degrés carrés.

Pyrus amygdaliformis, Vill. — C'est un arbrisseau bas et rameux, à branches diffuses et souvent épineuses, que l'on rencontre sur les coteaux arides et pierreux, mêlé au *Genista Scorpius*, au *Paliurus aculeatus*, à l'*Euphorbia nicæensis*, à l'*Aphyllantes monspeliensis*, etc. Ses feuilles sont très-entières, velues en dessous, et sortent de bourgeons cotonneux comme les jeunes pousses. Les fleurs sont blanches, en corymbe, portées sur des pédoncules tortueux. Le fruit est subglobuleux. — Il fleurit en avril.

Nature du sol. — Altitude. — Nous ne le connaissons que sur les calcaires et les coteaux peu élevés.

Géographie. — Il habite au midi toute la région des oliviers, entre peut-être en Espagne, et s'arrête au pied du plateau central de la France ; peut-être existe-t-il aussi en Italie, puisqu'il est en Sicile, où selon M. Spach, il a été indiqué par Gussone sous le nom de *P. cuneifolia.* Il est cité en Sardaigne, en Grèce et en Dalmatie.

Limites d'extension de l'espèce.

Sud, Sicile................... 38°	}	Ecart en latitude :
Nord, France.............. 44	}	6°
Occident, France........... 0	}	Ecart en longitude
Orient, Grèce.............. 22 E.	}	22°
Carré d'expansion............ 132		

Pyrus Malus. Lin. — La belle famille des pomacées concourt d'une manière puissante à l'embellissement des campagnes pendant la première période de l'année. Quand les pommiers montrent leurs fleurs roses, entourées de jeunes feuilles de l'année, au-dessus des prairies parsemées de renoncules et de *Myosotis*, ils forment assurément un des plus beaux tableaux que puisse nous offrir le paysage. Ceux qui n'ont pas été assujettis au joug de la domesticité, étalent librement, dans les haies et dans les bois, des fleurs aussi belles et aussi nombreuses. Ils ont comme les autres leurs bourgeons stériles et leurs bourgeons florifères ; offrant comme la plupart des arbres fruitiers, le curieux phénomène des générations alternantes. Mais cette belle végétation printanière des pommiers s'arrête tout-à-coup. Ses feuilles qui dans leur bouton étaient roulées sur leurs deux bords, sont bientôt étalées ; le développement des rameaux s'arrête, et toute la vie se porte sur des fruits arrondis et déprimés, qui jaunissent à l'automne et répandent leur parfum. Ils font plier les branches et forment, par leur ensemble et leur beauté, une parcelle de ce grand banquet auquel la nature convie, à cette époque de l'année, les êtres nombreux qui partagent avec nous le séjour de la terre. — C'est en mai que les pommiers fleurissent, à peu près trois semaines après les poiriers. La moyenne de floraison pour l'Auvergne est le 18 mai, c'est le 21, d'après Unger, pour le Tyrol septentrional.

Nature du sol. — Altitude. — Le pommier s'accommode de terrains très-divers, pourvu qu'il y trouve un peu de fraîcheur. Il s'élève peu comme le poirier et trouve sa limite en Auvergne à 900^m environ. Wahlenberg dit qu'il monte en Suisse presque jusqu'à la limite supérieure du hêtre. Ledebour l'indique dans le Caucase de 200 à 1,000^m et à cette dernière altitude dans le Talüsch.

Géographie. — Au sud, le pommier sauvage est assez rare en France et en Espagne. Il est indiqué ainsi que le poirier en Algérie ; mais il est douteux que ces espèces y soient réellement spontanées. Au nord, on le trouve toujours disséminé, comme le poirier, dans la majeure partie de l'Europe centrale, dans le Danemarck, la Gothie, la Norvège, la Suède où il s'avance dans les bois jusqu'à Upsal et la Finlande australe, en Angleterre et en Irlande jusqu'à 57°. — A l'occident, il habite le Portugal. — A l'orient,

il végète en Suisse , en Italie, en Sicile , en Hongrie, en
Croatie , en Transylvanie , en Grèce, en Tauride, dans le
Caucase, en Géorgie et sur les bords de la Caspienne , dans
les Carpathes , dans la Turquie, où il se rencontre dans
les forêts des plaines et des montagnes et dans les Russies septentrionale , moyenne et australe.

Limites d'extension de l'espèce.

Sud, Sicile.................. 38°	} Ecart en latitude :	
Nord, Finlande.............. 61	} 23°	
Occident, Portugal........... 10 O.	} Ecart en longitude :	
Orient, Russie moyenne...... 52 E.	} 62°	
Carré d'expansion............. 1426		

PYRUS AUCUPARIA , Gœrtn. — Cet arbre , dont les dimensions ne sont jamais bien considérables, est un des plus
beaux ornements de nos bois montagneux. Son écorce est
lisse , et ses jeunes feuilles , plissées sur leur nervure médiane, sont abritées sous des boutons tomenteux. Quand les
froids ont cessé dans les montagnes et dans les régions
polaires , ces bourgeons s'ouvrent , et l'arbre se couvre
de feuilles ailées au milieu desquelles naissent de beaux
corymbes d'un blanc jaunâtre. Les insectes de la forêt ne
cessent de bourdonner sur ces fleurs où quelques-uns
d'entr'eux s'engourdissent le soir pour se réveiller le matin.
A ces fleurs toujours fécondées soit par leurs propres étamines, soit par le pollen des fleurs voisines, succèdent des
grappes de fruits arrondis et disposés en corymbes serrés
qui, pendant longtemps, restent verts comme le léger
feuillage qui les entoure. Mais à l'automne , on voit ces baies
jaunir , devenir orangées , et enfin du rouge le plus pur, le
plus vif et le plus contrastant sur le vert foncé du feuillage.

L'arbre chargé incline ses rameaux vers la terre. Il conserve
en hiver une partie de sa parure, et enfin les baies que les
oiseaux ont méprisées dans leurs jours d'abondance, tombent
sur la terre autour du tronc du sorbier, qui conserve encore
les pédicelles rameux qui les portaient. — C'est à la fin de
mai et quelquefois de juin que cet arbre fleurit dans nos climats. Pallas le cite en fleur en Dahurie le 20 mai 1772.
Nous l'avons cueilli en fleur sur les montagnes de Saint-
Germain-l'Herm le 10 juin 1852.

Nature du sol. — Altitude. — Cet arbre recherche les
terrains siliceux, volcaniques et détritiques, sans fuir absolument le calcaire. — Il n'habite la plaine que dans les régions du nord, et partout ailleurs il tend à s'élever. Nous le
trouvons jusqu'à 1,500^m dans les montagnes de l'Auvergne.
Il en est de même dans la Suisse septentrionale, où Wahlenberg dit qu'il atteint la limite supérieure du sapin, et qu'il devient rare, se présentant alors sous la forme d'un arbrisseau
rabougri et souffrant. De Candolle l'indique à 30^m à Liége,
en Belgique, et à 1,200^m dans le Jura et dans les Alpes;
cette élévation est moindre que celle donnée par Wahlenberg, qui est d'environ 1,750^m. M. Martins l'indique au
Grimsel à 1,624^m. M. de Mohl fixe sa limite dans le Valais
à 1,689^m. M. Masson le cite dans les Pyrénées, sur le Canigou, versant occidental, à 1,838^m. Wahlenberg, dans les
Carpathes, à 1,624^m. En Ecosse, M. Watson dit qu'il croît
de 640 à 800^m. Ledebour l'indique dans le Caucase entre
1,000 et 1,800^m, et dans le Talüsch à 2,000^m. M. Martins
l'a trouvé à 447^m en Laponie, et Lessing depuis 30^m jusqu'à
360^m, aux îles Loffoden. Sa limite, selon MM. Martins et
Bravais, serait de 40 à 50^m plus basse que celle du bouleau.

Géographie. — Le sorbier ne peut s'avancer au sud qu'à la
faveur des montagnes. C'est ainsi qu'il se trouve sur le plateau

central, dans les Pyrénées, en Espagne et en Portugal, ainsi que dans le royaume de Naples où cependant, d'après Tenore, il végète dans une zone comprise entre 300 et 800^m. — Au nord, son extension est considérable ; il arrive dans toute l'Europe, occupant toute la Scandinavie, y compris les Loffoden et le cap Nord. Il est commun dans toute la Suède où il habite les bois. Wahlenberg l'indique dans les régions sylvatique et sous sylvatique de toutes les Laponies suédoises, principalement sur les pentes ombragées des montagnes. Sur le versant norvégien, il s'avance davantage, mais il cesse avant le bouleau. Dans ces hautes latitudes, ses folioles sont très-glabres en-dessous, et ses pétioles sont pubescents. Le sorbier occupe aussi toutes les îles et les archipels britanniques ; il n'est pas indiqué aux Feroë, mais il n'est pas rare en Islande, où ses fruits ne mûrissent cependant que dans la partie sud de l'île. Malgré cela il en occupe toute la surface, se trouvant dans les mêmes conditions que le *Vaccinium Myrtillus*, le *Juniperus communis*, le *Ribes uva crispa*, dont les semences, avalées par les oiseaux, sont constamment disséminées par eux dans des zones plus septentrionales où ces espèces peuvent vivre, mais condamnées à la stérilité par la rigueur du climat. — A l'occident, ce sorbier est cité en Portugal et au Groënland où il reste vers le 61°. — A l'orient, nous l'avons déjà mentionné en Suisse, dans les Carpathes, en Italie ; nous devons y ajouter la Hongrie, la Croatie, la Transylvanie, la Turquie, le Caucase, la Géorgie, les bords de la Caspienne, toutes les Russies, toutes les Sibéries et la Dahurie.

Limites d'extension de l'espèce.

Sud, Royaume de Naples.....	40°	}	Écart en latitude :
Nord, Cap nord............	71	}	31°

Occident, Groënland........ 30 O. } Ecart en longitude :
Orient, Sibérie orientale..... 160 E. }   190°
    Carré d'expansion............ 5890

PYRUS HYBRIDA, Lin.—Il forme des buissons peu élevés, à feuilles cotonneuses en-dessous, ailées à leur base ou profondément pinnatifides. Nous n'avons vu ni ses fleurs, ni ses fruits, et nous l'avons trouvé rare et disséminé sur les montagnes, toujours au milieu des *Pyrus Aria* et *P. Aucuparia*, dont il est sans doute un hybride. Nous ne devons donc pas nous occuper de sa géographie.

PYRUS ARIA, Erh. — L'alisier est un des arbres les plus remarquables de nos montagnes. Il s'y présente le plus ordinairement en buissons peu rameux ; mais quand il peut croître en toute liberté, il devient un grand arbre dont la vie se prolonge très-loin. Son écorce brune est parsemée de bourgeons écailleux dont le terminal s'ouvre le premier, et l'on en voit sortir assez tard de jeunes feuilles argentées ; elles sont appliquées les unes sur les autres, serrées, sans plis, et entremêlées de stipules linéaires qui tombent dès que le bourgeon est ouvert. Ces feuilles, en grandissant, conservent toujours l'aspect satiné de leur face inférieure, et les alisiers se distinguent de très-loin, des hêtres, des aubépines, des bouleaux et des autres espèces en société desquels ils forment ordinairement des taillis. Il montre au commencement de l'été de nombreux corymbes de fleurs blanches, ayant une légère teinte jaunâtre, et à ces panaches blancs qui terminent les rameaux, succèdent de beaux fruits rouges qui restent longtemps fixés sur les arbres. Leur pellicule éclatante recouvre une pulpe demi-solide et lacuneuse, dans laquelle des graines dures sont disséminées deux à deux, mais où les loges, primitivement au nombre de 2 ou 3, sont toujours évanouies.

Nature du sol. — Altitude. — Il est indifférent et croît sur les granits, les basaltes, les scories, les pépérites ou les calcaires, et recherche pourtant les terrains détritiques.— Il se plaît sur les montagnes où nous le trouvons surtout, entre 800 et 1,300^m. De Candolle l'indique à 40^m en Anjou, à 1,200^m au Mont-Dore ; Wahlenberg le cite dans la Suisse septentrionale depuis les derniers noyers jusqu'aux derniers sapins, dans les lieux qui ne sont pas dominés par des neiges éternelles, car, dans ces dernières conditions, il fuit les sapins. C'est du reste le dernier arbre feuillé qui, dans ces lieux élevés, contraste par son feuillage argenté avec la sombre verdure des conifères. M. Sendtner lui donne pour limite, dans les Alpes bavaroises, 1,494^m ; M. Massot, au Canigou, 1,566^m ; M. Martins, 1,300^m au Ventoux, sur le versant sud ; M. Philippi 1,700^m, sur les flancs de l'Etna. Tenore le place entre 800 et 1,200^m ; Ledebour entre 600 et 1,000^m, dans le Caucase. C'est donc toujours une espèce des montagnes, car, dans le midi de l'Espagne, M. Boissier l'a rencontré seulement entre 1,650 et 2,100^m.

Géographie. — Au sud, les montagnes des Pyrénées et de l'Espagne, et probablement le Djebel-Tougour, en Afrique, où l'espèce est citée avec un point de doute par M. Cosson. — Au nord, toute l'Europe centrale, le Danemarck, la Norvége et rarement les côtes occidentales de la Suède. Il est aussi en Angleterre et en Irlande jusqu'au 59°. — A l'occident, il croît en Portugal ; il est aussi indiqué aux Canaries où il n'est peut-être pas spontané. — A l'orient, il habite la Suisse, l'Italie, la Sicile, la Dalmatie, la Croatie, la Hongrie, la Transylvanie, les Carpathes, le Pinde, le mont Athos, le Caucase, la Tauride, la Géorgie, l'Arménie, le Talüsch, le mont Ararat, et il entre dans la Sibérie altaïque.

Limites d'extension de l'espèce.

Sud, Midi de l'Espagne........ 38°	)Écart en latitude :
Nord, Norvége............. 65	) 27°
Occident, Portugal.......... 10 O.	)Écart en longitude :
Orient, Sibérie de l'Altaï..... 96 E.	) 106°
Carré d'expansion............ 2862	

PYRUS TORMINALIS, Ehr. — Aussi élevé dans nos contrées que les autres *Pyrus*, celui-ci forme quelquefois des buissons ou de petits arbres, dans les haies et dans les bois rocailleux. Il étale de belles feuilles larges et lobées, sans stipules, et au sommet des branches se trouvent de gros boutons florifères tout entourés d'écailles foliacées et velues. Les fleurs qu'ils contiennent forment un corymbe ; leurs pétales sont blancs, étagés et striés ; les fruits qui leur succèdent sont des baies d'un rouge un peu terne, petits et portés sur des pédicelles cotonneux. — Il fleurit en mai et en juin.

Nature du sol. — Altitude. — Il croît en Auvergne sur les terrains siliceux et graveleux des plaines et des coteaux, mais dans d'autres contrées, il végète sur le calcaire ; Wahlenberg dit que, dans la Suisse, il habite les bois des montagnes basses et qu'il se tient loin au-dessous de la limite des hêtres. Tenore le place, dans le royaume de Naples, entre 300 et 800^m, dans sa région des bois. Ledebour le cite dans le Talüsch entre 600 et 1,000^m, et jusqu'à 2,000^m dans le district du Drych.

Géographie. — Au sud, le midi de l'Italie, la Sicile et l'Espagne. — Au nord, l'Europe centrale, jusqu'au Danemarck austral et jusqu'en Angleterre au 54°. — A l'occident, le Portugal. — A l'orient, la Suisse, l'Italie, la Sicile, la Dalmatie, la Croatie, la Hongrie, la Transylvanie, la Grèce, le mont Pélion, le mont Athos, la Thrace, le Caucase, la Tauride, le Talüsch, la Russie moyenne et la Sibérie du Baïkal.

Limites d'extension de l'espèce.

Sud, Sicile...............	38°	Écart en latitude :
Nord, Angleterre..........	54	16°
Occident, Portugal........	10 O.	Écart en longitude :
Orient, Sibérie du Baïkal....	116 E.	126°
Carré d'expansion.............	2016	

PYRUS CHAMOEMESPILUS, Ehrh. — Moins haute en stature que les autres espèces de *Pyrus*, celle-ci forme sur les pelouses élevées, ou parmi les rochers des montagnes, des buissons élargis dont les branches, longtemps courbées par la neige, restent souvent appliquées sur le sol. Quand le printemps arrive dans ces régions élevées, il ouvre ses bourgeons et montre des feuilles entourées de duvet, qui semblent craindre encore le retour des frimats. Mais peu à peu elles s'étendent, elles perdent leur duvet, deviennent lisses et glabres, d'un vert foncé, ovales et dentées sur leurs bords. Les fleurs paraissent au commencement de l'été ; elles sont aussi réunies en corymbes, roses ou purpurines, munies de pétales petits, dressés et qui s'ouvrent à peine. Les fruits, rouges à leur maturité, sont ovoïdes et dressés. Il n'est pas rare de trouver cette espèce associée au *Juniperus nana*, et de voir s'élever du milieu de ses rameaux, ou les tiges vigoureuses du *Gentiana lutea*, ou les pousses allongées du *Convallaria verticillata*. — Il fleurit en juin et en juillet.

Nature du sol. — Altitude. — Nous le trouvons sur les terrains siliceux et volcaniques, mais il croît dans d'autres contrées sur les calcaires compactes. Il habite constamment les montagnes; de Candolle lui assigne comme minimum 1,000ᵐ dans le Jura, et 2,000ᵐ au mont Cenis; nous le trouvons jusqu'à 1,600ᵐ en Auvergne, jamais au-dessous de 1,200ᵐ. Tenore le place aussi, dans sa région des bois, entre 800 et 1,200ᵐ. Wahlenberg dit qu'il croît uniquement sur quelques points de la Suisse septentrionale, vers la limite supérieure des sapins (1,600 à 1,700ᵐ), où il est abondant; il y constitue un arbrisseau isolé et presque caché par les herbes environnantes, comme sur les montagnes de l'Auvergne.

Géographie. — Au sud, les Pyrénées, l'Espagne, le midi de l'Italie. — Au nord, la Suisse, les Carpathes, les Vosges. — A l'occident, l'Espagne. — A l'orient, le Piémont, la Lombardie, la Hongrie, la Transylvanie, la Turquie, au mont Athos.

Limites d'extension de l'espèce.

Sud, Royaume de Naples.....	40°	} Écart en latitude :	
Nord, Carpathes...........	50	10°	
Occident, Pyrénées.........	4 O.	} Écart en longitude :	
Orient, Turquie...........	22 E.	26°	
Carré d'expansion... 260			

FAMILLE DES ONAGRARIÉES.

Tableau des proportions relatives des espèces dans le sens des latitudes.

	Latitude.	Longitude.	
Nigritie	0° à 10°	18° O. à 5° E.	1 : 312
Abyssinie	10 à 16	32 E. à 41 E.	1 : 238
Algérie...........	33 à 36	5 O. à 6 E.	1 : 420
Royaume de Grenade.	36 à 37	5 O. à 8 O.	1 : 246

	Latitude.	Longitude.	
Sicile	37° à 38°	10° E. à 13° E.	1 : 286
Portugal	37 à 42	9 O. à 11 O.	1 : 190
Royaume de Naples	38 à 42	11 E. à 16 E.	1 : 205
Caucase	40 à 44	35 E. à 48 E.	1 : 194
Tauride	43 à 46	31 E. à 34 E.	1 : 249
Plateau central	44 à 47	0 à 2 E.	1 : 110
France	42 à 51	7 O. à 6 E.	1 : 175
Russie méridionale	47 à 50	22 E. à 49 E.	1 : 159
Allemagne	45 à 55	2 E. à 14 E.	1 : 157
Carpathes	49 à 50	19 E. à 22 E.	1 : 118
Angleterre	50 à 58	1 O. à 7 O.	1 : 97
Russie moyenne	50 à 60	17 E. à 58 E.	1 : 129
Scandinavie entière	55 à 71	3 E. à 29 E.	1 : 97
Danemarck	52 à 57	7 E. à 12 E.	1 : 93
Gothie	55 à 59	10 E. à 15 E.	1 : 97
Suède	55 à 69	10 E. à 22 E.	1 : 98
Norvége	58 à 71	2 E. à 10 E.	1 : 96
Russie septentr.^{le}	60 à 66	19 E. à 57 E.	1 : 144
Finlande	60 à 70	18 E. à 28 E.	1 : 117
Laponie	65 à 71	14 E. à 40 E.	1 : 100
EUROPE ENTIÈRE			1 : 360

Tableau des proportions relatives des espèces dans le sens des longitudes.

	Latitude.	Longitude.	
Irlande	51° à 55°	7° O. à 13° O.	1 : 121
Angleterre	50 à 58	1 O. à 7 O.	1 : 97
Allemagne	45 à 55	2 E. à 14 E.	1 : 157
Russie moyenne	50 à 60	17 E. à 58 E.	1 : 129
Sibérie de l'Oural	44 à 67	55 E. à 74 E.	1 : 212
Sibérie altaïque	44 à 67	66 E. à 97 E.	1 : 217
Sibérie du Baïcal	49 à 67	93 E. à 116 E.	1 : 207
Dahurie	50 à 55	110 E. à 119 E.	1 : 252
Sibérie orientale	56 à 67	111 E. à 163 E.	1 : 118

	Latitude.	Longitude.	
Sibérie arctique...	67° à 78°	60° E. à 161° E.	1 : 78
Kamtschatka.....	46 à 67	148 E. à 170 E.	1 : 150
Pays des Tschukhis.	» »	155 E. à 175 O.	0 : 0
Iles de l'Océan or^{al}.	51 à 67	170 E. à 130 O.	1 : 71
Amérique russe...	54 à 72	170 O. à 130 E.	1 : 74

*Tableau des proportions relatives des espèces dans le sens
des altitudes.*

	Latitude.	Altitude en mètres.	
Roy. de Gr^{de}, rég. alp. et niv.	36° à 37°	1500 à 3500	1 : 243
Roy. de Grenade, rég. niv..	36 à 37	2500 à 3500	1 : 122
Pyrénées..............	42 à 43	500 à 2700	1 : 97
Pyrénées élevées........	42 à 43	1500 à 2700	1 : 159
Pic du Midi, de Bagnères..	»	»	0 : 0
Plat. central, rég. montagn.	44 à 47	500 à 1900	1 : 55
Plateau central, sommets..	44 à 47	1500 à 1900	1 : 51
Alpes................	45 à 46	500 à 2700	1 : 104
Alpes élevées..........	45 à 46	1500 à 2700	1 : 175

Tableau des proportions relatives des espèces dans les îles.

	Latitude.	Longitude.	
Iles du Cap-Vert....	12° à 14°	24° O. à 27° O.	1 : 269
Canaries..........	28 à 30	15 O. à 20 O.	1 : 503
Hébrides.........	57 à 58	8 O. à 10 O.	1 : 82
Orcades..........	59	5 O. à 6 O.	1 : 73
Shetland.........	60 à 61	3 O. à 4 O.	1 : 103
Feroë............	62	9 O.	1 : 37
Islande...........	64 à 66	16 O. à 27 O.	1 : 51
Mageroë..........	71	24 E.	1 : 64
Spitzberg.........	79 à 80	10 E. à 20 E.	1 : 77
Ile Melville........	76	114 O.	0 : 0
Ile J. Fernandez....	33 à 40 S.	76 O.	0 : 0
Nouv. Zélande (nord).	35 à 42 S.	171 O. à 176 O.	1 : 30
Malouines........	52 S.	59 O. à 65 O.	0 : 0

Le premier tableau indique que les Onagrariées s'éloignent des pays chauds et deviennent plus abondantes dans les parties froides des régions tempérées. C'est en Angleterre et en Scandinavie qu'elles atteignent leur maximum , qui fait alors plus de 1/100° de la végétation. Plus au nord encore leur nombre diminue , et il est certain que la zone qui leur est la plus profitable est entre 50 et 65° de latitude.

Le second tableau nous fait voir qu'elles sont peu influencées par les longitudes , car leurs proportions n'offrent rien de régulier , ni dans un sens , ni dans un autre. Il semble pourtant qu'elles augmentent en nombre vers l'orient dans les contrées les plus froides , et surtout en approchant de l'Amérique du nord , où effectivement ces plantes sont bien plus communes qu'en Europe.

Le troisième tableau prouve que les régions montagneuses leur sont favorables, mais jusqu'à une certaine limite seulement. Les zones les plus élevées des Alpes et des Pyrénées sont moins riches que les zones inférieures.

Enfin, le quatrième tableau nous démontre que les îles des climats froids sont relativement plus riches en Onagrariées que les continents , et que , dans l'hémisphère sud , la Nouvelle-Zélande possède un si grand nombre de ces plantes , qu'elles font le 1/30° de la végétation.

Cette famille a son plus grand centre de développement dans la zone tempérée de l'Amérique, et s'étend jusqu'à la zone glaciale du Nouveau-Monde. Elle est aussi largement représentée dans l'Amérique tropicale , puis dans la zone tempérée de l'Europe, et ses espèces, quoique dispersées sur toute la terre , deviennent plus rares sous la zone torride de l'ancien continent.

G. EPILOBIUM, *Lin.*

Distribution géographique du genre. — Les *Epilobium*
forment 4 groupes principaux : en Europe, dans l'Amérique
du nord, en Asie et en Océanie. Il en existe plus de 60 espèces. — 19 sont européennes et dispersées en France, en
Allemagne, en Scandinavie, et dans la partie moyenne ou
septentrionale du continent. — L'Amérique du nord en a
15 : aux Etats-Unis, au Canada et au Mexique. — 5 font
partie de la végétation de l'Amérique du sud ; toutes sont
du Chili. — On en compte 13 en Asie, dont 6 aux Indes
orientales, 2 en Sibérie, 1 au Népaul, 1 en Dahurie, et
les autres se dirigent vers l'Amérique par les îles Aléoutiennes. — Un petit groupe de 9 à 10 espèces appartient à
l'Océanie : 2 sont de la Nouvelle-Hollande, 7 sont reléguées
à la Nouvelle-Zélande, où ces formes sont répandues et
communes comme en Europe. — L'Afrique a un *Epilobium* en Abyssinie, un autre au cap de Bonne-Espérance.

EPILOBIUM ANGUSTIFOLIUM, Lin. — Grande et magnifique espèce, parure de la terre jusques au milieu des
glaces du nord, et vivant en groupes tellement nombreux
que souvent la lisière des forêts, les taillis ou les lieux herbeux où elle abonde, sont teints en rose sur une grande
étendue. — Ses racines sont traçantes, et ses tiges, droites,
élevées et rougeâtres, sont munies de feuilles étroites, longuement lancéolées, garnies de veines transparentes qui cou-
pent la nervure médiane à angles droits. Elles sont d'un
vert sombre en-dessus, grises ou cendrées en-dessous, et
roulées sur leur bord inférieur avant de s'épanouir. La tige
est terminée par un éclatant épi de fleurs roses ou rouges,
dépourvues de bractées, entièrement découvertes, et pro-

duisant par contraste avec son propre feuillage ou avec la
verdure des forêts , les tableaux les plus gracieux de la nature sauvage. Ces fleurs sont un peu irrégulières , à 4 pétales roulés avant la floraison qui a lieu le matin ou dans la
journée pour tous les épilobes, jamais le soir comme dans
les œnothères. Toutes ces fleurs s'ouvrent successivement
de la base au sommet, et lorsque les anthères roses, ou violettes, ont fini de répandre leur pollen , le stigmate ouvre
alors ses 4 lobes papillaires et se trouve fécondé indirecte-
ment par les fleurs supérieures. Cette attente du jour de
l'hyménée fait que la fleur reste longtemps épanouie , et
par cette combinaison si simple , la nature prolonge le spectacle de l'éclatante floraison de l'épilobe. Quand la fécondation est opérée, les pétales se referment, laissant souvent
en dehors le stigmate qui s'était déjeté pour recueillir plus
facilement le pollen des fleurs supérieures , et le fruit qui
s'allonge ne tarde pas à mûrir. Ce fruit , dans tous les épilobes, est une capsule tétragone, formée de 4 valves qui, lors
de la maturité, se séparent au sommet, en sorte que la capsule se fend successivement en 4, en laissant voir dans son
milieu un placenta quadrangulaire à 4 rangs de semences.
A mesure que les valves s'écartent, les graines, symétriquement disposées et imbriquées , se détachent, mais elles restent encore quelque temps fixées par de légères et charmantes
aigrettes de soie, qui s'étalent et bientôt se laissent entraîner
par le vent. Les valves continuent à s'ouvrir, et enfin les dernières semences retenues dans le fond de la capsule prennent
aussi leur essor, et le même phénomène recommence pour les
fruits supérieurs.—Cette plante est souvent associée au *Rubus
idæus,* au *Sambucus racemosa ,* au *Lonicera nigra,* au *Valeriana tripteris.* Nous l'avons vue, dans les bois, constituer
des zones entières par sa belle végétation , suivre la lisière

des chemins sur une étendue de plusieurs kilomètres, apparaître sur le sol aussitôt après la coupe des futaies, ou former d'élégantes corbeilles dans les lieux restreints où l'on avait fait du charbon. — Sa floraison est tardive, elle commence en juillet, continue en août, quelquefois en septembre.

Nature du sol. — Altitude. — Elle est indifférente, et quoique très-belle sur les terrains volcaniques du plateau central, on la trouve également sur les terrains meubles et siliceux et sur les calcaires compactes. — Elle habite la plaine dans une partie de l'Europe et même dans le nord de la France ; mais elle peut néanmoins s'élever dans ces contrées, et à plus forte raison dans les pays chauds. Nous la trouvons, en Auvergne, entre 800 et 1,200^m. De Candolle l'indique à 40^m en Anjou et à 1,400^m dans les Alpes et dans le Jura. M. Boissier la cite dans les lieux humides et ombragés de sa région montagneuse à 1,450^m. Ledebour donne son altitude dans le Brechtau à 1,300^m ; aux Loffoden par 70°, elle monte encore, selon Lessing, de 0 à 325^m.

Géographie. — Il semble que la nature ait donné à une plante aussi belle la mission de décorer la terre jusque dans les lieux les plus sauvages. — Au sud, cet épilobe s'arrête en Espagne et dans le midi de l'Italie, en Sicile, et n'atteint ces régions qu'à la faveur des montagnes. — Dans le nord, au contraire, on le trouve partout, dans toute la Belgique, toute l'Allemagne, toute la Scandinavie où il occupe les lieux pierreux et sylvatiques, à l'exception des hautes montagnes. En Laponie il est aussi commun et devient presque domestique ; il habite, dit Wahlenberg, les bois fertiles et les prés cultivés des régions sylvatique, sous-sylvatique et même sous-alpine de toutes les Laponies ; il est abondant près des lieux fumés et autour des cases des Lapons. Dans aucun pays, dit le savant auteur de la Flore de la Laponie, il n'est aussi commun et n'offre autant d'éclat qu'à cette extrémité du monde. C'est la plus belle de toutes les espèces de cette contrée, à laquelle elle paraît étrangère par son port et son éclat; elle atteint le cap Nord à 71° 10'. On trouve aussi cet épilobe en Angleterre, en Irlande, aux Orcades, au Shetland, non aux Hébrides, aux Féroë et en Islande, dans la vallée de Norderaa, près de Baula; il mûrit ses graines dans la partie orientale de l'île. Il relève, dit M. E. Robert, par ses vives couleurs violettes, les sombres produits volcaniques. Pallas l'a rencontré dans le nord de la Sibérie, mélangé au *Polemonium cœruleum*, à l'*Aconitum lycoctonum*, et sur les bords de la mer glaciale, où il n'avait, dit-il, que 3 pouces, et portait de grandes fleurs très-belles. — A l'occident, il végète dans une grande partie de l'Amérique, à Terre-Neuve, où, comme en Europe, il paraît tout à coup après l'exploitation des forêts, au lac Huron par 69° et jusque sur les bords de l'océan Pacifique, sur ceux de la rivière Colombie, et au Groënland. La plante américaine a constamment les feuilles plus étroites que la nôtre. — A l'orient, cet épilobe est assez rare dans les contrées septentrionales où il reste dans les bois inférieurs sans s'élever dans les montagnes; dans les Carpathes, dans l'Italie méridionale, la Sicile, où au contraire il ne végète que dans les montagnes, comme en Turquie, sur l'Olympe bithynique. Il occupe la Tauride, le Caucase, la Géorgie, l'Arménie, toutes les Sibéries, la Dahurie, le Kamtschatka; il passe le détroit de Behring par les îles Sitcha, Unalascha et les autres Aléoutiennes, aborde dans l'Amérique arctique et rejoint les individus qui habitent toute l'Amérique septentrionale.

Limites d'extension de l'espèce.

Sud, Royaume de Grenade...	37°	Écart en latitude :
Nord, Cap Nord..........	71	34°
Occident et *Orient*........	360	Écart en longitude : 360°
Carré·d'expansion............	12240	

EPILOBIUM DODONÆI, Vill. — Cette espèce croît en touffes assez volumineuses sur les sables des rivières et sur les
bords des torrents. Ses racines traçantes la rendent très-
sociale, et ses tiges quelquefois courbées, mais plus souvent
droites et rougeâtres, sont garnies de feuilles linéaires et roulées sur leurs bords inférieurs dans leur jeunesse. Ses fleurs,
portées sur des pédoncules axillaires, adhérents aux bractées, naissent en bouquets ou plutôt en épis resserrés au
sommet des tiges, et sont aussi très-élégantes. Leurs pétales,
d'un rouge violacé, s'écartent lors de l'épanouissement de
manière à rendre la fleur un peu irrégulière, et le stigmate,
quadrifide, se place sur le côté, ouvrant ses 4 lobes pour recevoir le pollen des fleurs supérieures. Alors il se referme
et les fruits mûrissent en présentant les mêmes caractères
que ceux de l'espèce précédente et des autres épilobes. —
Il fleurit en juin, juillet et août, au milieu des saules, de
l'*OEnothera biennis* et de l'*Erigeron canadense,* compagnes
d'origine étrangère ordinairement plus communes que lui.

Nature du sol. — Altitude. — Recherche les terrains
siliceux, sablonneux et humides. C'est une plante des montagnes, qui ne descend qu'accidentellement dans les plaines,
entraînée par les eaux. De Candolle l'indique à 0 à Mont-
pellier, et à 1,000^m dans les Alpes. Ledebour la cite dans
tout le Caucase, de 1,000 à 3,000^m.

Géographie. — Au sud, les Pyrénées. — Au nord, le sud de l'Allemagne, la Suisse septentrionale. — A l'occident, la France. — A l'orient, les Alpes, l'Italie, la Hongrie, la Croatie, la Transylvanie, la Turquie, au mont Athos, le Caucase et la Géorgie.

Limites d'extension de l'espèce.

Sud, Turquie........ ...... 38°	}	Écart en latitude :
Nord, Allemagne............ 50	}	12°
Occident, France............ 0	}	Écart en longitude :
Orient, Géorgie............. 45 E.	}	45°
Carré d'expansion.............. 540		

EPILOBIUM HIRSUTUM, Lin. — Elégante espèce qui croît en touffes vigoureuses sur le bord des eaux, dans les lieux humides, le long des ruisseaux et des fossés, et dont les fleurs roses contrastent avec la verdure toujours si abondante dans ces localités. Tantôt cette plante se mêle aux *Typha* et aux *Sparganium*, tantôt elle accompagne l'iris aux grandes fleurs jaunes, le *Lysimachia vulgaris*, ou les tiges débiles et fleuries du *Solanum Dulcamara*. — Ses feuilles sont molles et velues, opposées; leur parenchyme est percé (à la loupe) de glandes rondes et transparentes; ses tiges sont droites et ses rameaux réunis en faisceaux. Les fleurs naissent surtout à l'aisselle des feuilles supérieures qui se transforment en bractées. — L'ovaire est très-long, rougeâtre et velu, les 8 étamines à anthères jaunes, sont placées à deux hauteurs différentes, et le stigmate, quadrifide et papillaire, reçoit le pollen à l'époque de la fécondation. Ces fleurs s'épanouissent dans le commencement de l'été, et continuent de se développer en remontant vers le sommet de la plante jusqu'au milieu de l'automne. Elles ne durent qu'un jour, s'ouvrant dans la matinée , que le soleil brille ou que le temps soit couvert. Les pétales sont jaunâtres à leur base, d'où partent des veines demi-transparentes qui s'étendent dans le limbe dont la couleur rouge augmente d'intensité jusque vers le bord supérieur. Les anthères et le stigmate sont d'un jaune pâle.

Nature du sol. — Altitude. — Indifférent au sol , pourvu qu'il soit humide , cet épilobe reste ordinairement dans les plaines. M. Boissier l'indique dans le midi de l'Espagne , jusqu'à 1,200ᵐ ; et Ledebour dans le Caucase , de 400 à 1,000ᵐ.

Géographie. — C'est un des épilobes qui s'avance le plus loin vers le sud ; on le trouve en Espagne, en Algérie et jusque sur le bord des ruisseaux et des étangs de l'Abyssinie. — Au nord , on le rencontre dans toute l'Europe centrale, en Danemarck , en Gothie , en Norvége et en Suède , toujours en plaine et sur le bord des eaux ; en Finlande , en Angleterre et en Irlande. — A l'occident, il est en Portugal. — A l'orient , dans toute la Suisse , en Italie , en Sicile , en Dalmatie, en Croatie, en Hongrie , en Transylvanie , en Turquie, en Grèce, en Tauride, dans le Caucase, en Géorgie, en Palestine , où la variété *incanum* a été trouvée par M. Bové sur les bords du Jourdain ; en Géorgie , tout autour de la Caspienne, dans les Carpathes , en Turquie, dans les Russies septentrionale, moyenne et australe, et dans la Sibérie de l'Altaï.

Limites d'extension de l'espèce.

Sud, Abyssinie............	12°	} Écart en latitude :
Nord, Finlande australe......	62	} 50°
Occident, Portugal..........	10 O.	} Écart en longitude :
Orient, Sibérie altaïque.......	96 E.	} 106°
Carré d'expansion..............	5300	

EPILOBIUM PARVIFLORUM, Schreb. — Il croît aussi sur le bord des eaux , dans les lieux humides. Sa tige est simple , cylindrique , garnie de feuilles molles et pubescentes des deux côtés , lancéolées et dentées. Les fleurs sont petites, roses, axillaires , un peu irrégulières, à 4 pétales échancrés ; ses stigmates sont quadrilobés. — Il fleurit en juillet et en août.

Nature du sol. — Altitude. — Indifférent pourvu que le sol soit humide ; il est très-abondant à Nantes , sur les sables maritimes (Lloyd); il reste dans les plaines.

Géographie. — Au sud, en Espagne, en Algérie, aux Canaries , et, selon Vogel , le long d'un ruisseau dans l'île de Saint-Antoine, l'une des îles du cap Vert. — Au nord, dans toute l'Europe centrale, en Danemarck, en Gothie, en Norvége, dans la Suède australe , en Angleterre , aux Hébrides et en Irlande. — A l'occident, le cap Vert et les Canaries. — A l'orient la Dalmatie , la Croatie, la Hongrie, la Transylvanie , la Turquie , l'Italie , la Tauride , le Caucase, la Géorgie jusqu'à Lenkoran , les Russies moyenne et australe.

Limites d'extension de l'espèce.

Sud, Iles du cap Vert........	12°	}	Écart en latitude :
Nord, Norvége	64	}	52°
Occident, Iles du cap Vert.....	25 O.	}	Écart en longitude :
Orient, Lenkoran...........	46 E.	}	71°
Carré d'expansion.............			3692

EPILOBIUM MONTANUM, Lin. — On trouve presque partout cette espèce vivace, dans les bois , les bruyères et les pâturages, sur les rochers et les pentes herbeuses des montagnes, où elle vit solitaire ou groupée. Elle varie beaucoup. Ses feuilles sont ovales, lancéolées , les inférieures opposées , les supérieures alternes, toutes plus ou moins pubescentes. Les fleurs sont petites, axillaires, un peu irrégulières, à 4 pétales échancrés. Le stigmate se divise en 4 parties entourées de papilles et que les anthères recouvrent de pollen à l'époque de l'épanouissement et quelquefois avant. — Fleurit en juin , juillet et août.

Nature du sol. — Altitude. — Cet épilobe est indifférent, il accepte tous les terrains et toutes les hauteurs. De Candolle l'indique à 40^m en Anjou et à 1,400^m dans les Alpes. Nous le trouvons jusqu'à 1,200 et 1,300^m sur les montagnes de l'Auvergne. Ledebour le cite dans tout le Caucase depuis 600 jusqu'à 2,000^m, et Lessing dit qu'aux Loffoden il atteint encore 220^m.

Géographie. — Au sud , il existe dans les Pyrénées , en Corse, dans le midi de l'Espagne. — Au nord , dans toute l'Europe centrale , et dans toute la Scandinavie jusqu'à Hammerfest. Il habite en Suisse et en Norvége les rochers humides des forêts : en Laponie il est commun dans les lieux boisés , au pied des Alpes du Nortland , sur le côté suédois surtout ; c'est la variété *collina*, dont le stigmate est plutôt biparti que quadrifide ; toutes les îles et archipels britanniques, les Feroë et l'Islande ont aussi cette espèce. — A l'occident, elle existe encore en Portugal. — A l'orient , elle végète en Suisse, sur les rochers humides et dans les bois , en Italie , en Sicile , en Corse , en Dalmatie , en Hongrie , en Croatie, en Transylvanie , en Tauride , au Caucase , en Géorgie , sur les bords de la Caspienne , dans les Carpathes , en Turquie , dans la Bulgarie occidentale et sur l'Olympe bithynique ; dans toutes les Russies et toutes les Sibéries.

Limites d'extension de l'espèce.

Sud, Royaume de Grenade...	37°	}	Écart en latitude :
Nord , Hammerfest.........	70	}	33°

Occident, Islande.......... 22 O.} Écart en longitude :
Orient, Sibérie orientale..... 160 E.} 182°
      Carré d'expansion.. 6006

EPILOPIUM PALUSTRE, Lin. — Cette espèce habite les
marais tourbeux, les bords des ruisseaux, des prairies marécageuses, et se présente sous des formes très-variées, selon
les localités où elle a choisi son séjour. Ses racines sont
vivaces et produisent de bonne heure des tiges simples ou
rameuses, basses ou assez élevées, qui sont munies de feuilles
étroites, presque linéaires, la plupart alternes et régulièrement appliquées les unes contre les autres dans le bourgeon.
Ses fleurs sortent solitaires des aisselles supérieures des feuilles.
Les pétales sont lilas et veinés de violet. Le stigmate a la
forme d'une petite massue papillaire, et les étamines, qui s'en
approchent au point de le toucher, y déposent de bonne
heure de gros grains de pollen d'un jaune pâle, libres et sans
filaments entremêlés.

Nature du sol. — *Altitude.* — Cette plante recherche
les terrains très-mouillés, imbibés d'eau, mais elle a néanmoins une préférence pour les sols siliceux et tourbeux. Elle
s'élève facilement dans les montagnes, et dans le midi de
l'Espagne, elle atteint de 2,000 à 2,600^m selon M. Boissier.
Nous la trouvons jusqu'à 1,500^m sur les montagnes de
l'Auvergne.

Géographie. — Son aire est très-étendue. Au sud, elle
atteint, au moyen des montagnes, le midi de l'Espagne et les
Canaries. — Au nord elle est partout : en Allemagne, en
Scandinavie où elle reste aussi dans les lieux tourbeux ; en
Laponie où elle croît au milieu des *Sphagnum*, des *Salix La-
ponum*, de l'*Ériophorum vaginatum*, exactement comme
dans les marais du Mont-Dore ; mais la variété Lapone est

très-grêle, à tiges simples, à feuilles linéaires, obtuses, et à stigmate subdivisé. Elle occupe aussi les îles et les archipels anglais, les Feroë et l'Islande. — A l'occident, on la rencontre en Irlande, aux Canaries, en Amérique, dans le Labrador, dans tout le Canada jusqu'au 64° ; dans les prairies des montagnes Rocheuses d'où elle remonte encore vers le nord, offrant, comme la plante européenne, de nombreuses variétés, dont quelques-unes sont peut-être des espèces. — A l'orient, elle existe en Suisse, dans les marais froids de la plaine; en Italie, en Sicile, dans le Caucase, dans toute l'Asie mineure ; dans les Carpathes, la Turquie, toutes les Russies, toutes les Sibéries, la Dahurie, le Kamtschatka ; puis elle passe dans l'Amérique arctique, où elle retrouve la plante qui remonte des montagnes Rocheuses, faisant ainsi le tour du monde.

Limites d'extension de l'espèce.

Sud, Canaries..............	30°	Écart en latitude :	
Nord, Hammerfest.........	70	40°	
Occident et *Orient*.	360	Écart en longitude : 360°	
Carré d'expansion.............	14400		

EPILOBIUM VIRGATUM, Fries. — Il habite le bord des eaux, et ne diffère de l'espèce suivante, avec laquelle il a été et est encore confondu, que par ses feuilles moins longues et plus larges, par ses fruits plus étroits, et surtout par ses stolons filiformes, très-allongés, et pourvus d'un petit nombre de feuilles très-écartées. Nous acceptons volontiers ces caractères distinctifs donnés par M. Godron, mais nous sommes forcés, pour l'examen géographique, de réunir cet épilobe à l'*E. tetragonum.*

Epilobium tetragonum, Lin. — Il végète, comme presque toutes les espèces de ce genre, le long des fossés, dans les lieux inondés, ou pour le moins très-humides. Il élève des tiges droites, rameuses, tétragones, garnies de feuilles lancéolées, opposées ou alternes dans le haut de la tige. Les fleurs naissent aux aisselles supérieures ; elles sont d'un beau rose, à stigmate entier et cylindrique qui, lors de l'épanouissement, est déjà recouvert de grains de pollen et complétement fécondé. — Il fleurit en juillet et août.

Nature du sol. — *Altitude.* — Il est indifférent et croît partout, pourvu que le sol soit humide, et peut atteindre 1,000 à 1,200^m dans les montagnes.

Géographie. — Au sud, les Pyrénées, la Corse, le midi de l'Espagne, les vallées de l'Atlas. — Au nord, tout le centre de l'Europe, le Danemarck, la Suède et la Norvége, le long des ruisseaux qui vont se rendre dans la mer. Disséminé en Finlande, il est répandu en Angleterre, en Irlande, aux Hébrides, aux Orcades, aux Féroë, en Islande et aux Shetland. — A l'occident, il végète en Portugal et dans une grande partie de l'Amérique du nord, dans le Canada, en plaine jusqu'au 64°. Il abonde dans les vallées des montagnes Rocheuses, et sur la côte nord-ouest, près de la mer. Il offre plusieurs formes distinctes. — A l'orient, il est en Suisse, en Italie, en Sicile, en Dalmatie, en Croatie, en Hongrie, en Transylvanie, en Tauride, au Caucase, en Géorgie, en Turquie, dans toutes les Russies, dans la Sibérie altaïque et sur le rivage occidental de l'Amérique boréale. — Enfin, D. Hooker cite une variété *antarctica* à la terre de Fuego, aux îles Falkland, au port Famine, dans l'hémisphère austral, et la variété ou espèce *virgatum* est commune à la Nouvelle-Zélande, au milieu des épilobes exotiques.

Limites d'extension de l'espèce.

Sud, Algérie............	35°	}Écart en latitude :	
Nord, Amérique..........	64	} 29°	
Occident, Amérique russe....	162 O.	}Écart en longitude :	
Orient, Sibérie altaïque......	96 E.	} 258°	
Carré d'expansion...........	7482		

EPILOBIUM ROSEUM, Schreb. — Grande et belle plante
qui croît le long des ruisseaux , sur les pentes herbeuses et
humides des montagnes. Ses tiges sont droites , ses feuilles
sont alternes , opposées ou ternées , ovales , dentées et embrassantes. Des poils blancs couvrent souvent les nervures de
ces feuilles , et descendent quelquefois en deux séries sur la
tige. Ses fleurs naissent à l'aisselle des feuilles supérieures.
Elles sont d'un beau rose, assez grandes, à stigmate entier.
Les fruits sont allongés et pubescents. — Fleurit en juillet
et août.

Nature du sol. — Altitude. — Tous les terrains pourvu
qu'ils soient frais ; mais cet épilobe préfère cependant les
sols siliceux et détritiques. — Il monte facilement dans les
montagnes. Nous le trouvons jusqu'à 1,400 à 1,500^m. De
Candolle l'indique à 30^m à Liége et à 1,400^m dans les Alpes et dans les Pyrénées. Ledebour le cite à 800^m dans le
Talüsch et de 600 à 1,000^m dans le Caucase.

Géographie. — Au sud, les Pyrénées , le midi de l'Italie. — Au nord, l'Allemagne, le Danemarck, la Gothie, la
Norvége , la Suède, principalement sur le littoral des provinces méridionales, l'Angleterre et les Feroë. — A l'occident , le Portugal. — A l'orient, l'Italie, la Sardaigne , la
Hongrie , la Croatie , la Transylvanie , le Caucase , la Géor-

gie, les bords de la Caspienne, toutes les Russies à l'exception de la Russie arctique, la Sibérie de l'Altaï, la Sibérie orientale, la Dahurie et l'île de Sitcha.

Limites d'extension de l'espèce.

Sud, Royaume de Naples....	40	} Écart en latitude :
Nord, Feroë..............	62	} 22°
Occident, Portugal........	10 O.	} Écart en longitude :
Orient, Iles Aléoutiennes.....	180 E.	} 190°
Carré d'expansion............. 4180		

EPILOBIUM TRIGONUM, Schr. — Cette espèce a été considérée par de Candolle et par plusieurs auteurs comme une variété de la précédente. Nous ne pourrions donc établir sa géographie que d'une manière très-inexacte. Il est probable que son aire occupe seulement une portion de celle de l'*E. roseum*, depuis la France jusqu'au Caucase.

EPILOBIUM ORIGANIFOLIUM, Lam. — Il vit en société sur le bord des sources d'eau vive et pure, dans les marais des montagnes alimentés par l'eau froide de la fonte des neiges. Il est très-social et forme des gazons d'un beau vert, quelquefois presque roses, entremêlés de *Barthramia fontana*, de la variété naine du *Caltha palustris*, du *Drosera rotundifolia*, de l'*Eriophorum vaginatum*, du *Menyanthes trifoliata*. Il cache parfois, sous ses tiges rampantes et sous sa fraîche verdure, de dangereuses fondrières dont sa présence indique les abords. Ses tiges couchées ne se relèvent qu'à leurs extrémités pour se recourber encore. Ses feuilles sont opposées, larges, ovales, aigües et dentées.

Ses fleurs sont petites, d'un rose pâle, à pétales échancrés et à stigmate entier. Ses fruits sont très-longs, droits, et souvent plus grands que la plante entière. — Fleurit en juillet et en août.

Nature du sol. — *Altitude.* — Il croît partout avec de l'eau, mais il recherche les terrains siliceux et graveleux. — C'est une espèce montagnarde que nous trouvons en Auvergne jusqu'à 1,600 à 1,700^m. De Candolle lui donne pour minimum 1,000^m, et pour maximum 2,400^m dans les Alpes. M. Boissier l'indique autour des sources de ses régions alpine et nivale, en Andalousie, de 2,000 à 3,000^m. Ledebour le cite à 1,600^m dans le Caucase occidental.

Géographie. — Au sud, les Pyrénées, le midi de l'Espagne et de l'Italie. — Au nord, toute l'Europe centrale, toute la Scandinavie, y compris la Laponie jusqu'à Hammerfest : l'Angleterre, les Feroë et l'Islande, sans relais intermédiaires. — A l'occident, l'Amérique, les bois élevés et les bords des petits ruisseaux des montagnes Rocheuses, du 52 au 56° de latitude selon Drummond ; plante aussi variable en Amérique qu'en Europe ; grande ou petite, à fleur rouge ou blanche. — A l'orient, on le trouve en Italie, en Hongrie, en Croatie, en Transylvanie, dans toutes les Russies, sur l'Olympe bithynique, sur le Caucase, et à l'île d'Unalaska selon Chamisso.

Limites d'extension de l'espèce.

Sud, Royaume de Grenade...	38°	Écart en latitude :	
Nord, Hammerfest.........	70	32°	
Occident, Aléoutiennes......	180 O.	Écart en longitude :	
Orient, Russie moyenne......	58 E.	238°	
Carré d'expansion.............	7616		

G. **ISNARDIA**, *Lin.*

Distribution géographique du genre. — Les eaux ou les lieux humides nourrissent 17 espèces d'*Isnardia*. C'est un genre américain, car 14 espèces sont de l'Amérique du nord : de la Caroline, de la Virginie, du Canada, et une seule de la Jamaïque. — On en connaît 1 espèce aux Indes orientales, 1 au Sénégal, et la dernière est commune à l'Europe, à l'Asie et à l'Amérique septentrionale.

ISNARDIA PALUSTRIS, Lin. — Espèce presque isolée d'un genre américain, cette plante pénètre à peine dans le rayon de notre flore. Vivace selon les uns, annuelle selon les autres, elle habite les eaux ou la vase des marais ; dans le premier cas elle s'allonge, s'étale et reste stérile dans le liquide dont elle est entourée. Sur la vase, au contraire, elle rampe en projetant des racines ; elle montre des feuilles rougeâtres et opposées qui restent un peu roulées par leurs bords sur leur face supérieure. Alors naissent de petites fleurs verdâtres à peine apparentes, presque toujours à 4 étamines auxquelles succèdent des capsules uniloculaires, que les feuilles protégent jusqu'à leur maturité en se renversant sur la tige.— Fleurit en été et en automne.

Nature du sol. — *Altitude.* — Tous les terrains lui conviennent, pourvu qu'ils soient vaseux ou inondés ; mais il s'élève peu dans les montagnes.

Géographie. — Au sud, la France, l'Espagne, l'Algérie, aux bords des lacs près La Calle.— Au nord, l'Allemagne méridionale, l'Angleterre, jusqu'au 51°. — A l'occident, commune en France jusque dans la Vienne, en Portugal, en Amérique, au Canada. — A l'orient, le midi de l'Italie, la Corse, la Hongrie, la Croatie, la Grèce, le Caucase, la Russie australe.

Limites d'extension de l'espèce.

Sud, Algérie............... 35°	}	Écart en latitude :
Nord, Angleterre........... 51	}	16°
Occident, Canada.......... 70 O.	}	Écart en longitude :
Orient, Russie moyenne...... 58 E.	}	128°
Carré d'expansion............. 2048		

G. CIRCÆA, *Lin.*

Genre très-circonscrit, ayant 3 espèces européennes ou américaines, et une 4e des Indes orientales.

CIRCÆA LUTETIANA, Lin. — Fraîche et délicate, la circée fuit les lieux habités, et cache sa frêle et gracieuse existence le long des ruisseaux d'eaux pures, autour des sources, à l'abri des haies et plus souvent à l'ombre des bois. Ses racines traçantes la réunissent en petits groupes à tiges rougeâtres, à feuilles molles et pubescentes, opposées et articulées sur la tige, dont elles se rapprochent ou s'éloignent selon les conditions de lumière. Ses rameaux, plus mobiles encore, peuvent se contourner et prendre une foule de directions. Ils se terminent comme la tige par un épi allongé, à fleurs blanches ou teintées de rose, remarquables par le nombre binaire de leurs organes et par un calice rouge et réfléchi. Ces fleurs restent longtemps épanouies, les étamines émettent lentement leur pollen, et les fleurs inférieures qui s'ouvrent les premières et qui peut-être sont fécondées par les supérieures, sont les seules fertiles. Elles se transforment en capsules biloculaires indéhiscentes, toutes hérissées de poils accrochants, et ne contenant que deux graines. Son pédoncule, mobile et articulé, s'abaisse pendant la maturation. — La circée fleurit en juin et en juillet, souvent accompagnée de l'*Impatiens noli tangere*, du *Stachys sylvatica* et de quelques fougères qui cherchent comme elle l'ombre et la fraîcheur des bois.

Nature du sol. — Altitude. — Presque aquatique, elle est indifférente à la nature du sol, pourvu qu'il soit humide; elle préfère cependant les sols sablonneux, disgrégés ou détritiques. — Nous l'avons trouvée jusqu'à 1,200^m, dans les montagnes boisées, sous les sapins. De Candolle l'indique à 0 en Bretagne, et à 1,000^m dans les Pyrénées et dans le Jura. Wahlenberg la cite en Suisse, presque jusqu'à la limite supérieure du hêtre, et Ledebour dans le Brechtau, à 400^m.

Géographie. — Au sud, cette circée se trouve dans les Pyrénées, dans les Asturies, dans le midi de l'Italie, en Sicile. — Au nord, dans tout le centre de l'Europe, en Danemarck, dans la Gothie, et disséminée dans les forêts de hêtre de la Suède et de la Norvége australes. Elle est indiquée aussi en Angleterre et en Irlande. — A l'occident, elle est en Portugal, en Amérique, au Canada, aux environs de Montréal et sur les bords du lac Huron. Les feuilles de la plante américaine, suivant Link, sont constamment glabres, tandis qu'en Europe les nervures de la face inférieure sont pubescentes. — A l'orient, on la rencontre en Suisse, en Italie, en Sicile, en Corse, en Sardaigne, en Dalmatie, en Croatie, en Hongrie, en Transylvanie, dans le Caucase, en Tauride, dans toute la Géorgie, sur les bords de la Caspienne, dans les Carpathes, en Turquie, à Belgrade et sur le Bosphore, dans les Russies septentrionale, moyenne et australe, et dans les Sibéries de l'Oural et de l'Altaï, jusqu'au fleuve Yenissei.

Limites d'extension de l'espèce.

Sud, Sicile.................. 38°   }Ecart en latitude :
Nord, Norvége............. 60   }   22°
Occident, Canada........... 85 O.}Ecart en longitude:
Orient, Yenissei............ 90 E.}   175°
    Carré d'expansion............. 3850

CIRCÆA INTERMEDIA, Ehrh. — Peu d'espèces sont aussi
bien nommées que celle-ci; elle est réellement intermédiaire
entre le *C. lutetiana*, dont elle se rapproche par la taille, et
le *C. alpina*, dont elle offre une partie des caractères. Ses
feuilles sont molles, et de petites bractées très-étroites existent sous les pédoncules. Ses fleurs sont blanches, à pétales
tronqués, et ses fruits hérissés de poils blancs. — Elle fleurit
en juillet et en août, et vit, comme la précédente, dans
les lieux frais et ombragés, dans les forêts de sapins ou de
hêtres.

Nature du sol. — Altitude. — Elle croît sur les terrains
détritiques des forêts, et semble néanmoins préférer un sous-
sol siliceux, granitique ou trachytique. Elle n'habite que les
montagnes. Nous la trouvons entre 1,200 et 1,600^m.

Géographie. — Au sud., elle ne dépasse pas les Pyrénées. — Au nord, on la trouve dans une assez grande partie de l'Europe centrale, en Danemarck, en Gothie, et
dans la Finlande australe. Walhenberg la cite en Laponie
où elle est plus velue et où ses fleurs sont plus colorées. —
A l'occident, de la Pilaye dit qu'elle abonde à Terre-Neuve,
au hâvre de Croc, mêlée au *C. alpina*. — A l'orient, elle
existe en Lombardie, en Transylvanie, dans les Carpathes,
en Russie, dans la Lithuanie, la Livonie, la Volhynie, la
Podolie.

Limites d'extension de l'espèce.

```
Sud, Pyrénées.............. 43°   ) Ecart en latitude :
Nord, Laponie............. . 65   )        22°
Occident, Terre-Neuve....... 60 O.) Écart en longitude:
Orient, Lithuanie........... 30 E.)        90°
        Carré d'expansion............ 1980
```

CIRCÆA ALPINA, Lin. — C'est au milieu des bois d'arbres
verts les plus frais et les plus ombragés, que croît cette délicate espèce. Ses racines écailleuses, plus traçantes que celles de la précédente, l'obligent de vivre en groupes étendus,
souvent entourée d'*Oxalis Acetosella*, de *Listera cordata*, et
de quelques espèces qui cherchent comme elle le terrain humide des forêts et l'ombre des sapins. Ses feuilles, transparentes, d'un beau vert, sont minces, lustrées et nombreuses ;
ses fleurs et ses fruits semblent des miniatures de ceux de
l'espèce précédente. — Elle fleurit en juillet et en août.

Nature du sol. — Altitude. — Recherche, comme la
précédente, le sol détritique, et ne se trouve aussi qu'à une
certaine élévation ; en Auvergne entre 1,200 et 1,600^m.
De Candolle la cite depuis 1,000^m jusqu'à 2,400^m dans
les Alpes. Ledebour l'indique à 1,200^m dans le Caucase.

Géographie. — Au sud, elle se réfugie dans les bois les
plus épais des Pyrénées et de la Corse. — Au nord, elle
est répandue dans toute l'Europe centrale et dans toute la
Scandinavie, y compris la Laponie, jusqu'à 70° 30' ; elle
y croît comme en France dans les forêts les plus sombres et
sous les arbres verts. Elle existe aussi en Angleterre, en Irlande et aux Orcades. — A ces localités occidentales il faut
ajouter Terre-Neuve, où elle est citée par de la Pylaye, le
Canada, du lac Huron au Saskatchawan, les montagnes

, Rocheuses, près de la source de la rivière de Colombie selon Drummond, et les bois ombragés de la côte sud-ouest, selon Douglas. — A l'orient, on la trouve dans les Alpes, en Piémont, en Lombardie, dans la majeure partie de l'Italie, en Hongrie, en Croatie, en Transylvanie, dans les montagnes de la Bosnie et de la Servie, dans le Caucase, dans toutes les Russies, dans la Sibérie de l'Oural et dans celle de l'Altaï, dans les Aléoutiennes, à l'île Sitcha. Bien qu'elle ne soit pas indiquée dans l'Amérique russe, il est bien probable que c'est une de ces espèces qui, dispersées sur une vaste étendue, peuvent accomplir le tour du monde dans la partie nord de notre hémisphère.

Limites d'extension de l'espèce.

Sud, Corse................	42°	Ecart en latitude :
Nord, Laponie............	70	28°
Occident et Orient.........	360	Ecart en longitude : 360°
Carré d'expansion.............	10080	

G. TRAPA. *Lin.*

Les botanistes ont décrit 5 espèces de *Trapa ;* 4 en Asie : en Chine, à la Cochinchine, aux Indes orientales et au Bengale, et une seule en Europe.

TRAPA NATANS, Lin. — Il est des espèces qui, au premier abord, semblent formées sur un plan bien différent de celui qui a présidé à l'organisation des autres, et les *Trapa* nous en offrent de curieux exemples. Aussi leur place, dans l'ordre naturel, est-elle restée longtemps incertaine, et si des observations bien faites ont établi des rapports incontestables avec les Onagrariées, il faut avouer cependant qu'il est bien difficile d'intercaler les *Trapa* dans une classification linéaire. Le *Trapa natans* est, comme l'indique son nom, une espèce entièrement aquatique. Elle est annuelle ? et sa racine, implantée dans la vase, donne bientôt naissance à une tige mince et très-allongée, dont le développement, très-lent dans le commencement de la végétation, acquiert ensuite une grande activité. Ces tiges, entièrement submergées, portent des stipules découpées qui, dans le haut de la tige, produisent à leurs aisselles de véritables feuilles assez coriaces, d'un vert sale, un peu triangulaires à leur extrémité, et qui forment, à la surface de l'eau, une rosette régulière, dans laquelle les feuilles, très-symétriquement disposées, vont en diminuant de grandeur de l'extérieur au centre. Souvent une seule tige donne naissance à plus de 50 rosettes, régulièrement étalées à la surface de l'eau, et montrant un feuillage rouge et luisant sur lequel les gouttes de pluie restent isolées sans les mouiller. Ces feuilles, parfaitement lisses en dehors, sont garnies en-dessous de petits aiguillons courbés qui naissent sur les nervures, et montrent en miniature la curieuse organisation de la face inférieure des feuilles dans le *Victoria regia*. Chaque nervure, qui vient se terminer sur le bord de la feuille, offre deux petites pointes saillantes. Ces feuilles sont portées sur des pétioles renflés, représentant des outres allongées remplies d'air et servant de flotteurs pour soutenir la rosette. Les fleurs, axillaires et blanchâtres, sont petites et peu apparentes. Elles ne se montrent pas au-dessus de l'eau, et les fruits qui leur succèdent restent complétement submergés par la torsion immédiate du pédoncule. Ces fruits sont monospermes, très-gros, noirs, à quatre cornes résultant de la persistance et de l'endurcissement des sépales. Ils descendent dans la vase où ils passent l'hiver, et ne germent qu'à la fin du printemps suivant. Ils ont, comme l'a observé de Candolle, deux cotylédons; un grand, qui reste constamment dans le péricarpe et fournit seul la nourriture à la jeune plante, et un petit, entraîné assez haut par le prolongement extraordinaire de la partie saillante du grand ; la radicule, supère, se fait jour par un trou rond, placé au sommet, fermé d'abord par une peau membraneuse, entourée de poils convergents. Elle se change en racine fortement recourbée du côté du petit cotylédon, et, au bout de quelque temps, on voit naître des tiges dont les bases sont entourées de stipules découpées. — Cette plante, qui fleurit en juillet et en août, nous montre de continuels changements dans sa végétation. A mesure que de nouvelles feuilles se déroulent du bourgeon central, les plus anciennes se désarticulent et tombent. Toutes les premières fleurs sont stériles ; et quand la fin de l'automne arrive, et que déjà quelques fruits ont grossi, le bourgeon central devient saillant en dehors de l'eau, au lieu de rester à demi-submergé comme auparavant, la feuille devient un peu bombée et le tout coule à fond et disparaît.

Nature du sol. — Altitude. — Indifférent comme les espèces aquatiques, il reste dans les eaux dormantes des plaines.

Géographie. — Au sud, il existe en France, en Espagne et dans le midi de l'Italie. — Au nord, dans une grande partie de l'Europe centrale, dans le Danemarck et la Gothie, où il est seulement sporadique ; dans les lacs paisibles et limoneux du Smoland oriental. — A l'occident, il a sa limite en France. — A l'orient, il est indiqué en Suisse où il est rare, et en Italie, en Dalmatie, en Hongrie, en Croatie, en Transylvanie, en Turquie, dans la Grèce septentrionale, dans le Caucase, les steppes de la mer Caspienne, dans les

Russies moyenne et septentrionale, dans les Sibéries de l'Oural, de l'Altaï et du Baïkal. Il n'est indiqué dans aucune île excepté au Japon, selon Sieboldt.

Limites d'extension de l'espèce.

Sud, Royaume de Naples.....   40°   ⎞Écart en latitude :
Nord, Lithuanie...........   55   ⎬   15°
Occident, France...........   5 O.⎞Écart en longitude:
Orient, Sibérie du Baïkal..... 116 E.⎠   121°
        Carré d'expansion............. 1815

FAMILLE DES HALORAGÉES.

Ces plantes constituent une petite famille composée de végétaux aquatiques, et d'espèces terrestres et frutescentes. Ces dernières habitent surtout l'hémisphère austral, la Nouvelle-Hollande, la Nouvelle-Zélande, et l'Asie tropicale ; les secondes, répandues dans les zones tempérées et un peu froides de l'ancien continent, sont des plantes entièrement aquatiques. Un petit nombre d'entr'elles seulement appartient à l'Europe où elles sont assez également dispersées, mais où les flores les plus riches n'en contiennent pas plus de 4 ou peut-être 5 espèces.

G. MIRIOPHYLLUM, *Lin.*

Distribution géographique du genre. — Il existe environ 20 espèces de ce genre, qui sont distribuées presqu'également entre l'Europe, l'Asie et les deux Amériques. —

On en compte 5 dans la partie nord du nouveau monde, et
5 dans la partie sud, et sur ces 5 dernières, 2 sont du Chili,
2 du Pérou, et la cinquième est réfugiée aux Malouines.
— 4 appartiennent aux Indes orientales, autant à l'Europe, aucune à l'Afrique; une seule à l'Océanie, sur les
terres de Van-Diémen.

MYRIOPHYLLUM SPICATUM, Lin. — Les eaux ont, comme
la surface de la terre, leurs forêts et leurs grandes réunions
de végétaux. Elles ont leurs plantes solitaires et leurs associations d'individus. Les *Myriophyllum*, plus peut-être que
les autres espèces, concourent à former ces vastes prairies
submergées, où les lymnées, les planorbes et les insectes na-
geurs passent doucement leur vie, comme nos oiseaux passent
la leur dans la couche aérienne qu'atteignent les cimes de nos
grands arbres. De longues tiges rameuses, garnies de nombreuses lacunes aériennes symétriquement rangées autour
d'un axe central, permettent aux *Myriophyllum* de se dresser dans les eaux calmes ou peu rapides qu'ils choisissent de
préférence. Ces tiges articulées donnent naissance à des verticilles quaternaires de feuilles finement laciniées, et dont les
laciniures tubulaires, malgré leur finesse, contribuent encore
à soutenir les tiges dans le liquide. Ces feuilles, simplement
appliquées dans un bourgeon terminal, sont toutes superposées et forment des panaches quadrangulaires, tandis que,
dans les plantes aériennes, les verticilles alternent entr'eux.
Les eaux sont quelquefois tellement remplies de ces *Myriophyllum*, qne leur surface en est entièrement cachée. On voit
alors sortir les épis formés aussi de verticilles ordinairement
quaternaires. Leurs fleurs sont monoïques, celles du bas, femelles, celles du haut, toujours mâles, réunies aussi quatre
à quatre, et dont une solitaire termine souvent l'axe de l'épi.

Les fleurs mâles ont seules des pétales, d'un rose pâle et capuchonnés, soudés par leur sommet comme ceux des *Phyteuma*, mais caduques, et laissant à nu les étamines. Le pollen est si abondant que l'eau, tout autour des fleurs, en paraît saupoudrée. Aussi la fécondation est assurée, et l'épi dont les fleurs mâles sont tombées, se retire sous l'eau pour mûrir de petites noix monospermes et indéhiscentes. A la dispersion de ses graines, ce *Myriophyllum*, comme les autres, ajoute le mode de reproduction par gemmes. Ce sont des bourgeons rougeâtres, qui se détachent des tiges et des rameaux, et qui flottent à la surface de la vase, s'y fixent par des racines, et bientôt après allongent l'axe du bourgeon. Des boutures détachées peuvent encore multiplier ces espèces ; aussi n'est-il pas rare de voir de très-grands espaces occupés presque exclusivement par les *Myriophyllum*.

Nature du sol. — Altitude. — Espèce indifférente, qui habite les eaux tranquilles des plaines et de tous les lieux peu élevés.

Géographie.—Son aire est assez vaste. Il s'étend, au sud, en Espagne, dans le midi de l'Italie, en Sicile, en Algérie, aux Canaries. — Au nord, dans toute l'Europe centrale, dans tout le Danemarck et toute la Gothie, dans la Norvége, la Suède et la Finlande australes ; il existe en Angleterre, en Irlande, aux Hébrides, aux Orcades, en Islande et non aux Feroë. — A l'occident, il habite le Portugal, les Canaries, les étangs et les eaux tranquilles du Canada, jusqu'au lac de l'Ours. — A l'orient, il végète en Suisse, en Italie, en Sicile, en Dalmatie, en Croatie, en Hongrie, en Transylvanie, en Grèce, dans le Caucase, autour de la mer Caspienne, dans les Carpathes, toutes les Russies et toutes les Sibéries. — Il ne craint pas l'eau salée, et se trouve très-vigoureux autour de la Caspienne, aux sa-

lines de Selenginsk en Sibérie, et en Suède dans les étangs
voisins de la mer.

Limites d'extension de l'espèce.

Sud, Canaries.............	30°	⎫	Écart en latitude :
Nord, Canada.............	66	⎭	36°
Occident, Canada..........	125 O.	⎫	Écart en longitude :
Orient, Sibérie du Baïkal....	116 E.	⎭	241°
Carré d'expansion.............	8676		

MYRIOPHYLLUM VERTICILLATUM, Lin. — Cette jolie espèce ressemble à la précédente ; elle a les mêmes mœurs.
Elle est plus élégante encore, en ce que ses feuilles, réguliè-
ment pectinées et verticillées, accompagnent ses fleurs qui
naissent à leurs aisselles supérieures, et qui se fécondent
comme celles du *M. spicatum.* Ses fleurs sont souvent hermaphrodites et s'élèvent moins au-dessus de l'eau que celles
de l'espèce précédente ; cependant elle offre une variété terrestre qui consent à vivre sur la vase humide des fossés, où
elle forme de petites forêts au léger feuillage. — Fleurit en
juillet et en août.

Nature du sol. — Altitude. — Indifférente, habite les
eaux tranquilles de la plaine.

Géographie.—Au sud, la France, l'Espagne, le midi
de l'Italie, la Sicile et l'Algérie. — Au nord, l'Europe
centrale, le Danemarck, la Gothie, la Norvège, la Suède,
la Finlande australe, l'Angleterre, l'Irlande, les Feroë
et l'Islande. — A l'occident, le Portugal, l'Amérique, le
Canada, le Texas et l'Orégon. — A l'orient, en Suisse,
en Italie, en Sicile, en Dalmatie, en Croatie, en Hongrie,
en Transylvanie, en Turquie, dans le Caucase, autour de
la Caspienne, dans les Russies septentrionale, moyenne et

australe ; dans les Sibéries de l'Oural, de l'Altaï et dans la Dahurie.

Limites d'extension de l'espèce.

Sud, Algérie............	35°	}	Écart en latitude :
Nord, Suède............	60	}	25°
Occident, Texas..........	100 O.	}	Écart en longitude :
Orient, Dahurie..........	119 E.	}	219°
Carré d'expansion............	5475		

MYRIOPHYLLUM ALTERNIFLORUM, DC. — Cette espèce ressemble beaucoup à la précédente, mais elle en diffère en ce qu'elle est plus grêle et moins vigoureuse ; ses feuilles sont moins grandes, à segments plus fins et la plupart alternes. Les fleurs inférieures sont alternes, femelles, à l'aisselle de feuilles ou bractées pinnatifides ; les supérieures sont mâles, occupant la majeure partie de l'épi, nues ou accompagnées d'une courte bractée. — Cette plante fleurit en juillet, et habite les eaux comme les précédentes, dont elle diffère cependant par sa station ; car si les *Myriophyllum* affectionnent les eaux tranquilles où ils peuvent étaler leur feuillage en toute liberté, celui-ci recherche au contraire les eaux courantes, où ses tiges débiles sont constamment animées d'un mouvement de fluctuation.

Nature du sol. — *Altitude.* — Préfère les fonds siliceux et les eaux rapides des montagnes peu élevées.

Géographie. — Il est presque certain que cette plante a été confondue avec d'autres espèces ; mais son aire d'expansion est encore assez grande. — Au sud, elle atteint le midi de l'Espagne. — Au nord, elle est disséminée dans l'Europe centrale et dans toute la Scandinavie. Elle croît dans les eaux courantes et souvent torrentielles de la région subalpine de la Laponie, où Wahlenberg l'avait rencontrée

et indiquée comme une variété du *M. spicatum*. — On la
trouve aussi en Angleterre et aux Hébrides. — A l'occident,
elle occupe une partie de la France et de l'Espagne. — A
l'orient, elle a sa limite en Laponie et croît aussi en Sicile
et en Sardaigne.

Limites d'extension de l'espèce.

Sud, Royaume de Grenade.... 38°	}	Écart en latitude :
Nord, Laponie............ 70	}	32°
Occident, Espagne......... 8 O.	}	Écart en longitude :
Orient, Laponie........... 28 E.	}	36°
Carré d'expansion........... 1152		

G. HIPPURIS. *Lin.*

On n'en connaît que 3 espèces, une de l'Europe, une
de l'Amérique boréale et une d'Unalaska, ou intermédiaire
entre l'Asie et l'Amérique boréales.

HIPPURIS VULGARIS, Lin. — On rencontre dans les eaux
cette curieuse espèce. Ses tiges articulées et munies de
verticilles dont la longueur des feuilles va toujours en diminuant, rappellent tout à fait l'aspect des individus stériles des
Equisetum. Ses rhizomes traçants sur la vase se détruisent
d'un côté et s'allongent de l'autre, produisant des racines
qui pénètrent dans la vase et y amarrent la plante. De grandes lacunes clairsemées, renfermant de l'air, soutiennent ces
tiges dans l'eau et les forcent même de s'y dresser. C'est
au-dessus du liquide et à l'aisselle des feuilles qui forment les
verticilles, que se trouvent de petites fleurs sessiles qui n'ont
qu'une seule étamine, mais elle entoure le pistil et rend la
fécondation des plus certaines. Le fruit est une petite noix

monosperme indéhiscente, que les eaux entraînent ou qui tombe sur la vase, car l'*Hippuris*, comme la plupart des plantes aquatiques, rentre ses tiges sous l'eau pour mûrir ses fruits. — Il fleurit en juin et en juillet, et vit avec le *Butomus umbellatus*, l'*Alisma Plantago*, le *Phragmites vulgaris*, etc. Il devient quelquefois flottant dans le nord de l'Europe.

Nature du sol. — *Altitude.* — Espèce des plaines et des eaux dormantes, qui s'accommode indistinctement de fonds calcaires ou siliceux, pourvu qu'ils soient suffisamment vaseux et détritiques.

Géographie. — Au sud, l'*Hippuris* atteint le royaume de Naples. — Au nord, toute l'Europe centrale, la Scandinavie entière jusqu'au 71°, la Sibérie arctique jusqu'à l'embouchure de la Léna, où Pallas l'indique abondant dans les lacs fétides qui avoisinent la mer Glaciale, l'Angleterre, l'Irlande, les archipels anglais, l'Islande et les Feroë. — A l'occident, les étangs et les bords des lacs du Canada jusqu'au 60°, Terre-Neuve, le Labrador, toutes les parties tempérées des Etats-Unis et le Groënland. — A l'orient, il se trouve en Suisse, en Italie, en Dalmatie, en Croatie, en Hongrie, en Transylvanie, dans le Caucase, en Turquie, dans toutes les Russies, toutes les Sibéries, dans l'Affghanistan, en Dahurie, au Kamtschatka, aux Aléoutiennes, et il rentre dans l'Amérique russe. — De plus, cet *Hippuris* se trouve encore à l'autre extrémité du globe, dans l'hémisphère sud, au détroit de Magellan, au port Famine.

Limites d'extension de l'espèce.

Sud, Royaume de Naples.....	40°	)	Ecart en latitude :
Nord, Sibérie arctique.......	72	)	32°

Occident et *Orient*........... 360   ⎰ Ecart en longitude :
                                         ⎱   360°
          Carré d'expansion............ 11520

FAMILLE DES CALLITRICHINÉES.

Ce petit groupe de plantes aquatiques ne contient que le seul genre *Callitriche*.

G. CALLITRICHE, *Lin.*

Les *Callitriche*, abondamment répandus et vivifiant les eaux de leur fraîche verdure, appartiennent presque tous à l'Europe ; sur 16 espèces, total du genre, il y en a 11 qui vivent en France, en Allemagne, en Italie et en Portugal. — 2 sont de l'Amérique du nord, 2 du Chili, et un seul, pour toute l'Asie, se trouve aux Indes orientales.

CALLITRICHE VERNALIS, Kütz. — Si la nature a donné à certains végétaux des organes nombreux et compliqués, destinés à assurer la reproduction de leur espèce ; si elle semble avoir épuisé pour plusieurs d'entre eux les ressources des plus savantes combinaisons, elle a agi dans d'autres circonstances avec la plus grande simplicité. C'est ainsi qu'elle nous montre les *Callitriche* tous organisés de la même manière, et présentant les mêmes caractères. Ce sont des plantes d'un beau vert, et conservant même leur verdure en hiver, quand elles naissent dans les eaux pures des sources dont la température reste toujours de plusieurs degrés au-dessus de 0. On voit avec un plaisir infini leurs touffes verdoyantes que l'eau incline dans son cours, mais dont les tiges, couchées sur le fond du ruisseau, émettent de leurs aisselles inférieures des ancres nouvelles qui les retiennent et qui les consolident. Ainsi une touffe de *Callitriche* avance constamment dans le sens du cours de l'eau, tandis qu'elle se détruit à l'extrémité opposée. Pendant une grande partie de l'année, d'élégantes rosettes de feuilles se montrent serrées les unes contre les autres à la surface de l'eau. De jeunes feuilles, ni plissées, ni roulées, en occupent le centre; elles grandissent en tous sens, et à leur aisselle paraissent des fleurs d'une extrême simplicité. De petites bractées transparentes laissent sortir ou une étamine uniloculaire s'ouvrant horizontalement en deux pièces inégales, ou un ovaire à quatre loges, surmonté de deux styles. Les feuilles tendres, nouvelles et un peu succulentes, entretiennent par leur développement la rosette centrale et les fleurs qui l'entourent, tandis que l'axe de la tige, en s'allongeant et en s'inclinant toujours, éloigne de la rosette les ovaires fécondés qui mûrissent dans l'eau et se transforment en loges monospermes indéhiscentes et soudées deux à deux.

Nature du sol. — Altitude. — Indifférent comme les plantes aquatiques, ce *Callitriche* préfère cependant les fonds graveleux et vit également dans les plaines et dans les montagnes, où il trouve les eaux vives et courantes qu'il affectionne le plus.

Géographie. — Son aire est des plus étendues. On le connaît, au sud, en France, en Espagne, aux Baléares, à Madère, dans les eaux stagnantes de l'Algérie et près d'Adona en Abyssinie. — Au nord, toute l'Europe sans aucune exception, y compris l'Islande. Wahlenberg dit qu'en Suède il habite les eaux peu profondes et pas tout à fait stagnantes, partout, mais non dans les montagnes; il l'indique comme très-commun en Laponie et y offrant plusieurs variétés. Il est à feuilles oblongues et obovales dans les eaux stagnantes; la var. *intermedia* dans les ruisseaux à cours peu rapides, et celle à feuilles linéaires très-étroites sur la terre humide. Toutes les feuilles sont trinervées, un peu charnues ou épaisses, et formées de larges cellules discernables à l'œil nu. — A l'occident, nous pouvons rappeler Madère, l'Islande et y ajouter le Portugal, les lacs et les étangs du Canada, le Saskatchawan, la Caroline. — A l'orient, la Suisse, l'Italie, la Sicile, la Tauride, le Caucase, la Géorgie, le désert de la Caspienne, les Carpathes, la Turquie, toutes les Russies, toutes les Sibéries, la Dahurie, la baie d'Eschcholtz, dans l'Amérique russe. — Il habite encore les Grandes-Indes, au sud du tropique, et une partie de l'hémisphère austral, le Chili, les Malouines, l'île de Kerguelen, les îles d'Hermite, de Campbell et de Lord-Aukland, la terre de Van-Diémen et la Nouvelle-Zélande.

Limites d'extension de l'espèce.

Sud, Abyssinie..............	12°	} Ecart en latitude :
Nord, Laponie.............	70	58°
Occident et *Orient*.........	360	{ Ecart en longitude : 360°
Carré d'expansion............	20880	

CALLITRICHE STAGNALIS, Scop. — Il forme, comme le précédent, de belles touffes d'un vert gai, qui souvent, plongées dans une eau parfaitement tranquille, redressent leurs tiges rameuses et constituent de charmants bosquets aquatiques que l'on voit quelquefois osciller sous l'impulsion de vagues mollement soulevées par le vent. Il diffère du précédent par ses bractées persistantes, courbées au sommet; par

ses feuilles oblongues obovées, et par son fruit plus gros. Ses
mœurs et l'époque de la floraison sont les mêmes.

Nature du sol. — Altitude. — Eaux dormantes et fonds
vaseux de la plaine.

Géographie. — Au sud, la plante vit en France, en Espagne, peut-être en Algérie et aux Canaries. — Au nord,
elle existe dans toute l'Europe centrale, en Danemarck,
dans toute la Norvége, dans la Suède et la Finlande australes. On la trouve en Angleterre et aux Hébrides. — A
l'occident, nous avons cité les Canaries — A l'Orient, elle est
indiquée en Sicile, en Italie, en Dalmatie, en Croatie, en Hongrie, en Transylvanie, dans les Russies moyenne et australe.

Limites d'extension de l'espèce.

Sud, Canaries	30°	}	Ecart en latitude :
Nord, Norvége	65	}	35°
Occident, Canaries	18 O.	}	Ecart en longitude :
Orient, Kiew	28 E.	}	46°
Carré d'expansion	1610		

CALLITRICHE PLATYCARPA, Kütz. — Très-commun
dans les marais et les ruisseaux paisibles, ce callitriche offre
les mœurs du précédent. Il s'en distingue par ses feuilles inférieures linéaires, tandis que les supérieures sont réunies en
rosette, et par sa capsule aussi longue que large, munie
d'angles cartilagineux, presque obtus et peu divergents.

Nature du sol. — Altitude. — Comme le précédent.

Géographie. — Il n'a pas toujours été bien distingué des
précédents, en sorte qu'il reste un peu d'incertitude dans
l'expansion de son aire. — Au sud, il n'atteint pas le midi
de la France et se trouve en Lombardie. — Au nord, il est
assez répandu en France, en Belgique, en Allemagne, en

Angleterre et dans toute la Scandinavie, à l'exception de la
Laponie. — Il a sa limite occidentale en Angleterre. — A
l'orient, il est cité en Lombardie, en Dalmatie, dans les
Russies moyenne et australe.

Limites d'extension de l'espèce.

```
Sud, Lombardie.............  45°  ) Ecart en latitude :
Nord, Norvége.............  64   )        19°
Occident, Angleterre........  6 O.) Ecart en longitude :
Orient, Russie moyenne......  49 E.)        55°
         Carré d'expansion.  ..........  1045
```

FAMILLE DES CÉRATOPHYLLÉES.

Le seul genre *Ceratophyllum* constitue cet ordre de
plantes dont toutes les espèces sont submergées.

G. CERATOPHYLLUM, *Lin.*

On en connaît 8 espèces ; 3 européennes, 3 des Indes
orientales, 1 du Sénégal et 1 de la Californie.

CERATOPHYLLUM DEMERSUM, Lin. — Les fossés d'eaux
stagnantes sont quelquefois remplis par cette espèce dont les
tiges se ramifient à l'infini et produisent des feuilles verticillées et finement découpées, pointues et chargées d'aspérités. Leur couleur est très-sombre et presque noire. Ce n'est
pas par ses tiges solides et pleines que cette espèce peut se
soutenir dans les eaux, mais par ses feuilles qui sont creuses et cloisonnées. Aussi sont-elles parfaitement étalées dans
l'eau, formant des espèces de plumets par leurs verticilles

étagés , et se terminant par des bourgeons d'un beau vert, susceptibles de se briser et d'aller plus loin reproduire la plante qui , du reste, se reproduit encore par ses rhizomes rameux. Malgré ces moyens variés de propagation, cette espèce , comme la suivante, se multiplie aussi par ses graines. Ses fleurs, très-simples, sont monoïques et situées aux aisselles des feuilles. Elles sont à peine entourées de petites écailles, et la fécondation s'opère, comme dans les poissons, par l'intermédiaire de l'eau. Aussi ne voit-on dans les anthères aucune trace de pollen pulvérulent. Les fleurs produisent de petits fruits à trois pointes. — Il fleurit pendant tout l'été.

Nature du sol. — Altitude. — Indifférent à la nature du terrain; il recherche les eaux stagnantes et vaseuses de la plaine.

Géographie. — Au sud, il se trouve en Espagne, en Barbarie et dans le Quorra et autres eaux de l'Afrique tropicale et occidentale. — Au nord , il est aussi très-commun dans toute l'Europe, dans une grande partie de la Scandinavie où il habite les bords des lacs et les fossés des villes et des villages ; il est en Angleterre , en Irlande, aux Feroë et en Islande. — A l'occident , il végète en Portugal ainsi que dans les eaux du Canada. — A l'orient, il existe en Suisse, en Italie, en Sicile, en Croatie, en Hongrie , en Transylvanie, en Turquie, dans le Caucase, autour de la Caspienne, dans la Finlande, dans la Russie moyenne et la Russie australe ; dans les Sibéries de l'Oural, de l'Altaï, du Baïkal.

Limites d'extension de l'espèce.

Sud, Afrique tropicale........	10°	} Écart en latitude :
Nord, Norvége............	62	} 52°

Occident, Canada.......... 90 O.⟩ Écart en longitude :
Orient, Sibérie du Baïkal.... 116 E.⟩   206°
          Carré d'expansion........... 10712

CERATOPHYLLUM SUBMERSUM, Lin. — Cette plante habite
les eaux comme la précédente et vit encore plus submergée.
Elle forme des touffes magnifiques , composées de tiges
longues quelquefois de 3 à 4 mètres , striées , un peu tuberculeuses et d'un vert très-vif comme toutes les parties de la
plante. Ses feuilles sont nombreuses, verticillées, bifurquées,
à divisions très-rapprochées , très-pointues et écartées au
sommet, grosses et renflées aux dichotomies inférieures, surtout dans les jeunes feuilles qui avoisinent les fleurs. A la loupe,
ces feuilles paraissent composées de séries d'utricules plus
ou moins élargies , transparentes et qui semblent traversées
par une nervure faisant suite au pétiole aminci qui attache la
feuille à la tige. Chaque rameau se termine par un bourgeon
composé de petites feuilles roulées en dedans. Les feuilles
inférieures deviennent plus minces et prennent assez souvent
une couleur rougeâtre à leur extrémité. Les divisions du
périgone sont vertes et linéaires , les anthères sont jaunâtres;
l'ovaire, d'abord vert , devient bientôt d'un blanc jaunâtre
très-pâle, qui reverdit encore et prend ensuite une nuance de
violet brun foncé. Le style est jaunâtre, terminé par un stigmate recourbé, jaune ou rose. Le fruit est tuberculeux, à tubercules peu saillants et de la grosseur d'un gros grain de chè-
nevis. Toute la plante est recouverte d'une espèce de vernis.

Nature du sol. — Altitude. — Eaux dormantes ou peu
courantes de la plaine, et indifférent à la nature du sol.

Géographie. — Beaucoup plus rare que le précédent , il
s'avance au sud jusqu'en Sicile. — Au nord , jusqu'en Da-

nemarck, en Gothie, dans la Norvége australe, et en Angleterre jusqu'au 56°. — A l'occident, il ne dépasse peut-
être pas Bordeaux. — A l'orient, il est en Sicile, en Livonie, en Lithuanie, en Volhynie et en Podolie.

Limites d'extension de l'espèce.

Sud, Sicile................. 38° ⎱ Ecart en latitude :
Nord, Norvége............. 60   ⎰   22°
Occident, France........... 4 O. ⎱ Ecart en longitude :
Orient, Lithuanie........... 30 E. ⎰   34°
        Carré d'expansion............ 748

FAMILLE DES LYTHRARIÉES.

Ce groupe appartient principalement à la zone torride,
et c'est surtout dans l'Amérique équinoxiale que ses espèces sont le plus multipliées ; vient ensuite l'Afrique tropicale, puis les régions chaudes de l'Asie. En dehors des tropiques, ces plantes existent encore dans les zones tempérées des deux hémisphères, mais elles deviennent plus rares
et sont exclues des montagnes. — L'Europe ne compte
qu'un petit nombre de Lythrariées ; les flores les plus riches,
celles de Naples, de Sicile, du Caucase, de la Russie méridionale, n'en comptent que 6 à 8 espèces. La France seule
en a 10. La Sibérie altaïque en a 9, et au delà, vers l'est,
dans le sens des longitudes, elles disparaissent comme dans
les îles et dans les montagnes. Leur proportion pour l'Europe entière est 1 : 608.

G. **LYTHRUM**, *Lin.*

Distribution géographique du genre. — Les *Lythrum* forment un genre composé de 30 espèces, dont la plus grande partie appartient à l'Europe et à l'Amérique. — On en compte 12 à 13 en Europe, toutes de la partie sud de ce continent, d'Espagne, de Sicile, de Grèce, de Portugal, de Corse et de France. — Presque toutes les espèces américaines sont de la zone torride, du Mexique, de Saint-Domingue, du Pérou et surtout du Brésil ; 8 sont disséminées dans ces contrées ; 5 vont plus au nord dans l'Amérique septentrionale, dans la Caroline, la Géorgie ou dans le reste des Etats-Unis ; une s'avance au sud dans le Chili. — Une seule habite les Indes orientales. — Une seule le cap de Bonne-Espérance.

LYTHRUM SALICARIA, Lin. — Lorsque la salicaire élève ses longs épis pourprés sous le feuillage argenté des saules, que la lysimaque ouvre près d'elle ses corolles d'un jaune pur, et que les *Sparganium* suspendent au-dessus des eaux leurs fruits globuleux, l'été s'avance vers l'automne, et la nature, fatiguée de produire des fleurs, ne tardera pas à nous livrer les fruits et à prendre son repos d'hiver. Les touffes de la salicaire, aux tiges quadrangulaires et aux traçantes racines, sont alors une des plus belles parures des lieux que l'eau peut humecter et rafraîchir. Ses feuilles opposées ou ternées cherchent la lumière, et souvent même la torsion de la tige dérange la régularité de leur situation. Les fleurs, très-nombreuses, sont portées sur de beaux épis munis de bractées colorées, et on les voit s'épanouir de la base au sommet. Chaque fleur ne dure que deux à trois jours. Le calice allongé est strié, et l'on remarque au sommet de son tube

12 dents, dont 6 droites et immobiles, tandis que les
6 autres fermant la fleur avant l'épanouissement, s'ouvrent
pour laisser sortir 6 pétales chiffonnés et recourbés dans le
tube, qui viennent s'étaler au soleil, et se referment encore
quand la fécondation est opérée. Celle-ci a lieu au moyen
de 12 étamines dont 6 sont saillantes et 6 restent enfermées
dans le tube du calice. « Une remarque curieuse, dit Vaucher, c'est que la salicaire présente trois espèces de fleurs
sur le même individu. 1°. Les premières ont le stigmate saillant hors du tube, dès le moment où elles s'épanouissent, et
leurs anthères *jaunes* placées sur deux rangs, les unes hors
du tube, au-dessous du stigmate et plus bas ; 2°. dans les
secondes, le stigmate recourbé sur le nectaire est inférieur
aux premières étamines dont les anthères sont *violettes* et
saillantes, et supérieur aux secondes dont les anthères sont
jaunes et couchées dans le fond du tube ; 3°. les troisièmes
espèces de fleurs ont leurs stigmates arrondis et papillaires
au fond de la corolle et au-dessus des petites anthères, qui,
comme les supérieures, sortent souvent du tube (1). » La
capsule s'allonge dans le calice et en remplit toute la cavité.

Nature du sol. — Altitude. — Cette plante cherche
l'eau, et paraît indifférente à la nature du sol. Elle reste
ordinairement dans les plaines, mais elle peut s'élever dans
les montagnes à 500 ou 600^m. Ledebour dit que dans le
Caucase elle atteint à peine 400^m, tandis que Wahlenberg
l'indique dans la Suisse septentrionale jusqu'au-dessus de
la limite du hêtre.

Géographie. — Au sud, la salicaire se trouve en France,
en Espagne, en Algérie. — Au nord, dans toute l'Europe
centrale, dans toute la Scandinavie et même en Laponie où

(1) T. 2, p. 371.

elle devient plus rare ; elle est en Angleterre, en Irlande et au
Orcades. — A l'occident, on la rencontre en Portugal , on
la cite au Canada , mais comme espèce naturalisée. — A
l'orient, elle habite la Suisse , l'Italie , la Sicile , la Grèce ,
le mont Athos, la Béotie , les Carpathes, la Tauride , le
Caucase, la Géorgie, le bord oriental de la Caspienne, la
Palestine où M. Bové cite sa variété *tomentosa* sur les bords
du Jourdain, toutes les Russies, les Sibéries de l'Oural, de
l'Altaï, du Baïkal et la Dahurie.

Limites d'extension de l'espèce.

Sud, Palestine.............	32°	}Ecart en latitude :	
Nord, Laponie.............	68	}	36°
Occident, Portugal.........	10 O.	}Ecart en longitude :	
Orient, Daburie...........	119 E.	}	129°
Carré d'expansion.............	4644		

LYTHRUM HISSOPIFOLIA, Lin. — Plante annuelle éparse
dans les champs, mais préférant les lieux aquatiques , les
bords des étangs ou des fossés où elle vit en petites touffes
solitaires. Ses tiges sont minces et quadrangulaires comme
celles du *L. thymifolia* , et souvent couchées sur le sol. Ses
feuilles sont linéaires, et ses fleurs sont roses, éphémères et
axillaires. Ces fleurs ne s'épanouissent que tard , à la fin de
l'été ; les capsules grossissent assez rapidement. Elles se
fendent irrégulièrement pour répandre leurs graines.

   Nature du sol. — Altitude. — Ce *Lythrum* recherche
les lieux aquatiques , siliceux et sablonneux, et reste presque toujours dans les plaines.

   Géographie. — Au sud, il croît en Espagne , en Algérie,
sur le Djebel-Tougour et dans les cultures arrosées des oasis,
aux Canaries. — Au nord , il est disséminé dans une partie

de l'Europe centrale, en Allemagne, en Lithuanie, en Angleterre, et en Irlande jusqu'au 54°. — A l'occident, il est en Portugal et aux Canaries. — A l'orient, on le trouve en Italie, en Sicile, en Dalmatie, en Croatie, en Hongrie, en Transylvanie, en Turquie, en Grèce, dans la Russie australe, en Crimée, dans le Caucase ; il est commun sur les bords de la Caspienne et dans la Sibérie de l'Altaï.

Limites d'extension de l'espèce.

Sud, Canaries.............. 30°	}	Ecart en latitude :
Nord, Angleterre.......... 54	}	24°
Occident, Canaries......... 18 O.	}	Ecart en longitude :
Orient, Sibérie altaïque....... 96 E.	}	114°
Carré d'expansion............ 2736		

LYTHRUM THYMIFOLIA, Lin. — Cette espèce, rare dans le rayon de notre flore, vit en société sur les sables des rivières et forme de petites touffes à rameaux alternes, à feuilles sessiles, linéaires et pointues, d'un vert sombre ; ces rameaux produisent dès le printemps une multitude de fleurs roses et éphémères. Ces fleurs, à calice strié, ont 6 pétales plissés qui se déploient un instant et qui tombent avant la fin du jour. Tantôt le stigmate de ces fleurs est saillant, tantôt il est inclus, ce qui a lieu aussi dans les *Primula ;* et les 6 étamines sont partagées en deux parts égales qui s'ouvrent successivement. La petite capsule reste enfermée dans le calice. Elle est oblongue à deux loges, et polysperme.

Nature du sol. — Altitude. — Nous ne connaissons cette espèce que sur les sols sablonneux sur lesquels l'eau a séjourné pendant l'hiver, et seulement dans les plaines.

Géographie. — C'est une plante méridionale qui habite les bords de la Méditerranée, et qui, au nord, s'avance jus-

qu'au plateau central de la France. Elle y trouve aussi sa
limite occidentale ; mais à l'orient elle arrive en Italie,
en Sicile, en Turquie, sur les bords du Bosphore dans la
Russie australe, dans les provinces du Caucase et dans les
déserts de la Caspienne.

Limites d'extension de l'espèce.

Sud, Sicile.................. 38°	)	Ecart en latitude :
Nord, France............... 45	)	7°
Occident, France............ 0	)	Ecart en longitude :
Orient, Mer Caspienne....... 48 E.	)	48°
Carré d'expansion............. 336		

G. PEPLIS. *Lin.*

Tout petit genre composé de 3 espèces, dont une des bords
du Volga, une du centre de l'Europe et une de la Numidie.

Peplis Portula, Lin. — C'est une de ces espèces qui
vivent à la fois sur la terre et dans les eaux, mais qui changent de forme selon la station qu'elles rencontrent. Sur la
terre humide, sur la vase des fossés et des marais, sur le sol
encore humide qui pendant l'hiver a été inondé, ce *Peplis*
rampe et s'étale. Ses tiges rougeâtres, ses feuilles opposées,
un peu épaisses, sont appliquées sur la terre et prennent
quelquefois une nuance de rouge très-vif et plus souvent de
brun sombre. Vivace par ses tiges rampantes, il s'enracine
de tous côtés, se ramifie, s'étend, couvre de grandes surfaces et présente aux aisselles de ses feuilles de petites fleurs
rougeâtres, souvent apétales, à peine apparentes, qui ne
s'ouvrent qu'un instant et qui sont remplacées par des capsules à deux loges qui, comme celle des *Chrysosplenium*,
s'ouvrent de bonne heure et finissent de mûrir leurs graines

exposées à la lumière et à la chaleur du soleil. Lorsque l'eau revient dans les mares et dans les fossés dont ce *Peplis* a pris possession, il ne rampe plus, il s'élève, s'allonge et devient rameux, mais aussi, comme un grand nombre de plantes aquatiques il reste stérile. —Il fleurit en juillet et en août, souvent associé au *Juncus bufonius*, au *Limosella aquatica*, etc.

Nature du sol. — Altitude. — Terrains sablonneux de la plaine et des montagnes.

Géographie. —Cette espèce s'avance, au sud, en France, en Espagne, en Portugal, en Italie, en Sicile. — Au nord, elle est commune dans toute l'Europe centrale, elle arrive dans la Scandinavie où elle occupe aussi les lieux inondés pendant l'hiver, jusque dans la Laponie méridionale où elle est disséminée ; elle est encore en Angleterre et en Irlande. — A l'occident, elle vit en Portugal. — A l'orient, on la trouve en Dalmatie, en Croatie, en Hongrie, en Transylvanie, en Turquie, en Grèce, dans l'Attique, dans la Russie moyenne, dans la Russie australe et dans les provinces du Caucase.

Limites d'extension de l'espèce.

Sud, Sicile................ 38°	}	Ecart en latitude :
Nord, Laponie............. 66	}	28°
Occident, Portugal........... 10 O.	}	Ecart en longitude :
Orient, Caucase............ 48 E.	}	58°
Carré d'expansion............. 1624		

FAMILLE DES CUCURBITACÉES.

Ce sont des plantes des contrées tropicales ou subtropicales du globe, dont quelques-unes s'avancent dans les zones tempérées, aucune dans les zones glaciales. Les flores de l'Europe ne contiennent qu'un très-petit nombre de ces plantes, 4 à 5 espèces au plus. La flore du Caucase en compte 8, mais c'est déjà une flore asiatique. — Dans le sens des longitudes, ces plantes disparaissent tout à fait comme dans les montagnes, et elles abordent peu dans les îles. Leur proportion pour l'Europe entière est de 1 : 1217.

G. BRYONIA, *Lin.*

Distribution géographique du genre. — Comme la plupart des Cucurbitacées, les bryones appartiennent presqu'en totalité à la zone torride. On en connaît 73 espèces, dont 43 asiatiques, et sur ce nombre 26 sont des Indes orientales, quelques-unes du Népaul, les autres du Japon, de la Chine et de la Cochinchine, de Ceylan et de Java. — L'Afrique a 15 *Bryonia*, presque tous réunis au cap de Bonne-Espérance, puis aux Canaries, à Tunis et dans la Sénégambie. — L'Amérique du sud en offre 8, presque tous du Brésil et de Buénos-Ayres, et 3 autres existent aux Antilles. — Enfin, 3 au plus sont européens, — et un autre habite l'île de Norfolk dans l'Océanie.

BRYONIA DIOÏCA, Jacq. — Les plantes qui peuvent, comme celle-ci, réunir pendant une végétation active de grandes provisions alimentaires et les emmagasiner en hiver dans une puissante racine, sont toujours disposées à pousser de bonne heure, et peuvent plus que les autres résister aux sécheresses et aux variations des climats. La masse de nourriture accumulée dans la grosse racine blanche de la bryone est considérable; aussi, dès le milieu du printemps, des germes se développent au sommet de cette racine, et l'on voit paraître des feuilles anguleuses, portées sur des pétioles impressionnables qui les rapprochent ou les éloignent de la tige selon les influences variées de la lumière. Les jeunes pousses feuillées s'allongent avec rapidité, et comme cette espèce recherche les haies et les buissons, on la voit bientôt monter dans les branches des arbres et s'étaler au dessus de leur feuillage. Elle s'y cramponne par des vrilles très-remarquables. L'aisselle des premières feuilles en est dépourvue; mais les autres produisent des filets d'abord contournés qui semblent attendre le moment d'être utilisés. Alors la vrille s'étend, s'allonge et cherche un corps qu'elle puisse saisir, afin de soutenir la tige allongée et débile qui resterait traînante si elle était privée de son secours. Aussi elle s'enroule par sa base et continue de grandir par son extrémité. Tandis que toutes les plantes ont une prédisposition toute particulière à se contourner dans une direction constante, celle-ci paraît hésiter, puis elle se décide tantôt dans un sens tantôt dans un autre. Elle serre ses spires et la plante est très-solidement fixée. La vrille continue de s'allonger, et, presque toujours, après un certain nombre de spires, elle s'arrête, fléchit un peu sans s'enrouler, et se contourne brusquement pour recommencer ses tours de spire dans une direction opposée. Il est donc impossible que la plante se détache, car si une cause quelconque forçait la vrille de se dérouler dans un sens, elle resterait très-certainement fixée dans l'autre. Les aisselles donnent aussi naissance à des pédoncules multiflores qui supportent de petites fleurs d'un vert jaunâtre et rayées. Le vent et les insectes sont chargés de féconder ces plantes toujours dioïques, dont les individus mâles sont bien plus nombreux que les femelles, et toujours réunis en groupes du même sexe. De petits fruits arrondis, d'un beau rouge, mais passant, pour arriver à cet état, par les nuances du jaune et de l'orangé, donnent à la bryone une certaine élégance. Ils mûrissent assez tard, et finissent par se détacher de leur support. A cette époque, ils renferment une pulpe qui sort par le trou du pédoncule, avec moins de précipitation que celle du *Momordica Elaterium*, mais qui entraîne comme elle les petites semences aplaties qui y sont nichées. — Comme beaucoup de plantes dioïques, la bryone forme souvent des groupes composés d'un seul sexe, et nous avons quelquefois trouvé des espaces offrant plusieurs kilomètres de surface, habités seulement par des mâles. Ces mâles commencent à fleurir un mois avant les femelles. — Cette forme remarquable dans les Cucurbitacées se reproduit à de grandes distances ; le *B. acuta*, Desf. , qui croît dans l'Atlas, n'est qu'une variété ou une espèce parallèle à la nôtre, et il en est de même du *B. affinis*, Endl. , qui vit à l'île de Nordfolk, entre la Nouvelle-Hollande et la Nouvelle-Zélande, et qui a été trouvée par Bauer.

Nature du sol. — *Altitude.* — Indifférente à la nature chimique du sol, la bryone préfère les terrains un peu compactes. — Elle préfère la plaine et ne dépasse pas 700 à 800^m, même dans les pays chauds. Cependant M. Borne la cite dans l'Atlas, à 900^m.

Géographie. — Au sud, la bryone vit en France, dans le midi de l'Espagne et en Algérie. — Au nord, dans une grande partie de l'Europe centrale, en Danemarck, en Gothie, jusque dans la Suède australe et en Angleterre. — A l'occident, elle habite le Portugal. — A l'orient, on la trouve en Suisse, en Italie, en Sicile, en Dalmatie, en Hongrie, en Transylvanie, dans le Caucase, en Grèce, dans les haies de l'île Astypalée, selon Durville.

Limites d'extension de l'espèce.

Sud, Barbarie...............	35°	} Ecart en latitude :	
Nord , Suède...............	60	}	25°
Occident , Portugal..........	10 O.	} Ecart en longitude :	
Orient , Caucase.............	45 E.	}	55°

Carré d'expansion............. 1375

G. MOMORDICA , *Lin.*

Distribution géographique du genre. — 30 espèces de ce genre sont dispersées dans toutes les parties du monde, à l'exception de l'Océanie. — Leur centre est en Asie, où l'on en connaît 15 espèces, dont 14 groupées aux Indes orientales, et 1 isolée à la Chine. — L'Amérique du sud en a 7 , dont 6 au Brésil et 1 à Buénos-Ayres. — 1 seule est indiquée dans l'Amérique du nord, en Pensylvanie. — 4 habitent l'Afrique : en Abyssinie, au Sénégal et au Cap. — Quant à l'Europe, ce genre y est à peine représenté par 2 espèces, échappées probablement du continent africain.

MOMORDICA ELATERIUM , Lin. — Nous rencontrons cette espèce annuelle disséminée sur le plateau central, et toujours dans le voisinage des habitations, sur les décombres, au pied des murs ou près des eaux minérales. Ses tiges, rampantes et succulentes, émettent de larges feuilles, à la fois cordiformes et anguleuses, longuement pétiolées et chargées de poils rudes , à racines blanchâtres et transparentes. Ses fleurs, monoïques , sont d'un jaune soufré et striées. Le fruit, qui est l'organe le plus remarquable , est porté sur un pédoncule droit , mais recourbé tout-à-coup au sommet ; il est donc incliné , vert et très-rugueux. Quand il atteint sa maturité, ses parois distendues par la pulpe intérieure, se contractent tout-à-coup ; il se détache du pédoncule, qui laisse un trou rond à son point d'insertion , et instantanément ses graines sortent, lancées par tout le liquide qu'il renfermait. Il ne reste plus, dans l'intérieur du péricarpe , qu'une substance mucilagineuse et parenchymateuse. — Il fleurit en juillet et en août.

Nature du sol. — Altitude. — Recherche les terrains graveleux et salés de la plaine.

Géographie. — Au sud , cette espèce est connue en France , en Espagne, en Algérie , dans les cultures arrosées des Oasis. — Au nord, elle reste en France et s'arrête à l'embouchure de la Vilaine , à la Roche-Bernard , selon de la Pilaye. — A l'occident, elle vit en Portugal. — A l'orient, elle existe en Italie, en Sicile, en Grèce et en Turquie , en Dalmatie, en Croatie, en Transylvanie , dans le Caucase, en Crimée, en Géorgie, tout autour de la mer Caspienne , dans la Russie australe et en Palestine , sur les ruines de Jérusalem.

Limites d'extension de l'espèce.

Sud, Palestine............	32°	}	Ecart en latitude :
Nord, France.............	48	}	16°
Occident, Portugal.........	10 O.	}	Ecart en longitude :
Orient, Mer Caspienne.......	50 E.	}	60°
Carré d'expansion............	960		

FAMILLE DES PORTULACÉES.

Les espèces de ce groupe appartiennent surtout aux régions tropicales et à la pointe australe de l'Afrique. Elles
sont plus abondantes dans l'hémisphère austral que dans le
nôtre, et, dans l'hémisphère boréal, l'Europe et l'Asie
moyenne sont bien moins riches en *Portulacées* que l'Amérique du nord, où ces plantes s'étendent jusque dans les
régions polaires. Cette famille est à peine représentée en
Europe. Les flores les plus riches en ont 3 espèces. Dans le
sens des longitudes, leur proportion n'augmente qu'en approchant de l'Amérique ; aussi, la Sibérie orientale, les îles de
l'Océan oriental et l'Amérique russe, offrent une proportion bien plus considérable que celle des autres contrées. —
Ces plantes disparaissent complétement des montagnes, et ne
se montrent qu'accidentellement dans les îles.

G. PORTULACA, *Lin.*

Distribution géographique du genre.—Les *Portulaca* forment un genre étranger, composé de 30 espèces, dont 17 à
18 sont américaines. Elles appartiennent à l'Amérique du
sud, au Brésil, au Pérou, au Chili et surtout à la Nouvelle-
Grenade. — L'Amérique du nord n'a que 8 espèces, qui se
tiennent aussi sous la zone tropicale.— L'Asie en a 6 espèces,
dont 5 sont des Indes orientales, et 1 d'Arabie. — Il y en
a 2 en Afrique. — La Nouvelle-Hollande ou les îles voisines
en ont 3. — Enfin une seule arrive jusque dans l'Europe,

Portulaca oleracea, Lin. — Cette plante, annuelle et presque inaperçue, ne quitte pas les lieux habités ou les sables des rivières. Elle étale à la surface du sol des tiges rougeâtres et très-rameuses, des feuilles grasses, entières, opposées et articulées ; puis elle offre dans ses aisselles supérieures, de petites fleurs éphémères à 5 pétales jaunes et à demi-transparents et à 12 étamines. Peu de plantes sont aussi sensibles à la lumière solaire que le pourpier. On voit que le genre entier appartient aux contrées chaudes de la terre. Il ne paraît que pendant l'été ; ses feuilles, mobiles sur les articulations, s'étalent en entier dans les heures chaudes de la journée, pour recevoir toute la chaleur solaire, et se resserrent plus ou moins contre la tige la nuit et dans les mauvais jours. C'est dans la journée seulement que le calice permet aux pétales de s'étaler, et aux trois styles recourbés de s'étendre et de rayonner sur les étamines, qui ne répandent leur pollen que sous l'excitation d'un soleil ardent. Deux heures suffisent pour accomplir ce mystère. Le calice se referme exactement pour ne plus s'ouvrir, et protége une petite capsule arrondie qui s'ouvre transversalement et dissémine de petites graines noires et brillantes. — Il fleurit pendant tout l'été.

Nature du sol. — Altitude. — Il est presque indifférent à la nature du sol. Nous le trouvons abondamment sur les sables des rivières et sur les rochers de porphyre à Châteauneuf. M. Mougeot l'indique, dans les Vosges, sur les marnes irisées, sur le lias ; il croît partout et toujours en plaine. On le cite cependant sur quelques montagnes, mais dans les régions tropicales seulement.

Géographie. — C'est peut-être l'espèce dont l'aire est la plus vaste. Il appartient à la zone équatoriale qu'il occupe presqu'en entier ; il est donc inutile de chercher ses limites au sud ; elles ne sont pas même indiquées par l'équateur ; il passe au delà, au moins en Afrique, et arrive au cap de Bonne-Espérance. C'est une de ces plantes envahissantes que l'on trouve partout, une des premières qui occupent les îles nouvelles qui s'élèvent au-dessus des eaux. — Au nord, il vit dans toute l'Europe centrale et s'arrête en Lithuanie et en Ingrie, aux environs de Narwa, sur la rive droite de la Narowa, par le 58°, selon M. Ruprecht. — A l'occident, il est aux Canaries, en Portugal, en Amérique, dans les plaines salées du Missouri et sur plusieurs points des États-Unis. — A l'orient, il végète en Italie, en Sicile, en Grèce, dans le Caucase, en Tauride, en Géorgie et tout autour de la Caspienne, en Turquie, dans les Russies moyenne et australe, à la Chine, au Japon, aux grandes Indes. — Si nous voulions sortir de notre hémisphère, nous aurions encore à indiquer cette espèce dans les îles africaines, à l'île de Romanzof et dans d'autres îles de la Mer du sud.

Limites d'extension de l'espèce.

Sud, Equateur	0°	Écart en latitude :	
Nord, Ingrie	58	58°	
Occident, Amérique	110 O.	Écart en longitude.	
Orient, Japon	135 E.	245°	
Carré d'expansion	14210		

G. **MONTIA**, *Lin.*

Petit genre composé seulement de 2 espèces, une européenne, l'autre de l'Amérique australe.

MONTIA FONTANA, Lin. — Une des espèces les plus sociales que nous connaissions. Ses individus, groupés, serrés les uns contre les autres par milliers, forment des gazons épais d'un beau vert, qui parfois arrosés par l'eau pure et attiédie des sources , conservent jusque sous la neige leur magnifique verdure. C'est presque toujours la racine enfouie dans le lit des ruisseaux, ou sur les rochers arrosés constamment par de petits filets d'eau que le *Montia* se multiplie, associé au *Ranunculus hederaceus* et au *Veronica Beccabunga*. Ses tiges , faibles , molles et blanches, sont garnies de petites feuilles opposées, épaisses et luisantes, qui rappellent l'aspect des feuilles du pourpier et des *Claytonia*; ses pédoncules, axillaires et uniflores, d'abord inclinés , se redressent , quand le soleil brille, pour laisser épanouir une petite fleur blanche peu apparente, dont le nombre des parties n'est pas bien fixé. Elle fleurit de très-bonne heure et continue longtemps. Son fruit est une petite capsule uniloculaire qui s'ouvre en trois valves, et contient trois graines noires couvertes de tubercules , régulièrement disposées, et où l'on distingue facilement l'ombilic. — Commence à fleurir en mai et continue pendant tout l'été.

Nature du sol. — *Altitude.* — Plante presque aquatique, mais qui recherche les fonds graveleux ou sablonneux, à tel point qu'elle fuit complétement les terrains calcaires ; ainsi le *Montia* abonde dans les Vosges et il est nul dans le Jura. — Nous le trouvons depuis 500 jusqu'à 1,200^m en Auvergne. De Candolle l'indique à 50^m à Alais, à 1,200^m dans les Vosges. M. Boissier le cite le long des ruisseaux de sa région alpine, dans le royaume de Grenade, mêlé au *Stellaria uliginosa*, depuis 1,500^m jusqu'à 2,300^m.

Géographie. — On confond certainement 2 espèces sous la même dénomination; le *M. minor*, Gmel., qui est le *M. fontana*, Lin., souvent terrestre, et le *M. major*, Gmel., qui vit le plus ordinairement autour des sources et des filets d'eau pure qui s'en échappent; mais ces deux formes ont été le plus souvent confondues. — Au sud , le *Montia* se trouve en France, en Espagne, en Sicile. — Au nord, dans toute l'Europe centrale, toute la Scandinavie, y compris la Laponie, où il habite les lieux humides et dénudés des régions sylvatique et sous-sylvatique, les champs humectés, et pénètre jusqu'à Hammerfest et aux Loffoden. Il ocupe aussi l'Angleterre, l'Irlande, les Hébrides, les Orcades, les Feroë et l'Islande. — A l'occident, il vit en Portugal, en Islande, au Groënland, au Labrador, dans l'Orégon. — A l'orient, il végète en Suisse, en Italie, en Sicile, en Croatie, en Hongrie, en Transylvanie, en Grèce, en Turquie, dans toutes les Russies, dans la Sibérie orientale, dans les Aléoutiennes et dans l'Amérique russe. — Il est assez commun dans l'hémisphère austral, à la Nouvelle-Zélande, aux Malouines, à la terre de Kerguelen, aux îles d'Aukland et de Campbell.

Limites d'extension de l'espèce.

Sud, Sicile................ 38°	}	Ecart en latitude.
Nord, Laponie.............. 70	}	32°
Occident et *Orient*........ 360	}	Ecart en longitude : 360°
Carré d'expansion........... 11520		

FAMILLE DES PARONYCHIÉES.

Tableau des proportions relatives des espèces dans le sens des latitudes.

	Latitude.	Longitude.	
Nigritie..........	0° à 10°	18° O. à 5° E.	1 : 332
Abyssinie........	10 à 16	32 E. à 41 E.	1 : 208

	Latitude.	Longitude.		
Algérie..........	33° à 36°	5° O. à 6° E.	1 :	129
Roy. de Grenade...	36 à 37	5 O. à 8 O.	1 :	93
Sicile	37 à 38	10 E. à 13 E.	1 :	171
Portugal........	37 à 42	9 O. à 11 O.	1 :	127
Royaume de Naples.	38 à 42	11 E. à 16 E.	1 :	199
Caucase..........	40 à 44	35 E. à 48 E.	1 :	276
Tauride..........	43 à 46	31 E. à 34 E.	1 :	249
Plateau central....	44 à 47	0 à 2 E.	1 :	188
France..........	42 à 51	7 O. à 6 E.	1 :	168
Russie méridionale..	47 à 50	22 E. à 49 E.	1 :	171
Allemagne........	45 à 55	2 E. à 14 E.	1 :	301
Carpathes........	49 à 50	19 E. à 22 E.	1 :	532
Angleterre.......	50 à 58	1 O. à 7 O.	1 :	226
Russie moyenne...	50 à 60	17 E. à 58 E.	1 :	193
Scandinavie entière.	55 à 71	3 E. à 29 E.	1 :	293
Danemarck.......	52 à 57	7 E. à 12 E.	1 :	216
Gothie........ ..	55 à 59	10 E. à 15 E.	1 :	453
Suède..........	55 à 69	10 E. à 22 E.	1 :	386
Norvége	58 à 71	2 E. à 10 E.	1 :	408
Russie septentr¹ᵉ...	60 à 66	19 E. à 57 E.	1 :	173
Finlande........	60 à 70	18 E. à 28 E.	1 :	315
Laponie	65 à 71	14 E. à 40 E.	0 :	0
EUROPE ENTIÈRE........................			1 :	237

Tableau des proportions relatives des espèces dans le sens
des longitudes.

	Latitude.	Longitude.		
Irlande........	51° à 55°	7° O. à 13° O.	0 :	0
Angleterre.....	50 à 58	1 O à 7 O.	1 :	226
Allemagne.....	45 à 55	2 E. à 14 E.	1 :	301
Russie moyenne .	50 à 60	17 E. à 58 E.	1 :	193
Sibérie de l'Oural.	44 à 67	55 E. à 74 E.	1 :	298
Sibérie altaïque..	44 à 67	66 E. à 97 E.	1 :	398

	Latitude.	Longitude.		
Sibérie du Baïkal.	49° à 67°	93° E. à 116° E.	0 :	0
Dahurie........	50 à 55	110 E. à 119 E.	0 :	0
Sibérie orientale.	56 à 67	111 E. à 163 E.	0 :	0
Sibérie arctique..	67 à 78	60 E. à 161 E.	0 :	0
Kamtschatka....	46 à 67	148 E. à 170 E.	0 :	0
Pays des Tschukbis.	»	155 E. à 175 O.	0 :	0
Iles de l'Océan or¹.	51 à 67	170 E. à 130 O.	0 :	0
Amérique russe..	54 à 72	170 O. à 130 E.	0 :	0

Tableau des proportions relatives des espèces dans le sens des altitudes.

	Latitude.	Altitude en mètres.	
Roy. de Gr^de, rég. alp. et niv.	36° à 37°	1500 à 3500	1 : 60
Roy. de Grenade, rég. niv.	36 à 37	2500 à 3500	1 : 61
Pyrénées..............	42 à 43	500 à 2700	1 : 324
Pyrénées élevées........	42 à 43	1500 à 2700	1 : 319
Pic du Midi de Bagnères..	0	0	0 : 0
Plat. central, rég. montagn.	44 à 47	500 à 1900	1 : 499
Plateau central, sommets.	44 à 47	1500 à 1900	0 : 103
Alpes................	45 à 46	500 à 2700	1 : 349
Alpes élevées..........	45 à 46	1500 à 2700	0 : 350

Tableau des proportions relatives des espèces dans les îles.

	Latitude.	Longitude.		
Iles du Cap-Vert..	12° à 14°	24° O. à 27° O.	0 :	0
Canaries........	28 à 30	15 O. à 20 O.	1 :	59
Hébrides........	57 à 58	8 O. à 10 O.	0 :	0
Orcades........	59	5 O. à 6 O.	0 :	0
Shetland........	60 à 61	3 O. à 4 O.	0 :	0
Feroë..........	62	9 O.	0 :	0
Islande	64 à 66	16 O. à 27 O.	1 :	413
Mageroë.	71	24 E.	0 :	0

	Latitude.	Longititude.		
Spitzberg.........	79° à 80°	10° E. à 20° E.	0 :	0
Ile Melville......	76	114 O.	0 :	0
Ile J. Fernandez..	33 à 40 S.	76 O.	0 :	0
Nouv. Zélande (nord).	35 à 42 S.	171 O. à 176 O.	0 :	0
Malouines........	52 S.	59 O. à 65 O.	0 :	0

Ces plantes sont distribuées sur toute la terre, mais elles
sont plus abondamment répandues au cap de Bonne-Espérance et sous la zone torride que dans les pays tempérés ;
elles s'éloignent des pays froids et se trouvent sur l'ancien et
le nouveau continent. — En Europe, les Paronychiées sont
peu nombreuses, et, comme on le voit dans le premier
tableau, leurs proportions sont très-variables, et elles y sont
inégalement dispersées. On les voit cependant diminuer en
nombre dans les pays froids, car elles manquent en Laponie et
elles atteignent leur maximum, 1/93, à l'extrémité opposée,
dans le royaume de Grenade; elles ne font pas sur le plateau
central 1/200 de la végétation. — Dans le sens des longitudes, cette famille disparaît bientôt au delà de la Sibérie.
— Dans les montagnes elles conservent à peu près la même
proportion, et s'il existe des exceptions apparentes, cela tient
au très-petit nombre de Paronychiées sur lequel les calculs
ont été faits. — Enfin, à l'exception des Canaries, où le
climat chaud et africain favorise leur développement, les
îles sont dépourvues des espèces de cette famille.

G. CORRIGIOLA, *Lin.*

3 espèces de ce genre, qui en a 6, se trouvent au Chili,
une autre vit au cap de Bonne-Espérance, et 2 autres ont
l'Europe australe pour patrie.

CORRIGIOLA LITTORALIS, Lin. — Cette plante annuelle

est rameuse dès sa base, et étale sur la terre des tiges nombreuses et rougeâtres, allongées, garnies de petites feuilles vertes ou violacées, quoique paraissant toujours glauques et un peu charnues. Ces feuilles sont accompagnées de légères stipules argentées. Ses petites fleurs, blanches ou lilacées, sont nombreuses à l'extrémité des tiges, et le calice persistant, recouvre une capsule monosperme et indéhiscente. — Elle forme, sur les bords des chemins et dans les clairières que laissent les bruyères ou sur le sable déposé par les ruisseaux, des gazons arrondis et parfois très-étendus. Elle vit en société avec d'autres espèces de la même famille, telles que : *Illecebrum verticillatum*, *Scleranthus perennis*, et il faut presque toujours ajouter à ces réunions le *Calluna vulgaris* et le *Pteris aquilina*.

Nature du sol. — *Altitude.* — Elle recherche les terrains siliceux et sablonneux, surtout ceux qui sont plus ou moins imprégnés de matières salines, comme les pouzzolanes des volcans, les sables des dunes et des rivages de la mer, les grès en décomposition. On la trouve aussi abondante sur le porphyre compacte dont elle couvre quelquefois les dômes. Nous la trouvons depuis les bords des rivières, dans la plaine, jusqu'à 1,200^m dans les montagnes.

Géographie. — Au sud, le *Corrigiola* se trouve dans les Pyrénées, dans les Asturies, en Espagne, en Corse, en Algérie, sur les sables et jusque dans les champs sablonneux de l'Abyssinie. — Au nord, il végète dans toute l'Europe centrale, jusque dans le Danemarck austral et en Angleterre au 51°. — A l'occident, il est en Portugal. — A l'orient, en Italie, en Sicile, en Dalmatie, en Hongrie, en Grèce, en Turquie, dans les Russies moyenne et australe, et sur les bords de la mer Caspienne.

Limites d'extension de l'espèce.

Sud, Abyssinie............ 12°	}	Écart en latitude :
Nord, Danemarck.......... 53	}	41°
Occident, Portugal......... 10 O.	}	Écart en longitude :
Orient, Russie moyenne...... 54 E.	}	64°
Carré d'expansion............ 2624		

G. HERNIARIA, *Lin.*

Distribution géographique du genre. — 20 espèces le composent; 11 sont européennes : de l'Italie, de l'Espagne, de la Grèce, de la Tauride, ou des Alpes et des Pyrénées. — L'Afrique en a 5 : du Cap, de la Barbarie ou de l'île Saint-Jacobi, une des îles du cap Vert. — 1 espèce vit en Sibérie. — 2 au Chili. — Une seule dans l'Amérique du nord, dans la Floride.

HERNIARIA GLABRA, Lin. — On rencontre cette espèce dans les champs, sur le bord des chemins, sur les sables desrivières. Elle forme de jolies petites rosettes d'un vert jaunâtre, étalées sur le sol, et formées d'un grand nombre de tiges grêles, rameuses et divergentes. Ses feuilles sont glabres ou un peu ciliées à la base, entières, oblongues, opposées dans le bas de la plante, mais alternes dans le haut, et alors placées en face des rameaux florifères. Ceux-ci portent un nombre de fleurs bien plus considérable que dans l'espèce suivante. Les calices sont glabres, et l'ensemble des fleurs, petites et verdâtres, est insignifiant ; les pétales sont à peine visibles ; les 5 étamines entourent un ovaire surmonté de deux stigmates. Le fruit est une capsule membraneuse, indéhiscente et monosperme. — Fleurit en juillet et en août.

Nature du sol. — *Altitude.* — Cette espèce préfère les terrains siliceux et sablonneux de la plaine, mais elle s'élève aussi sur les montagnes jusqu'à 1,200 à 1,500^m.

Géographie. — Au sud , elle végète en France , en Espagne, en Italie et en Sicile; elle a été rencontrée par M. Cosson dans les pâturages de Melila , en Algérie. — Au nord, elle existe dans l'Europe centrale, en Russie jusqu'à Saint-Pétersbourg, en Danemarck, en Gothie, en Norvége , en Suède dans les champs arides et seulement en plaine ; elle est aussi en Angleterre. — A l'occident, elle végète en Portugal. — A l'orient , en Italie , en Sicile , en Dalmatie, en Croatie , en Hongrie, en Transylvanie, en Turquie , en Grèce, dans les Carpathes , dans les Russies moyenne et australe, en Tauride , dans le Caucase, autour de la Caspienne et dans la Sibérie de l'Altaï.

Limites d'extension de l'espèce.

Sud, Algérie............... 35°	)	Ecart en latitude :
Nord, Norvége............... 61	)	26°
Occident, Portugal.......... 10 O.	)	Ecart en longitude:
Orient, Sibérie de l'Altaï..... 96 E.	)	106°
Carré d'expansion............ 2756		

HERNIARIA HIRSUTA , Lin. — On remarque le long des chemins et dans les champs cette petite plante annuelle, dont les tiges et les feuilles jaunâtres et velues sont exactement étalées et ramifiées sur le sol. Elle forme de petits gazons qui rayonnent d'un centre commun et vont toujours en s'agrandissant. Ses feuilles inférieures sont opposées et les autres alternes par l'allongement des tiges ; elles sont accompagnées de petites bractées scarieuses , et les supérieures offrent à leurs aisselles de petits pelotons de fleurs verdâtres

dont une seule s'ouvre à la fois , les 5 étamines s'approchent
du pistil, puis le calice se resserre et tombe plus tard, comme
celui du *Corrigiola*, avec sa capsule monosperme.

Nature du sol. — *Altitude.* — Recherche comme l'espèce
précédente les terrains siliceux et sablonneux, et s'élève moins
dans les montagnes.

Géographie. — Cet *Herniaria,* qui peut-être devrait être
réuni au précédent sous le nom de *H. vulgaris,* comme l'a
fait Sprengel, est évidemment plus méridional que la forme
ou espèce *glabra,* car il s'avance au sud , en Algérie et en
Abyssinie où il croît dans les champs, et fleurit en décembre.
— Au nord, c'est à peine s'il atteint le Danemarck, et il y
reste sporadique. — A l'occident, il croît en Portugal et
aux Canaries. —A l'orient, on le trouve en Italie, en Sicile,
en Dalmatie, en Croatie, en Hongrie, en Transylvanie,
en Turquie, en Grèce, dans le Caucase, en Tauride, autour
de la Caspienne, dans le désert des Kirghiz, dans la partie
orientale de la Russie moyenne, dans la Russie australe
et dans les Sibéries de l'Oural et de l'Altaï.

Limites d'extension de l'espèce.

Sud, Abyssinie............... 10°	}	Ecart en latitude :
Nord, Danemarck........... 52	}	42°
Occident, Canaries........... 18 O.	}	Ecart en longitude :
Orient, Sibérie de l'Altaï...... 96 E.	}	114°
Carré d'expansion............ 4788		

HERNIARIA INCANA , Lin. — Cette plante est distinguée
des précédentes par sa tige presque ligneuse et sous-frutes-
centes, par le duvet cotonneux dont elle est couverte , par ses
fleurs solitaires ou peu nombreuses et toujours pédicellées ,

à calice hérissé de longues soies. — Elle fleurit en juillet et
en août, dans les lieux secs et pierreux.

Nature du sol. — Altitude. — Elle préfère les terrains
calcaires et rocailleux. — M. Boissier l'indique dans le midi
de l'Espagne entre 650 et 1,650ᵐ. Ledebour la cite dans
le Talüsch entre 1,000 et 1,400ᵐ.

Géographie. — Plus méridionale que les autres, elle ne
dépasse pas cependant le midi de l'Espagne. — Mais au
nord elle va moins loin et s'arrête en France sur le plateau
central ; elle atteint l'Allemagne méridionale et même la
Podolie. — A l'occident, elle reste en Espagne. — A
l'orient, on la rencontre dans le midi de la Suisse, dans le
Piémont, dans le royaume de Naples, en Dalmatie, en
Croatie, en Hongrie, en Tauride, dans le Caucase, en
Géorgie, dans le Talüsch, à Elisabethpol, près Bakou, jusque
sur les bords de la Caspienne.

Limites d'extension de l'espèce.

Sud, Royaume de Grenade....	38°	} Ecart en latitude :	
Nord, Podolie.............	48	}	10°
Occident, Royaume de Grenade.	8 O.	} Ecart en longitude :	
Orient, Bakou.............	47 E.	}	55°
Carré d'expansion.............	550		

G. ILLECEBRUM, *Lin.*

Deux espèces seulement font partie de ce très-petit genre,
une est d'Europe, l'autre d'Egypte.

ILLECEBRUM VERTICILLATUM, Lin. — Les rochers humectés par les eaux, les sables des montagnes, les clairières
que les bruyères laissent entr'elles, sont les stations que re-

cherche cette élégante espèce. Ses tiges rouges et filiformes, souvent dirigées du même côté, rampent sur la terre, toutes garnies de petites feuilles arrondies, d'un beau vert, et toujours opposées. A leur aisselle naissent de jolis verticilles de fleurs aux calices blancs, soyeux, argentés et immortels, qui donnent à la plante une très-grande élégance. Elle fleurit tard, et sa capsule, recouverte par le calice, ne tombe qu'avec lui. Elle est souvent accompagnée du *Juncus capitatus*, du *Corrigiola littoralis*, du *Scleranthus perennis*, du *Radiola linoïdes*, du *Pteris aquilina*, etc.

Nature du sol. — *Altitude.* — Recherche les terrains siliceux et sablonneux des plaines et des montagnes. Nous ne le trouvons en Auvergne que de 800 à 1,500ᵐ.

Géographie. — Au sud, le midi de la France, l'Espagne, l'Algérie et Madère. — Au nord, la Westphalie, la Bohême et le Danemarck austral, l'île d'Osilie à l'entrée du golfe de Riga, ainsi que l'Angleterre jusqu'au 51°. — A l'occident, Madère et le Portugal. — A l'orient, la Lombardie, la Corse, la Sardaigne, la Grèce et l'île d'Osilie.

Limites d'extension de l'espèce.

Sud, Madère.	33°	Écart en latitude :
Nord, Ile d'Osilie...........	58	25°
Occident, Madère...........	19 O.	Écart en longitude :
Orient, Ile d'Osilie..........	20 E.	39°
Carré d'expansion.............	975	

G. PARONYCHIA, *Tournef.*

Distribution géographique du genre. — Ce genre appartient aux régions chaudes, mais surtout extratropicales; car, sur 30 espèces connues, l'Europe en a 10, toutes de l'Espagne ou au moins de l'Europe australe et des bords de la Méditerranée. — L'Amérique en a 12, dont 6 du Brésil et du Chili, les 6 autres de Saint-Domingue, du Mexique, de la Caroline et de la Virginie. — 3 ou 4 sont africaines, des Canaries et de l'Abyssinie. — 4 sont asiatiques, de l'Arabie et des Indes orientales.

PARONYCHIA CYMOSA, Poir. — Une des plus gracieuses miniatures du règne végétal, cette espèce annuelle s'élève à quelques centimètres seulement. Sa tige est filiforme, droite et divariquée, garnie de petites feuilles linéaires et pointues, réunies en verticille. Chaque rameau se divise au sommet en 3 pédoncules chargés chacun d'un certain nombre de petites fleurs verdâtres naissant à l'aisselle d'une bractée. La fécondation a lieu après l'épanouissement; les fleurs s'ouvrent successivement, et se referment après l'émission du pollen. La capsule est monosperme et recouverte par le calice. — C'est à peine si l'on aperçoit cette petite espèce qui fleurit en juin et en juillet, dans les lieux secs et pierreux.

Nature du sol. — Altitude. — Terrains siliceux et sablonneux des plaines et des coteaux, jusqu'à près de 1,000^m d'altitude.

Géographie. — Au sud, le midi de la France, l'Espagne, l'Algérie. — Au nord, les Cévennes, Villefort. — A l'occident, le Portugal. — A l'orient, Nice et l'île de Crète.

Limites d'extension de l'espèce.

Sud, Algérie............... 35°	}	Ecart en latitude :
Nord, France.... 44	}	9°
Occident, Portugal.......... 10 O.	}	Ecart en longitude :
Orient, Ile de Crète......... 23 E.	}	33°
Carré d'expansion............. 297		

Paronychia polygonifolia, DC. — Plante vivace qui croît en jolis gazons étalés sur le sol, au bord des chemins, dans les champs en friche, parmi les bruyères. Ses tiges articulées, couchées et nombreuses s'étalent en divergeant. Ses feuilles sont petites, opposées, très-lisses, acompagnées de 4 stipules lancéolées d'un beau blanc. Ses fleurs naissent anx aisselles supérieures, munies de bractées blanches et immortelles, semblables aux stipules. — Fleurit en juillet et en août.

Nature du sol. — *Altitude.* — Terrain siliceux et graveleux des montagnes. De Candolle l'indique à 1,000^m au Champsaur, et à 2,000^m au mont Cenis ; nous la trouvons à 600^m dans la Lozère. M. Boissier la cite de 2,600^m à 3,150^m dans les fissures des rochers de la région nivale des montagnes du royaume de Grenade. Elle habite aussi les hautes montagnes de la Corse.

Géographie. — Au sud, la France, le midi de l'Espagne, la Corse. — Au nord, les Alpes du Dauphiné, le plateau central de la France. — A l'occident, le Portugal. — A l'orient, le Piémont, l'Italie, la Dalmatie, la Sicile, la Grèce, l'Olympe bithynique.

Limites d'extension de l'espèce.

Sud, Royaume de Grenade.....	36°	} Ecart en latitude :	
Nord, Plateau central........	44	} 8°	
Occident, Portugal..........	10 O.	} Ecart en longitude :	
Orient, Grèce..............	20 E.	} 30°	
Carré d'expansion............	240		

G. POLYCARPON, *Lin.*

On n'en connaît que 4 espèces ; 3 de l'Europe australe, 1 de l'Amérique du sud.

POLYCARPON TETRAPHYLLUM, Lin. — Petite espèce peut-
être annuelle, peut-être vivace, et remarquable par ses feuilles
obtuses, réunies en verticilles garnis de stipules, et par ses petites fleurs paniculées. Celles des dichotomies intérieures avortent, les autres offrent des pétales blancs ou verdâtres, transparents, météoriques. Le calice, anguleux, se referme après
la floraison et protége une capsule uniloculaire mais polysperme qui s'ouvre en trois valves. — Elle fleurit en juin et en
juillet, et présente l'aspect d'un petit arbrisseau. On la trouve
disséminée, dans les champs, sur le bord des chemins et quelquefois sur les vieilles murailles, car c'est une plante qui devient facilement domestique.

Nature du sol. — Altitude. — Tous les terrains, mais
principalement les sols siliceux, sablonneux ou salifères de la
plaine et des rivages de la mer.

Géographie. — On rencontre ce *Polycarpon*, au sud,
dans tout le midi de la France, toute l'Espagne, la Corse,
les Baléares, l'Algérie, Madère, les Canaries, jusque sur
les sables du royaume de Tigré, et près d'Adona en Abyssinie. — Au nord, il végète dans quelques parties de l'Allemagne, de la France occidentale, et en Angleterre jusqu'au
52°. — A l'occident, il est en Portugal et aux Canaries. —
A l'orient, on le rencontre en Italie, en Sicile, en Transylvanie, dans le Caucase et sur les bords de la Caspienne, à
Lenkoran. D'Urville l'indique en Grèce, dans les champs de
Mélos, et comme une des plantes qui ont le plus promptement
abordé sur le cratère de récente immersion de la nouvelle
Camini.

Limites d'extension de l'espèce.

Sud, Abyssinie.............. 52° } Ecart en latitude :
Nord, Angleterre........... 10 }   42°

Occident, Canaries............ 18 O.⎞Ecart en longitude :
Orient, Caucase............. 48 E.⎠   66°
    Carré d'expansion............ 2772

G. **SCLERANTHUS**, *Lin.*

Les *Scleranthus* constituent un petit genre européen ,
car, sur 10 espèces, 2 seulement sont étrangères et toutes
deux de l'Océanie : de la nouvelle Hollande et de la terre
de Diémen. Celles d'Europe appartiennent à la Sicile , à la
Hongrie ou à l'Europe centrale.

SCLERANTHUS PERENNIS, Lin. — On le rencontre en abondance dans les lieux sablonneux des montagnes où il forme
de jolis gazons. On y voit des pieds entièrement garnis de
fleurs mâles et d'autres ne portant que des fleurs hermaphrodites. Ses tiges sont articulées, à demi couchées à la base,
dressées et très-rameuses au sommet. Ses feuilles sont linéaires,
aiguës, étroites, légèrement réunies à leur base, tandis que les
fleurs , d'un vert blanchâtre , se présentent en petits bouquets
portés sur des pédoncules pubescents. Le périgone est à 5
divisions obtuses, blanches sur les bords, vertes au milieu.
Les étamines, au nombre de 5 à 10, entourent un ovaire
simple surmonté de 2 styles. Après la fécondation, le périgone se referme et abrite jusqu'à la maturité une petite capsule monosperme. — Cette plante produit beaucoup d'effet par
ses larges gazons et sa couleur d'un vert glauque. Elle habite
les lieux secs et arides , disséminée au milieu du *Sedum
acre* , du *Sedum album*, du *Sedum reflexum*, de l'*Asperula
cynanchica* , du *Dianthus carthusianorum* , et contribue
beaucoup à la diversité que nous présentent les pelouses
sèches des montagnes.

Nature du sol. — *Altitude.* — Espèce préférant les

terrains meubles à ceux qui sont compactes, les sols siliceux
à ceux qui sont calcaires. — Elle croit en plaine sur les sables
des rivières, et s'élève facilement à 1,000 à 1,200^m dans les
montagnes.

Géographie. — Au sud, on rencontre ce *Scleranthus*,
dans les Pyrénées, en Espagne, dans le midi de l'Italie. —
Au nord, dans l'Europe centrale, en Danemarck, en Gothie
et en Norvége partout; en Suède, dans la partie australe
seulement, commun selon Wahlenberg sur les collines argileuses exposées au vent; il existe aussi dans la Finlande australe et en Angleterre. — A l'occident, il ne dépasse pas
cette dernière contrée. — A l'orient, on le connaît en Italie,
en Corse, en Croatie, en Hongrie, en Transylvanie, à
Constantinople, dans les Russies moyenne et australe, jusque
sur les frontières de la Sibérie de l'Oural, à Yekaterinimburg.

Limites d'extension de l'espèce.

Sud, Royaume de Naples......	40°	}	Ecart en latitude :
Nord, Norvége...............	65	}	25°
Occident, Angleterre.........	6 O.	}	Ecart en longitude ·
Orient, Sibérie de l'Oural.....	56 E.	}	62°
Carré d'expansion............	1550		

SCLERANTHUS ANNUUS, Lin. — Très-commun dans les
champs et très-reconnaissable à ses tiges minces et comme
articulées, à ses petites feuilles glauques et opposées, et à
ses ramifications dichotomes, dont les supérieures portent de
petits paquets de fleurs sessiles et sans pétales; plusieurs
de ces fleurs sont mâles, à 10 étamines, et d'autres, hermaphrodites, n'en ont quelquefois qu'une seule. Le calice s'en-
durcit après la fécondation, mais il reste ouvert et contient
à sa base une seule graine. — Fleurit en juin, juillet et

août, et forme de petites touffes d'un vert jaunâtre dans les champs cultivés, parmi les moissons, sur les terres incultes, au milieu des landes autrefois cultivées, sur les sables des rivières où il accompagne presque toutes les espèces de ces différentes stations.

Nature du sol. — Altitude. — Presque indifférent, il préfère cependant les sols meubles et siliceux, les pouzzolanes des volcans, les grès en décomposition. — Il habite les plaines, mais il peut atteindre très-haut dans les montagnes, de 1,650 à 2,000^m dans le royaume de Grenade, selon M. Boissier; à 1,000^m dans le Talüsch, et jusqu'à 2,200^m dans le Caucase, d'après la flore de Ledebour.

Géographie. — Au sud, le *Scleranthus* habite la France, l'Espagne jusqu'au royaume de Grenade, l'Italie méridionale et la Sicile. M. Cosson l'a rencontré en Algérie, sur le Djebel-Tougour, et dans la partie supérieure du Djebel-Cheliah, dans l'Aurès. — Au nord, toute l'Europe centrale, toute la Scandinavie à l'exception de la Laponie, la Finlande, l'Angleterre, l'Irlande, et on le cite aussi en Islande mais non dans les archipels. — A l'occident, il se trouve en Portugal. — A l'orient, en Suisse, en Italie, en Sicile, en Dalmatie, en Croatie, en Hongrie, en Transylvanie, en Grèce, dans la Thrace, sur l'Olympe bithynique, en Tauride, sur le Caucase et les hautes montagnes du Talüsch, dans l'Arménie, dans toute la Géorgie, sur les bords de la mer Caspienne, dans les Carpathes, dans les Russies septentrionale, moyenne et australe, et jusque dans la Sibérie de l'Oural, à Yekaterinimburg.

Limites d'extension de l'espèce.

Sud, Algérie.............. 35°	} Écart en latitude :	
Nord, Norvége............ 68	} 33°	

Occident, Islande............ 22 O. } Ecart en longitude :
Orient, Sibérie de l'Oural..... 56 E. }   78°
     Carré d'expansion.............. 2574

FAMILLE DES CRASSULACÉES.

Tableau des proportions relatives des espèces dans le sens des latitudes.

	Latitude.	Longitude.		
Nigritie............	0° à 10°	18° O. à 5° E.	0 :	0
Abyssinie	10 à 16	32 E. à 41 E.	1 :	98
Algérie............	33 à 36	5 O. à 6 E.	1 :	187
Royaume de Grenade.	36 à 37	5 O. à 8 O.	1 :	104
Sicile.............	37 à 38	10 E. à 13 E.	1 :	103
Portugal...........	37 à 42	9 O. à 11 O.	1 :	89
Royaume de Naples..	38 à 42	11 E. à 16 E.	1 :	85
Caucase............	40 à 44	35 E. à 48 E.	1 :	114
Tauride............	43 à 46	31 E. à 34 E.	1 :	299
Plateau central.....	44 à 47	0 à 2 E.	1 :	86
France.............	42 à 51	7 O. à 6 E.	1 :	100
Russie méridionale...	47 à 50	22 E. à 49 E.	1 :	278
Allemagne..........	45 à 55	2 E. à 14 E.	1 :	97
Carpathes..........	49 à 50	19 E. à 22 E.	1 :	106
Angleterre	50 à 58	1 O. à 7 O.	1 :	135
Russie moyenne.....	50 à 60	17 E. à 58 E.	1 :	149
Scandinavie entière..	55 à 71	3 E. à 29 E.	1 :	135
Danemarck.........	52 à 57	7 E. à 12 E.	1 :	216
Gothie	55 à 59	10 E. à 15 E.	1 :	113
Suède.............	55 à 69	10 E. à 22 E.	1 :	144
Norvége...........	58 à 71	2 E. à 10 E.	1 :	111

	Latitude.	Longitude.	
Russie septentr^le....	60° à 66°	19° E. à 57° E.	1 : 173
Finlande..........	60 à 70	18 E. à 28 E.	1 : 157
Laponie..........	65 à 71	14 E. à 40 E.	1 : 178
EUROPE ENTIÈRE.............			1 : 100

*Tableau des proportions relatives des espèces dans le sens
des longitudes.*

	Latitude.	Longitude.	
Irlande.........	51° à 55°	7° O. à 13° O.	1 : 121
Angleterre......	50 à 58	1 O. à 7 O.	1 : 135
Allemagne......	45 à 55	2 E. à 14 E.	1 : 97
Russie moyenne...	50 à 60	17 E. à 58 E.	1 : 149
Sibérie de l'Oural.	44 à 67	55 E. à 74 E.	1 : 106
Sibérie altaïque...	44 à 67	66 E. à 97 E.	1 : 149
Sibérie du Baïcal..	49 à 67	93 E. à 116 E.	1 : 132
Dahurie.........	50 à 55	110 E. à 119 E.	1 : 126
Sibérie orientale...	56 à 67	111 E. à 163 E.	1 : 118
Sibérie arctique...	67 à 78	60 E. à 161 E.	1 : 52
Kamtschatka.....	46 à 67	148 E. à 170 E.	1 : 75
Pays des Tschukhis.	» »	155 E. à 175 O.	1 : 147
Iles de l'Océan or^al.	51 à 67	170 E. à 130 O.	1 : 498
Amérique russe...	54 à 72	170 O. à 130 E.	1 : 296

*Tableau des proportions relatives des espèces dans le sens
des altitudes.*

	Latitude.	Altitude en mètres.	
Roy. de Gr^de, rég. alp. et niv.	36° à 37°	1500 à 3500	1 : 35
Roy. de Grenade, rég. niv..	36 à 37	2500 à 3500	1 : 30
Pyrénées.............	42 à 43	500 à 2700	1 : 69
Pyrénées élevées........	42 à 43	1500 à 2700	1 : 53
Pic du Midi, de Bagnères..	»	»	1 : 18
Plat. central, rég. montagn.	44 à 47	500 à 1900	1 : 49

	Latitude.	Altitude en mètres.	
Plateau central, sommets..	44° à 47°	1500 à 1900	1 : 34
Alpes.................	45 à 46	500 à 2700	1 : 80
Alpes élevées...........	45 à 46	1500 à 2700	1 : 58

Tableau des proportions relatives des espèces dans les îles.

	Latitude.	Longitude.	
Iles du Cap-Vert....	12° à 14°	24° O. à 27° O.	0 : 0
Canaries..........	28 à 30	15 O. à 20 O.	1 : 31
Hébrides..........	57 à 58	8 O. à 10 O.	1 : 110
Orcades...........	59	5 O. à 6 O.	1 : 121
Shetland..........	60 à 61	3 O. à 4 O.	1 : 103
Feroë.............	62	9 O.	1 : 188
Islande...........	64 à 66	16 O. à 27 O.	1 : 67
Mageroë..........	71	24 E.	1 : 194
Spitzberg.........	79 à 80	10 E. à 20 E.	0 : 0
Ile Melville........	76	114 O.	0 : 0
Ile J. Fernandez....	33 à 40 S.	76 O.	0 : 0
Nouv. Zélande (nord).	35 à 42 S.	171 O. à 176 O.	1 : 616
Malouines........	52 S.	59 O. à 65 O.	1 : 125

Les Crassulacées constituent une famille nombreuse et
très-importante, dont la grande majorité appartient aux
parties chaudes des zones tempérées de l'ancien continent.
La moitié des espèces connues sont du cap de Bonne-Espérance. On peut diviser l'autre moitié en trois parties, dont
une appartient à l'Europe et surtout à sa région méditerranéenne, une autre à l'orient, à l'Asie moyenne et aux Canaries, et la dernière dispersée entre l'Amérique boréale et
tropicale, les contrées chaudes de l'Asie et la Nouvelle-
Hollande. C'est donc tout au plus 1/6 de cette famille que
nous avons en Europe. — Ce sixième est très-inégalement
distribué et forme en moyenne 1/100 de la végétation eu-

ropéenne. Le Portugal , le royaume de Naples , le royaume de Grenade et le plateau central de la France , ainsi que l'Allemagne , à cause du littoral de la Dalmatie et des montagnes de la Suisse qui se trouvent comprises dans la flore de Koch , sont les contrées où ces plantes sont·en plus grande proportion que la moyenne. Les montagnes et les émanations maritimes favorisent le développement des Crassulacées. Elles diminuent en nombre vers les régions très-froides. — La longitude ne paraît avoir aucune influence sur leur distribution , et leur nombre est d'ailleurs trop restreint pour qu'on puisse tirer quelque conclusion des rapports que présente notre second tableau. — Quant à l'influence des montagnes , elle est évidente. Toutes les contrées montagneuses offrent une proportion bien plus grande que celles qui sont à leur pied , et , quand on compare les zones d'élévation , on reconnaît aussi que les Crassulacées atteignent leur maximum sur les sommets , à tel point qu'elles sont 1/30 dans la région nivale du midi de l'Espagne , 1/34 sur les sommets élevés du plateau central, et 1/18 sur le sommet du pic du midi de Bagnères. On voit que ces différences sont énormes, et que les Crassulacées, qui vivent surtout par leurs feuilles , ont besoin d'un air souvent humide , comme celui qui règne sur les bords de la mer et sur les hautes montagnes. Ce ne sont pas les seules plantes qui affectionnent ces deux stations si différentes. — Ce sont sans doute les mêmes causes qui occasionnent l'augmentation des Crassulacées dans les îles et notamment aux Canaries , qui sont des îles montagneuses , soumises à la fois aux émanations maritimes, à une température élevée, et réunissant par conséquent tout ce qui peut contribuer au bien-être de ces végétaux.

G. TILLÆA, *Lin.*

Distribution géographique du genre. — Ce genre n'est pas très-nombreux, mais il contient déjà 14 espèces dispersées dans toutes les parties du monde. — L'Amérique est leur principale patrie ; on en compte 6 dans l'Amérique du sud : 2 au Brésil, 1 au Chili, 1 au Pérou et 2 qui arrivent jusque sur les terres magellaniques. — On n'en connaît que 3 dans les Etats-Unis de l'Amérique septentrionale. — L'Afrique a 2 *Tillœa*, dont 1 en Egypte et l'autre en Abyssinie. — L'Europe en a 2 seulement. — Et enfin une espèce habite la Nouvelle-Hollande.

TILLÆA MUSCOSA, Lin. — Les lieux sablonneux qui ont été inondés pendant l'hiver, ceux qui pendant longtemps ont été exposés à des pluies abondantes et qui reçoivent pendant l'été toute l'intensité de la chaleur solaire, sont les stations privilégiées de cette petite espèce. Elle s'y présente sous forme de très-petits gazons rouges appliqués sur la terre et formés de rameaux entrecoupés de nœuds très-rapprochés. Les deux feuilles opposées, soudées par leur base, donnent naissance à leur aisselle à de petits faisceaux qui sont l'origine des ramifications et des feuilles nouvelles, et ensuite à de petites fleurs blanches sessiles et qui paraissent à peine. Le fruit est formé par 3 ou 4 carpelles dispermes et étranglés par le milieu. Cette petite plante colore quelquefois en rouge le bord des sentiers et des fossés ou même de petites plaines sablonneuses. Elle se multiplie à l'infini et vit en sociétés nombreuses. Quel est donc le rôle important qu'elle est appelée à remplir dans le monde? Elle a dans des contrées très-éloignées des espèces entièrement parallèles ; dans toute l'Amérique, dans le nord de ce continent, puis au Chili, à Buénos-Ayres, et enfin au détroit de Magellan. Une autre se rencontre dans la Nouvelle-Hollande. Notre espèce paraît être rare dans tout l'ancien continent.

Nature du sol. — *Altitude.* — Le *Tillœa* vit sur les terrains siliceux et sablonneux de la plaine, sur les sables maritimes.

Géographie. — Au sud, le midi de la France, l'Espagne, la Corse, l'Algérie et les Canaries. — Au nord, une partie de l'Allemagne et l'Angleterre, jusqu'au 53°. — A l'occident, le Portugal, les Canaries. — A l'orient, l'Italie, la Sicile et la Grèce.

Limites d'extension de l'espèce.

Sud, Canaries.............	30°	} Écart en latitude :
Nord, Angleterre...........	53	23°
Occident, Canaries..........	18 O.	} Écart en longitude :
Orient, Grèce..............	22 E.	40°
Carré d'expansion..............	920	

G. SEDUM, *Lin.*

Distribution géographique du genre. — Les *Sedum* forment un grand genre, dont les espèces au nombre de plus de 130, sont disséminées partout, mais principalement en Europe et en Asie. — L'Europe en a 60 espèces, dont la majeure partie appartiennent aux montagnes des contrées chaudes, telles que l'Espagne, l'Italie, le Portugal, la Grèce, la Corse, le Piémont et quelques autres à la France, à l'Allemagne et même à la Scandinavie et à l'Angleterre. — Dans l'Asie, les 45 espèces qui habitent cette vaste contrée sont presque toutes réunies sur 3 points éloignés :

les Indes orientales, la Sibérie, le Caucase et la Géorgie. On en cite quelques espèces disséminées à la Chine, au Japon, au Népaul, sur l'Himalaya et au Kamtschatka. — L'Amérique est beaucoup moins riche en *Sedum*, elle en a 20, dont 2 espèces de Caraccas et du Pérou, 5 des montagnes du Mexique; toutes les autres sont des Etats-Unis et quelques-unes même en très-petit nombre de l'Amérique arctique. — Enfin l'Afrique a 10 *Sedum*, dont 4 de la Barbarie, 3 de Madère, 1 des Canaries et 1 d'E-gypte.

SEDUM MAXIMUM, Sut. — Grande et belle espèce qui croît en petites touffes sur les rochers, au milieu des laves et des basaltes, et que l'on reconnaît facilement à sa racine blanche, épaisse et charnue, à ses larges feuilles glauques, épaisses et dentées, et surtout à ses corymbes élargis et d'un blanc jaunâtre. Ses fleurs sont presque toutes épanouies en même temps, puis elles se referment après la fécondation. — Elle fleurit tard, en août et en septembre, et vit souvent en société avec le *Saxifraga Aizoon*, le *Sempervivum arachnoideum*, etc.

Nature du sol. — *Altitude.* — Il recherche les rochers compactes de porphyre, de granit, de basalte, les coulées et les laves des volcans, et y végète avec force au milieu des lichens et des premières plantes qui viennent s'en emparer. — Il habite les montagnes et monte facilement à 1,000^m. Ledebour le cite dans le Caucase de 300 à 2,000^m.

Géographie. — Comme ce *Sedum* a été confondu avec le suivant, son aire d'expansion est assez difficile à établir. Peut-être existe-t-il en Italie et en Sicile; mais le point le plus méridional où nous le trouvons cité est le Caucase et la Géorgie. — Au nord, on le rencontre dans une partie de l'Allemagne, en Lithuanie, en Curonie, en Volhynie et à l'île d'Osilie. — A l'occident, il est possible qu'il ne dépasse pas le plateau central. — Mais à l'orient, il croît en Sardaigne, en Dalmatie, en Croatie, en Hongrie, en Transylvanie, dans les Russies moyenne et australe, dans le Caucase, l'Asie mineure, les Sibéries de l'Oural, de l'Altaï, du Baïkal, et dans la Dahurie. Est-ce bien partout la même espèce ?

Limites d'extension de l'espèce.

Sud, Asie mineure........... 42°	)	Écart en latitude :
Nord, Ile d'Osilie........... 58	)	16°
Occident, France............ 0	)	Écart en longitude :
Orient, Dahurie. .... 119 E.	)	119°
Carré d'expansion............. 1906		

SEDUM TELEPHIUM, Lin. — Il forme des touffes plus ou moins fournies au milieu des rochers, dans les bois élevés et pierreux et même sur les pentes herbeuses des montagnes. Ses racines sont formées par plusieurs tubercules blancs qui, dès l'automne, produisent des germes et des bourgeons destinés à remplacer les tiges desséchées de l'année précédente. Au printemps, ces tiges s'élèvent et se garnissent de feuilles planes, ovales, oblongues, lancéolées, plus ou moins dentées, glauques et quelquefois rougeâtres, souvent opposées ou même ternées. Les fleurs, roses ou purpurines, naissent en cyme au sommet de ces tiges. Elles s'épanouissent en grand nombre à la fois, et les pétales sont étalés pendant la fécondation et accompagnés de petits nectaires jaunes et cylindriques. Ces pétales se referment pendant la maturation, et les carpelles restent constamment redressés. — Il fleurit en juillet et août.

Nature du sol. — Altitude. — Il recherche les terrains
siliceux et rocheux, les trachytes, les granits, mais il croît
aussi sur les basaltes, et, en Lorraine et dans le Jura, sur le
calcaire jurassique. — Il préfère les lieux montagneux à la
plaine. De Candolle le cite à 40^m dans l'Anjou, et à 1200^m
dans le Jura; nous le trouvons jusqu'à 1,500^m en Auvergne.
Il est vrai que cette altitude appartient plutôt au *Sedum
Fabaria*, Koch., que nous réunissons au *S. Telephium*,
bien que nous admettions son caractère distinctif.

Géographie. — Le groupe du *S. Telephium*, Lin., contient plusieurs espèces qui n'ont probablement pas toutes
été séparées. Nous avons isolé le *S. maximum* et nous réunissons ici le *S. Telephium* et le *S. Fabaria*. Koch. —
Au sud, nous le rencontrons dans les Pyrénées, dans le
midi de l'Italie. — Au nord, en Allemagne, en Danemarck, en Gothie, dans toute la Suède et la Norvége ainsi
que dans la Finlande. Il est aussi en Angleterre, en Irlande, aux Orcades et aux Shetland. — A l'occident, il
croît en Portugal. — A l'orient, il habite les lieux secs de
toute la Suisse, plaines et montagnes, la Hongrie, la Transylvanie, les Carpathes et le midi de l'Italie.

Limites d'extension de l'espèce.

Sud, Royaume de Naples.....	40°	}	Écart en latitude :
Nord, Suède...............	68	}	28°
Occident, Portugal.........	10 O.	}	Écart en longitude :
Orient, Transylvanie........	21 E.	}	31°
Carré d'expansion.............	868		

Sedum Anacampseros, Lin. — Sa racine, vivace et
fibreuse, produit un certain nombre de tiges cylindriques,
couchées à leur base et redressées au sommet. Les feuilles,

en grande partie réunies à leur sommet, sont arrondies,
un peu rétrécies en coin, très-entières, charnues et presque
bleues par la poussière glauque qui s'y trouve répandue.
Dans les tiges stériles, elles forment de jolies rosettes au
sommet des rameaux. Les fleurs, constituant de petits corymbes serrés au sommet des rameaux, sont blanches,
roses ou pourprées, tachées en dehors de points rouges ré-
sineux, et munies de nectaires cannelés fortement mellifères.
— Fleurit en juillet et août.

Nature du sol. — Altitude. — Terrains siliceux et rocailleux. C'est une plante des hautes montagnes, qui a été
trouvée accidentellement par M. Puel sur les bords du Célé,
à une faible altitude ; elle n'habite que les lieux élevés, car
de Candolle indique son minimum à 1,800^m au mont
Cenis, et son maximum à 2,500^m dans l'Allée blanche.

Géographie. — Au sud, les Pyrénées. — Au nord, la
Russie australe, la Podolie méridionale, l'Ukraine. — A
l'occident, Figeac. — A l'orient, les Alpes dans l'Allée
blanche, la Lombardie.

Limites d'extension de l'espèce.

Sud, Pyrénées............... 43°	}	Écart en latitude :
Nord, Podolie............... 48	}	5°
Occident, France........... 0	}	Écart en longitude :
Orient, Alpes........ ..... 5 E.	}	5°
Carré d'expansion......... . .. 25		

SEDUM CEPÆA, Lin. — Cette plante, annuelle ou bisannuelle, se développe sur les rochers, sur les sables des
rivières, où croissent d'ailleurs presque tous les *Sedum*,
le long des haies et sur le bord des chemins. Elle recherche

un peu d'ombre et des lieux frais. Ses tiges sont longues,
couchéees, et redressées à leurs extrémités. Les feuilles sont
grasses, planes, oblongues et presque toujours rougeâtres;
celles du bas de la tige tombent à mesure que la plante
vieillit. Ses fleurs, petites et nombreuses, blanches et
rayées de rose, sont quelquefois verticillées ou uni-laté-
rales, et forment une grappe d'abord resserrée qui s'allonge
par l'accroissement continuel de la tige. — Fleurit en juin et
en juillet.

Nature du sol. — Altitude. — Il préfère les terrains siliceux et sablonneux, et ne s'élève pas au-dessus de 800 à
1,200^m dans les montagnes.

Géographie. — Au sud, les Pyrénées, l'Espagne et le
midi de l'Italie. — Au nord, il atteint Paris, la Lorraine,
et descend sur quelques points de la Hollande, à Maës-
trich. — A l'occident, les Pyrénées occidentales. — A
l'orient, la Suisse, le Piémont et l'Italie, la Dalmatie, la
Hongrie, la Transylvanie, la Grèce et la Turquie.

Limites d'extension de l'espèce.

Sud, Midi de l'Italie......... 40°	}	Écart en latitude ·
Nord, Maëstrich............. 51	}	11°
Occident, France............ 4 O.	}	Écart en longitude :
Orient, Turquie............. 25 E.	}	29°
Carré d'expansion.............. 319		

SEDUM RUBENS, Lin. — Cette petite plante annuelle croît
en sociétés nombreuses dans les champs, sur le bord des chemins et des fossés, sur les sables des rivières. Elle varie infiniment dans sa taille; tantôt on l'aperçoit à peine, tantôt
elle atteint au moins 1 décimètre de hauteur. Sa tige est
simple dans le bas et divisée, à sa partie supérieure, en 3 ou

4 rameaux ouverts. Ses feuilles sont cylindriques, glanduleuses, demi-transparentes, et les inférieures se détachent après la
floraison. Toute la plante est d'un brun rouge très-remarquable. Les fleurs naissent à l'aisselle des feuilles alternes des
rameaux, et sont toutes unilatérales et tournées du côté intérieur; elles sont blanches en dedans, rougeâtres en dehors,
munies de petits nectaires pédicellés. La fécondation s'opère
au moment même de l'épanouissement; alors les anthères
se serrent contre le stigmate, et s'écartent ensuite beaucoup
dès qu'elles ont répandu leur pollen. Ces anthères, dont le
nombre normal est 10, sont souvent réduites à 5 comme
dans les *Sedum anglicum* et *S. villosum*. Les carpelles, pointus, rougeâtres et écartés, forment un fruit étoilé. — Fleurit
en mai, juin et juillet.

Nature du sol. — Altitude. — Ce *Sedum* préfère les
terrains siliceux et sablonneux de la plaine, mais il peut
s'élever un peu dans les montagnes, de 1,000 à 1,200^m.

Géographie. — Au sud, la France, la Corse, les Pyrénées, le midi de l'Espagne et les Canaries. — Au nord, la
France, la Suisse. — A l'occident, le Portugal. — A l'o-
rient, l'Italie, la Sicile, la Turquie, la Grèce, à Mélos où
d'Urville l'a rencontré en fleur au mois de mai.

Limites d'extension de l'espèce.

Sud, Canaries.............. 30°	Écart en latitude :	
Nord, France............... 48	18°	
Occident, Canaries......... 18 O.	Écart en longitude :	
Orient, Grèce.............. 25 E.	43°	
Carré d'expansion............ 774		

SEDUM-VILLOSUM, Lin. — Tous les *Sedum* recherchent
l'humidité. Les uns la trouvent en s'exposant, sur les rochers

élevés, aux nuages et aux brouillards des montagnes, les autres la puisent comme celui-ci dans le sol humide et spongieux des marais, sur le bord des ruisseaux. On voit ce joli *Sedum* se mêler à l'*Orchis maculata*, aux *Carex*, aux *Eriophorum*, aux *Myosotis*, et ajouter le charme de ses fleurs étoilées à l'émail varié de ces plantes des prairies. Ailleurs, il s'élève au milieu des *Sphagnum*, ou bien il borde de ses fleurs roses les filets d'eau, où le *Veronica Beccabunga* ouvre ses corolles azurées près des épis neigeux du cresson des fontaines. Ses tiges sont faibles mais droites. Toute la plante est tendre, velue, souvent rougeâtre, et peu rameuse. Ses feuilles sont éparses, oblongues, convexes en-dessous, légèrement aplaties en-dessus, et les fleurs forment un bouquet lâche et pédicellé au sommet des rameaux. Le calice, rougeâtre, est couvert de poils glanduleux ; 5 des 10 étamines avortent ordinairement ; les pétales sont ovales et obtus ; les capsules sont obtuses et conservent le style sur le côté. — Fleurit en juin et en juillet.

Nature du sol. — Altitude. — Ce *Sedum* recherche les terrains siliceux, tourbeux, et surtout très-mouillés. — Il croît en plaine, mais il préfère les montagnes et s'élève très-haut. Nous le trouvons en Auvergne jusqu'à 1,400^m. De Candolle l'indique à 0 dans les Landes et à 1,600^m à Mont-Louis. M. Boissier le cite à 2,400^m dans les montagnes de l'Andalousie, et Lessing à 310^m aux Loffoden.

Géographie. — On le trouve, au sud, en France, dans les Pyrénées et jusque dans le midi de l'Espagne. — Au nord, dans presque toute l'Europe centrale, en Norvége, où il habite les lieux humides, sur les rivages de la mer ; en Laponie, où Wahlenberg l'indique aussi sur les rivages du Nordland méridional où il est rare. Là, ses fleurs, dit l'auteur de la flore de Laponie, par leur grandeur et leur coloris, ont tout à fait l'aspect de celles du *Saxifraga oppositifolia*, à tel point qu'au premier aspect on confondrait ces deux plantes. On trouve encore ce *Sedum* en Angleterre, aux Feroë et en Islande. — A l'occident, il existe en Portugal. — A l'orient, on le connaît en Suisse, en Piémont, en Hongrie, en Croatie, en Transylvanie et en Lithuanie.

Limites d'extension de l'espèce.

Sud, Royaume de Grenade....	37°	Écart en latitude :
Nord, Loffoden.............	68	31°
Occident, Islande...........	24 O.	Écart en longitude :
Orient, Lithuanie...........	30 E.	54°
Carré d'expansion..	1674	

SEDUM HIRSUTUM, All. — Cette jolie espèce forme sur les rochers des touffes compactes et très-serrées. Sa racine, à la fois fibreuse et rampante, produit de petites rosettes de feuilles épaisses, oblongues, hérissées, vertes ou rougeâtres, et toujours serrées les unes contre les autres. La tige est rougeâtre, un peu feuillée, pubescente, et se termine par une cyme raccourcie de 5 à 6 fleurs pédicellées, grandes, régulièrement épanouies, et simulant des étoiles blanches, striées de rose et pubescentes en-dessous. — Il fleurit en juin et en juillet.

Nature du sol. — Altitude. — Il recherche les terrains siliceux et rocheux dont il habite les fissures. Nous l'avons trouvé sur le quartz blanc le plus pur avec le *Spergula arvensis*. — Il croît toujours dans les montagnes. De Candolle le cite à 500^m à Saint-Pons et à 2,000^m à Montcalm.

Géographie. — Il est assez méridional, et se trouve, au sud, dans les Pyrénées, en Espagne, en Portugal et dans le midi de l'Italie. — Au nord, il reste dans l'Ardèche, sur le plateau central, et arrive jusqu'à Roanne et dans le Bourbonnais.

Limites d'extension de l'espèce.

Sud, Royaume de Naples.....	40°	) Écart en latitude :	
Nord, France..............	46	) 6°	
Occident, Portugal..........	10 O.	(Écart en longitude :	
Orient, Royaume de Naples...	15 E.	) 25°	
Carré d'expansion..............	150		

SEDUM ALBUM, Lin. — Les *Sedum* nous offrent une organisation toute spéciale qui leur permet, parmi les plantes grasses, de résister au froid qui tue plusieurs *Sempervivum*, les ficoïdes et les *Cactées*; c'est surtout une des propriétés du *S. album*, de résister aux hivers les plus rigoureux, et de conserver pendant tout l'été la teinte rouge que le froid donne en hiver à son feuillage. Aussi c'est une des espèces des plus importantes dans le tapis végétal. On le voit s'étendre sur le sol en larges gazons, vivre sur les sables les plus arides, couvrir les rochers, et puiser dans l'air toute la nourriture qui lui est nécessaire. Ses tiges, pliées en deux dans leur jeunesse, se redressent à mesure qu'elles se rapprochent de l'époque de la floraison. Ses feuilles sont sessiles, cylindriques, épaisses, obtuses et un peu rétrécies à la base, très-souvent écartées de la tige, vertes et presque toujours fortement pointillées de rouge. Les fleurs forment des cymes élégantes; elles sont d'un blanc pur rehaussé par le rose des étamines, dont les anthères s'ouvrent avant la nubilité des stigmates et rendent la fécondation indirecte. Les capsules sont dressées. — La plante est vivace et couvre le sol de ses fleurs dans les mois de juin et de juillet.

Nature du sol. — Altitude. — Il est indifférent; nous

l'avons trouvé en admirable végétation sur les sables mouvants des bords de l'Allier, sur les scories et les pouzzolanes
noires des volcans d'Auvergne, sur le calcaire de Charlemont,
près Givet, sur les marbres des environs d'Avesnes et sur les
basaltes des environs de Clermont. — Il croît à toutes les
hauteurs : à 0 partout, dit de Candolle, et à 2,400^m au
pic d'Eredlitz. En Auvergne il atteint 1,500^m. M. Boissier
l'indique entre 500 et 2,150 dans le midi de l'Espagne.
Il devient pourtant domestique et couvre les vieux murs des
villes et des villages et se montre aussi en abondance sur les
terrains salés arrosés par des eaux minérales.

Géographie. — Au sud, la France, les Pyrénées, le
midi de l'Espagne et les rochers élevés de Beni-Souik en
Algérie. — Au nord, l'Europe centrale et presque toute la
Scandinavie, ainsi que la Finlande australe. — A l'occident,
le Portugal. — A l'orient, la Suisse jusque bien au-dessus
de la limite du hêtre, les Carpathes, la Turquie, la Grèce,
l'Italie, la Corse, la Dalmatie, la Hongrie, la Croatie, la
Transylvanie, la Tauride, le Caucase, la Géorgie, les Russies septentrionale et moyenne, et les Sibéries de l'Oural
et du Baïkal.

Limites d'extension de l'espèce.

Sud, Algérie..............	35°	⎫ Écart en latitude :
Nord, Norvége............	68	⎬ 33°
Occident, Portugal	10 O.	⎫ Écart en longitude :
Orient, Sibérie du Baïkal....	116 E.	⎬ 126°
Carré d'expansion..............	4158	

SEDUM DASYPHYLLUM, Lin. — Il forme des touffes serrées
sur les vieux murs et sur les rochers, où il se multiplie par des
rejets. Ses tiges, filiformes d'abord, courtes et garnies de

feuilles serrées, s'allongent ensuite, perdent les feuilles de la base, et forment de petites touffes suspendues. Ses feuilles sont très-épaisses, subglobuleuses et fixées à la tige par un prolongement filiforme. Elles sont glauques, d'un vert pâle, roses, lilas ou d'un brun violet, opposées et très-ramassées. Les fleurs sont disposées en bouquets assez lâches. Leurs pédoncules et leurs calices globuleux sont pubescents, les pétales sont blancs et accompagnent des capsules qui s'inclinent un peu et s'ouvrent au sommet. — Fleurit en juin et juillet : 22 mai 1842, sur les sables de l'Allier; — 12 juin 1828, vallée de Saint-Floret; — 28 juin 1829, éboulement de Pardines; — 16 juillet 1840, vallée de Massiac (Cantal); — 19 juillet 1840, murs de Salers (Cantal).

Nature du sol. — *Altitude.* — Ce *Sedum* recherche les terrains siliceux et rocheux. — Il croît à des altitudes très-différentes : à 0 à Marseille, et à 2,000^m à Néouvielle, selon de Candolle. Nous le trouvons jusqu'à 1,500^m en Auvergne.

Géographie. — Au sud, les Pyrénées, l'Espagne et les rochers de l'Atlas. — Au nord, la Suisse, sur les murs et les pierres sèches, dans les vallées profondes où il est commun et d'où il monte jusqu'au delà de la limite supérieure des hêtres, et en Irlande où il est rare et peut-être même naturalisé. — A l'occident, l'Irlande et le Portugal. — A l'orient, le royaume de Naples, la Dalmatie, la Turquie, la Grèce, au mont Parnasse, à l'île de Crète.

Limites d'extension de l'espèce.

Sud, Algérie........ ...... 35°	)	Écart en latitude :
Nord, Irlande............. 52	)	17°

Occident, Portugal.......... 10 O. } Écart en longitude :
Orient, Ile de Crète........ 23 E. }   33°

   Carré d'expansion............. 561

SEDUM BREVIFOLIUM, DC. — Il forme, comme le précédent, de petites touffes serrées dont les tiges , rameuses et
fruticuleuses, sont garnies de feuilles ovoïdes, courtes,
presque sphériques et serrées sur les tiges stériles, comme
celles du *S. dasyphyllum*. Ses fleurs naissent en petits
corymbes portés par des pédicelles glabres. Elles sont blanches, avec une large strie rose sur chaque pétale. Les anthères, d'un rose vif, donnent aussi beaucoup d'élégance
à cette espèce. — Il fleurit en juin.

Nature du sol. — Altitude. — Il préfère les terrains
siliceux et rocheux, et croît toujours à une assez grande altitude. De Candolle le cite à 1,400ᵐ à Baréges, et à 2,200
au port de Gavarnie, dans les Pyrénées. M. Lamotte l'a
trouvé plus bas, vers 1,000ᵐ au Pont-de-Montvert, dans
la Lozère. M. Boissier l'indique en Andalousie à 2,300ᵐ.

Géographie. — Au sud, il est connu dans les Pyrénées,
en Corse et en Espagne. — Au nord, il s'arrête dans la
Lozère. — A l'occident, dans les Asturies. — A l'orient,
en Corse.

Limites d'extension de l'espèce.

Sud, Royaume de Grenade.... 36° } Écart en latitude :
Nord, Plateau central........ 45 }   9°
Occident, Asturies.......... 10 O. } Écart en longitude :
Orient, Corse.............. 7 E. }   17°

   Carré d'expansion............. 153

SEDUM ANNUUM, Lin. — Ce *Sedum* forme de petits
buissons dressés et rameux, d'un vert jaunâtre, disséminés

sur les rochers des montagnes. Il est annuel ou bisannuel ;
sa racine est fibreuse, ses feuilles sont éparses, étalées,
cylindriques, un peu déprimées, obtuses et glabres. Elles
prennent quelquefois des teintes rougeâtres quand elles
sont exposées au grand soleil. Les divisions de la tige, plus
ou moins étalées, se redressent pour fleurir, et la plante
offre alors l'apparence d'un petit buisson dont les sommets
sont nivelés. Les fleurs sont jaunes, sans éclat, solitaires
et serrées le long des rameaux qu'elles transforment en
longs épis feuillés. Les stigmates ne sont pas complétement
développés lors de l'ouverture des anthères. Les capsules
sont divergentes à leur maturité. — Fleurit en juillet et en
août.

Nature du sol. — *Altitude.* — Il habite les terrains
siliceux et rocheux, les granits, les trachytes, les basaltes. — De Candolle lui assigne pour minimum d'altitude 800^m dans les Vosges, et pour maximum 2,400 à
Combredaze. M. Boissier l'a trouvé depuis 2,600^m jusqu'à
3,300, dans le midi de l'Espagne. Ledebour l'indique dans
le Talüsch de 900 à 1,800^m, et Lessing l'a encore trouvé
dans les Loffoden jusqu'à 220^m.

Géographie. — Nous venons de voir qu'au sud les
hautes montagnes lui permettaient d'atteindre le midi de
l'Espagne. — Au nord, il se trouve sur toutes les montagnes de l'Europe centrale et dans toute la Scandinavie.
Il s'avance jusque dans la Laponie, aux Loffoden, à Hammerfest où il devient presque maritime, recherche les rochers littoraux, et se trouve quelquefois seul, comme sur les
montagnes du midi de l'Espagne, occupant un rocher qui
perce la neige et les glaces. On ne le cite ni en Angleterre,
ni en Irlande, ni sur aucun des archipels anglais ou da-
nois, puis il paraît en Islande et au Groënland. — Cette

dernière localité est sa limite occidentale. — A l'orient, il est connu en Suisse, où Wahlenberg le cite sur les pierres sèches du Saint-Gothard, à 2,000^m, dans les Carpathes, en Hongrie, en Transylvanie, en Galicie, dans l'Epire, en Grèce, sur le Caucase, en Géorgie, dans les Russies arctique et septentrionale, ainsi que dans la Sibérie de l'Oural.

Limites d'extension de l'espèce.

Sud, Royaume de Grenade....	37°	Écart en latitude :
Nord, Hammerfest..........	70	33°
Occident, Groënland........	50 O.	Écart en longitude :
Orient, Sibérie de l'Oural.....	60 E.	110°
Carré d'expansion...........	3630	

SEDUM REPENS, Schl. — Cette plante a beaucoup de rapports avec la précédente, et a certainement été souvent confondue avec elle. Elle forme sur les rochers de petits gazons en partie rampants, et offrant un grand nombre de rameaux stériles. Ses tiges, peu rameuses, sont couchées à la base. Les feuilles sont éparses, ovales, oblongues, obtuses au sommet et un peu prolongées à la base. Les fleurs forment de petits corymbes terminaux et serrés, composés de 3 à 5 fleurs d'un jaune pâle. Les carpelles sont divergeants à leur maturité. — Vivace, fleurit en juillet et en août.

Nature du sol. — Altitude. — Terrains primitifs, siliceux ou trachytiques des montagnes. Il atteint les plus hauts sommets des Pyrénées. Il a été cueilli par M. Léon Dufour sur les pics d'Anie et d'Amoulat, et par Ramond sur le sommet supérieur du pic du midi de Bagnères, où il fleurissait le **22 septembre 1810.**

Géographie. — Il est difficile d'établir son aire d'expansion, car ce *Sedum* a été confondu avec les *S. annuum* et *S. anglicum.* Au sud, il habite les Pyrénées, la Corse, la Sardaigne. — Au nord, il arrive dans les Vosges, en Suisse, dans le Tyrol. — A l'occident, il ne dépasse pas les Pyrénées, et à l'orient il atteint le midi de l'Italie.

Limites d'extension de l'espèce.

Sud, Sardaigne............	40°	}	Écart en latitude :
Nord, Vosges	48	}	8°
Occident, France..........	4 O.	}	Écart en longitude :
Orient, Royaume de Naples...	15 E.	}	19°
Carré d'expansion............	152		

Sᴇᴅᴜᴍ ᴀᴄʀᴇ, Lin. — Extrêmement abondant et vivant en sociétés nombreuses, ce *Sedum*, qui est vivace, couvre de ses jolis gazons les rochers et les vieilles murailles, les pouzzolanes des volcans et les sables des rivières. Sa tige, qui paraît droite, est souvent rameuse et rampante à sa base. Ses feuilles sont larges, un peu aplaties, et tombent d'autant plus facilement qu'elles ne sont fixées à la tige que par un point. Toute la plante est formée de grosses cellules gonflées de suc, d'un vert jaunâtre, et ses feuilles vues à la loupe sont pointillées de blanc. Les fleurs sont réunies en petites cymes trifides et sessiles. Ses pétales sont pointus d'un beau jaune et creusés chacun d'un léger sillon mellifère dans leur milieu. Tous les organes de ces fleurs sont d'un jaune verdâtre. Les anthères ne s'ouvrent qu'après la floraison ; alors seulement les 5 styles, d'abord resserrés, s'écartent et reçoivent le pollen. Le fruit est étoilé, formé par la réunion de 5 carpelles pointus, canaliculés en dessus, et accompagnés des sépales charnus. — Après la floraison la plante se dessèche, mais on remarque çà et là , sur la tige , de petites parties vertes , espèce de bourgeons, dans lesquels la vie se concentre, et qui , bientôt détachés de la plante , contribuent avec la graine à la reproduire à l'infini et à étaler continuellement ses larges gazons. — Ce *Sedum* fleurit en juin et en juillet ; il couvre de grands espaces sur les murs et sur les sables des rivières, mêlé au *Sedum album*, dont le blanc des fleurs et la rubescence du feuillage contrastent avec ses touffes dorées, tandis que l'*Echium vulgare* domine ces parterres surbaissés de toute la hauteur de ses longs panaches azurés.

Nature du sol. — Altitude. — Il est indifférent et croît partout, sur les rochers compactes , sur les sables mouvants , sur le mortier des édifices et sur les toits de chaume des maisons. Andrejewski le cite ayant à peine 1 pouce de haut aux eaux thermales d'Abano, près Padoue. — Il est commun à 0 d'altitude , et de Candolle le cite encore à 1,400^m, dans les Alpes et dans le Jura. Il prospère en Auvergne jusqu'à 1,200^m. M. Boissier l'indique, dans le midi de l'Espagne, de 2,000 à 2,100^m, et Ledebour, dans le Caucase, entre 600 et 1,000^m.

Géographie. — Au sud , il se trouve dans les Pyrénées et jusque dans le midi de l'Espagne, à une grande altitude. M. Cosson l'a rencontré, en Algérie, dans les pâturages élevés du Djebel-Cheliah, dans l'Aurès et dans les forêts de cèdres du Djebel-Tougour. Dans cette dernière localité , il était accompagné des *Cerastium brachypetalum, Geranium lucidum, Veronica arvensis, Valerianella olitoria*, etc. — Au nord, il végète dans toute l'Europe centrale et dans toute la Scandinavie, où il habite les rochers des bords de la mer, même en Laponie, aux Loffoden, dans l'Altenfiord, à Hammerfest où il fait partie de la flore des toits des maisons,

et il suit le littoral jusqu'au cap Nord , selon Wahlenberg.
Il existe aussi en Angleterre , en Irlande, aux Hébrides,
aux Orcades; il saute les Shetland et les Feroë et arrive en
Islande. — Cette localité et le Portugal sont ses limites
occidentales. — A l'orient , on le rencontre en Suisse sur
tous les murs , en Italie , en Sicile, en Dalmatie, en Croatie,
en Hongrie , en Transylvanie , en Turquie , en Grèce , à l'île
de Crète , en Tauride , dans le Caucase, en Géorgie , sur les
bords de la mer Caspienne , dans les Carpathes , dans toutes
les Russies , dans les Sibéries de l'Oural et de l'Altaï, ainsi
que dans le désert des Kirghiz.

Limites d'extension de l'espèce.

Sud, Algérie................	35°	Écart en latitude :	
Nord Cap Nord.............	71	36°	
Occident, Islande...........	25 O.	Écart en longitude :	
Orient, Sibérie altaïque......	96 E.	121°	
Carré d'expansion..............	4356		

Sedum reflexum, Lin. — Tous les *Sedum* sont des
plantes très-ornementales pour les lieux où ils se développent
en abondance. Celui-ci couvre quelquefois les rochers , les
vieux murs, les sables des rivières et les coteaux incultes de
ses gazons de feuilles grasses et de ses nombreuses cymes
dorées. Il croît fréquemment avec d'autres *Sedum*, tels que
S. acre et *S. album*, en société avec le *Dianthus carthusianorum*, le *D. Seguieri*, l'*Achillea Millefolium*, le *Scleranthus perennis*, le *Jasione perennis*, etc. Sa racine est
épaisse, vivace et traçante ; elle produit 2 sortes de tiges,
les unes stériles , les autres fertiles. Les feuilles sont vertes,
presque cylindriques , amincies , pointues, et finissant ordinairement par une petite pointe recourbée en hameçon.

Ces feuilles sont disposées en spires régulières très-rapprochées dans les rameaux stériles, et qui s'éloignent sur les autres
par l'allongement de leur axe. Malgré l'insertion spirale, ces
organes sont très-souvent dirigés du même côté, comme
pour chercher la lumière indispensable à la vie des *Sedum*.
Les tiges, ployées en deux dans leur jeunesse, dans cette
espèce comme dans le *S. album*, se redressent peu à peu,
et enfin la cyme seule est inclinée avant la floraison. Alors
les fleurs, qui sont disposées en longues cymes trifides, commencent à s'épanouir; elles sont unilatérales et opposées à
la lumière qu'elles ne reçoivent directement qu'à l'époque
où ces cymes sont complétement étalées. La fleur principale
a 7 pétales et 14 étamines, les autres ont 6 ou 5 pétales,
1^ ou 10 étamines. Le fruit est composé de carpelles qui
s'étendent horizontalement, qui s'élargissent ensuite à leur
base et qui s'ouvrent avant que les semences ne soient tout-
à-fait mûres. — Fleurit en juillet et en août.

Nature du sol. — Altitude. — Tous les terrains rocailleux, rocheux ou sablonneux lui conviennent. Il est indifférent à leur nature chimique. — Il végète en plaine, sur
les coteaux, et atteint facilement 1,000 à 1,200^m dans les
montagnes. M. Boissier l'indique vers 1,650^m dans le midi
de l'Espagne. Il ajoute que sa plante diffère un peu du
vrai *S. reflexum*, et qu'elle est identique aux échantillons
de la Lozère envoyés par Prost.

Géographie. — Plusieurs espèces sont réunies sous le
nom de *S. reflexum* qui constitue un groupe assez étendu.
Nous citerons particulièrement le *S. elegans*, Lej., espèce
très-distincte, mais dont nous ne pouvons séparer l'aire
d'expansion de celle du groupe entier. — Au sud, il habite
la France, les Pyrénées, et une de ses variétés arrive, comme
nous venons de le voir, dans le midi de l'Espagne. — Au nord,

ce *Sedum* vit dans la majeure partie de l'Europe et s'avance, sous le nom de *S. rupestre*, Lin., jusque dans le Danemarck, la Gothie et le sud de la Norvége, ainsi qu'en Angleterre et en Irlande. — A l'occident, il croît en Portugal. — A l'orient, en Suisse, en Turquie, en Italie, en Sardaigne, en Sicile, en Grèce sur le Parnasse, en Dalmatie, en Croatie, en Hongrie, en Transylvanie, dans le Caucase et dans la Sibérie de l'Oural.

Limites d'extension de l'espèce.

Sud, Royaume de Grenade....	37°	}	Ecart en latitude :
Nord, Norvége..............	60	}	23°
Occident, Portugal..........	10 O.	}	Ecart en longitude :
Orient, Sibérie de l'Oural.....	62 E.	}	72°
Carré d'expansion.............	1656		

Sedum anopetalum, DC. — Il croît en petites touffes sur les rochers, et ressemble au *S. reflexum;* mais il en diffère par ses moindres dimensions, par ses fleurs, qui ont presque toujours 7 pétales d'un jaune pâle, pointus et jamais complétement étalés, et dont les stigmates ne sont pas encore développés lors de l'épanouissement. Il offre aussi des tiges stériles, couchées, garnies de feuilles cylindriques, prolongées en bec à leur base, et formant des spirales serrées et très-glauques. — Fleurit en juin et en juillet.

Nature du sol. — Altitude. — Rochers calcaires de la plaine.

Géographie. — Son aire d'expansion est très-restreinte; c'est à peine si, au midi, il sort de la Provence pour entrer en Espagne. — Au nord, il s'arrête dans le département de la Vienne, où il trouve aussi sa limite occidentale. — A l'orient, il existe en Suisse et à Trieste, en Istrie, à l'île Zacynthe, et en Turquie, au mont Athos.

Limites d'extension de l'espèce.

Sud, Espagne.............. 41°) Ecart en latitude :
Nord, France.............. 47 ∫   6°
Occident, France............ 2 O.) Ecart en longitude :
Orient, Turquie............. 21 E. ∫   23°
    Carré d'expansion............ 138

SEDUM ALTISSIMUM, Lam. — Cette espèce, à souche ligneuse, est abondante sur les rochers, sur les coteaux arides, où elle forme des touffes à la manière du *S. reflexum*. Sa tige est droite et charnue, divisée à sa base en rameaux stériles, couchés et garnis de feuilles nombreuses, glauques, cylindriques et pointues, dont les supérieures sont un peu aplaties ; les tiges florifères sont presque nues et terminées par une cyme corymbiforme très-serrée, à fleurs d'un jaune très-pâle, dont les pétales offrent souvent les nombres 6, 7 et 8. Après la floraison et la dissémination, les tiges se désarticulent, et l'on voit sortir de la souche qu'elles ont laissée, et souvent même des cicatrices des anciennes feuilles, des filets radicaux qui s'implantent dans le sol et fixent au moins la plante solidement, s'ils ne concourent pas à sa reproduction. — Fleurit en juin et en juillet, et vit en société avec : *Psoralea bituminosa*, *Cistus salvifolius*, *Ruta angustifolia*, etc.

Nature du sol. — Altitude. — Plante des rochers calcaires de la plaine, et s'élevant aussi dans les montagnes. M. Boissier l'indique, dans le midi de l'Espagne, de 0 à 1,650^m, et M. Léon Dufour sur les pics d'Anie et d'Amoulat, dans les Pyrénées.

Géographie. — C'est une espèce méridionale, qui croît en Espagne, aux Baléares et en Algérie. — Au nord, elle remonte à Gap, à Lyon et dans la partie sud du plateau central. — A l'occident, elle est en Portugal. — A l'orient, on la trouve en Italie, en Sicile, en Sardaigne, en Corse, en Dalmatie, en Croatie, en Grèce et en Turquie.

Limites d'extension de l'espèce.

Sud, Algérie............... 35° ⎫ Écart en latitude :
Nord, France.............. 45   ⎬   10°
Occident, Portugal.......... 10 O.⎫ Écart en longitude :
Orient, Grèce.............. 20 E.⎬   30°
        Carré d'expansion............. 300

Sedum amplexicaule , DC. — Il forme aussi de petites touffes sur les rochers, et sa souche, un peu ligneuse, émet, comme dans les autres *Sedum*, des tiges florifères et d'autres qui restent stériles. Ces dernières sont couvertes de feuilles subulées, imbriquées, serrées les unes contre les autres, et s'élargissant à leur base en une membrane qui enveloppe la tige. Les tiges fertiles, couchées d'abord, se redressent ensuite, garnies de feuilles subulées, éperonnées à leur base. Les fleurs, peu nombreuses et à peine pédicellées, excepté les dernières, forment de petits épis dressés. Ses fleurs sont jaunes, à pétales linéaires-obtus. Les carpelles sont lancéolés, pointus, et renferment des semences ridées. — Fleurit en juin et en juillet.

Nature du sol. — *Altitude.* — Il recherche les terrains siliceux et graveleux, et vit ordinairement dans la plaine ; mais il peut s'élever très-haut, car M. Boissier l'indique, dans le midi de l'Espagne, depuis 500^m jusqu'à 2,400^m.

Géographie. — C'est encore un *Sedum* des pays chauds,

qui occupe le midi de la France , l'Espagne et l'Algérie. —
Au nord, il s'arrête dans les Cévennes , au bord du plateau central de la France. — A l'occident, il ne dépasse
pas le midi de l'Espagne. — A l'orient il croît en Italie, en
Sicile, à l'île de Crète, en Grèce, dans la Macédoine.

Limites d'extension de l'espèce.

Sud, Algérie................ 35°	}Écart en latitude
Nord, Cévennes............. 44	} 9°
Occident, Espagne........... 9 O.	}Écart en longitude:
Orient, Crète.............. 23 E.	} 32°
Carré d'expansion.............. 288	

G. SEMPERVIVUM, *Lin.*

Distribution géographique du genre. — On connaît 44
espèces de ce genre, et sur ce nombre 30 appartiennent à
l'Afrique. Le groupe des Canaries et de Madère est la véritable patrie de ces plantes, car, sur les 30 espèces africaines,
les Canaries en ont 22, Madère 5 , et les 3 autres sont en
Barbarie , en Abyssinie et au Cap. — Après l'Afrique vient
l'Europe, où l'on compte maintenant 12 *Sempervivum*, dont
plusieurs ont été longtemps confondus, et parmi lesquels il
existe des espèces réunies. Ils appartiennent presque tous
aux montagnes des contrées chaudes ou tempérées : à l'Espagne, à l'Italie, aux Alpes, à la Grèce. — On n'en connaît
que 2 espèces particulières à l'Asie ; l'une végète en Sibérie,
l'autre sur le Caucase.

SEMPERVIVUM TECTORUM , Lin. — On rencontre, sur les
rochers les plus arides et sur les roches les plus dures, des
groupes serrés de ces plantes grasses , qui vivent sans terre ,

sans eau , sans engrais, mais chargées de feuilles succulentes,
empruntant à l'atmosphère une nourriture abondante. De
larges rosettes , dont les feuilles grasses et pointues sont
régulièrement disposées , forment des touffes serrées d'où
s'élèvent des tiges feuillées qui se terminent par des fleurs.
Le rouge domine dans toute la plante , il semble qu'une vive
insolation produise sur les *Sempervivum* l'effet qui résulte
de l'action du froid sur les feuilles des autres végétaux.
Les jeunes feuilles sont d'abord d'un vert jaunâtre , qui
prend peu à peu du bleu et se fonce à tel point que
souvent les feuilles extérieures, et surtout leur extrémité,
prennent des nuances de brun et de violet. Les feuilles ou
les écailles de la tige sont garnies de poils raides en forme
de cils sur les bords et sont plus souvent roses que vertes. La
même nuance domine encore dans presque toutes les parties
des fleurs. Celles-ci sont disposées en cymes comme dans les
Sedum , et s'épanouissent successivement. Le nombre de
leurs pétales et de leurs étamines varie. La fécondation
commence dès que la fleur est ouverte. Les étamines, en
nombre double des pétales, sont disposées sur deux rangs ,
et leurs anthères sont dressées et pivotantes. Le premier
rang, opposé aux sépales, s'approche le premier des stigmates,
et s'en éloigne régulièrement après avoir répandu son pollen.
Le second rang, opposé aux pétales, vient accomplir le même
phénomène , et cependant les stigmates ne sont pas encore
développés , et, selon toute apparence, ne sont pas aptes à
l'imprégnation. Les pétales restent, ne se ferment ni ne
tombent, mais persistent autour des carpelles qui sont, comme
les étamines, en nombre double des pétales, en nombre égal
aux anthères, et nous montrent une monogamie apparente
dans cette réunion compliquée. — Des graines nombreuses
ne sont pas le seul moyen de reproduction que ces plantes

ont à leur disposition. Elles produisent constamment, des aisselles inférieures de la rosette, de petites rosules pédonculées qui sont autant de bourgeons disposés à reproduire la plante, soit en restant adhérentes et en augmentant la masse compacte de ses individus, soit en les propageant au loin. Comme toutes les plantes grasses, plus peut-être encore que les autres, les joubarbes peuvent être desséchées, transportées, oubliées, tourmentées, privées pendant longtemps de toute espèce de nourriture, et prospérer de nouveau dans des circonstances favorables. — Cette plante fleurit tard, en juillet et août. Elle vit en nombreuses sociétés, avec des *Sedum* et quelques plantes des rochers. Elle s'approche des habitations, végète sur les murailles des clôtures et devient domestique. Elle s'empare alors du toit des chaumières dont elle fait un des plus beaux ornements, dominant les mousses verdoyantes qui s'y étendent en gazons veloutés, persistant sur les ruines que l'homme a abandonnées, et les couvrant chaque année de fleurs nouvelles.

Nature du sol. — Altitude. — Tous les terrains rocheux lui conviennent, granits, porphyres, basaltes, calcaires; ce *Sempervivum* croît partout. — Il végète également dans les montagnes et dans la plaine. M. Boissier l'indique en Andalousie, dans les fissures des roches schisteuses, de 2,300 à 2,600^m. Wahlenberg le cite aussi jusqu'à 2,200^m dans la Suisse septentrionale.

Géographie. — Nous sommes forcé de réunir encore en un groupe plusieurs espèces très-distinctes, dont plusieurs ont été signalées et décrites avec beaucoup de soin par M. Lamotte, qui, le premier, a constaté les différences qui existent entre ces plantes. Ayant été confondues jusqu'à ce jour par les auteurs des flores, nous ne pouvons tracer qu'une aire générale appartenant au groupe entier du *S. tectorum*.

— Au sud , on le trouve dans les Pyrénées et jusque dans le midi de l'Espagne. — Au nord , dans la majeure partie de l'Europe centrale, dans le Danemarck, la Gothie boréale, et la Suède où il est sporadique ; on le croit spontané en Irlande. — A l'occident , cette dernière localité est probablement sa limite. — A l'orient , il végète en Suisse, en Italie, en Dalmatie , en Croatie , en Hongrie , en Transylvanie , à Constantinople , dans les Russies moyenne et australe , dans le Caucase et dans la Sibérie de l'Oural.

Limites d'extension de l'espèce.

Sud, Royaume de Grenade....	37°	}	Écart en latitude :
Nord, Gothie...............	59	}	22°
Occident, Irlande...........	11 O.	}	Écart en longitude :
Orient, Sibérie de l'Oural.....	58 E.	}	69°
Carré d'expansion............	1518		

SEMPERVIVUM ARACHNOÏDEUM, Lin. — Cette espèce naît en petites sociétés dont les globules, réunis et serrés les uns contre les autres, forment sur les rochers des masses compactes et couvertes de longs filaments mêlés, qui simulent des toiles d'araignées. Ses bourgeons, ou plutôt ses rosules, reproductives ou florifères , sont formées de feuilles arrondies et imbriquées d'une manière très-serrée, et dont l'extrémité supérieure donne naissance au tissu arachnoïde qui rend cette espèce si remarquable. En été , les rosettes les plus anciennes émettent des tiges feuillées qui se terminent par de magnifiques fleurs rouges ayant des écailles nectarifères tronquées , très-différentes de celles que présente le *S. tectorum*. Après la floraison, la rosette se dessèche, mais elle a émis déjà des rosules stériles qui, à leur tour, deviendront florifères , montrant ainsi et successivement une de ces mille formes sous lesquelles se présente la génération alternante dans les végétaux. Les carpelles, situés horizontalement, s'ouvrent dans toute leur longueur, et les graines ne peuvent se répandre que par les secousses que l'air imprime à la tige desséchée. — Elle fleurit en juillet et en août. — C'est une plante ornementale dont les jolies fleurs rouges contrastent avec le tissu blanc lanugineux qui recouvre ses feuilles. Souvent les tapis qu'elle forme sur les rochers sont accompagnés de ceux du *Sedum album*, du *S. reflexum*, et voisins de quelques touffes d'*Artemisia campestris*, de *Genista pilosa*, ou de *G. purgans*. — Le 16 juin 1840, commence à fleurir sur les rochers d'Enval, environ 400ᵐ d'altitude. — 19 juillet 1829, rochers de basalte à Pranal, près Pontgibaud. — 23 juillet 1840, roche Sanadoire au Mont-Dore. — 22 août 1843, sur le col de Cabre au Cantal.

Nature du sol. — Altitude. — Nous l'avons trouvée sur toutes les roches des terrains primitifs et basaltiques, et depuis 400ᵐ jusqu'à 1,600ᵐ. De Candolle l'indique depuis 400ᵐ, à Oletta jusqu'à 2,500ᵐ, dans les Alpes. Tenore la cite dans sa région alpine de 1,800 à 2,000ᵐ; Wahlenberg dit l'avoir vue sur le Saint-Gothard seulement, où elle paraît s'élever un peu au-dessus de la limite du sapin, et d'où elle descend au-dessous de la limite supérieure du noyer, comme en Auvergne. Dans les Pyrénées, cette belle espèce s'élève très-haut, puisque Ramond l'a rencontrée sur le sommet supérieur du pic du Midi, les 16 septembre 1793, 30 août 1805, 30 août 1809 et 11 septembre 1810. Ses fleurs y sont, comme sur nos basaltes et sur nos phonolites, d'un pourpre rouge pur et brillant; mais Ramond fait observer que ses rosettes de feuilles sont quelquefois dépourvues

des filaments arachnoïdes dont elles sont ordinairement couvertes.

Géographie. — Son aire a très-peu d'étendue. Au sud,
on la trouve en France, dans les Pyrénées et dans le midi
de l'Italie. — Au nord, dans les Alpes, au Saint-Gothard,
dans le Tyrol et dans la Carinthie. — A l'occident, les Pyrénées et la France centrale. — A l'orient, le midi de l'Italie, la Transylvanie et la Galicie.

Limites d'extension de l'espèce.

Sud, Royaume de Naples......	40°	)	Ecart en latitude :	
Nord, Tyrol...............	47	)	7°	
Occident, France...........	4 O.	)	Ecart en longitude :	
Orient, Galicie.............	21 E.	)	25°	
Carré d'expansion.............	175			

G. UMBILICUS, *DC.*

Distribution géographique du genre. — 14 espèces
d'*Umbilicus* sont dispersées en Europe et en Asie ; ce sont
en général des plantes qui préfèrent les pays chauds, et les
7 espèces européennes vivent en Espagne, en Portugal, en
Sicile, à l'île de Crète ou sur les Pyrénées. — Les 6 espèces
asiatiques sont de la Sibérie, de la Dahurie, de la Palestine et du Liban. — On en cite une seule en Amérique,
elle vit au Mexique.

UMBILICUS PENDULINUS, DC. — La racine de cette
plante, complétement approvisionnée de matières alimentaires, est un tubercule blanchâtre d'où sortent des feuilles
grasses et arrondies, creusées au centre en forme d'ombi-

lic, étalées sous forme de rosette irrégulière. Une tige épaisse et charnue, garnie de feuilles alternes, s'élève de cette rosette et se termine par un épi très-long de fleurs verdâtres et tubulées, qui durent assez longtemps et prolongent leur apparition successive jusqu'à la fin du printemps. Ces feuilles grasses, douées d'une grande puissance d'absorption, permettent au tubercule principal de donner, après la floraison, des bourgeons latéraux qui poussent eux-mêmes des feuilles rondes ombiliquées, et qui forment bientôt une petite rosette. Cet assemblage persiste en hiver et se développe rapidement au printemps pour fleurir à son tour. Quand les dix étamines ont opéré la fécondation, la fleur s'incline, le calice se resserre, et le fruit se compose de cinq carpelles amincis. — Cette plante fleurit en mai et en juin, et vit en sociétés nombreuses qui occupent quelquefois toutes les fissures des rochers. Elle se plaît avec les *Sedum*, avec les *Sempervivum*, et couvre souvent de très-grands espaces.

Nature du sol. — Altitude. — On rencontre l'*Umbilicus* sur tous les terrains et surtout sur ceux qui sont siliceux, mais il croît aussi sur les calcaires. Il est extrêmement abondant sur les basaltes ; il profite des fissures que les prismes laissent entre eux pour y implanter ses racines, et dessine alors, selon la direction de ces fissures, des lignes droites ou des aréoles que viennent aussi orner le *Sedum maximum*, le *Sempervivum arachnoïdeum*, l'*Androsæmum officinale*, le *Notholæna Maranthæ*, etc. Au reste, il croît aussi sur les toits des maisons, et nous l'avons vu couvrir le tronc des arbres. Il atteint son maximum de vigueur dans les lieux soumis aux émanations maritimes. Nous l'avons vu si grand et si développé en Provence, à Cannes, à Antibes,

qu'il semble former une espèce distincte. Il en est de même
dans le Poitou, tant qu'il reste sur le terrain primitif; mais
sur le calcaire, même en approchant de l'Océan, il est plus
chétif; malgré cela, il végète pendant tout l'hiver, favorisé
par la température moyenne de l'Océan, qui ne permet
guère au thermomètre de descendre au-dessous de + 6.
Il peut être considéré dans toute la Bretagne, dit M. E.
Robert, comme le représentant de la famille des Crassulacées. On le trouve presque partout, dans les fentes des
rochers aussi bien que sur les murs de terre et les toits de
chaume, et même dans les fissures des menhirs et des dol-
mens. Il couvre les murs et les rochers granitiques de Cher-
bourg. Il abonde dans le midi de la France sur les micaschistes et les grès du Lias. — Il préfère la plaine et s'élève
peu dans les montagnes; cependant M. Boissier l'indique
à 1,300^m dans le royaume de Grenade. Nous le trouvons
abondant à 800^m sur les basaltes de Saint-Flour.

Géographie. — Au sud, l'*Umbilicus* vit dans le midi
de la France, aux Baléares, en Espagne, en Barbarie et
aux Canaries. — Au nord, il reste en Bretagne, en An
gleterre et en Irlande, où il atteint le 57°. — Il est très-
occidental, et se trouve dans l'ouest de la France, dans
toute la région de l'*Erica ciliaris*, en Portugal, à Madère, aux Canaries. — A l'orient, il est moins abondant;
il est rare et disséminé dans la Suisse italienne; il se trouve
dans le royaume de Naples, et enfin il arrive en Dalmatie
et en Grèce, où il fait partie, selon d'Urville, de la flore
du volcan de Camini, près Theran, puis en Palestine, où
M. Bové l'a recueilli entre les fissures des rochers du mont
Sinaï. Tout le grand empire de Russie a plusieurs *Umbilicus*, mais non l'*U. pendulinus.*

Limites d'extension de l'espèce.

Sud, Canaries...............	30°	⎫ Écart en latitude :
Nord, Angleterre...........	57	⎬ 27°
Occident, Canaries..........	18 O.	⎫ Écart en longitude:
Orient, Palestine...........	34 E	⎬ 52°
Carré d'expansion.............	1404	

FAMILLE DES GROSSULARIÉES.

Groupe d'arbrisseaux composé des genres *Ribes* et *Robsonia*, et dont les espèces sont presque toutes originaires de l'Amérique et surtout de l'Amérique du nord, et ensuite de l'Asie. — Les flores européennes ne renferment qu'un très-petit nombre d'espèces de cette famille ; la proportion est 1 : 1391. Elles sont plus répandues vers le nord que dans le midi. — Leur nombre augmente vers l'orient, dans le sens des longitudes, et elles disparaissent presque totalement dans les îles et sur les montagnes.

G. RIBES, *Lin.*

Distribution géographique du genre. — On connaît plus de 80 *Ribes*, et sur ce nombre plus de 50 sont américains. Leur centre principal est l'Amérique du nord : le Mexique, la Californie, mais surtout les Etats-Unis, le Canada et toute la partie boréale du Nouveau-Monde. — L'Amérique du sud n'a que 12 espèces sur ce chiffre de 50 ; elles sont réunies au Pérou et au Chili, et l'une d'elles arrive au détroit de Magellan, où probablement elle

n'est pas isolée. — L'Asie a environ 25 *Ribes*, presque
tous de la Sibérie, quelques-uns des Indes orientales, de
la Dahurie, des îles Aléoutiennes, et enfin quelques-uns
aussi du Caucase et de la Syrie. — L'Afrique n'a pas de
groseilliers, et l'Europe n'en compte que 8, tous du nord :
des Carpathes, de l'Angleterre, de la Carniole, de la Croatie et de la Russie.

RIBES UVA-CRISPA, Lin. — Le printemps s'annonce de
mille manières différentes dans nos climats tempérés, et
l'une de ses premières parures se trouve dans le développement de ces jeunes feuilles d'un vert pur que nous offrent
les buissons épineux de ce groseillier. Ses bourgeons ne
résistent pas au soleil de février ; il donne aux arbres le si-
gnal du réveil, et forme lui-même des touffes verdoyantes
qui permettent de distinguer encore leurs épines acérées.
Celles-ci sont réunies 2 à 2, plus souvent 3 à 3 sous
chaque bourgeon. Elles contrastent, par leur couleur fauve
ou orangée, avec le gris blanchâtre de l'écorce et le vert si
vif des jeunes feuilles. Ces dernières, un peu velues en
dehors, sont ployées en 3 dans le bourgeon sur leurs 3 nervures principales, en sorte que 6 surfaces, formant les
3 plis, sont exactement appliquées l'une contre l'autre.
Ces feuilles s'étendent rapidement, et, dans les premiers jours d'avril, de petites fleurs inclinées, nuancées
de rouge et de vert, sortent du milieu des jeunes feuilles
où elles étaient placées, et où elles attendaient pour
éclore les premières journées de cette douce température
que le mois d'avril accorde à la terre. Cet arbrisseau se
montre en buissons fourrés dont les branches pendent et s'inclinent souvent vers le sol. Quand ses petites fleurs verdâtres
et purpurines se sont effacées, des baies vertes et translucides

leur succèdent ; elles deviennent d'un jaune fauve en mù-
rissant, et, dès le mois de juillet, le groseillier a parcouru
toutes les phases de son développement. — C'est un arbuste
commun dans les haies, dans les buissons, que l'on voit
aussi pendre de la tête des vieux saules où les oiseaux ont
transporté ses graines.

Nature du sol. — *Altitude.* — Il est indifférent, et
s'il montre une préférence c'est pour les terrains calcaires.
— Il croît en plaine et peut s'élever dans les montagnes de
1,000 à 1,500^m. Ledebour l'indique, dans le Breschtau,
de 500 à 1,200^m. De Candolle le cite à 0 sur les dunes
de la Hollande, et à 1,400^m dans les Alpes et dans les
Cévennes.

Géographie. — Au sud, on le trouve dans le midi de
la France, en Espagne, en Italie, dans le royaume de Naples
et en Algérie, près du sommet du Djebel Cheliah (Cosson).
— Au nord, il existe dans la majeure partie de l'Europe centrale, disséminé dans le Danemarck, la Gothie boréale ; il
habite aussi la Suède, la Norvége et la Finlande australes,
mais il devient domestique et se rapproche des habitations.
Il reste en Ingrie, sur la rive droite de la Narowa, par 58°,
et vit en Angleterre et en Irlande aussi jusqu'au 58°. —
C'est dans les îles britanniques qu'il atteint sa limite occidentale ; il ne se trouve même pas en France dans plusieurs
provinces de l'ouest ; il manque à Bordeaux, à Agen, à
Nantes. — A l'orient, il est extrêmement commun en Suisse,
où il remonte dans toutes les vallées des Alpes ; il existe
dans le Tyrol septentrional, où M. Unger note sa floraison
le 9 mai pour une moyenne de 4 ans. Il vit dans les Carpathes, en Italie, en Sicile, en Dalmatie, en Croatie, en
Hongrie, en Transylvanie, dans le Caucase, en Géorgie,
dans les Russies septentrionale, moyenne et australe.

Limites d'extension de l'espèce.

Sud , Algérie.............. 35°   } Écart en latitude :
Nord , Norvége............. 58   }   23°
Occident , Irlande.......... 10 O. } Écart en longitude:
Orient , Russie moyenne....... 58 E. }   68°
           Carré d'expansion............. 1564

RIBES ALPINUM , Lin. — Les haies et les buissons sont
les stations que préfèrent les groseilliers, et c'est là que nous
rencontrons les buissons verdoyants et dioïques du *Ribes
alpinum*. Il se présente avec des feuilles brillantes, ciliées
sur leur pétiole , et des fleurs mâles jaunâtres , à grappes redressées. Les fleurs femelles , plus vertes , moins apparentes
et moins nombreuses , naissent comme les mâles au milieu
des feuilles ; leurs stigmates saillants et glutineux , au lieu
d'être enfermés dans le tube du calice , sont disposés pour
recevoir le pollen, et l'ovaire , aussitôt la fécondation accom-
plie , est recouvert par le calice dont les sépales se rapprochent. Ses épis sont nombreux et dressés , accompagnés de
bractées demi-transparentes, d'autant plus larges qu'elles
avoisinent les fleurs inférieures. — Les fruits, peu nombreux , puisque les fleurs femelles ne sont pas abondantes et
que plusieurs d'entre elles avortent, sont de petites gro-
seilles d'un beau rouge , mais complétement insipides. —
Cet arbrisseau est très-répandu dans les haies et dans les
buissons , dans les taillis et sur la lisière des forêts ; il fleurit
en mai, et vit en buissons dispersés , souvent accompagnés
du *Ribes uva-crispa*, du *Prunus Padus* et du *P. spinosa*.
Nous avons rencontré plusieurs fois des cantons très-étendus,
en Auvergne , où , malgré toutes nos recherches, nous n'a-
vons pu découvrir un seul pied portant des fleurs femelles ,

et comme ce fait se reproduit pour un bon nombre d'espèces dioïques, on se demande comment une espèce réduite à un seul sexe, et surtout au sexe mâle, peut être aussi commune dans une localité, et comment elle peut s'y reproduire?

Nature du sol. — Altitude. — Il est indifférent, croît sur tous les terrains et atteint des hauteurs assez grandes. Nous le trouvons en Auvergne de 400 à 1,500^m. Il croît à 1,500^m sur le versant sud du mont Ventoux. De Candolle l'indique à 400^m à Genève, et à 1,600^m dans les Pyrénées, le Jura et les Alpes. Wahlenberg dit qu'il existe dans la Suisse septentrionale, dans les lieux exposés au vent, jusqu'à la limite supérieure des sapins.

Géographie. — Au sud, les Pyrénées, l'Espagne boréale, le midi de l'Italie. — Au nord, une partie du centre de l'Europe, toute la Scandinavie, y compris la Laponie, où il croît comme en France dans les bois et au milieu des buissons, ainsi que l'Angleterre où il s'arrête au 56° en Ecosse. — A l'occident, il reste dans les Iles britanniques. — A l'orient, il s'étend très-loin, en Suisse, en Italie, en Croatie, en Hongrie, en Transylvanie, dans le Caucase, dans les Carpathes, dans toutes les Russies, dans les Sibéries de l'Oural, de l'Altaï, du Baïkal et dans le Kamtschatka.

Limites d'extension de l'espèce.

Sud, Royaume de Naples.....	40°	Écart en latitude :
Nord, Laponie...............	69	29°
Occident, Angleterre........	5 O.	Écart en longitude :
Orient, Kamtschatka........	170 E.	175°
Carré d'expansion...........	5085	

RIBES PETRÆUM, Wulf. — Il habite les bois rocailleux de nos montagnes où il forme des buissons volumineux,

à écorce brune et luisante comme celle des groseilliers rouges de nos jardins, et sur laquelle on remarque de petites
lenticelles jaunâtres très-abondantes. Ses feuilles, d'un vert
sombre, sont aussi lobées et semblables à celles de ce dernier arbrisseau. Ses fleurs sont nombreuses, d'un brun pour-
pré, dû à la coloration du calice, dont les lobes sont agréablement ciliés. Les grappes sortent de l'aisselle des premières feuilles et sont rapprochées les unes des autres,
tandis que le sommet du rameau, qui continue toujours de
s'accroître, est feuillé et sans fleurs. Les pédicelles sont ar-
ticulés, mais les pédoncules ne le sont pas; ces fleurs pendent en grappes allongées et s'épanouissent presque toutes
à la fois, et plus tard, des fruits rouges, sans acide, viennent décorer les forêts près des myrtilles, des framboisiers
et des alisiers, qui souvent accompagnent ce *Ribes* dans ses
stations némorales. — Il fleurit en mai et en juin.

Nature du sol. — *Altitude.* — Il préfère les terrains siliceux, granitiques, trachytiques et rocailleux. Il se développe admirablement sur les phonolites, mais il vit aussi sur les
calcaires. — De Candolle l'indique à 1,000^m au Mont-Dore,
et à 1,800^m dans les Alpes de Provence. Nous l'avons trouvé à
600^m à Aurillac, et à 1,600^m au Mont-Dore. Ledebour
dit qu'il croît dans la zone subalpine de toute la chaîne du
Caucase, entre 1,000 et 2,000^m.

Géographie. — Au sud, ce *Ribes* vit dans les Pyrénées.
— Au nord, il se trouve en Suisse, dans le Tyrol, en Ca-
rinthie, dans les Carpathes. — A l'occident, il est dans les
Pyrénées et sur le plateau central. — A l'orient, il existe en
Piémont, en Lombardie, en Croatie, en Hongrie, en
Transylvanie, dans le Caucase, la Géorgie, l'Arménie,
sur les bords de la mer Caspienne, dans les Sibéries de l'Altaï
du Baïkal, et dans la Dahurie.

Limites d'extension de l'espèce.

Sud, Pyrénées............	43°	}Ecart en latitude :
Nord, Carpathes..........	50	} 7°
Occident, France..........	0	}Écart en longitude :
Orient, Dahurie..........	119 E.	} 119°
Carré d'expansion.............	833	

FAMILLE DES SAXIFRAGÉES.

Tableau des proportions relatives des espèces dans le sens des latitudes.

	Latitude.	Longitude.		
Nigritie..	0° à 10°	18° O. à 5° E.	1 :	937
Abyssinie........	10 à 16	32 E. à 41 E.	1 :	1667
Algérie..........	33 à 36	5 O. à 6 E.	1 :	560
Roy. de Grenade...	36 à 37	5 O. à 8 O.	1 :	186
Sicile	37 à 38	10 E. à 13 E.	1 :	515
Portugal.........	37 à 42	9 O. à 11 O.	1 :	380
Royaume de Naples.	38 à 42	11 E. à 16 E.	1 :	128
Caucase..........	40 à 44	35 E. à 48 E.	1 :	276
Tauride..........	43 à 46	31 E. à 34 E.	1 :	1498
Plateau central	44 à 47	0 à 2 E.	1 :	134
France..........	42 à 51	7 O. à 6 E.	1 :	82
Russie méridionale..	47 à 50	22 E. à 49 E.	1 :	556
Allemagne........	45 à 55	2 E. à 14 E.	1 :	67
Carpathes........	49 à 50	19 E. à 22 E.	1 :	66
Angleterre........	50 à 58	1 O. à 7 O.	1 :	113
Russie moyenne...	50 à 60	17 E. à 58 E.	1 :	327
Scandinavie entière.	55 à 71	3 E. à 29 E.	1 :	109
Danemarck.......	52 à 57	7 E. à 12 E.	1 :	260

	Latitude.	Longitude.	
Gothie	55° à 59°	10° E. à 15° E.	1 : 272
Suède	55 à 69	10 E. à 22 E.	1 : 89
Norvége	58 à 71	2 E. à 10 E.	1 : 76
Russie septentr^le...	60 à 66	19 E. à 57 E.	1 : 124
Finlande	60 à 70	18 E. à 28 E.	1 : 135
Laponie	65 à 71	14 E. à 40 E.	1 : 56
EUROPE ENTIÉRE			1 : 91

Tableau des proportions relatives des espèces dans le sens des longitudes.

	Latitude.	Longitude.	
Irlande	51° à 55°	7° O. à 13° O.	1 : 69
Angleterre	50 à 58	1 O à 7 O.	1 : 113
Allemagne	45 à 55	2 E. à 14 E.	1 : 67
Russie moyenne .	50 à 60	17 E. à 58 E.	1 : 327
Sibérie de l'Oural.	44 à 67	55 E. à 74 E.	1 : 213
Sibérie altaïque..	44 à 67	66 E. à 97 E.	1 : 140
Sibérie du Baïkal.	49 à 67	93 E. à 116 E.	1 : 76
Dahurie	50 à 55	110 E. à 119 E.	1 : 92
Sibérie orientale.	56 à 67	111 E. à 163 E.	1 : 27
Sibérie arctique..	67 à 78	60 E. à 161 E.	1 : 13
Kamtschatka	46 à 67	148 E. à 170 E.	1 : 37
Pays des Tschukhis.	»	155 E. à 175 O.	1 : 9
Iles de l'Océan or^l.	51 à 67	170 E. à 130 O.	1 : 24
Amérique russe..	54 à 72	170 O. à 130 E.	1 : 11

Tableau des proportions relatives des espèces dans le sens des altitudes.

	Latitude.	Altitude en mètres.	
Roy. de Gr^d, rég. alp. et niv.	36° à 37°	1500 à 3500	1 : 69
Roy. de Grenade, rég. niv.	36 à 37	2500 à 3500	1 : 60
Pyrénées	42 à 43	500 à 2700	1 : 20

	Latitude.	Altitude en mètres.	
Pyrénées élevées........	42° à 43°	1500 à 2700	1 : 10
Pic du Midi de Bagnères..	0	0	1 : 18
Plat. central, rég. montagn.	44 à 47	500 à 1900	1 : 41
Plateau central, sommets.	44 à 47	1500 à 1900	1 : 20
Alpes.................	45 à 46	500 à 2700	1 : 29
Alpes élevées..........	45 à 46	1500 à 2700	1 : 13

Tableau des proportions relatives des espèces dans les îles.

	Latitude.	Longitude.		
Iles du Cap-Vert..	12° à 14°	24° O. à 27° O.	0 :	0
Canaries.........	28 à 30	15 O. à 20 O.	0 :	0
Hébrides........	57 à 58	8 O. à 10 O.	1 :	331
Orcades.........	59	5 O. à 6 O.	1 :	91
Shetland........	60 à 61	3 O. à 4 O.	1 :	309
Feroé...........	62	9 O.	1 :	37
Islande.........	64 à 66	16 O. à 27 O.	1 :	27
Mageroë........	71	24 E.	1 :	27
Spitzberg........	79 à 80	10 E. à 20 E.	1 :	6
Ile Melville......	76	114 O.	1 :	7
Ile J. Fernandez..	33 à 40 S.	76 O.	0 :	0
Nouv. Zélande (nord).	35 à 42 S.	171 O. à 176 O.	1 :	101
Malouines.......	52 S.	59 O. à 65 O.	0 :	0

Les plantes nombreuses qui composent cette famille, forment plusieurs groupes, dont le plus considérable appartient à l'Amérique du nord et à toutes les contrées froides du nouveau et de l'ancien continent; un autre se trouve en Asie: en Chine, au Japon, à Java, et un autre encore à la Nouvelle-Hollande et à la terre de Van-Diémen, à la Nouvelle-Zélande ou à la Nouvelle Calédonie. Quelques genres font partie de la végétation du Cap; mais, en général, l'hémisphère boréal est infiniment plus riche que l'hémisphère opposé. — Nos tableaux nous démontrent tous la tendance des Saxifra-

gées vers les montagnes et vers les contrées du nord. Ainsi,
dans le premier, nous les voyons atteindre leur maximum en
Laponie, 1/56, profitant à la fois et du climat glacé et des montagnes dont ce pays est couvert. Après la Laponie, vient
l'Allemagne de la flore de Koch, dans laquelle toutes les Alpes
et toute la Suisse se trouvent enclavées, puis la France, à
cause des Alpes et surtout à cause des Pyrénées ; les Carpathes, la Suède et la Norvége viennent ensuite (1/66, 1/89
et 1/76 de cette famille), en opposition avec le Danemarck
et la Gothie, sans montagnes, qui n'en ont que 1/260 et
1/272. Nous voyons les Saxifragées fuir les plaines de la
Russie et ne plus former même que 1/556 dans la Russie
méridionale. Quoique le Caucase ne soit pas riche, 1/276,
la Tauride l'est infiniment moins, puisque le chiffre de sa flore,
1498, ne contient qu'une seule espèce de cette famille. Enfin,
ces plantes disparaissent presque complétement des pays
chauds, de l'Afrique surtout, et si nous en trouvons 1/186 en
Andalousie et 1/128 dans le midi de l'Italie, nous ne pouvons
disconvenir que cette forte proportion ne soit due aux montagnes du royaume de Grenade et à celles de la Calabre. —
Le second tableau nous montre d'abord des chiffres peu si-
gnificatifs, mais bientôt ils se régularisent et nous font voir
la proportion de ces plantes croissant d'une manière extrêmement rapide en arrivant à l'est, dans les parties arctiques
de l'Asie et de l'Amérique. Cette proportion arrive même
à 1/9 dans le pays des Tschukhis, à 1/11 dans l'Amérique russe. — Tous les pays de montagnes sont très-
riches en *Saxifraga*, et si ce fait n'était déjà mis hors de
doute par notre premier tableau, il le serait évidemment
par le 3e : les proportions sont bien plus fortes partout
dans les montagnes que dans les plaines qui leur correspondent ; et si nous comparons les zones d'altitude, nous

remarquons quelle immense influence elles ont sur l'apparition de ces espèces; c'est au point que dans les Alpes élevées, les saxifrages font 1/13 de la végétation, et 1/10 sur les sommets des Pyrénées. — Les îles confirment d'abord les règles que nous avons énoncées, de l'augmentation de la proportion dans le nord et dans les montagnes, et aussi d'une augmentation relativement aux proportions existantes sur les continents voisins. Ainsi, l'Islande, les Feroë, Mageroë, sont infiniment plus riches que la Laponie; et nous remarquons que le froid est tellement favorable à ces plantes, qu'elles arrivent à former le 1/6 et le 1/7 de la végétation, dans les lieux les plus reculés que les végétaux puissent atteindre à l'extrémité nord de notre hémisphère. — Les Saxifragées sont beaucoup moins communes sur l'hémisphère austral.

G. SAXIFRAGA, *Lin.*

Distribution géographique du genre. — Les saxifrages forment un genre très-important, que la nature a destiné à décorer les zones les plus froides du globe. La plus grande partie vit sur les montagnes élevées, au milieu des glaces ou sur la lisière des neiges éternelles; les autres descendent de cette élévation pour s'établir dans des lieux plus abrités, sur les rochers humides ou à l'ombre des forêts. D'autres encore habitent les pentes fraîches des montagnes, et quelques-uns affectionnent les marais tourbeux ou les sables humides de nos vallées. Ce sont toutes plantes sauvages, dont 2 ou 3 espèces seulement approchent de nos demeures ou de nos champs cultivés. — On en connaît à peu près 150 espèces, qui occupent plusieurs centres, en Europe, en Asie et en Amérique. — L'Europe en renferme plus de 60. Ses deux cen-

tres principaux sont les Alpes qui en ont 30 espèces particulières, et les Pyrénées, qui en possèdent plus de 15.
Viennent ensuite les Carpathes, les montagnes espagnoles,
celles de la Calabre et de la Sicile, la Corse, les Alpes de
Carinthie, et enfin les points élevés de l'Ecosse, de la Scandinavie et du plateau central de la France. — Parmi les
50 saxifrages qui sont propres à l'Asie, 20 se rencontrent
sur les différentes chaînes de la Sibérie, à l'exception de
l'Oural qui en offre très-peu, et 15 dans celle du Népaul.
Ce sont là les 2 centres asiatiques. Ces plantes se dirigent
ensuite à l'orient, dans la Dahurie, au Kamtschatka, sur les
îles Aléoutiennes, d'où elles vont rejoindre les espèces
du nord de l'Amérique. On en cite 1 en Chine, 1 aux
grandes Indes ; très-peu sont propres au Caucase et à la
Géorgie. — L'Amérique du nord est riche en ce genre
de plantes. 30 espèces y sont disséminées dans le nord des
États-Unis, au Canada, au Groënland et jusqu'à l'île Melville où l'on en trouve 2 espèces qui bravent ce climat
glacé. — L'Amérique du sud n'en a que 7 à 8 qui croissent sur les hautes montagnes des Andes, au Pérou, sur
le Chimborazo, et l'une d'elles parvient au détroit de
Magellan. — On ne connaît que 2 *Saxifraga* en Afrique,
1 de Madère, l'autre de l'Atlas.

SAXIFRAGA AIZOON, Jacq. — Jolie plante qui habite les
rochers des montagnes, et qui y vit en sociétés composées de
rosettes rapprochées et serrées, qui sont terminées par de
belles pyramides de fleurs blanches. Ces rosettes sont en
quelque sorte encaissées au milieu des feuilles mortes et
desséchées des années précédentes. Elles sont formées
de feuilles coriaces, épaisses, arrondies, dentées en scie ou
plutôt crénelées, et présentent sur la partie saillante de ces

crénelures , de petits paquets pulvérulents qui semblent
répandre le glauque sur l'ensemble de la rosette. De la
base des rosettes qui doivent donner les fleurs et qui paraissent
après la floraison , on voit sortir des rejets allongés qui se
font jour à travers les feuilles mortes, et qui sont terminées
par de petites rosules au moyen desquelles ce saxifrage se
multiplie et étend ses gazons. La tige florale s'élève du centre des feuilles ; elle est presque nue ou garnie de quelques
feuilles éparses , oblongues et dentées. Les fleurs forment
au sommet une élégante panicule , dont chaque pédicelle
porte 1 à 3 fleurs. Le calice est glabre et les pétales sont
blancs, finement pointillés de jaune ou de rouge; les anthères s'approchent successivement du pistil pour s'ouvrir.
Le fruit est une capsule à deux loges , à 2 cornes , et
s'ouvrant, comme dans les autres saxifrages, par un trou situé
entre les 2 cornes. Les graines sont très-petites et fixées à
la partie moyenne de la cloison. — Il fleurit en juillet et en
août, souvent accompagné du *Dianthus cæsius* , du *Juniperus nana* , de l'*Avena versicolor* , etc.

Nature du sol. — Altitude. — Nous le trouvons partout,
sur les terrains rocheux , granitique , basaltique , trachytique
et phonolithique ; il croît aussi sur le calcaire. — Il atteint en
Auvergne une assez grande élévation, de 1,200 à 1,800^m.
De Candolle indique son minimum à 800^m et son maximum
à 2,400^m dans les Pyrénées. Tenore le cite à 2,300^m dans
la Calabre, sur le versant septentrional, et à 1,650^m sur le
versant méridional. Il croît sur le Ventoux, au nord , entre
1,850 et 1,900^m. Wahlenberg dit qu'il habite les lieux
pierreux des montagnes , depuis la région des noyers jusqu'au milieu des neiges éternelles , où il est encore très-
commun. Ramond a vu cette espèce à la brèche de Roland,
dans les Pyrénées , à une altitude qui dépassait 3,000^m.

Elle était associée à l'*Apargia pyrenaïca*, au *Filago leontopodium*, au *Viola biflora*, au *Thymus Serpyllum* et au *Taraxacum officinale*.

Géographie. — Au sud, on trouve ce saxifrage dans les Pyrénées, sur quelques montagnes de l'Espagne et dans le midi de l'Italie. — An nord, il végète dans l'Europe centrale, s'éloigne du Danemarck et de la Gothie où les montagnes lui manquent, et se montre dans la Norvége et dans la Laponie où il devient sporadique. — A l'occident, il est cité en Islande et non dans les îles britanniques, ni dans les archipels, mais au Labrador. — A l'orient, il habite la Suisse, la Croatie, la Hongrie, la Transylvanie, les Carpathes, le midi de l'Italie, et la haute Albanie.

Limites d'extension de l'espèce.

Sud, Royaume de Naples......	40°	⎞ Écart en latitude :
Nord, Laponie...............	65	⎟ 25°
Occident, Labrador..........	70 O.	⎞ Écart en longitude :
Orient, Albanie.............	19 E.	⎠ 89°
Carré d'expansion.............	2225	

SAXIFRAGA BRYOIDES, Lin. — Vivace comme la plupart des saxifrages, il s'étale sur les rochers et les pelouses sèches des montagnes, et y forme des gazons arrondis, formés de tiges couchées et rameuses. Ses feuilles sont petites, oblongues, pointues et rapprochées par leur extrémité, un peu ciliées, d'un vert jaunâtre et luisant. Elles sont couvertes, comme le reste de la plante, de glandes d'un beau jaune. Les tiges sont garnies de petites feuilles alternes, et sont terminées par 1 ou 2 fleurs assez grandes, bien étoilées, à pétales oblongs, pointus, blancs pointillés de jaune.

— Il fleurit en juillet et août. Nous l'avons vu sur le sommet du plomb du Cantal , associé au *Silene ciliata* , au *Cerastium alpinum* , var. *lanuginosum* , et ouvrant ses belles fleurs étoilées près des rosettes orangées du *Peltigera crocata*.

Nature du sol. — Altitude. — Il vit sur les terrains siliceux et rocheux, sur les trachytes , et plus rarement sur les calcaires. — Il n'habite que les hautes montagnes. Wahlenberg le cite dans les Alpes les plus élevées , vers la limite des neiges , sur le sol sec et micacé le plus exposé au vent, et dans les lieux qui offrent encore des traces de neige que le soleil peut à peine faire disparaître. C'est une des plantes que Saussure rencontrait avec étonnement sur le mont Cervin, à 3,500^m d'altitude , en société avec l'*Aretia helvetica* et le *Geum montanum*. La Baumelle observait ce saxifrage à 3,000^m sur le sommet du Vignemal dans les Pyrénées. Ramond a trouvé cette espèce sur le sommet supérieur du pic du Midi, le 26 août 1795 et le 11 septembre 1810. Elle y forme des rosettes denses de feuilles ciliées et d'un vert jaunâtre. Ses tiges sont le plus souvent uniflores, ses fleurs grandes, d'un jaune clair, mouchetées de fauve. Tenore le cite aussi de 2,000 à 2,300^m dans le midi de l'Italie.

Géographie. — Au sud , les Pyrénées, l'Espagne , le midi de l'Italie. — Au nord , les Alpes, la Suisse, les Carpathes. — A l'occident, les Pyrénées. — A l'orient , la Suisse, la Croatie, la Hongrie, la Transylvanie.

Limites d'extension de l'espèce.

Sud, Royaume de Naples ..... 40° ⎫ Écart en latitude :
Nord, Carpathes............ 50   ⎬   10°

Occident, Pyrénées.......... 6 O.⎫ Écart en longitude :
Orient, Transylvanie........ 21 E.⎭   27°
       Carré d'expansion............ 270

SAXIFRAGA STELLARIS, Lin. — Plante frêle et délicate qui étale les rosettes de son feuillage dans les lieux humides, sur le bord des eaux vives ou dans les marais tourbeux, au milieu des *Sphagnum* et des *Drosera*. Elle se plaît sur le bord des neiges fondantes des montagnes, et pénètre jusque dans les grottes et les cavités des rochers arrosés, où la lumière peut à peine arriver. Elle aime la poussière humide et l'écume des cascades, et végète partout où une froide humidité peut entretenir sa fraîcheur. Ses feuilles varient dans leur forme. Elles sont tendres et délicates, un peu épaisses et lustrées, pointues, munies d'un petit nombre de dents assez grandes. Tantôt elles sont d'un beau vert, tantôt elles sont brunes ou rouges, et presque toujours de petits rejets, portant des rosettes, vont s'épanouir à une petite distance et forment de jeunes rosules. Les pédoncules, qui naissent solitaires, et quelquefois réunis à l'aisselle des feuilles, sont d'abord abrités par les feuilles recourbées, puis ils se dégagent et présentent un petit corymbe de fleurs à pétales étoilés, pointus, lancéolés, blancs et tachés de jaune et de rouge. Les anthères sont orangées, le stigmate est presque sessile et la capsule à peine adhérente au calice qui est réfléchi. — Il fleurit en juin, en juillet, en août, accompagnant souvent le *Barthramia fontana*, le *Chrysosplenium oppositifolium*, le *Caltha palustris*, le *Trifolium spadiceum*, le *Stellaria uliginosa*, etc.

Nature du sol. — Altitude. — Il recherche les terrains siliceux et aquatiques, et se développe très-bien sur tous les sols volcaniques. — Il atteint une très-grande altitude ; nous le trouvons jusqu'à 1,700^m, et s'il ne s'élève pas au delà en Auvergne, c'est que l'eau lui manque. De Candolle l'indique à 600^m dans les Alpes et à 3,500 dans les Alpes et dans les Pyrénées. Ramond le cite à peu près à la même hauteur au pic de Néouvielle dans les Pyrénées, où il est souvent envahi par les glaces et reste engourdi pendant plusieurs années consécutives. M. Boissier le cite, dans les montagnes du midi de l'Espagne, de 2,300 à 3,000^m. Wahlenberg dit qu'en Suisse on le trouve sur tous les points élevés, même au milieu des neiges éternelles. Aux Loffoden il s'élève encore de 0 à 370^m, selon Lessing. Il arrive aussi très-haut en Corse, sur le monte Rotondo.

Géographie. — Au sud, il croît dans les Pyrénées, en Corse et dans le midi de l'Espagne. — Au nord, il habite à peu près toutes les montagnes, à l'exception du Jura, dont il est probablement chassé par les eaux calcarifères. Il existe dans toute la Scandinavie, le long des petits ruisseaux des montagnes, et dans toutes les Alpes maritimes un peu ombragées. Il pénètre en Laponie et atteint les Loffoden, Hammerfest, où il fleurit à la fin de juin, et le cap Nord ; il arrive même au Spitzberg. On le trouve aussi en Angleterre, en Irlande, aux Hébrides, non aux Orcades ni aux Shetland, mais aux Feroë et en Islande. — A l'occident, il dépasse cette dernière localité et végète au Groënland et au Labrador. On l'indique aussi au Canada, mais, selon Hooker, Pursch est le seul qui y cite cette plante où il suppose qu'elle n'existe pas. Elle a pour parallèle, dans les îles américaines arctiques, le *S. foliosa*, Brown, et dans les montagnes rocheuses et sur la côte nord-ouest, le *S. leucan-themifolia*, Michaux. — A l'orient, ce saxifrage saute la Finlande et toute la Russie pour reparaître en Sibérie et s'avancer même vers le nord jusqu'à la terre des Samoyèdes.

De là il passe dans la Sibérie du Baikal, dans la Sibérie
orientale, dans la Sibérie arctique, dans le pays des Tschukhis, dans les Aléoutiennes et dans le voisinage du détroit
de Behring, atteignant l'Amérique russe. — Il forme ainsi
deux longues bandes dirigées du sud au nord, touchant les
régions les plus froides de la terre, et séparées par deux autres
bandes plus larges encore sur lesquelles il ne se montre pas.

Limites d'extension de l'espèce.

Sud, Royaume de Grenade...	37°	Écart en latitude :	
Nord, Spitzberg..........	80	43°	
Occident, Labrador........	65 O.	Écart en longitude :	
Orient, Aléoutiennes.......	180 E.	245°	
Carré d'expansion...........	10535		

SAXIFRAGA CLUSII, Gouan. — Ce saxifrage a quelque
rapport avec le précédent, mais on ne conçoit pas que la
plupart des botanistes aient pu le considérer comme une variété du *S. stellaris*. Il est impossible à ceux qui l'ont vu
vivant de pouvoir confondre ces deux plantes. Il vit en société sur les rochers, et atteint quelquefois plus de 3 déci-
mètres de hauteur. Ses feuilles sont grandes, allongées,
à larges dentelures inégales. Ses tiges sont rougeâtres au
soleil, vertes à l'ombre, et couvertes de poils blancs très-
visqueux. Toute la plante est d'une extrême fragilité, et se
présente avec des rameaux très-ouverts, dont les inférieurs
sont même souvent réfléchis. Le calice offre 5 sépales, verts
ou rougeâtres au sommet, et réfléchis. Les 5 pétales sont
d'un blanc pur ; les 3 supérieurs plus grands et marqués
jusqu'à leur base d'une tache cordiforme d'un beau jaune.
Les filets sont blancs ; les anthères d'un bel orangé rouge ;

le pollen rouge brique. L'ovaire est blanc comme les pétales, terminé par 2 styles et 2 stigmates de la même couleur
et à peine apparents. Cet ovaire devient immédiatement
d'un beau vert après la fécondation.

Nature du sol. — Altitude. — Nous l'avons toujours
trouvé sur le micaschiste et à une faible altitude, 600 à
800^m environ. De Candolle l'indique à 800^m à St-Girons,
et à 2,000^m dans les Pyrénées.

Géographie.—Nous n'avons vu citer cette plante que dans
les Pyrénées, dans les Cévennes, dans le Tyrol et la Transylvanie.

Limites d'extension de l'espèce.

Sud, Pyrénées..............	43°	}	Écart en latitude :
Nord, Tyrol................	48	}	5°
Occident, Pyrénées..........	2 O.	}	Écart en longitude :
Orient, Transylvanie........	22 E.	}	24°
Carré d'expansion.............	120		

Saxifraga cuneifolia, Lin. — Ce joli saxifrage recherche les lieux frais et ombragés, où il se réunit en petites
sociétés. Ses feuilles épaisses, cunéiformes, solides et comme
cartilagineuses, sont fortement crénelées et réunies en rosettes
composées d'étages superposés qui indiquent les années
de la plante. Ces feuilles, vertes ou rougeâtres en dessus,
sont presque toujours rouges ou violettes en dessous. Des
rejets partent de ces rosettes pour reproduire l'espèce. Les
pédoncules sont nus et inclinés, mais ils se redressent et
présentent un petit corymbe de fleurs blanches un peu irrégulières, ayant 2 taches safranées à la base de chaque pétale.
Les filets sont renflés, les anthères sont orangées et s'approchent successivement des stigmates, puis s'en éloignent en-

suite. Les graines sont sphériques et tuberculées. — Fleurit
en juin.

Nature du sol. — Altitude. — Nous l'avons rencontré
sur les terrains siliceux et rocailleux , à l'altitude de 800 à
1,000^m. De Candolle l'indique à 500^m à Genève, et à
2,500 dans les Alpes.

Géographie. — Au sud, les Pyrénées. — Au nord , la
Suisse, le St-Gothard. — A l'occident, les Pyrénées. — A
l'orient , les Alpes, le Piémont, la Lombardie, Modène,
la Croatie, la Hongrie, la Transylvanie.

Limites d'extension de l'espèce.

Sud, Pyrénées.............. 43°	} Ecart en latitude :	
Nord, Suisse............... 48	} 5°	
Occident, Pyrénées.......... 5 O.	} Ecart en longitude :	
Orient, Transylvanie........ 22 E.	} 27°	
Carré d'expansion............. 135		

Saxifraga exarata, Vill. — C'est une petite plante
sociale qui croît en gazons larges et arrondis d'une extrême
fraîcheur. Il habite les lieux humides, le bord des cascades
et des ruisseaux , les sommets souvent enveloppés de brouillards. Ses feuilles sont un peu velues, portées sur un long pétiole aplati, élargies et divisées au sommet en 3 ou 4 lobes
à nervures fortes et saillantes. Les feuilles inférieures et anciennes deviennent brunes et presque noires, et rendent les
gazons très-compactes à leur base. On voit sortir de la partie supérieure de ces coussins verdoyants , des pédicelles nus
qui se terminent par quelques fleurs de grandeur moyenne,
d'un blanc verdâtre ou jaunâtre, remarquables par leurs
stigmates élargis. — Il fleurit en juillet et en août.

Nature du sol. — Altitude. — Il végète sur les terrains

siliceux et rocheux des montagnes, quelquefois sur les pentes herbeuses. Nous le trouvons de 1,500 à 1,850^m. De Candolle l'indique de 1,600 à 2,600^m dans les Alpes. Il habite aussi les parties les plus élevées du Caucase.

Géographie. — Au sud, il s'arrête probablement dans les Pyrénées espagnoles. — Au nord, c'est sur le nouveau continent qu'il atteint sa limite, dans l'Amérique russe, à la baie de Kotzébue. — A l'occident, on le cite encore en Amérique, dans les montagnes Rocheuses, entièrement identique à celui de l'Europe. — A l'orient, il habite la Suisse, la Lombardie, l'Autriche, le Tyrol, la Turquie, le Caucase, le pays des Tschukhis, l'île d'Unalaska et l'Amérique russe. — Enfin on le retrouve à l'extrémité de l'hémisphère austral, au détroit de Magellan et au port Famine.

Limites d'extension de l'espèce.

Sud, Pyrénées..............	43°	Ecart en latitude :
Nord, Amérique russe.......	66	23°
Occident, Pyrénées.........	5 O.	Ecart en longitude :
Orient, Montag. Roch. 180 E.		235°
+ 50 O. =......	230	
Carré d'expansion............	5405	

Saxifraga pubescens, Pourr. — Il forme de petites touffes sur les rochers, et s'y réunit en gazons serrés. Il est vivace et presque ligneux à sa base. Sa tige est courte, garnie de feuilles d'abord droites, puis étalées en rosette et quelquefois même réfléchies quand leur rapprochement ne s'y oppose pas. Elles sont pubescentes, un peu visqueuses sur toute leur surface, rétrécies en pétiole et élargies au sommet en un limbe divisé en 3 lobes linéaires et obtus. Les fleurs sont blanches et disposées en une panicule lâche au

sommet de pédoncules pubescents. De Candolle dit que les
filets des étamines persistent et deviennent purpurins après
la floraison, caractère qui se retrouve dans le *S. groenlan-
dica*. — Il fleurit en juin.

Nature du sol. — *Altitude.* — Il habite les terrains
calcaires et rocheux des montagnes. De Candolle l'indique
à Mende à 500^m, où nous l'avons trouvé, et à 2,500^m dans
les Pyrénées.

Géographie. — Son aire d'expansion a très-peu d'étendue, comme celle de plusieurs autres saxifrages. — Au
sud et à l'occident, il existe dans les Pyrénées et en Espagne. — Au nord, il ne dépasse pas la Lozère. — A l'o-
rient, il s'arrête dans les Alpes du Piémont.

Limites d'extension de l'espèce.

Sud, Espagne............... 38°	}	Ecart en latitude :
Nord, Lozère............... 45	}	7°
Occident, Espagne........... 6 O.	}	Ecart en longitude :
Orient, Piémont........... 5 E.	}	11°
Carré d'expansion.............. 77		

SAXIFRAGA PEDATIFIDA, Ehrh. — Ce saxifrage ressemble au précédent, et forme comme lui d'épais gazons sur les
rochers. Ses souches sont presque ligneuses, accompagnées
des anciennes feuilles à demi-décomposées, tandis que les
nouvelles forment de jolies rosettes, de la base desquelles
sortent des rejets nombreux qui ajoutent à la densité des gazons. Ces feuilles sont planes, rétrécies en pétiole, et leur
limbe est à peine dilaté, mais divisé en lanières aiguës et
mucronées. La tige, qui naît au centre de la rosette, est
droite et pubescente, et se termine par une petite panicule

redressée, de 2 à 8 fleurs tubuleuses, grandes et blanches, dont l'ovaire est en grande partie adhérent au calice. — Fleurit en juin.

Nature du sol. — Altitude. — Préfère les terrains siliceux, et ne s'élève pas beaucoup dans les montagnes. Nous le trouvons de 500 à 600^m au plus.

Géographie. — Au sud, la Lozère, l'Ardèche, la Corse, et peut-être les Pyrénées, au port de Paillière. — Au nord, il est indiqué dans les montagnes de l'Ecosse du 56 au 57°. — C'est là son habitation la plus occidentale, comme la Corse est pour lui la plus orientale.

Limites d'extension de l'espèce.

Sud, Corse	42°	}	Ecart en latitude :
Nord, Ecosse	56	}	14°
Occident, Ecosse	6 O.	}	Ecart en longitude :
Orient, Corse	7 E.	}	13°
Carré d'expansion	182		

SAXIFRAGA HYPNOIDES, Lin. — Il habite les rochers, les pelouses sèches des montagnes, et quelquefois les vieux murs. Il constitue des gazons souvent très-étendus, formés par des tiges rampantes et enlacées, très-rameuses à leur partie supérieure. Les feuilles naissent en faisceaux isolés des tiges, donnant souvent naissance, à leurs aisselles, à de nombreux rameaux stériles, terminés par des gemmes ou bourgeons allongés. Ces feuilles, à divisions linéaires et pointues, sont jaunâtres à leur naissance ; elles verdissent puis se colorent peu de temps après en rouge un peu violet, au moins en-dessous et sur les pétioles. Les fleurs sont peu nombreuses, mais assez grandes, et portées sur des pédicelles rameux, couverts de poils courts à tête glanduleuse, d'un rouge brun. Les pétales sont blancs, munis à leur base de 3 nervures jaunâtres, dont celle du milieu traverse presque toujours le pétale tout entier. Les filets des étamines sont jaunâtres, les anthères et le pollen d'un beau jaune. — Il fleurit en mai, en juin et en juillet, souvent associé à l'*Alchemilla alpina*, au *Luzula maxima*, au *Cerastium alpinum*, au *Vaccinium Vitis-idæa*, au *Festuca spadicea*, etc. Nous l'avons trouvé fleuri : 13 mai 1830, à Royat ; — 22 mai 1842, à St-Floret ; — 26 mai 1833, à Gravenoire ; — 20 juin 1833, rochers du puy de Dôme ; — 23 juin 1839, bois de la base du puy de Dôme ; — 9 juillet 1835, montagnes de la Lozère ; — 16 juillet 1840, vallée de Massiac (Cantal) ; — 17 juillet 1840, rochers d'Albepierre (Cantal) ; — 7 août 1842, puy d'Eraigne, près St-Nectaire.

Nature du sol. — Altitude. — Il recherche les terrains siliceux, granitiques, trachytiques, et croît aussi sur les basaltes, préférant les sols rocheux et rocailleux aux pentes herbeuses et unies. — Il descend quelquefois jusque dans la plaine, mais ses véritables stations sont dans les montagnes. De Candolle l'indique à 0 à Collioure, et à 1,200^m en Auvergne. Nous l'avons trouvé à 500^m à Royat, et à 1,400^m au puy de Dôme et au mont Dore.

Géographie. — Au sud, il se trouve dans les Pyrénées-Orientales, dans les Asturies, dans le centre de l'Espagne et en Portugal. — Au nord, il habite le duché de Luxembourg, l'Irlande, les Orcades, les Feroë et l'Islande, mais n'existe ni en Angleterre, ni en Scandinavie. Il atteint le Groënland, où il est commun. — Là est sa limite occidentale. — A l'orient, il habite les Vosges et non la Suisse. Il est aussi indiqué en Transylvanie.

Limites d'extension de l'espèce.

Sud, Portugal.............. 40°	}	Ecart en latitude :
Nord, Islande.............. 65	}	25°
Occident, Groënland......... 50 O.	}	Ecart en longitude :
Orient, Transylvanie........ 20 E.	}	70°
Carré d'expansion............. 1750		

SAXIFRAGA TRIDACTYLITES, Lin. — Jolie petite plante annuelle qui croît sur les rochers ou sur les murs, sur les pelouses à herbe courte et espacée, au milieu des mousses et des lichens, et qui, parfois, lutte de précocité avec le *Draba verna*, qui occupe aussi les mêmes localités et lui est souvent associé. Sa tige est grêle et rameuse, souvent rougeâtre, ainsi que ses feuilles. Celles-ci sont un peu velues, divisées en 3 lobes à leur extrémité. Les fleurs sont blanches, petites, à pétales obtus. L'ovaire est presque entièrement soudé au calice, et, aussitôt après la fécondation, la partie supérieure de la capsule, qui n'est pas adhérente, s'élargit et devient cartilagineuse. Les styles sont persistants ; ils s'écartent, puis la capsule s'ouvre par le sommet, et met à découvert de nombreuses graines disposées en séries sur les deux côtés de la cloison.

Nature du sol. — Altitude. — Ce saxifrage paraît indifférent et croît sur les murs, sur les terrains primitifs, sur les calcaires compactes, sur la lave et les scories des volcans, et dans les fissures des basaltes. Nous ne le connaissons qu'en plaine, ou à une faible altitude sur les causses de la Lozère. Ledebour le cite à 800^m dans le Caucase.

Géographie. — Au sud, on le trouve dans les Pyrénées, en Espagne, aux Baléares, dans le midi de l'Italie. — Au nord, dans toute l'Europe continentale, en Scandinavie sur

les calcaires , et jusque dans les champs et sur les collines de
la Laponie où il devient rare. Il est en Angleterre et en
Irlande, et de là il passe en Islande sans prendre relai dans
les archipels. On le trouve aussi en Finlande , et une petite
variété à feuilles entières, le *S. minuta*, Poll., végète vers le
58°, sur les deux rives de la Narowa, en Esthonie et en Ingrie , où M. Ruprecht l'a recueillie. — A l'occident, il reste
en Islande. — A l'orient , il est rare en Suisse , et vit dans
la plaine sur les murs ; il habite en Turquie la région subalpine , la Bosnie, le mont Zmilevitza , selon M. Boué ; on le
rencontre en Grèce , en Dalmatie , en Croatie , en Hongrie,
en Transylvanie , dans le Caucase , la Géorgie , sur les bords
de la Caspienne , dans toutes les Russies et dans la Sibérie
orientale.

Limites d'extension de l'espèce.

Sud , Baléares..............	39°	⎫ Ecart en latitude :
Nord , Laponie.............	69	⎬ 30°
Occident , Islande..........	22 O.	⎫ Ecart en longitude :
Orient , Sibérie orientale.....	150 E.	⎬ 172°
Carré d'expansion. 5160		

SAXIFRAGA GRANULATA , Lin. — Il est sans doute le plus
commun de tous les saxifrages ; c'est une des premières vic-
times exposées chaque année , dès le printemps , à tomber
sous la houlette des botanistes débutants. Il se présente partout , sur les pelouses , dans les prairies , sur les berges des
chemins , sur la lisière des bois , et jusque dans les taillis et
sur les pentes herbeuses des montagnes. Il abonde parfois
sur les sables des rivières et sur les laves et les scories des
volcans. Il s'associe à une foule de plantes , souvent au *Sa-
rothamnus vulgaris ;* leur floraison est simultanée, et c'est

un charmant spectacle de voir la multitude de fleurs que ces
deux espèces ouvrent à l'envi dès la fin de mai et pendant
le mois de juin. Ailleurs, le *Viola sudetica* ajoute ses fleurs
bleues à ce mélange, où l'on distingue encore le *Luzula
campestris*, le *Veronica serpyllifolia*, le *Cerastium ar-
vense*, etc. Il n'est même pas exclu des prairies humides ;
il y forme de petits groupes sur les points un peu saillants et
égouttés, et nous l'avons vu ainsi réuni en sociétés, près
desquelles, sur des points un peu plus bas, croissaient le
Narcissus poeticus, le *Trollius europæus*, et même le *Pedicularis palustris*. — Ses racines sont chargées de plusieurs tubercules arrondis, d'un beau rose en dedans et en
dehors, et qui sont autant de bourgeons destinés à multiplier la plante. Ses feuilles sont épaisses, réniformes et visqueuses, les radicales souvent d'un beau violet, roses ou
carminées, et passant quelquefois, en mourant, à un orangé
très-vif, indépendant de l'*Uredo*, qui leur donne souvent
cette couleur. Si elles restent vertes, elles sont bordées de
carmin sur le sommet de leurs crénelures. Elles portent,
comme les tiges, des poils blancs, transparents, allongés,
dont quelques-uns sont glanduleux. Les fleurs, peu nombreuses, naissent au sommet de la tige ou de ses divisions,
et, comme dans la plupart des saxifrages, elles sont penchées avant l'épanouissement. Les pédicelles sont souvent
rougeâtres et hérissés, comme les sépales, de poils nombreux, courts et blancs, portant une petite glande d'un rouge
vif. Les pétales sont d'un beau blanc, avec quelques stries
verdâtres qui n'atteignent pas l'extrémité du limbe. Les filets et les anthères sont jaunes ; les stigmates sont d'un vert
jaunâtre, à papilles très-développées. La fleur répand une
odeur suave. La capsule est très-adhérente au calice, et contient des graines brunes et tuberculeuses. Voici quelques

dates précises de floraison : 21 avril 1840, à Grasse (Var) ; — 4 mai 1833, coulée et lave de Gravenoire ; — 6 mai 1840, puys de Côme et de Pariou, à la base ; — 9 mai 1833, à Nohanent ; — 12 mai 1831, sommet du cratère de Côme ; — 19 mai 1833, volcan de Chanat ; — 21 mai 1840, à Durthol ; — 26 juin 1828, sommet du puy de Dôme ; — 17 mai 1748, à Upsal (Linné). — La variété *penduliflora*, dont on a fait à tort une espèce, remplace le type dans les montagnes de l'Auvergne, comme il est remplacé dans d'autres localités par le *S. bulbifera* et le *S. cernua.*

Nature du sol. — Altitude. — Nulle part il n'est plus abondant et plus beau que sur les terrains volcaniques et siliceux, surtout s'ils sont graveleux ou sablonneux ; mais il n'est pas absolument exclu des calcaires. — Il peut atteindre très-haut sur les montagnes. De Candolle le cite à 40^m à Paris, et à 1,600^m dans les Pyrénées, d'après Ramond. Nous pouvons l'indiquer à 0 à Nantes, et à 1,600^m au moins (la variété *penduliflora)* dans les montagnes de l'Auvergne. M. Boissier l'a rencontré depuis 1,000^m jusqu'à 2,300^m dans les montagnes du royaume de Grenade.

Géographie. — Au sud, il habite les Pyrénées, l'Espagne, la Corse, la Sardaigne, le midi de l'Italie, et l'Algérie, où il est cité par Desfontaine et par Munby. Ne serait-ce pas, dans cette dernière localité, le *S. bulbifera* que M. le docteur Borne m'a dit avoir trouvé très-communément depuis le littoral jusqu'à l'Atlas ? — Au nord, il est répandu dans tout le centre de l'Europe ; il entre en Scandinavie, en Danemarck, partout en Gothie, et s'arrête dans la Suède et la Norvége australes. On le trouve dans la Finlande australe, en Irlande et en Islande, mais non en Angleterre ni dans les archipels. — A l'occident, il végète aussi en Por-

tugal. — A l'orient, on le rencontre en Suisse, en Italie,
en Turquie, en Grèce, en Hongrie, en Croatie, en Transylvanie, dans les Russies moyenne et australe.

Limites d'extension de l'espèce.

Sud, Algérie.............. 35° } Ecart en latitude :
Nord, Finlande............ 61   }   26°
Occident, Islande.......... 20 O. } Ecart en longitude :
Orient, Russie moyenne...... 58 E. }   78°
    Carré d'expansion............ 2028

SAXIFRAGA ROTUNDIFOLIA, Lin. — Il fait partie de la
fraîche végétation des bois humides, des sources et des ruisseaux d'eau limpide. Il croît en belles touffes d'une admirable fraîcheur sur le bord des cascades, quelquefois même
abrité dans des grottes humides, ou enfermé avec l'*Impatiens
noli tangere*, le *Geranium Robertianum* et le *Myosotis palustris*, sous la courbe décrite par l'eau qui s'élance dans sa
chute. Il se mêle à ces parterres isolés qui laissent voir toutes
leurs beautés à travers les lames sans cesse renaissantes de
leur cristal. Il fait partie de ces groupes délicieux, éclairés
aux couleurs pures de l'iris, et qui n'admettent pour habitant que le cincle plongeur, usant à chaque instant de son
privilége pour traverser la nappe liquide qui le sépare de la
retraite paisible et fleurie où il a déposé le fruit de ses amours.
— Ce saxifrage est un des plus grands de nos contrées. Il
est vivace, sa tige est droite, succulente et rameuse. Ses
feuilles sont larges, arrondies, réniformes et dentées tout
autour. Les fleurs naissent au sommet de la tige et des rameaux étalés. Les pétales sont blancs, pointus, parsemés de
points jaunes et rouges d'une finesse extrême. Les anthères
sont pivotantes, et viennent successivement s'incliner sur le

pistil pour y répandre leur pollen, mais alors les stigmates n'ont pas encore développé leurs houpes papillaires, et la fécondation est probablement indirecte. La capsule est libre, ovale, resserrée au sommet, puis élargie et terminée par 2 pointes divergentes. Les graines sont petites, ovales et chagrinées. Des rejets, rampants et souterrains, concourent avec les semences à la reproduction de cette espèce. — Il fleurit pendant tout l'été. — Le *S. hederacea*, de l'Orient, le *S. russi* et le *S. parviflora*, des îles de la Méditerranée, sont des espèces parallèles à notre *S. rotundifolia*, dont elles semblent être des diminutifs.

Nature du sol. — *Altitude.* — Nous le trouvons constamment sur les terrains primitifs et volcaniques, et notamment sur les trachytes, sur les phonolites et les tufs ponceux. Thurmann semble, au contraire, l'indiquer comme caractéristique des terrains calcaires, car il dit qu'il fait contraste, par son absence dans les Vosges ; ce qui viendrait à l'appui du fait que nous avons rappelé plusieurs fois, que les terrains volcaniques constituent un sol neutre, sur lequel viennent se réunir les plantes des terrains siliceux et calcaires, meubles et compactes. — Nous trouvons cette espèce à une assez grande élévation : 1,200 à 1,500^m. Wahlenberg l'indique, dans les Alpes, au-dessous de la limite des noyers, jusqu'aux neiges perpétuelles, et Tenore la place dans les vallées de sa région des bois, entre 800 et 1,200^m. M. Boué dit aussi qu'en Turquie elle habite la zone subalpine.

Géographie. — Au sud, les Pyrénées, l'Espagne, la Corse, le midi de l'Italie et la Sicile. — Au nord, le Jura, la Suisse. — A l'occident, les Pyrénées et l'Espagne. — A l'orient, l'Italie, la Croatie, la Hongrie, la Transylvanie, la Turquie, la Grèce, le Caucase, la Géorgie.

Limites d'extension de l'espèce.

Sud, Sicile.................. 38° } Ecart en latitude :
Nord, Suisse............... 48   }   10°
Occident, Pyrénées.......... 2 O. } Ecart en longitude :
Orient, Géorgie............ 47 E. }   49°
        Carré d'expansion............. 490

G. CHRYSOSPLENIUM, *Lin.*

Petit genre composé seulement de 8 espèces asiatiques,
européennes et américaines. C'est-à-dire , 2 de la Sibérie
et 1 du Kamtschatka. — 1 de l'Amérique septentrionale.
1 de l'Amérique australe. — 1 de la Calabre et 2 du nord
de l'Europe.

CHRYSOSPLENIUM ALTERNIFOLIUM, Lin. — Quand le
Salix caprea ouvre ses fleurs odorantes et appelle au banquet de la vie , les insectes que le soleil vient d'éveiller,
une humble plante essaie à ses pieds d'épanouir sa corolle,
et d'attirer notre attention par ses fleurs dorées. C'est le *Chri-
sosplenium* qui souvent est effacé par la fleur brillante du
Caltha palustris , ou par les corolles tendres et lilacées du
Cardamine pratensis. Quelquefois il précède encore ces
espèces vernales, et , réuni en société sur le bord des ruisseaux d'eaux vives , il étale tout le luxe que lui a donné la
nature. — Il est vivace , tendre et délicat. Ses feuilles sont
longuement pétiolées, reniformes , crénelées et un peu velues.
Les supérieures sont sessiles ou presque sessiles ; elles sont
très-rapprochées au sommet de la plante , et y prennent une
nuance de jaune. Les fleurs, petites, semblent posées sur les
feuilles, et ouvrent successivement leur calice doré et dé-

pourvu de corolle. La fleur supérieure a 5 divisions et 10 étamines , les autres sont quadrifides. Ces fleurs, accompagnées de leurs feuilles florales, restent longtemps épanouies et deviennent de plus en plus jaunes. L'ovaire fécondé grossit, puis il s'ouvre avant la maturité des graines , qui semblent régulièrement disposées dans des corbeilles élégantes, et qui, encore fixées au placentaire, reçoivent directement l'influence du soleil. — Il fleurit en février , mars et avril. M. Unger indique sa floraison le 20 avril , dans le Tyrol septentrional, pour une moyenne de 4 ans.

Nature du sol. — *Altitude.* — Il préfère les sols siliceux, sablonneux et détritiques. Il croît aussi sur le calcaire pourvu qu'il soit mouillé. Il s'élève assez haut ; nous l'avons trouvé à 1,400 et 1,500^m en Auvergne, associé aux sapins. Wahlenberg l'indique en Suisse, dans les lieux aqueux de la plaine et de la montagne, jusque sur le St-Gothard.

Géographie. — C'est une espèce de l'extrême nord , qui s'avance au sud jusque dans les Pyrénées et en Corse, et que nous avons trouvée presqu'en plaine dans le département du Gard. Elle habite aussi les montagnes du midi de l'Italie. — Au nord , elle s'avance tant qu'elle trouve de la terre , dans toute la Scandinavie, y compris la Laponie et même au Spitzberg. Elle croît aussi en Angleterre et en Irlande. — A l'occident , elle végète dans les lieux buissonneux et humides de l'Amérique anglaise; le capitaine Parry l'a vue dans les lieux les plus arctiques, à l'île Melville, par 75°. Elle existe aussi dans les montagnes Rocheuses. — A l'orient , elle est aussi commune dans les Carpathes, en Italie , dans le Caucase , autour de la Caspienne, dans toutes les Russies, dans les parties les plus arctiques de la Sibérie, où elle gagne le nord partout , arrivant encore dans le pays des Samoyèdes. Pallas la cite sur les bords de la mer

Glaciale, très-petite et très-rabougrie, et vivant en société avec *Andromeda hypnoides*, *Saponaria alpina*, *Arenaria grandiflora*, *Dianthus plumarius*, *Saxifraga hirculus*, *Stellaria nemorum*, *Potentilla stipularis*, *Rubus chamœmorus*, *Pedicularis lapponica*, etc. Ledebour l'indique encore dans la Sibérie orientale, en Dahurie, dans le pays des Tschukhis, à la baie de St-Laurent, au Kamtschatka et dans l'Amérique arctique, où elle retrouve les individus qui remontent des montagnes Rocheuses.

Limites d'extension de l'espèce.

Sud, Royaume de Naples.....	40°	⎫ Ecart en latitude :
Nord, Spitzberg............	80	⎬ 40°
Occident et *Orient*.........	360	⎱ Ecart en longitude : 360°
Carré d'expansion............ 14400		

CHRYSOSPLENIUM OPPOSITIFOLIUM, Lin. — Espèce des plus sociales, et formant de longues et larges touffes suspendues aux rochers ou tapissant le bord des sources et des eaux vives, l'intérieur et le portique des grottes ombragées, souvent mélangée au *Geranium Robertianum*, aux *Myosotis*, au *Cardamine Impatiens*, au *Cystopteris fragilis*, et aux thallus verts et rampants des *Marchantia*. Il conserve toute l'année sa verdure, et fréquemment, en hiver, on le voit enchâssé dans la glace transparente des cascades et des ruisseaux avec quelques *Hypnum*, à côté des rameaux givrés des lierres et des églantiers. — Ses feuilles sont rondes, épaisses, un peu velues et succulentes, toujours opposées, un peu courbées, et embrassantes au sommet des rameaux stériles. Il semble que, dans les tiges fertiles, elles soient disposées pour recueillir les rayons du soleil et les concentrer sur

les boutons, qui sont réunis au centre de ces espèces de
corbeilles. Ces fleurs, en effet, s'épanouissent de bonne
heure, en avril et en mai, et naissent en petits bouquets
presque sessiles, accompagnés de quelques bractées. Elles
sont d'un jaune verdâtre, presque toutes à 4 divisions et à
8 étamines. Sa capsule s'ouvre de bonne heure, comme
dans l'espèce précédente, mais ses graines sont plus grosses
et moins arrondies.

Nature du sol. — *Altitude.* — Nous ne connaissons cette
plante que sur les terrains primitifs et volcaniques, sur les
grès et sur les pouzzolanes ; mais comme elle ne croît que
dans les lieux mouillés, il est possible qu'on la rencontre
aussi sur des calcaires. Elle végète, du reste, dans les fissures
des basaltes les plus compactes, pourvu qu'ils soient arrosés.
— Elle s'élève assez haut, depuis 40^m dans l'Anjou, jusqu'à 1,000^m dans les Pyrénées, selon de Candolle. Nous
l'avons rencontrée en Auvergne de 500 à 1,200^m.

Géographie. — Au sud, les Pyrénées, l'Espagne et le
midi de l'Italie. — Au nord, le centre de l'Europe, jusque
dans le Danemarck et la Norvége australe, l'Angleterre,
l'Irlande et les Orcades. — A l'occident, le Portugal, les
bords de la rivière Colombie et la côte nord-ouest de l'Amérique. — A l'orient, l'Italie, la Hongrie, la Transylvanie,
la Russie moyenne et les Sibéries de l'Oural et de l'Altaï.

Limites d'extension de l'espèce.

Sud, Royaume de Naples......	40°	} Écart en latitude :
Nord, Norvége...............	59	19°
Occident, Amérique.........	80 O.	} Écart en longitude :
Orient, Sibérie altaïque.......	95 E.	175°
Carré d'expansion............	3325	

FAMILLE DES OMBELLIFÈRES.

Tableau des proportions relatives des espèces dans le sens des latitudes.

	Latitude.	Longitude.		
Nigritie............	0° à 10°	18° O. à 5° E.	1 :	468
Abyssinie	10 à 16	32 E. à 41 E.	1 :	50
Algérie............	33 à 36	5 O. à 6 E.	1 :	21
Royaume de Grenade.	36 à 37	5 O. à 8 O.	1 :	20
Sicile..............	37 à 38	10 E. à 13 E.	1 :	23
Portugal...........	37 à 42	9 O. à 11 O.	1 :	21
Royaume de Naples..	38 à 42	11 E. à 16 E.	1 :	18
Caucase............	40 à 44	35 E. à 48 E.	1 :	18
Tauride...........	43 à 46	31 E. à 34 E.	1 :	18
Plateau central.....	44 à 47	0 à 2 E.	1 :	23
France............	42 à 51	7 O. à 6 E.	1 :	23
Russie méridionale...	47 à 50	22 E. à 49 E.	1 :	23
Allemagne.........	45 à 55	2 E. à 14 E.	1 :	21
Carpathes.........	49 à 50	19 E. à 22 E.	1 :	27
Angleterre	50 à 58	1 O. à 7 O.	1 :	24
Russie moyenne.....	50 à 60	17 E. à 58 E.	1 :	23
Scandinavie entière..	55 à 71	3 E. à 29 E.	1 :	32
Danemarck........	52 à 57	7 E. à 12 E.	1 :	28
Gothie	55 à 59	10 E. à 15 E.	1 :	33
Suède.............	55 à 69	10 E. à 22 E.	1 :	39
Norvége...........	58 à 71	2 E. à 10 E.	1 :	39
Russie septentr^{le}....	60 à 66	19 E. à 57 E.	1 :	43
Finlande..........	60 à 70	18 E. à 28 E.	1 :	38
Laponie	65 à 71	14 E. à 40 E.	1 :	47
EUROPE ENTIÈRE......			1 :	20

Tableau des proportions relatives des espèces dans le sens des longitudes.

	Latitude.	Longitude.		
Irlande..........	51° à 55°	7° O. à 13° O.	1 :	22
Angleterre......	50 à 58	1 O. à 7 O.	1 :	24
Allemagne......	45 à 55	2 E. à 14 E.	1 :	21
Russie moyenne...	50 à 60	17 E. à 58 E.	1 :	23
Sibérie de l'Oural.	44 à 67	55 E. à 74 E.	1 :	33
Sibérie altaïque...	44 à 67	66 E. à 97 E.	1 :	26
Sibérie du Baïcal..	49 à 67	93 E. à 116 E.	1 :	30
Dahurie..........	50 à 55	110 E. à 119 E.	1 :	27
Sibérie orientale...	56 à 67	111 E. à 163 E.	1 :	64
Sibérie arctique...	67 à 78	60 E. à 161 E.	0 :	0
Kamtschatka......	46 à 67	148 E. à 170 E.	1 :	56
Pays des Tschukhis.	» »	155 E. à 175 O.	1 :	147
Iles de l'Océan or^{al}.	51 à 67	170 E. à 130 O.	1 :	71
Amérique russe...	54 à 72	170 O. à 130 E.	1 :	59

Tableau des proportions relatives des espèces dans le sens des altitudes.

	Latitude.	Altitude en mètres.	
Roy. de Gr^{de}, rég. alp. et niv.	36° à 37°	1500 à 3500	1 : 21
Roy. de Grenade, rég. niv..	36 à 37	2500 à 3500	1 : 24
Pyrénées..............	42 à 43	500 à 2700	1 : 25
Pyrénées élevées........	42 à 43	1500 à 2700	1 : 39
Pic du Midi, de Bagnères..	»	»	0 : 0
Plat. central, rég. montagn.	44 à 47	500 à 1900	1 : 22
Plateau central, sommets..	44° à 47°	1500 à 1900	1 : 51
Alpes................	45 à 46	500 à 2700	1 : 28
Alpes élevées..........	45 à 46	1500 à 2700	1 : 58

Tableau des proportions relatives des espèces dans les îles.

	Latitude.	Longitude.	
Iles du Cap-Vert....	12° à 14°	24° O. à 27° O.	1 : 134
Canaries..........	28 à 30	15 O. à 20 O.	1 : 42
Hébrides.........	57 à 58	8 O. à 10 O.	1 : 47
Orcades..........	59	5 O. à 6 O.	1 : 52
Shetland.........	60 à 61	3 O. à 4 O.	1 : 44
Feroë............	62	9 O.	1 : 99
Islande...........	64 à 66	16 O. à 27 O.	1 : 59
Mageroë..........	71	24 E.	1 : 48
Spitzberg.........	79 à 80	10 E. à 20 E.	0 : 0
Ile Melville........	76	114 O.	0 : 0
Ile J. Fernandez....	33 à 40 S.	76 O.	1 : 60
Nouv. Zélande (nord).	35 à 42 S.	171 O. à 176 O.	1 : 38
Malouines........	52 S.	59 O. à 65 O.	1 : 21

Les Ombellifères sont une des familles importantes du
règne végétal; leur nombre s'élève à plus de mille, et les 2/3
de ce nombre appartiennent à l'hémisphère boréal. Ce sont
surtout des plantes européennes et asiatiques, abondantes tout
autour du bassin de la Méditerranée, dans les Indes et la Sibérie, se retrouvant en proportion moins grande dans les 2 Amériques et au cap de Bonne-Espérance, et vivant aussi en assez
grand nombre à la Nouvelle-Hollande et dans quelques îles
de l'Océanie. Ce sont des plantes qui fuient la zone torride,
comme Adanson l'avait déjà remarqué, comme M. de Humboldt l'a depuis confirmé, et qui sont surtout multipliées
dans les parties chaudes et moyennes des zones tempérées.
Les Ombellifères viennent se mêler à presque toutes les belles
scènes que nous présente la nature, quand on contemple les
divers tableaux de la végétation. Quoique moins répandues
dans l'hémisphère austral, elles s'y avancent cependant très-

loin vers le pôle, et nous n'avons rien, parmi nos Ombellifères, d'aussi splendide que les *Anisotome latifolia* et *A. antipoda*, rapportés par D. Hooker des îles Campbell et Lord-Auckland. Leurs magnifiques fleurs roses ou pourprées, monoïques ou dioïques, sont un des plus beaux ornements de ces régions glacées.

La distribution des Ombellifères, en Europe et dans le sens des latitudes, suit une marche presque régulière; on les voit exister à peine dans la Nigritie, devenir plus abondantes sous le climat de l'Abyssinie, où les montagnes tempèrent la chaleur, prendre un très-grand développement en Algérie et dans le midi de l'Espagne, et acquérir leur maximum au point de jonction de l'Europe et de l'Asie, sur le Caucase, en Tauride et dans le midi de l'Italie. Elles deviennent ensuite un peu moins nombreuses, car elles forment, dans les contrées citées, 1/18, puis 1/23 en France, comme sur le plateau central, 1/24 en Angleterre, en diminuant successivement à tel point, que, dans la Laponie, elles ne font plus que 1/47 de la végétation. Les pays très-chauds, comme ceux qui sont très-froids, sont nuisibles à leur développement. — Dans le sens des longitudes, notre second tableau nous montre les Ombellifères allant en diminuant de proportion, d'une manière plus ou moins régulière, à mesure que l'on avance vers l'orient, à tel point que, dans les îles de l'Océan oriental et dans l'Amérique russe, elles ne sont plus que 1/71 et 1/59; il est vrai que la latitude élevée entre pour quelque chose dans cette diminution, mais elle n'en est pas la cause principale, car, tandis que les contrées européennes, situées entre 30° et 38°, nous offrent 1/18, 1/20, 1/21, les pays placés sous les mêmes parallèles, dans l'Amérique du nord, nous donnent : pour les Etats-Unis, au nord de la Virginie, 1/53; pour le centre de l'Amérique septentrionale, 1/57 ; pour la Géorgie et la Caroline du sud , 1/57 ; pour le Texas oriental , 1/34 , et pour la Nouvelle-Californie seulement, 1/25. — Les montagnes ne sont pas favorables à cette famille : ses espèces ne sont pas sensiblement affectées par les zones inférieures , mais, à mesure que l'on s'élève , leur nombre diminue , et elles deviennent rares ou nulles sur les sommets très-élevés. — Dans les îles, les proportions relatives des Ombellifères sont au-dessous de celles qui existent sur les continents qui leur correspondent , ce qui peut tenir à leur peu d'étendue, mais le fait est si constant , qu'il dénote des difficultés réelles pour le transport de ces plantes ; il suffit de comparer les îles anglaises à l'Angleterre, les Feroë à la Scandinavie, pour se convaincre de ce fait, qui , du reste , n'est pas confirmé sous des climats plus chauds , car , dans les Açores, la proportion est 1/20 , aux Baléares, 1/25 , en Sardaigne, 1/20 , proportions plus élevées que celles de la France et des régions africaines.

G. HYDROCOTYLE , *Lin.*

Distribution géographique du genre. — Ce genre, formé de plus de 120 espèces , appartient surtout à l'Amérique , à l'Afrique et à la Nouvelle-Hollande. C'est à peine s'il est représenté en Europe ; il l'est un peu plus en Asie. — Son centre principal est dans l'Amérique méridionale qui en nourrit à peu près 40 espèces , dont la moitié au Brésil, le reste au Pérou, 1 au Chili, et 1 autre sur les terres Magellaniques. — 13 *Hydrocotyle* seulement habitent l'Amérique du nord , et se tiennent presque tous dans la partie chaude , au Mexique et aux Antilles. — L'Afrique a 36 espèces , presque toutes du cap de Bonne-Espérance , quelques-unes de Madagascar, de l'Abyssinie, du Cap-Vert, des îles Maurice et Bourbon. — L'Océanie est riche en *Hydrocotyle*; on en compte 25, dont 16 à la Nouvelle-Hollande, 3 à la Nouvelle-Zélande, 1 à Timor et 5 à Java. — En Asie, il en existe seulement 6 : 3 aux Indes orientales, 2 au Népaul et 1 à Ceylan. — Enfin, 3 espèces seulement, occupant principalement l'Italie, représentent ce grand genre dans toute l'étendue de l'Europe.

HYDROCOTYLE VULGARIS, Lin. — Des tiges rampantes et presqu'articulées, enfoncées plus ou moins dans la vase, s'y amarrent continuellement par l'apparition de nouvelles racines à leurs parties inférieures. Des bourgeons naissent à la partie supérieure de ces tiges, et de jeunes feuilles y sont complétement enfermées; leur limbe est rabattu, leur pétiole est central et elles sortent et s'étendent, comme un parapluie d'abord fermé qui percerait son fourreau et s'étendrait ensuite. Les pétioles s'allongent, les bords des feuilles deviennent crénelés, et enfin ces organes viennent flotter sur l'eau, offrant de petits disques peltés, à 9 nervures rayonnantes, représentant en miniature les feuilles immenses du *Victoria regia*. Le pétiole est inséré près du milieu. Les pédoncules n'atteignent pas la longueur des pétioles, ils sont extra-axillaires et portent des ombelles latérales, composées seulement de 3 à 4 fleurs blanches, au-dessus desquelles on voit encore quelquefois d'autres pédoncules, munis aussi d'un très-petit nombre de fleurs blanchâtres. Les fruits sont formés de deux carpelles aplatis, parsemés de petits tubercules jaunâtres ou rougeâtres. Ils se séparent complétement et sont disséminés dans les eaux. — Il fleurit en juillet et en août.

Nature du sol. — Altitude. — Il est indifférent et recherche les eaux peu profondes dans les plaines.

Géographie. — Il vit disséminé sur la majeure partie de l'Europe. Au sud, en France, en Corse, en Espagne et même en Algérie, dans les petits lacs autour de la Calle. — Au nord, on le rencontre dans l'Europe centrale, en Danemarck, en Gothie, et il s'arrête dans la Norvége australe. On le connaît en Angleterre, en Irlande, dans les archipels et en Islande, mais il manque aux Feroë. — A l'occident, nous venons de citer l'Islande, nous pouvons y ajouter le Portugal et même le Canada. — A l'orient, il végète en Suisse, en Italie, en Sicile, en Dalmatie, en Transylvanie, à l'île de Crète et dans la Russie moyenne.

Limites d'extension de l'espèce.

Sud, Algérie...............	35°	Écart en latitude :
Nord, Islande...............	65	30°
Occident, Canada...........	68 O.	Écart en longitude :
Orient, Russie moyenne......	45 E.	113°
Carré d'expansion.............	3390	

G. SANICULA.

Distribution géographique du genre. — Il n'existe qu'un petit nombre de *Sanicula*, et presque tous sont étrangers à l'Europe. — Sur 14 espèces, 6 font partie de la végétation du Mexique et des États-Unis de l'Amérique, — 2 sont originaires du Chili ; — il y en a 2 asiatiques de la Chine et du Népaul, — 2 de l'Océanie, de Java, — 1 du cap de Bonne-Espérance, — et 1 européenne, si elle n'est pas asiatique.

SANICULA EUROPÆA, Lin. — C'est une des Ombellifères le plus vernales. Elle paraît au milieu du printemps, dans les bois et les bosquets , où ses rhizomes traçants sont cachés dans le terreau. Le bourgeon , placé à l'extrémité du rhizome, se développe en larges feuilles glabres , palmées, à 3 lobes, d'un vert luisant, du milieu desquelles s'échappe une tige striée et souvent rougeâtre. De son sommet sortent ordinairement 3 à 4 pédoncules, d'un point central muni d'un involucre formé par 2 ou 3 feuilles avortées et réduites à quelques pinnules denticulées. Du milieu de ces pédoncules il en sort un autre qui ne porte qu'une ombelle, et fleurit le premier. Chacun des 3 ou 4 autres se divise ordinairement en 3, et l'ombelle qui est au milieu fleurit avant les deux autres. Les pédoncules s'allongent après la floraison. Les pétales sont recourbés et ne s'ouvrent jamais. Le bouton est pentagone, à 5 angles percés, dont on voit sortir des filets élégamment courbés, qui finissent par se redresser et par dégager les anthères qui sont jaunes ; les ombellules sont globuleuses, séparées les unes des autres par de courts rayons. Les fleurs sont blanches ou lilacées, la plupart hermaphrodites, entremêlées de quelques fleurs unisexuées. Les pistils, contre l'ordinaire, sont aptes à recevoir le pollen avant que les étamines ne soient disposées à le répandre. Beaucoup de fleurs avortent, et souvent même les femelles seules sont fertiles. Elles donnent des péricarpes sans cannelures, mais garnis de poils crochus qui en facilitent le transport et la dispersion. — La sanicle est une plante solitaire, dispersée en touffes isolées au milieu des bois. Elle cherche l'ombre et les lieux abrités, et se trouve souvent associée au *Vinca minor*, au *Galeobdolon luteum*, au *Lychnis viscaria*, etc.

Nature du sol. — Altitude. — La sanicle semble préférer les terrains siliceux et détritiques ; elle est vigoureuse sur tous les terrains volcaniques. — Elle peut s'élever dans les montagnes. En Auvergne elle atteint 1,000^m. Ledebour l'indique dans le Talüsch à 800^m, et Wahlenberg dit que, dans la Suisse septentrionale, elle atteint presque à la limite supérieure du hêtre.

Géographie. — Cette espèce se trouve, au sud, en France, en Espagne, en Italie, en Sicile ; elle n'est pas indiquée en Barbarie, et cependant Vogel l'a trouvée en Abyssinie, dans les ravins humides où elle fleurit en juin. — Au nord, elle est très-répandue dans toute l'Europe centrale, en Danemarck et en Gothie, dans la Norvége, la Suède et la Finlande australes, où elle croît comme en Auvergne, dans les forêts de hêtres très-ombreuses. Elle est aussi en Angleterre. — A l'occident, nous ne pouvons l'indiquer qu'en Portugal. — A l'orient, elle habite la Suisse, la Dalmatie, la Croatie, la Hongrie, la Transylvanie, la Turquie, les Carpathes, la Grèce, le mont Athos, la Tauride, le Caucase, la Géorgie, les bords de la Caspienne, Lenkoran et les Russies moyenne et australe.

Limites d'extension de l'espèce.

Sud, Abyssinie...............	12°	⎫ Écart en latitude :
Nord, Norvége...............	60	⎬ 48°
Occident, Portugal...........	10 O.	⎫ Écart en longitude :
Orient, Lenkoran............	47 E.	⎬ 57°
Carré d'expansion............	2736	

G. ASTRANTIA, *Lin.*

Genre élégant dont on ne connaît que 9 espèces ; 5 sont européennes : de l'Italie, de la Carinthie, de la Grèce et du centre de l'Europe. — 3 sont du Caucase et de la Sibérie. — Une seule du cap de Bonne-Espérance.

ASTRANTIA MAJOR, Lin. — Il existe, dans toutes les familles de végétaux, des espèces privilégiées, où la grâce et la fraîcheur sont unies à un port élégant et distingué. Telle est la belle astrance parmi les Ombellifères. Retirée sur la lisière des bois, ou prenant place au milieu des richesses des hautes prairies des montagnes, elle vit seule ou réunie à ses compagnes, mais indépendante de l'homme et de ses cultures. Son rhizome trace sous la terre, et pendant qu'une touffe de feuilles, à 5 lobes trifides, s'étale dans l'atmosphère, la plante prépare sous le sol le bourgeon qui, l'année suivante, lui permettra de briller dans les mêmes lieux. La tige, qui était ensevelie au milieu des feuilles, s'allonge rapidement, les ombelles sortent des pétioles élargis et membraneux qui protégeaient leur naissance. Elles se redressent et montrent le luxe de leurs jolis involucres blancs ou lilas, striés et disposés en rayons avec la plus admirable symétrie. Des fleurs nombreuses, à peines pédicellées, sont rangées avec ordre dans des corbeilles légères. Quelques-unes sont stériles, mais toutes concourent à la beauté de la plante. L'ombelle du milieu s'épanouit la première, et les fleurs de chaque ombelle s'ouvrent en même temps. Toutefois leurs pétales blancs restent pliés, leurs étamines courbées sur leurs filets, se détendent et offrent des anthères d'un brun rouge. Plus tard, les fruits sont réunis dans les involucres dont les bractées se resserrent; ils sont munis de stries et de tubercules cannelés, un peu aplatis, et surmontés de petites dents subulées. — L'astrance est souvent accompagnée du *Lilium Martagon*, du *Geranium sylvaticum*, du *Centaurea montana*, et d'une foule de plantes qui forment avec elle le gazon épais des montagnes. — Fleurit en juillet et août.

Nature du sol. — *Altitude.* — Cette Ombellifère recherche, en Auvergne, les terrains siliceux et détritiques, toutes les roches primitives et volcaniques. Selon M. Unger, ce serait une espèce des calcaires, au moins pour le Tyrol septentrional. — Elle habite les montagnes, de 800 à 1,500^m en Auvergne. De Candolle la cite à 500^m à Genève, et à 1,600^m dans les Alpes et le Jura. Wahlenberg dit qu'en Suisse elle monte presque à la limite supérieure du sapin, mais qu'elle se tient surtout dans la région des hêtres.

Géographie. — Au sud, elle habite les Pyrénées, l'Espagne et l'Italie. — Au nord, tout le centre de l'Europe, les Carpathes, la Lithuanie et la Volhynie. — A l'occident, l'Espagne. — A l'orient, la Podolie, l'Italie, la Suisse, l'Autriche, la Dalmatie, la Croatie, la Hongrie, la Transylvanie et la Turquie.

Limites d'extension de l'espèce.

Sud, Espagne............... 40°	}	Ecart en latitude :
Nord, Lithuanie............ 55	}	15°
Occident, Espagne.......... 4 O.	}	Ecart en longitude :
Orient, Podolie............ 27 E.	}	31°
Carré d'expansion............. 465		

G. ERYNGIUM, *Lin.*

Distribution géographique du genre. — Il existe au moins 100 espèces d'*Eryngium* dispersés dans toutes les parties du monde. — L'Amérique seule en a 60, également partagées par l'équateur. Dans l'Amérique du nord, le centre est au Mexique, dans la Floride, et quelques espèces sont dans la Caroline. — Dans l'Amérique du sud, les *Eryngium* sont presque tous groupés au Brésil et au Chili, 1 ou 2 seulement au Pérou. — L'Europe en possède aussi 25 espèces, toutes des pays chauds ou des montagnes. La Grèce, l'Espagne, le Portugal, la Crète, la Sicile, la Dalmatie, sont leur patrie, à part quelques-unes qui habitent les Alpes et les Pyrénées. — 3 espèces sont propres à l'Afrique septentrionale. — 3 autres sont égarées à la Nouvelle-Hollande et à la terre de Diémen.

ERYNGIUM CAMPESTRE, Lin. — On le trouve en société nombreuse sur la lisière des champs, sur le bord des chemins, en compagnie des Carduacées, du *Centaurea Calcitrapa*, du *Polygonum aviculare*, et de toutes ces espèces qui restent plus ou moins dans le voisinage des lieux habités. Ses puissantes racines lui assurent la conquête de tous les terrains où il veut dominer. Ces racines se ramifient sans cesse, et produisent à chaque extrémité supérieure un bourgeon qui reproduit la plante. Les feuilles radicales, à pétioles allongés, sont épaisses et cartilagineuses, les caulinaires sont amplexicaules, et enfin, celles qui avoisinent les fleurs, sont sessiles. Ces feuilles sont profondément découpées, épineuses, d'un vert glauque et quelquefois comme crispées et chiffonnées. Les tiges se divisent et se subdivisent en panicules dicothomes, dont chaque ramification offre une ombelle presque sessile, entourée de bractées piquantes, et dont les fleurs de la base sont les premières à s'ouvrir. Ces ombelles ont la forme de capitules ovoïdes. Elles sont d'un vert glauque et épineuses comme les feuilles et la plante entière. Les pétales sont plissés et échancrés, s'ouvrent à peine, et la fécondation est probablement monoïque, car les stigmates ne sont pas développés quand les anthères répandent le pollen. Les fruits sont recouverts d'écailles et de tubercules, mais ne présentent pas de cannelures. — Cette espèce, organisée pour résister aux plus longues sécheresses, habite aussi des lieux qui sont extrêmement arides, et prospère dans des localités où d'autres espèces ne pourraient résister. Son feuillage disparaît quelquefois sous la poussière des chemins, ses tiges sont recouvertes par les éboulements ; toujours elle résiste, surmonte les obstacles et pousse avec énergie. — Fleurit en juillet et août.

Nature du sol. — Altitude. — Il paraît presqu'indifférent aux terrains. Nous l'avons trouvé, en Auvergne, sur les granits et sur les porphyres, très-commun ; sur les calcaires marneux et sur les pouzzolanes des volcans, très-abondant ; sur les basaltes, avec *Helleborus fœtidus* et *Carlina vulgaris;* sur les sables des rivières. Il recherche surtout les lieux habités et fréquentés. Il est répandu, à Nantes, sur les sables maritimes. — Il croît en plaine et dans les montagnes ; il s'élève jusqu'à 1,200^m sur les cones volcaniques. Ledebour l'indique à 1,000^m dans le Caucase. M. Boissier l'a trouvé entre 1,500 à 2,000^m dans le royaume de Grenade.

Géographie. — Au sud, la France, les Pyrénées, l'Espagne et l'Afrique boréale occidentale, où cependant il est souvent remplacé par l'*E. triquetrum*, Desf. — Au nord, on le trouve dans une partie de l'Allemagne, mais il n'entre pas en Scandinavie et reste sporadique dans le Danemarck ; il est en Angleterre. — A l'occident, il est commun en Portugal. — A l'orient, il est en Suisse, en Italie, en Sicile, en Turquie, en Dalmatie, en Croatie, en Hongrie, en Transylvanie, dans le Caucase, en Tauride, en Géorgie, dans les Russies moyenne et australe, et jusque dans la Sibérie de l'Oural.

Limites d'extension de l'espéce.

Sud, Barbarie.............. 35° } Écart en latitude :
Nord, Yecatberinimburg...... 57 }   22°

Occident, Portugal.......... 11 O. ⎞ Ecart en longitude :
Orient, Sibérie............. 56 E. ⎠   67°
            Carré d'expansion............ 1474

G. CICUTA, *Lin.*

Très-petit genre dont on ne connaît encore que 4 espèces, toutes des terrains marécageux, et dont 3 appartiennent à l'Amérique septentrionale. — Une seule habite à la
fois l'Europe et l'Asie.

CICUTA VIROSA, Lin. — Si l'*Eryngium* et de nombreuses espèces de cette famille peuvent résister aux sécheresses les plus prolongées, il est d'autres Ombellifères qui ne
quittent jamais le bord des eaux, qui ne vivent qu'à la con-
dition d'avoir leurs racines enfoncées dans une vase profonde,
et de pouvoir étaler leur feuillage dans une atmosphère humide et vaporeuse. Tel est le *Cicuta virosa*, que nous trouvons
sur les bords marécageux des lacs des montagnes, sur des
terrains vaseux dont l'abord est impraticable. C'est une
grande et belle plante, à hautes tiges vertes et fistuleuses,
tapissées de moëlle intérieure, et séparées par des cloisons
éloignées dans le haut de la plante, moins écartées dans le
bas, et rapprochées dans la portion qui s'enfonce dans le
sol, d'où naissent de longues feuilles radicales, d'un vert sombre, et très-profondément découpées. La tige est lisse, cylindrique, à peine striée, et terminée par 3 ou 4 rameaux alternes, plus élevés que la tige principale qui reste plus forte et
plus basse. Ses ombelles, dépourvues d'involucre, sont terminales ou opposées aux feuilles. Les fleurs sont blanches, et
les fruits qui leur succèdent, enveloppés d'une pellicule su-
béreuse, sont arrondis, aplatis sur le côté, et tombent 2 à 2
sans se séparer. Cette espèce vit en touffes solitaires, asso-

ciée au *Menyanthes trifoliata*, au *Comarum palustre*, ou *Nuphar pumilum*, etc. — Fleurit en juillet et en août.

Nature du sol. — Altitude. — Nous trouvons cette ciguë sur les sols siliceux, détritiques et inondés, et toujours dans les montagnes, entre 1,000 et 1,500^m d'altitude.

Géographie. — Au sud, nous ne connaissons pas cette espèce au delà du plateau central et de l'Italie. — Au nord, elle est dans la majeure partie de l'Europe et de l'Asie. Elle existe dans toute la Scandinavie, dans les marais et les tourbières de la Suède, de la Norvége et de la Laponie, très-disséminée, mais abondante quand on la rencontre. C'est la variété *tenuifolia* qui s'avance ainsi dans le nord. Le type existe aussi en Angleterre et en Irlande. En Asie, cette espèce atteint le pays des Samoyèdes. — A l'occident, elle est à Nantes et en Irlande. — A l'orient, dans les marais froids de la Suisse, au mont Circello, près Terracine selon Thiebaud de Bernaud, dans la Croatie, la Hongrie, la Transylvanie, dans toutes les Russies, dans les Sibéries de l'Oural, de l'Altaï et du Baïkal, dans la Dahurie et au Kamtschatka, où se retrouve encore la variété *tenuifolia*. — Enfin, elle est indiquée dans les contrées boisées du nord du Canada, entre 54 et 64°, mais il est probable que c'est une des espèces du nord de l'Amérique qui aura été considérée comme identique à la nôtre. Nous excluons pour cette raison cette dernière indication.

Limites d'extension de l'espèce.

Sud, Terracine.............. 41°	}	Ecart en latitude :
Nord, Pays des Samoyèdes.... 72	}	31°
Occident, Irlande........... 10 O.	}	Ecart en longitude :
Orient, Kamtschatka........ 170 E.	}	180°
Carré d'expansion............ 5580		

G. **APIUM**, *Lin.*

7 espèces le composent, 1 européenne, 1 de l'Afrique australe, 1 de Tristan d'Acuhna, 1 du Chili et 3 de la Nouvelle-Grenade. Sa présence en Europe est presque une exception, car l'espèce européenne vit aussi dans d'autres parties du monde.

APIUM GRAVEOLENS, Lin. — Nous rencontrons cette espèce dans les lieux rapprochés des sources minérales, le long des chemins et dans le voisinage des habitations. Ses racines sont profondes, ses feuilles d'un vert sombre, découpées et luisantes, ses tiges cannelées et rameuses. Les ombelles, presque sessiles, sont latérales, et se composent d'un petit nombre d'ombellules séparées par des rayons inégaux ; souvent elles sont doubles, et une seconde ombelle naît en-dessous de la première. Les pétales, jaunâtres, sont entiers et arrondis, les étamines sont mûres avant le développement des stigmates, et les fruits, arrondis, un peu bossus à la base, se séparent très-facilement.

Nature du sol. — Altitude. — Tous les terrains conviennent à cette espèce, pourvu qu'ils soient mouillés par des eaux minérales ou salines ; on la trouve également sur les calcaires marneux et sur les sables des rivières, et toujours dans les plaines.

Géographie. — Son aire est des plus vastes. — Au sud, elle atteint le midi de l'Espagne, les Canaries et l'Algérie, où elle croît dans les cultures arrosées des oasis. — Au nord, le Danemarck, la Gothie, et la Norvége australe, où elle reste sur les bords de la mer, comme en Angleterre et en Irlande. — A l'occident, elle végète en Portugal et aux

Canaries. — A l'Orient, elle est en Italie, en Sicile, en Crimée, dans le Caucase, en Géorgie, sur les rivages salés de la Caspienne, en Turquie, et dans les Russies moyenne et australe.—Elle est disséminée dans l'hémisphère austral, dans le sud du Chili, à la Terre-de-Feu, sur les sables maritimes des Malouines et du détroit de Magellan, ainsi qu'à l'île de Tristan d'Acuhna. Elle se trouve au cap de Bonne-Espérance, dans la Tasmanie, à la Nouvelle-Zélande, et elle est aussi commune dans ces localités qu'en Europe.

Limites d'extension de l'espèce.

Sud, Canaries............... 30º } Ecart en latitude :
Nord, Norvége.............. 60 }   30º
Occident, Canaries.......... 20 O. | Ecart en longitude :
Orient, Géorgie .... 48 E. | 68ª
    Carré d'expansion............ 2040

G. TRINIA, *Hoffm.*

On ne connaît que 7 espèces de ce genre : — 5 sont européennes : de l'Espagne, de la Russie, de la Tauride et de l'Europe centrale. — Les 2 autres sont de l'Afrique australe.

TRINIA VULGARIS, DC. — On rencontre cette plante, dioïque et bisannuelle, sur les coteaux secs et exposés au soleil, au milieu des pelouses courtes et peu fournies. Elle offre des tiges très-rameuses, anguleuses, et des feuilles très-découpées et glauques. Ses fleurs sont très-nombreuses, et l'ensemble de ses petites ombelles forme une espèce de corymbe. Dans les fleurs mâles, les pétales, verdâtres et striés de pourpre, sont roulés par leurs sommets et se déroulent tous les matins, en même temps que les étamines, repliées aussi sur leurs filets, se détendent. Les fleurs femelles, plus petites, s'ouvrent de même, et montrent deux jolis stigmates glanduleux qui s'élèvent sur des ovaires cannelés. Les pétales très-petits, les étamines saillantes, et les styles allongés, sont des conditions que l'on rencontre dans presque toutes les plantes dioïques. — Cette espèce fleurit d'assez bonne heure ; elle reste quelquefois très-rabougrie quand l'année est sèche ; les mâles périssent bientôt, et les feuilles se couvrent de petits fruits ayant chacun cinq cannelures.

Nature du sol. — Altitude. — Il recherche les terrains calcaires et marneux de la plaine ou des montagnes basses. En Auvergne, il ne s'élève pas au-dessus de 500^m. De Candolle l'indique à 0 à Narbonne et à 2,000^m à Combre d'Aze; M. Léon Dufour l'a cueilli aux pics d'Anie et d'Amoulat.

Géographie. — Au sud, il se trouve dans le midi de la France, dans les Pyrénées-Orientales, en Espagne et dans le midi de l'Italie. — Au nord, on le rencontre en Suisse, en Allemagne, dans la vallée du Rhin, près de Bingen, dans le Tyrol, en Volhynie, en Angleterre et en Irlande. — Cette dernière habitation est sa limite occidentale. — A l'orient, il végète en Dalmatie, en Hongrie, en Transylvanie, en Grèce, en Tauride, dans le Caucase, dans les déserts de la Caspienne, en Géorgie, en Turquie, dans les Russies moyenne et australe.

Limites d'extension de l'espèce.

Sud, Royaume de Naples......	40°	}	Ecart en latitude :
Nord, Angleterre...........	52	}	12°
Occident, Irlande...........	12 O.	}	Ecart en longitude :
Orient, Géorgie.............	48 E.	}	60°
Carré d'expansion.............	720		

G. **HELOSCIADIUM**, *Koch.*

Distribution géographique du genre. — Les 14 espèces qui le composent sont très-disséminées; 5 sont européennes, de la Corse, de la Sardaigne, du centre et du midi de l'Europe. — On en connaît 4 en Asie : 2 au Népaul, 2 aux Indes orientales. — Il y en a 4 en Amérique : au Pérou, sur les montagnes du Chili et en Californie. — Une seule, africaine, habite l'Égypte.

HELOSCIADIUM NODIFLORUM, Koch. — On rencontre cette Ombellifère dans les fossés vaseux, sur le bord des rivières et des étangs, quelquefois sur le sable humide. Elle offre des tiges plus ou moins longues, souvent couchées et rameuses, qui se multiplient à l'infini par les rejets et par les radicelles dont elles sont pourvues. Ses feuilles sont découpées et comme ailées, à lobes ovales, lancéolés, pointus et dentés. Les fleurs, petites et blanches, sont disposées en ombelles presque sessiles, composées d'un petit nombre de rayons et opposées aux feuilles. Les pétales sont entiers, et le pollen des étamines se répand avant que les styles ne se soient élevés pour le recevoir. La fécondation est donc indirecte, mais elle manque souvent quand la plante vit dans l'eau et se développe avec toute sa vigueur. Elle se reproduit alors par ses rejets. — Fleurit en juillet et en août.

Nature du sol. — *Altitude.* — Il recherche les lieux aquatiques ou très-mouillés et la vase calcaire, mais on le trouve aussi sur le sable des rivières. — Il reste dans la plaine ou s'élève très-peu. La variété *ochreatum*, DC., joue un rôle très-important sur les sables maritimes de Nantes, d'après M. Lloyd.

Géographie. — Au sud, il existe en France, en Espagne, en Barbarie, dans les lieux humides et dans tous les ruisseaux de l'Abyssinie. — Au nord, il végète dans l'Allemagne méridionale, dans la Lithuanie, en Angleterre et en Irlande. — A l'occident, il habite les Açores, Madère, les Canaries, le Portugal. — A l'orient, la Suisse, l'Italie, la Sicile, la Grèce, la Turquie, la Perse, la Palestine où M. Bové l'a recueilli aux sources des réservoirs de Salomon, près de Nazareth.

Limites d'extension de l'espèce.

Sud, Abyssinie.............	10°	Ecart en latitude :
Nord, Angleterre..........	56	46°
Occident, Canaries....:......	18 O.	Ecart en longitude :
Orient, Perse..............	50 E.	68°
Carré d'expansion...........	3128	

HELOSCIADIUM INUNDATUM, Koch. — Petite plante à tige rampante, qui habite les eaux peu profondes. Ses feuilles inférieures sont profondément divisées et capillaires, tandis que les supérieures, sortant au-dessus de la surface de l'eau, sont formées de 5 petites folioles élargies et dentées ou trifides au sommet. Les ombelles sont petites, axillaires, pédonculées, à 2 ou 3 rayons. Le fruit est glabre, oblong, à côtes saillantes. — Fleurit en juin et en juillet.

Nature du sol. — Altitude. — Il habite les lieux inondés de la plaine, et préfère les fonds siliceux, graveleux ou sablonneux.

Géographie. — Il s'avance peu au sud, et reste, en France, sur le plateau central et à Lyon ; il est aussi indiqué par Gussone en Sicile. — Au nord, on le trouve en Westphalie, dans le Holstein, dans la Gothie australe,

en Angleterre, en Irlande, aux Orcades et dans la Russie
moyenne, dans le canal de jonction de la Newa et de l'Oka,
dans l'île d'OEsel et à Moscou.

Limites d'extension de l'espèce.

Sud, Sicile.................. 38° }Ecart en latitude :
Nord, Angleterre........... 60   }   22°
Occident, Irlande.......... 12 O.}Ecart en longitude:
Orient, Moscou............. 35 E.}   47°
        Carré d'expansion............ 1034

G. **PTYCHOTIS**, *Koch.*

Petit genre composé de 9 espèces, dont plus de la moitié,
5, sont asiatiques et habitent les grandes Indes, le Népaul et
l'Orient. — 2 sont de l'Europe centrale, — 1 de l'Egypte,
— 1 de Caracas.

PTYCHOTIS HETEROPHYLLA, Koch. — Cette plante habite
les lieux secs et pierreux, les coteaux arides, où elle vit souvent isolée. Sa tige est lisse, unie, légèrement striée et
souvent purpurine sous les nœuds; ses feuilles radicales
sont vertes, découpées, à segments arrondis ou incisés,
glabres et luisantes. Les ombelles, composées de 6 à 7 ombellules, sont terminales ou axillaires, toujours penchées
avant la floraison. Chaque ombellule est accompagnée d'un
involucelle de 3 bractées, redressée avant l'épanouissement
et penchée après la floraison. Les pétales sont bifides et plissés transversalement. Les anthères, cachées dans les poches
que les pétales portent des deux côtés de leur base, répandent leur pollen avant que les deux styles ne soient développés. Ces derniers sont ensuite persistants et couchés. Les

fruits sont striés et restent quelque temps suspendus au sommet avant de se répandre. — Cette espèce est bisannuelle et fleurit en juillet et en août. — Le *P. trachysperma*, Boiss., et le *P. verticillatum*, Duby, sont parallèles à cette espèce, la première dans le midi de l'Espagne, la seconde en Italie.

Nature du sol. — *Altitude.* — Terrain calcaire et rocailleux de la plaine. Cependant de Candolle, qui cite cette plante sur le bord de la mer à Marseille, l'indique à 1,800^m dans les Pyrénées.

Géographie. — Au sud, la France méridionale, les Pyrénées, la Sardaigne, une partie de l'Espagne. — Au nord, une partie de la France, le Tyrol, et la Lithuanie indiquée avec doute par Ledebour. — A l'occident, le plateau central, la Lozère, Toulouse. — A l'orient, la Suisse, la Lombardie, la Crimée.

Limites d'extension de l'espèce.

```
Sud, Espagne..............  40°  ) Ecart en latitude :
Nord, Lithuanie............  50   )          10°
Occident, France...........  2 O. ) Ecart en longitude :
Orient, Crimée.............  34 E. )          36°
        Carré d'expansion.............  360
```

G. FALCARIA, *Host.*

6 espèces le composent : 2 sont d'Europe, — 2 de l'île de Java, — 1 du Népaul, et 1 de la Sibérie.

FALCARIA RIVINI, Host. — Racine vivace, épaisse et s'enfonçant dans le sol à une grande profondeur. Elle émet des feuilles glauques, solides, glabres, profondément découpées, à segments recourbés et régulièrement dentés, et ses tiges rameuses donnent naissance à des ombelles, les unes terminales, les autres opposées aux feuilles, mais toutes penchées avant la floraison. Les fleurs sont blanches, hermaphrodites, entremêlées de fleurs mâles; les pétales sont recourbés; le fruit est oblong et recourbé aussi sur le côté. — Fleurit en juillet et en août.

Nature du sol. — Altitude. — C'est une des espèces les plus constantes pour les terrains calcaires. Elle reste ordinairement dans les champs cultivés et en plaine, mais elle peut s'élever. Ledebour l'indique, dans le Talüsch, entre 800 et 900^m, et, dans le Breschtau, entre 400 et 1,000^m. Elle habite aussi le mont Ararat.

Géographie. — Au sud, on la trouve en France, en Espagne, dans les champs de l'Algérie. — Au nord, elle est disséminée dans tout le centre de l'Europe, et arrive jusque dans la Gothie boréale et dans le Danemarck, où elle est sporadique. — A l'occident, elle reste en France et en Espagne. — A l'orient, elle s'étend beaucoup plus, en Dalmatie, en Hongrie, en Croatie, en Transylvanie, en Grèce, dans la Tauride, le Caucase, les déserts de la Caspienne, le Talüsch, l'Arménie, la Géorgie, les Russies moyenne et australe, les Sibéries de l'Oural et de l'Altaï.

Limites d'extension de l'espèce.

Sud, Algérie.	35°	}	Écart en latitude :
Nord, Gothie.	58	}	23°
Occident, France.	6 O.	}	Écart en longitude:
Orient, Sibérie de l'Altaï.	97 E.	}	103°
Carré d'expansion	2369		

G. AMMI, *Lin.*

Distribution géographique du genre. — Ce genre contient environ 13 espèces, dont 6, européennes, sont toutes originaires des contrées les plus chaudes de ce continent, de l'Espagne et des Pyrénées, du midi de l'Italie et de la Sicile. — Il y en a 3 en Asie, 2 dans les régions méditerranéennes, et 1 aux Indes orientales. — 2 autres végètent dans l'Afrique boréale. — 2 enfin en Amérique, 1 dans la zone chaude du Nouveau-Monde, où les Ombellifères sont cependant très-rares, et l'autre dans l'Amérique septentrionale et tempérée.

AMMI MAJUS, Lin. — Etranger sans doute à nos contrées, l'*Ammi* se rencontre seulement disséminé dans nos moissons. Il est annuel ; sa racine est fusiforme ; ses feuilles sont glauques, bipinnées, à folioles oblongues, lancéolées, terminées par une pointe blanche. Sa tige est droite, un peu cannelée, et se divise en 2 ou 3 branches, terminées par de grandes et larges ombelles de fleurs blanches munies d'un involucre pinnatifide. Les fleurs placées à l'extrémité de l'ombelle, moins serrées que les autres, sont plus grandes et plus développées ; les fruits, oblongs, comprimés sur le côté, restent suspendus avant de tomber. — Il fleurit en juillet et en août.

Nature du sol. — Altitude. — Il végète sur les terrains calcaires, peu importe leur constitution physique, et toujours dans la plaine.

Géographie. — Il est méridional et se trouve en France, en Espagne, aux Baléares, en Algérie, à Madère, aux Canaries, et jusque dans les champs de l'Abyssinie, où il fleurit en septembre. — Au nord, il s'avance accidentellement en Allemagne et même en Russie, sans autre désignation, selon Ledebour. — A l'occident, il est en Portugal, aux Canaries, à Madère, et M. de La Pilaye m'a dit l'avoir trouvé aussi à Terre-Neuve. — A l'orient, il est cité en Italie, en Sicile, en Croatie, en Dalmatie, en Turquie, en Grèce, dans toute l'Asie mineure et la Perse.

Limites d'extension de l'espèce.

Sud, Abyssinie............ 12°	}	Ecart en latitude :
Nord, Russie.............. 50	}	38°
Occident, Canaries.......... 18 O.	}	Ecart en longitude:
Orient, Perse............. 50 E.	}	68°
Carré d'expansion............ 2584		

G. ÆGOPODIUM, *Lin.*

Il ne comprend que 2 espèces, l'une de la Sibérie altaïque, l'autre de l'Europe, du Caucase et de la Sibérie.

ÆGOPODIUM PODAGRARIA, Lin. — Les lieux frais et fertiles, les prairies humides, les bosquets ou la lisière des bois sont quelquefois couverts par le beau feuillage de cette espèce. La forme et les habitudes de ses racines la disposent à vivre en société. Les rejets blanchâtres, qui partent des nodosités des racines mettent trois ans pour se développer, essayant successivement leur force de végétation par le déploiement de larges feuilles lobées, et finissant enfin par émettre une tige qui se termine par un involucre de 3 feuilles, d'où sortent les ombelles. Celles-ci sont étagées et régulièrement disposées. Une d'elles est centrale et part du milieu des 3 feuilles ; les autres, au nombre de 6, partent 2 à 2 de l'aisselle des 3 feuilles, et la branche unique qui les porte ne se divise qu'à une certaine distance de son point de départ. Alors la principale ombelle fleurit et donne des fruits ovales , comprimés sur le côté. Quand ces fruits ont atteint leur maturité, la sève se porte sur l'ombelle secondaire, qui ne fleurit qu'à l'époque où les semences sont déjà très-grosses et qui offre, encore épanouies, quand les graines de sa compagne sont mûres, des fleurs hermaphrodites entremêlées de fleurs stériles. — Comme la plupart des espèces qui peuvent accumuler la nourriture dans leurs racines, l'*Ægopodium* fleurit de bonne heure, et ce n'est qu'après la floraison que les feuilles radicales grandissent et nous offrent leurs larges limbes d'un beau vert, lorsque ses tiges striées ont acquis tout leur développement, vers l'époque de la maturité des graines.

Nature du sol. — *Altitude.* — Il est indifférent à la nature du sol, pourvu qu'il soit frais et un peu ombragé.— Il croît souvent en plaine, mais il peut s'élever assez haut ; souvent même il devient domestique dans les montagnes et se trouve près des habitations, dans les lieux humides, jusqu'à 1,000 et 1,400^m. Ledebour l'indique à 1,200^m dans le Caucase.

Géographie. — Au sud, il existe dans les Pyrénées et dans les montagnes de la Calabre. — Au nord, il habite toute l'Europe centrale, le Danemarck, la Gothie, la Norvége, la Suède australe sur les bords des grands lacs, et le midi de la Finlande. Il s'avance jusque dans le pays des Samoyèdes, et vit aussi en Angleterre, en Irlande et en Islande, sans paraître sur les archipels. — A l'occident, il a sa limite en Islande. — A l'orient, il habite la Suisse, l'Italie, le Caucase, la Dalmatie, la Croatie, la Hongrie, la Transylvanie, les Carpathes, la Turquie, toutes les Russies, et les Sibéries de l'Oural, de l'Altaï et du Baïkal.

Limites d'extension de l'espèce.

Sud, Royaume de Naples.....	40°	Écart en latitude :
Nord, Terre des Samoyèdes..	69	29°
Occident, Islande..........	24 O.	Écart en longitude :
Orient, Sibérie du Baïkal....	116 E.	140°
Carré d'expansion...........	4060	

G. CARUM, *Lin.*

Il n'existe dans les flores que 7 espèces de *Carum ;* 6 sont des parties chaudes et tempérées de l'Europe ; la 7ᵉ habite la Sibérie du Baïkal.

CARUM CARVI, Lin. — On le trouve assez répandu dans les prairies et sur les pelouses, où il vit souvent en société et réuni au *Scabiosa sylvatica*, au *Pimpinella magna*, etc. Il est bisannuel. Ses tiges sont glabres, striées et rameuses. Ses feuilles, d'un vert foncé, sont allongées, 2 fois ailées, à découpures linéaires et pointues et formant des verticilles incomplets autour du pétiole ou de la nervure centrale. Ses fleurs, petites et blanches, forment des ombelles lâches, munies d'une seule bractée pour involucre. Les pétales sont bifides, et les graines un peu amincies à leur partie supérieure. — Il fleurit en juin et en juillet. — Le *C. rigidulum*, des collines de la Ligurie, lui est parallèle.

Nature du sol. — Altitude. — Il croît en Auvergne sur les terrains siliceux et calcaires ; on le trouve au Ventoux sur le calcaire. Il est indifférent. — Il préfère les montagnes aux plaines ; nous le trouvons en Auvergne jusqu'à 1,000 à 1,100ᵐ. Ledebour l'indique dans le Caucase à 1,600ᵐ et dans le Talüsch à 1,300. M. de Candolle le cite à

40^m à Angers, et à 1,800^m dans les Alpes. Wahlenberg dit aussi qu'il croît dans les prés secs, jusque dans la région subalpine de la Suisse.

Géographie. — Au sud, il paraît limité par les Pyrénées et l'Aragon. — Au nord, il existe dans toute l'Europe centrale ; il est seulement sporadique en Danemarck, mais il se trouve dans tout le reste de la Scandinavie (où il est commun dans les prés élevés), et même en Laponie, où il occupe les mêmes stations ainsi qu'aux Loffoden. On le cite en Islande. — Ce serait son habitation la plus occidentale, s'il n'était pas indiqué aussi dans le Canada où peut-être il a été introduit, ou peut-être aussi, cette forme, très-différente par ses feuilles, appartient à une autre espèce. — A l'orient, le carvi existe en Suisse, en Croatie, en Hongrie, en Transylvanie, dans les Carpathes, en Turquie, dans le Caucase, le Talüsch, dans toutes les Russies et dans les Sibéries de l'Oural, de l'Altaï et du Baïkal. — En France, il fuit la partie occidentale.

Limites d'extension de l'espèce.

Sud, Espagne.............	42°	}	Ecart en latitude :	
Nord, Mageroë............	71	}	29°	
Occident, Islande..........	20 O.	}	Ecart en longitude :	
Orient, Sibérie du Baïkal....	116	}	136°	
	Carré d'expansion............	3944		

CARUM BULBOCASTANUM, Koch. — Il habite les terres cultivées et se trouve parfois très-abondant dans les moissons avec les *Lathyrus tuberosus*, *L. Aphaca*, *Agrostema Githago*, *Prismatocarpus Speculum*, etc. Sa racine, profondément enfouie, donne naissance à un tubercule noir et bosselé en dehors, d'un beau blanc et charnu à l'intérieur, et chaque année ce *Carum* vivace donne un tubercule nouveau toujours plus enfoncé que le précédent, aussi arrive-t-il souvent qu'il peut à peine amener à la surface du sol une feuille qui végète pendant quelque temps, et se couvre d'un *Æcidium* particulier. Quand le tubercule est assez fort ou assez rapproché de la surface, il en sort une tige dure et striée, garnie de feuilles très-profondément découpées, dont les inférieures sont longuement pétiolées. Cette tige, peu rameuse, se divise en 2 ou 3 branches terminées chacune par une large ombelle dont l'involucre est formé par 7 à 8 bractées linéaires. Les styles, qui sont allongés et réfléchis, ne développent leurs stigmates qu'après l'émission du pollen par les anthères, en sorte que la fécondation est indirecte comme cela a lieu dans la plupart des Ombellifères. Les fruits sont cylindriques, un peu épais au sommet, et terminés par 2 styles qui se réfléchissent d'abord et se détachent ensuite.

Nature du sol. — Altitude. — Ce *Carum* recherche les terrains profonds, calcaires et argileux, les terres marneuses. — Il habite la plaine et peut aussi atteindre les montagnes, car Ledebour l'indique, dans le Talüsch, à 1,300^m.

Géographie. — Au sud, on le rencontre en France, en Espagne, où il est souvent remplacé par le *Bunium macuca*, Boiss., qui lui ressemble beaucoup, en Italie et en Sicile. — Au nord, on le trouve en France, en Allemagne, en Angleterre jusqu'au 53°. — A l'occident, il habite le Portugal. — A l'orient, il est en Italie, en Dalmatie, en Transylvanie, dans le Caucase, en Arménie et dans la Sibérie de l'Oural, jusqu'à Yekaterinimburg.

Limites d'extension de l'espèce.

Sud, Sicile................ 38°	}	Ecart en latitude :
Nord, Yekaterinimburg...... 57	}	19°

Occident, Portugal........... 10 O. } Ecart en longitude :
Orient, Sibérie de l'Oural..... 56 E. }   66°
            Carré d'expansion............. 1254

Carum verticillatum, Koch. — Ce *Carum* est quelquefois très-multiplié dans les prairies humides et marécageuses, où il vit en société et se réunit aussi à diverses espèces, telles que *Veratrum album, Lotus uliginosus, Potentilla Tormentilla, Succisa vulgaris, Gentiana pneumonanthe*, etc. Ses racines sont fasciculées, sa tige est droite, cylindrique, peu rameuse. Ses feuilles radicales sont profondément découpées, à lobes très-nombreux, opposés et partagés jusqu'à la base en plusieurs découpures linéaires et divergentes qui semblent verticillées, et donnent à ce feuillage une grande légèreté et beaucoup d'élégance. Les ombelles sont terminales, à 10 ou 12 rayons, entourées de 5 à 6 folioles courtes et ovales, qui forment son involucre. Les pétales sont en cœur ; les étamines répandent leur pollen avant la nubilité des stigmates, puis, après la fécondation, le disque mellifère prend une teinte rouge ; le fruit est ovale et comprimé. — Il fleurit tard, en juillet et août.

Nature du sol. — Altitude. — Il recherche les lieux aquatiques, les tourbes imbibées d'eau, et préfère les terrains siliceux et détritiques. Il peut s'élever très-haut. Nous le trouvons en Auvergne de 1,000 à 1,200^m. M. Boissier l'a rencontré en Andalousie, dans sa région nivale, de 2,000^m à 2,600^m.

Géographie. — Au sud, les Pyrénées, la Corse, le midi de l'Espagne. — Au nord, une partie de l'Allemagne, l'Angleterre et l'Irlande jusqu'au 53°. — A l'occident, il habite le Portugal. — A l'orient, l'Italie ; Pallas l'indique aussi en Russie et en Sibérie, dans les landes salines où il le dit abondant, et où il se trouvait en fleur le 8 août 1773.

Limites d'extension de l'espèce.

Sud, Royaume de Grenade.... 37° } Ecart en latitude :
Nord, Angleterre............ 53 }   16°
Occident, Portugal.......... 10 O. } Ecart en longitude :
Orient, Sibérie............. 65 E. }   75°
          Carré d'expansion............. 1200

G. CONOPODIUM, *Koch.*

Petit genre formé de deux espèces parallèles, l'une des parties tempérées de l'Europe, l'autre du Canada.

CONOPODIUM DENUDATUM, Koch. — Frêle et délicate Ombellifère qui se retire à l'ombre et à la fraîcheur des bois, où elle vit disséminée, acceptant pour société l'*Oxalis Acetosella*, l'*Asperula odorata*, l'*Arum maculatum*, l'*Ophrys nidus avis*, le *Prenanthes purpurea*, etc. — Elle est vivace; sa racine est un petit tubercule noir assez profondément enfoncé dans le sol meuble de la forêt. Sa tige est grêle, simple, un peu flexueuse à la base. Ses feuilles, peu nombreuses, sont profondément découpées. L'ombelle est ordinairement solitaire, nue ou seulement accompagnée d'une ou deux bractées. Les fruits sont plus gros à la base qu'au sommet, et sont munis de 2 styles persistants, dressés d'abord, divergeant ensuite, et finissant par se recourber autour du fruit. — Fleurit en mai, en juin et en juillet. — 13 mai 1850, Royat; — 26 mai 1833, bois de Royat; — 2 juin 1833, Thède; — 9 juin 1836, bois de Durthol; — 11 juin 1835, bois de Chanat; — 18 juin 1835, puy de Côme; —

20 juin 1833, bois du puy de Dôme ; — 26 juin 1828 , bois du petit puy de Dôme ; — 26 juin 1836, à Saint-Saturnin ; — 26 juillet 1828, sommet du puy de la Tache , au Mont-Dore.

Nature du sol. — *Altitude.* — Il recherche les terrains primitifs, siliceux , sablonneux et détritiques. Nous le trouvons abondant sur les sols volcaniques. — Il préfère les montagnes et croît cependant dans les plaines. Nous l'avons trouvé à 350^m sur des détritus granitiques ; à $1,200^m$ sur les scories des volcans ; à $1,400^m$ sur les phonolites du Mezenc ; à $1,600^m$ sur les trachytes du mont Dore. De Candolle le cite à 40^m à Orléans , où il a sans doute été entraîné , et à $1,800^m$ dans les Pyrénées.

Géographie. — C'est un type du centre qui va au midi, dans les Pyrénées, en Corse, dans les Asturies et dans toute l'Espagne occidentale. — Au nord, il n'existe pas dans l'Allemagne , mais on le trouve dans la basse Normandie, en Angleterre, aux Orcades, en Irlande. — A l'occident , en Portugal. — A l'orient , dans le midi de l'Italie.

Limites d'extension de l'espèce.

Sud, Espagne.............. 40°	}	Écart en latitude :
Nord, Angleterre............ 60	}	20°
Occident, Portugal.......... 10 O.	}	Écart en longitude :
Orient, Royaume de Naples... 14 E.	}	24°
Carré d'expansion............. 480		

G. PIMPINELLA, *Lin.*

Distribution géographique du genre. — Les *Pimpinella*, au nombre d'environ 35 espèces, sont principalement européens et asiatiques. — Les 14 espèces d'Europe habi-

tent les pays chauds : l'Espagne , l'Italie , la Grèce et la
Tauride. — Les 14 espèces asiatiques sont originaires du
Caucase , des grandes Indes , de la Perse et quelques-unes
seulement de la Dahurie, d'Alep et de l'Arabie-Heureuse.
— 6 sont africaines : 3 du Cap ou du promontoire africain,
1 de Ténériffe , 1 de l'Atlas et 1 du Maroc. — Une espèce
est particulière à Java.

PIMPINELLA MAGNA , Lin. — Il est très-répandu dans
les haies, dans les taillis et dans les bois à demi-ombragés ,
ainsi qu'au milieu des prairies. Il est vivace et varie beaucoup
dans sa taille , dans son feuillage et dans la couleur de ses
fleurs. Sa tige est striée , rameuse ; ses feuilles radicales sont
simples, pétiolées, dentées et à 3 lobes. Les autres sont formées
par la réunion de folioles ovales, dentées, dont les inférieures
forment souvent une espèce d'oreillette. Les feuilles supérieures ont leurs lobes d'autant plus étroits qu'elles approchent
davantage du sommet de la tige. Ses fleurs, toutes fertiles,
sont réunies en gracieuses ombelles au sommet des rameaux,
et se succèdent pendant longtemps. Celles des bords de
l'ombelle sont un peu irrégulières ; les pétales sont relevés
sur les côtés, et les ombelles, d'abord penchées, se redressent
aux approches de la fécondation ; les anthères répandent leur
pollen avant le développement du style et des stigmates ;
alors, tandis que les rayons conservent leur écartement , les
pédicelles des ombellules se rapprochent. Les styles persistent , terminés par leurs stigmates globuleux et les graines
bombées , se séparent par le sommet. — Il fleurit en juin, en
juillet et en août. La variété élevée, à fleur blanche ou carnée,
croît à l'ombre des bois avec *Lilium Martagon, Prenanthes
purpurea, Campanula persicifolia, Melittis mellissophyl-
lum*, etc. La variété *minor* est un des plus beaux ornements

des prairies des montagnes ; sa tige est basse ; ses ombelles, d'un rose vif et pur, contrastent non-seulement avec le vert foncé de son feuillage, mais elles se mêlent aux frondes élégantes et verticillées de l'*Equisetum sylvaticum*, aux légères panicules du *Briza media*, aux pyramides du *Veratrum album*, aux tapis des *Veronica* et des *Trifolium*, aussi bien qu'au *Knautia sylvatica* et au *Geranium sylvaticum*.

Nature du sol. — Altitude. — Les terrains siliceux et détritiques, les trachytes, les alluvions volcaniques et même le basalte, lui conviennent mieux que les calcaires compactes dont il n'est pas complétement exclu. — C'est une plante des plaines et des montagnes, que de Candolle indique à 40^m à Angers, et à 1,600^m dans les Alpes. Nous l'avons vu couvrir de ses fleurs roses les hautes prairies du mont Cenis, où elle était surtout accompagnée du *Centaurea montana*. Nous l'avons suivie jusqu'au sommet du puy de Dôme, à 1,460^m, et sur les pentes les plus élevées du mont Dore et du Cantal, à 1,850^m. Ledebour la cite, dans le Caucase, entre 400 et 800^m.

Géographie. — Au sud, ce *Pimpinella* se trouve dans les Pyrénées, en Espagne et dans le midi de l'Italie. — Au nord, il est assez fréquent dans toute l'Europe centrale ; il existe en Danemarck, dans la Gothie australe et dans le nord de la Norvége, dans les prés voisins du rivage où il est abondant, tandis qu'il est seulement sporadique en Suède. Il croît aussi en Angleterre et en Irlande. — C'est dans cette dernière contrée que se trouve sa limite occidentale. — A l'orient, il habite les forêts montagneuses de la Suisse, l'Italie, la Dalmatie, la Croatie, la Hongrie, la Transylvanie, le Caucase, la Géorgie, l'Arménie et les bords de la Caspienne ; les Carpathes, l'Epire, la Russie moyenne et la Russie australe.

Limites d'extension de l'espèce.

Sud, Royaume de Naples.....	40°	Écart en latitude :
Nord, Norvége...............	66	26°
Occident, Irlande...........	12 O.	Écart en longitude :
Orient, Russie moyenne......	58 E.	70°
Carré d'expansion.............	1820	

Pimpinella Saxifraga , Lin. — Cette espèce, moins grande et moins belle que la précédente, croît dans les lieux découverts, sur les pelouses et les coteaux , et parfois sur la lisière des bois. Sa racine est pivotante , sa tige grêle, peu rameuse et peu feuillée. Ses feuilles radicales sont ailées, composées de 5 à 7 folioles arrondies et dentées, avec la terminale souvent trilobée. Elles disparaissent à l'époque de la floraison , et la tige conserve alors quelques feuilles profondément découpées, dont les supérieures sont réduites à de simples gaînes allongées et sans limbe. Ses ombelles, d'abord penchées, se redressent pour fleurir ; la fécondation est indirecte , les fleurs sont blanches, sans involucre ; le fruit est ovale, oblong et strié. — Fleurit en juillet et en août.

Nature du sol. — Altitude. — Cette plante préfère les sols calcaires et marneux de la plaine. La variété *poteriifolia* recherche les lieux sablonneux et monte assez haut dans les montagnes, de 900 à 1,000^m. Nous l'avons trouvée végé-tant aux pieds des volcans, dans des pouzzolanes noires telle-ment échauffées par le soleil, que la boule du thermomètre, enfoncée près de la racine de la plante, accusait dans le tube de l'instrument 60° centigrades. Ledebour l'indique dans le Caucase entre 400 et 800^m.

Géographie. — Au sud , les Pyrénées, une partie de l'Espagne, le midi de l'Italie. — Au nord , l'Europe centrale , toute la Scandinavie et la Finlande, et il arrive dans la Laponie australe où il est rare. Il habite aussi l'Angleterre et l'Irlande. — A l'occident, il reste en France et en Espagne. — A l'orient, il est en Suisse , jusque dans la région subalpine, dans l'Italie, la Dalmatie, la Croatie, la Hongrie , la Transylvanie , le Caucase , la Tauride , la Géorgie, les Carpathes, la Thrace septentrionale, les Russies septentrionale , moyenne et australe , dans les Sibéries de l'Oural et de l'Altaï , ainsi que dans la Dahurie.

Limites d'extension de l'espèce.

Sud, Royaume de Naples....	40°	Écart en latitude :	
Nord, Finlande............	69	29°	
Occident, France..........	6 O.	Écart en longitude :	
Orient, Dahurie...........	119 E.	125°	
Carré d'expansion............	3625		

G. BERULA , *Koch.*

Petit genre séparé du *G. Sium*, et qui ne renferme que 2 espèces , toutes deux européennes , mais s'étendant en Amérique et en Asie.

BERULA ANGUSTIFOLIA , Koch. — A une époque où les campagnes sont entièrement dépouillées de feuillage, et souvent recouvertes par un voile de neige, on voit avec un plaisir infini , la fraîche verdure de cette espèce, qui vit en société dans les ruisseaux, et qui , la racine dans la fange, résiste aux hivers comme aux chaleurs de l'été. Des tiges droites et fistuleuses, remplies d'air, s'enracinent partout à leur base et s'étendent avec rapidité. Ses feuilles, à lobes inégalement distants, sont droites, luisantes et d'un

vert pur. De petites ombelles arrondies naissent opposées
aux feuilles, et leurs ombellules, aplaties, sont formées
de petites fleurs blanches, dont les anthères tardives ne
s'ouvrent qu'après que les stigmates glutineux les ont atten-
dues. Le fruit s'arrondit en mûrissant et tombe sans se partager, car il ne renferme le plus ordinairement qu'une seule
graine. — Il fleurit en juillet et en août, et vit avec
toutes les plantes aquatiques', en les tenant toutefois à une
certaine distance et ne leur permettant pas de se mêler à ses
sociétés, qui s'étendent toujours par la facilité avec laquelle
les tiges couchées s'enracinent. On voit souvent, autour
de ses larges gazons aquatiques, le *Veronica Becca-*
bunga, le *Nasturtium officinale*, l'*Iris pseudo-Acorus*,
le *Scrophularia Balbisii*, le *Sparganium ramosum*, etc.
Toutes ces espèces occupent surtout le bord des ruisseaux,
tandis que le *Berula* se développe dans le milieu.

Nature du sol. — Altitude. — Indifférent au terrain,
pourvu qu'il soit inondé, et ne s'élevant pas dans les montagnes.

Géographie. — Au sud, la France, les Baléares, le
midi de l'Espagne. — Au nord, l'Europe centrale, le Danemarck et la Gothie australe, l'Angleterre et l'Irlande. —
A l'occident, le midi de l'Espagne. — A l'orient, la Suisse,
l'Italie, la Sicile, la Dalmatie, la Croatie, la Hongrie, la
Transylvanie, la Grèce, la Turquie, la Tauride, le Caucase,
la Géorgie, les bords de la Caspienne, la Perse, les Russies
moyenne et australe.

Limites d'extension de l'espèce.

Sud, Royaume de Grenade.... 37°   ⎫ Écart en latitude :
Nord, Danemarck.......... 57   ⎬   20°
                                   ⎭

Occident, Royaume de Grenade.   8 O.
Orient, Russie moyenne....... 58 E.
} Écart en longitude : 66°

Carré d'expansion.. 1320

G. BUPLEVRUM, *Lin.*

Distribution géographique du genre. — Les *Buplevrum* forment un genre assez nombreux, contenant au moins 66 espèces, presque toutes de l'hémisphère boréal, et inégalement disséminées en Europe, en Asie et en Afrique. La moitié du genre, c'est-à-dire 33 espèces, appartiennent à l'Europe, et sont surtout réparties dans les contrées les plus chaudes. Les bords de la Méditerranée, l'Espagne, le Portugal, l'Italie, la Sicile, la Grèce et la Tauride les renferment presque toutes. Quelques-unes cependant, habitent l'Autriche, la Carniole, la Hongrie et la France. — L'Asie a 22 *Buplevrum*, dont 6 en Sibérie, 5 au Népaul, 3 aux Indes orientales, 2 à la Chine, les autres sur le Caucase, dans la Perse et l'Arabie. — L'Afrique en possède 11 espèces, dont 3 égyptiennes, 5 de la Barbarie, du Maroc ou de Tunis, et 3 du cap de Bonne-Espérance. — Ce sont des plantes qui s'éloignent de la zone tropicale comme des régions polaires, et qui fuient le voisinage des eaux.

BUPLEVRUM TENUISSIMUM, *Lin.* — Petite plante annuelle qui habite les pelouses et les lieux arides, autour des sources minérales et sur les terrains secs et salifères, où il est parfois difficile de l'apercevoir. Elle vit disséminée au milieu du *Plantago maritima*, du *Lepidium ruderale*, du *Lepigonum marginatum*, etc. Sa tige est grêle, un peu dure et rameuse. Ses feuilles sont étroites, pointues et presque linéaires. Ses fleurs, jaunâtres, sont réunies en petites ombelles terminales ou latérales, les unes composées, les autres simples, et situées à la base des rameaux. Chaque ombelle est munie d'un involucre de 4 à 5 bractées courtes et pointues, au centre desquelles les fleurs sont presque sessiles. Les fruits sont rudes et tuberculeux. — Fleurit en juillet et en août.

Nature du sol. — *Altitude.* — Ce *Buplevrum* recherche les sols salés, peu importe leur composition physique. — Il reste toujours en plaine ou à une faible altitude.

Géographie. — Au sud, on le trouve en France, en Espagne, dans le midi de l'Italie, et en Algérie d'après M. le docteur Borne. — Au nord, il est dans l'Allemagne centrale, en Bohême, à Halle, jusque dans le Holstein et dans la Gothie boréale, se tenant près du rivage, ainsi qu'en Angleterre. — A l'occident, il ne dépasse pas cette dernière contrée, ni les sables maritimes de Nantes. — A l'orient, il vit en Italie, en Sicile, en Grèce, en Dalmatie, en Croatie, en Hongrie, en Transylvanie, et arrive dans les provinces du Caucase.

Limites d'extension de l'espèce.

Sud, Algérie	35°	Écart en latitude :
Nord, Gothie boréale	59	24°
Occident, Angleterre	7 O.	Écart en longitude :
Orient, Caucase	45 E.	52°
Carré d'expansion	1248	

BUPLEVRUM AFFINE, Sadler. — Petite plante annuelle qui ressemble un peu à la précédente, et qui vit aussi dans les lieux secs et arides. Sa tige est rameuse ; ses rameaux, droits et minces, subdivisés près de leur point de naissance. Les feuilles sont étroites, linéaires, lancéolées, pointues, à 3 ou 5 nervures. Les fleurs sont en ombelles terminales,

composées de 5 rayons, entourées d'un involucre à bractées
pointues qui les débordent. Les semences sont ovales.

Nature du sol. — Inconnue. — *Altitude.* — Habite la
plaine.

Géographie. — Il est très-difficile de l'établir, cette espèce ayant été confondue avec le *B. Gerardi.* — Au sud,
il croît en France et probablement en Italie. — Au nord,
à Vienne, en Autriche, dans la Hongrie et la Transylvanie.

Limites d'extension de l'espèce.

Sud, France.............. 44°   } Écart en latitude :
Nord, Hongrie............ 48   }   4°
Occident, France........... 0 O. } Écart en longitude :
Orient, Hongrie........... 20 E. }   20°
     Carré d'expansion............. 80

BUPLEVRUM JUNCEUM, Lin. — Il végète dans les lieux secs
et pierreux, où il étend ses tiges minces, à rameaux alternes et
nombreux, presque droits. Ses feuilles sont longues, linéaires,
minces et pendantes, et marquées de 5 à 7 nervures. Les
fleurs forment de petites ombelles simples ou composées,
axillaires ou terminales. Elles sont accompagnées d'un involucre à 2 ou 3 bractées. Les semences sont grosses et pointues. — La plante est lactescente, annuelle, et fleurit en
juillet et août.

Nature du sol. — *Altitude.* — Nous ne le connaissons
que sur les terrains calcaires et marneux de la plaine et des
coteaux.

Géographie. — Au sud, le midi de la France, l'Italie
et la Sicile. — Au nord, la Podolie. — A l'occident, la
France. — A l'orient, la Dalmatie, la Croatie, la Hongrie, la Transylvanie, la Tauride, la Bulgarie et la Podolie.

Limites d'extension de l'espèce.

Sud , Sicile . . . . 38° } Écart en latitude :
Nord , Podolie 50   }   12°
Occident , France . . . . 4 O. } Écart en longitude :
Orient , Tauride . . . . 34 E. }   38°
      Carré d'expansion 456

BUPLEVRUM ARISTATUM , Bartl. — Petite plante annuelle qui vit en société dans les lieux secs , sur les pelouses des coteaux , quelquefois associée à l'*Helianthemum salicifolium*, au *Linum austriacum*, au *Trifolium striatum*, etc. Ses tiges sont minces , basses et rameuses. Ses feuilles sont raides , linéaires , très-pointues et demi-embrassantes. Les ombelles sont composées de 2 à 3 rayons très-courts et inégaux , et accompagnées d'un involucre formé de bractées raides , assez grandes. Le fruit est ovoïde, noir , libre et marqué de côtes très-fines. — Fleurit en juin et en juillet.

Nature du sol. — Altitude. — Ce *Buplevrum* préfère les terrains calcaires et rocailleux. Il habite souvent, en Auvergne, les pépérites basaltiques , et reste dans les plaines ; mais , dans les pays chauds , il peut atteindre les montagnes, car M. Boissier le cite à 1,600^m dans le midi de l'Espagne.

Géographie. — Il a été souvent confondu avec le *B. Odontites,* qui est plus méridional que lui. — Au sud , il existe dans le midi de la France, en Espagne , aux Baléares, en Corse. — Au nord , il s'avance dans l'ouest de la France, à Nantes , et atteint même l'Angleterre jusqu'au 51°. — Là est sa limite occidentale. — A l'orient, il est en Italie et en Sicile , en Dalmatie , en Croatie , en Hongrie , en Transylvanie et en Turquie.

Limites d'extension de l'espèce.

Sud, Royaume de Grenade.... 37° ⎫ Écart en latitude :
Nord, Angleterre........... 51   ⎬   14°
Occident, Angleterre........ 6 O. ⎫ Écart en longitude :
Orient, Transylvanie........ 22 E. ⎬   28°
          Carré d'expansion............. 392

BUPLEVRUM FALCATUM , Lin. — Il est très-commun sur les coteaux , le long des chemins, sur le bord des champs , au pied des buissons, avec : *Coronilla varia, Reseda lutea, Lactuca saligna , Cichorium Intybus*, etc. Il offre un rhizome allongé et traçant , qui donne naissance à des tiges latérales, peu feuillées à leur base. Cependant les premières feuilles sont pétiolées, oblongues et nerveuses. Celles de la tige, sèches et glauques, deviennent de plus en plus étroites, à mesure qu'elles approchent du sommet. Les fleurs, petites et d'un beau jaune , ont les pétales entiers , roulés sur eux-mêmes. Les styles sont saillants, et les stigmates nubiles avant la floraison; mais, dès que celle-ci s'opère, la fécondation a lieu le même jour. Le fruit est lisse , ovoïde, et muni de 3 bandelettes entre les côtes. — Il est vivace ; il commence à fleurir en juillet et continue pendant tout l'automne , et quelquefois pendant une partie de l'hiver , car nous l'avons recueilli en fleur à la fin de décembre.

Nature du sol. — Altitude. — Il recherche les terrains calcaires et rocailleux de la plaine, sans être exclu des montagnes , car il croît sur le mont Ventoux , et Ledebour le cite dans le Caucase entre 400 et 3,000^m.

Géographie. — Au sud , on le trouve dans le midi de la France et de l'Italie. — Au nord , dans une partie de l'Allemagne , dans les Carpathes et dans la Volhynie. —

A l'occident, il reste sur les côtes de France. — A l'orient, on le rencontre en Dalmatie, en Croatie, en Hongrie, en Transylvanie, dans la Tauride, le Caucase, la Géorgie, sur les bords de la Caspienne, en Podolie, dans les Sibéries de l'Altaï et du Baïkal, et dans la Dahurie.

Limites d'extension de l'espèce.

Sud, Royaume de Naples....	40°	⎫ Écart en latitude :
Nord, Carpathes...........	50	⎬ 10°
Occident, France...........	6 O.	⎫ Écart en longitude :
Orient, Dahurie...........	119 E.	⎬ 125°
Carré d'expansion............	1250	

BUPLEVRUM RIGIDUM, Lin. — Il vit, comme la plupart des *Buplevrum*, dans les lieux incultes et pierreux. Sa tige est presque nue, rameuse, et ses feuilles naissent presque toutes au bas de cet organe. Elles sont consistantes, marquées de plusieurs nervures saillantes, ovales, terminées en pointe et rétrécies en pétiole. Les ombelles sont nombreuses, à 3 ou 4 rayons. Les involucres sont formés de petites bractées presque avortées. — Fleurit en juillet et en août.

Nature du sol. — Altitude. — Il recherche, comme le précédent, les lieux calcaires et rocailleux. — M. Boissier l'a trouvé dans le midi de l'Espagne entre 600 et 1,300^m.

Géographie. — Il est très-méridional et se trouve dans le midi de la France, dans toute l'Espagne et en Barbarie. — Au nord, il s'arrête sur le plateau central de la France. — A l'occident, il ne sort ni de la France ni de l'Espagne. — A l'orient, il croît en Lombardie et au mont Cenis.

Limites d'extension de l'espèce.

Sud, Barbarie...............	35°	⎫ Écart en latitude :
Nord, Plateau central........	44	⎬ 9°

Occident, Espagne..........	8 O.	}	Ecart en longitude :
Orient, Piémont.............	8 E.		16°
Carré d'expansion.............	144		

BUPLEVRUM RANUNCULOIDES, Lin. — Jolie espèce qui croît dans les fissures des rochers et sur les coteaux pierreux. Il est vivace et conserve une souche ligneuse, entourée des anciennes feuilles desséchées. Sa tige est peu rameuse ; ses feuilles inférieures sont très-étroites, pliées en deux ; les supérieures, linéaires, lancéolées. Les fleurs sont jaunes. Les ombelles dressées. Les involucelles, allongés, sont plus grands que les ombellules ; ils sont jaunes, à bractées soudées et réunies en élégante corbeille, dans laquelle les graines se réunissent quand elles se détachent à leur maturité. — Fleurit en juillet.

Nature du sol. — Altitude. — Il préfère les sols calcaires et rocailleux, et peut s'élever très-haut sur les montagnes. De Candolle l'indique à 500^m à Gap, et à 2,000^m à Combre d'Aze. Il se trouve aussi sur le Jura, sur le Lautaret dans les Alpes, et à Esquiery dans les Pyrénées.

Géographie. — Au sud, il habite les Pyrénées et le midi de l'Italie. — Au nord, il atteint sa limite dans l'Amérique arctique, au détroit de Behring, à la baie de Kotzebue, tandis qu'en Europe il ne dépasse pas la Suisse et le Tyrol. — A l'occident, il reste dans les Pyrénées. — A l'orient, il se rencontre en Suisse, en Italie, en Croatie, en Hongrie, en Transylvanie, dans l'Oural et dans l'Altaï, selon Lessing, au cap Mulgrave et au détroit de Behring.

Limites d'extension de l'espèce.

Sud, Royaume de Naples.....	40°	}	Écart en latitude :
Nord, Cap Mulgrave........	67		27°

Occident, France ....   6 O. }
Orient, Baie de Kotzebue 180   } Écart en longitude :
        + 15 = ... 195 E. }   201°
        Carré d'expansion............. 5427

BUPLEVRUM LONGIFOLIUM, Lin. — Ce joli *Buplevrum* habite les pentes herbeuses des montagnes, où on le trouve disséminé au milieu de nombreuses espèces, telles que *Hieracium aurantiacum*, *Gnaphalium norvegicum*, *Centaurea montana*, *Crepis grandiflora*, *Aconitum Lycoctonum*, *Festuca spadicea*, etc. Sa racine est vivace ; ses feuilles radicales sont longues, glabres, pointues et persistantes, sa tige est simple, garnie de feuilles allongées et embrassantes. L'ombelle est terminale, entourée de 5 bractées elliptiques, pointues, presque rondes, inégales et souvent colorées en rouge. Ses involucelles sont jaunes, à folioles soudées autour de l'ombellule, qu'elles dépassent en formant autour d'elle une coupe élégante. — Il fleurit en juillet et en août.

Nature du sol. — Altitude. — Il croît en Auvergne sur les terrains siliceux et trachytiques ; il vit sur le calcaire dans le Jura. — Il recherche les montagnes. De Candolle le cite à 400^m à Genève, et à 1,400^m dans le Jura. Nous le trouvons à 1,600^m au mont Dore et au Cantal.

Géographie. — Au sud, il ne dépasse guère les montagnes du Cantal. — Au nord, il est dans les Vosges, le Jura, la Suisse, les Carpathes, la Thuringe, la Bohême, le Wurtemberg et le Hanovre. — A l'occident, il ne dépasse pas le plateau central. — A l'orient, nous avons cité la Bohême, nous pouvons y ajouter la Hongrie, la Croatie, et la Transylvanie. Pallas l'indique en Sibérie avec l'*Orobus luteus*, le *Digitalis lutea*, le *Lathyrus pisiformis*, etc.

Comme il n'est pas cité par Ledebour, nous négligerons cette dernière indication.

Limites d'extension de l'espèce.

Sud, Plateau central......... 45°	}	Écart en latitude :	
Nord, Hanovre............. 52	}	7°	
Occident, France............ 0	}	Écart en longitude :	
Orient, Transylvanie........ 22 E.	}	22°	
Carré d'expansion 154			

BUPLEVRUM PROTRACTUM, Link. — Cette espèce a les plus grands rapports avec la suivante; elle croît comme elle dans les champs cultivés, et s'en distingue par ses feuilles caulinéaires plus allongées, par ses rameaux plus étalés et par ses ombelles composées seulement de 2 à 3 ombellules, situées au centre d'involucelles très-étalés. Ses styles sont plus longs, et ses fruits, plus gros et plus ovales, sont garnis de tubercules disposés en séries. — Fleurit en juin et en juillet.

Nature du sol. — Altitude. — Espèce des calcaires compactes et marneux de la plaine.

Géographie. — Ce *Buplevrum* est méridional; il occupe le midi de la France, la Corse, l'Espagne, les Baléares, la Barbarie et l'Egypte. — Au nord, il atteint, selon MM. Grenier et Godron, la vallée de la Loire. — A l'occident, il habite le Portugal. — A l'orient, on le trouve en Italie, en Sicile, dans toute la Grèce, la Turquie, dans la Dalmatie, la Croatie, l'Asie mineure et la Syrie.

Limites d'extension de l'espèce.

Sud, Egypte............... 30°	}	Écart en latitude :	
Nord, France.............. 47	}	17°	

Occident, Portugal.......... 11 O.) Écart en longitude :
Orient, Syrie.............. 35 E.) 46°
    Carré d'expansion.............. 782

BUPLEVRUM ROTUNDIFOLIUM, Lin. — Il est abondant dans les champs et les moissons, et quelquefois sur les bords des chemins. Il est annuel comme le précédent. Sa tige est glabre et rameuse ; ses feuilles sont ovales , arrondies dans leur partie inférieure, et munies d'une petite pointe à leur extrémité. Elles sont glabres, d'un vert glauque, traversées par la tige, et les inférieures seules sont embrassantes. Les ombelles, formées de petites fleurs jaunâtres, sont dépourvues d'involucre, mais les ombellules, dont la floraison est simultanée, sont entourées d'un involucelle composé de 5 folioles ovales, inégales et d'un jaune verdâtre. — Il fleurit en juin et en juillet.

Nature du sol. — *Altitude.* — Il préfère les terrains calcaires et marneux, les terres argileuses des plaines et des coteaux , cependant M. Boissier le cite à 1,600^m dans les montagnes du royaume de Grenade, et Ledebour à 800^m dans le Caucase, et à 1,300^m dans le Talüsch.

Géographie. — Il a été évidemment propagé par la culture. Au sud , on le rencontre en Espagne et en Algérie. — Au nord, dans une grande partie de l'Europe centrale , en Danemarck , en Gothie où il est sporadique, et en Angleterre où peut-être il a été transporté. — A l'occident, il existe en Portugal. — A l'orient, il habite l'Italie, la Dalmatie, la Croatie, la Hongrie, la Transylvanie, le Caucase, la Tauride, l'Arménie, la Géorgie, les bords de la Caspienne , la Turquie , la Grèce , les Russies moyenne et australe.

Limites d'extension de l'espèce.

Sud, Algérie............... 35°   ⎫ Écart en latitude :
Nord, Gothie.............. 55   ⎬   20°
Occident, Portugal.......... 10 O. ⎫ Écart en longitude :
Orient, Géorgie............ 47 E. ⎬   57°
            Carré d'expansion.............. 1140

BUPLEVRUM FRUTICOSUM, Lin. — Arbrisseau toujours vert, dont la tige, droite et rameuse, est d'un rouge plus ou moins foncé, violet ou presque noir. Ses feuilles sont ovales, oblongues, rétrécies à leur base ; leur face supérieure est lustrée, d'un vert foncé, l'inférieure est mate, régulièrement réticulée et chagrinée. Les feuilles sont roulées en cornet les unes sur les autres. Les fleurs sont jaunâtres, disposées en ombelle terminale, munies d'involucres et d'involucelles. Elles s'épanouissent pendant la majeure partie de l'année.

Nature du sol. — Altitude. — Il habite les terrains calcaires et rocailleux de la plaine, et ne parvient sur les montagnes que dans les contrées chaudes ; mais M. Boissier l'indique de 1,300 à 1,450^m dans le midi de l'Espagne.

Géographie. — Il est méridional et se trouve en France, en Corse, en Sardaigne, en Espagne et en Barbarie. — Au nord, il arrive jusque sur les limites du plateau central. — A l'occident, il est en Portugal. — A l'orient, il habite l'Italie australe, la Sicile, la Turquie et la Grèce.

Limites d'extension de l'espèce.

Sud, Algérie............... 35°   ⎫ Écart en latitude :
Nord, France............... 44   ⎬   9°
Occident, Portugal.......... 10 O. ⎫ Écart en longitude :
Orient, Grèce.............. 20 E. ⎬   30°
            Carré d'expansion............. 270

G. **ŒNANTHE**, *Lin.*

Distribution géographique du genre. — Les *OEnanthe* forment un genre composé de 24 espèces, dont plus de la moitié, 13 au moins, habitent l'Europe. L'Espagne, le Portugal, l'Italie, la Sicile et la Grèce sont les contrées qui en offrent le plus grand nombre ; les autres sont disséminés en France, en Allemagne et en Carniole. — L'Afrique en a 7 espèces ; 3 de la Barbarie, 3 du cap de Bonne-Espérance et 1 de Madère. — 2 espèces asiatiques habitent les Indes orientales et le Népaul. — Une autre se trouve à Java. — Une seule, de l'Amérique boréale occidentale, représente ce genre sur le Nouveau-Monde.

OENANTHE FISTULOSA, Lin. — Il se trouve dans les lieux aquatiques et souvent en partie inondés, dans les fossés, sur les bords fangeux des étangs, où il vit disséminé et mêlé au *Phragmites vulgaris,* au *Sparganium erectum,* au *Lysimachia vulgaris,* au *Lythrum Salicaria,* etc. Ses racines sont blanches, charnues et fasciculées ; ses tiges sont cylindriques, lisses, striées et fistuleuses. Elles ne portent qu'un petit nombre de feuilles à pétioles également fistuleux, à limbes allongés et très-découpés, les supérieures à lobes linéaires et relevés. Les fleurs sont blanches, petites, réunies en ombelles, à 3 rayons, sans involucre ; les ombellules ont chacune un involucelle polyphylle. Les fleurs extérieures sont pédicellées, difformes et stériles ; celles de l'intérieur sont régulières, petites et fertiles. Les fruits, noirs, turbinés et marqués de côtes saillantes, forment à leur maturité une tête globuleuse et hérissée. — Il fleurit en juin et en juillet.

Nature du sol. — *Altitude.* — Aquatique et indifférent, il habite les plaines et ne s'élève jamais.

Géographie. — Au sud , la France , l'Espagne , le midi de l'Italie, la Sicile. — Au nord , le centre de l'Europe , le Danemarck, la Gothie australe et rarement la Finlande. Il est en Angleterre et en Irlande. — A l'occident, le Portugal. — A l'orient, la Suisse , l'Italie , la Hongrie , la Croatie , la Transylvanie, la Grèce , la Turquie , le Caucase, la Thrace orientale et la Lithuanie.

Limites d'extension de l'espèce.

Sud, Sicile................	38°	}	Écart en latitude :
Nord, Finlande............	60	}	22°
Occident, Portugal.........	10 O.	}	Écart en longitude :
Orient, Caucase......	47 E.	}	57°
Carré d'expansion............	1254		

OEnanthe Lachenalii , Gmel. — Il habite les marais et les prés humides. — Ses racines sont un peu tubéreuses, fasciculées, à fibres renflées en fuseau à leur extrémité. Les tiges sont droites , striées et non fistuleuses. Les feuilles inférieures sont à segments trifides , tandis que les supérieures sont profondément découpées , à segments linéaires. L'ombelle est de 8 à 15 rayons, souvent privée d'involucre, et formée de fleurs d'un beau blanc , à pétales extérieurs arrondis à la base, fendus jusqu'au milieu et appartenant à des fleurs stériles. Le fruit des fleurs du centre est ovoïde ou oblong, muni de côtes obtuses. — Fleurit en juin et en juillet.

Nature du sol. — Altitude. — Recherche les sols mouillés, calcaires ou imprégnés de matières salines, et reste dans la plaine.

Géographie. — Au sud, on trouve cette espèce en Corse, en France , en Espagne , et dans le midi de l'Italie. —

Au nord, dans une partie de l'Allemagne, dans la Poméranie et le Holstein. — A l'occident, elle abonde à Nantes, où elle joue un rôle important dans la végétation des sables maritimes. Elle est aussi en Angleterre. — A l'orient, elle se trouve à peu près dans les mêmes conditions qu'à Nantes, près de Lenkoran, sur les terrains salés qui environnent la mer Caspienne.

Limites d'extension de l'espèce.

Sud, Royaume de Naples......	40°	Ecart en latitude ?
Nord, Angleterre...........	57	17°
Occident, Angleterre........	6 O.	Ecart en longitude :
Orient, Lenkoran...........	47 E	53°
Carré d'expansion.............	901	

OEnanthe peucedanifolia, Pollich. — Il vit disséminé dans les lieux humides, sur le bord des rivières, dans les taillis et dans les prés mouillés. Sa racine est aussi formée par la réunion de plusieurs tubercules rapprochés. Sa tige est droite, ferme et striée. Les feuilles, comme dans les autres *OEnanthe*, sont d'autant plus découpées qu'elles approchent davantage du sommet de la tige. L'ombelle a 6 à 8 rayons sans involucre. Les ombelles partielles sont planes, très-serrées, souvent entourées de fleurs plus grandes, quelquefois rougeâtres et toujours stériles; elles sont accompagnées d'un involucelle de 9 à 10 folioles lancéolées. Les fruits sont allongés, cylindriques, amincis vers la base et couronnés par les dents inégales du calice.

Nature du sol. — Altitude. — Nous trouvons cette plante sur les sables et sur les terrains siliceux. M. Mougeot l'indique dans les Vosges, sur le calcaire. — Elle peut atteindre jusqu'à 800 à 900^m d'altitude.

Géographie. — Elle est peu répandue et peu commune ; elle habite cependant toute la France, la Suisse, la Hesse et la Thuringe, l'Angleterre et la Belgique. — A l'orient, on la rencontre en Lombardie, en Hongrie, en Transylvanie, en Croatie et dans le Péloponèse.

Limites d'extension de l'espèce.

Sud, Grèce................	40°	}	Écart en latitude :
Nord, Thuringe............	50	}	10°
Occident, France...........	6 O.	}	Écart en longitude :
Orient, Grèce..............	22 E.	}	28°
Carré d'expansion............	280		

OENANTHE PIMPINELLOÏDES, Lin. — Il végète dans les prairies humides, et il enfonce dans le sol ses racines fasciculées, formées de tubercules renflés à leur extrémité inférieure. Ses tiges sont glabres et fistuleuses ; ses feuilles radicales, larges, épaisses et bipinnées dans les lieux très-humides ; celles de la tige, distantes, à découpures plus étroites. L'ombelle est solitaire, composée de 6 à 12 rayons, accompagnée de 5 à 6 bractées linéaires. Les fleurs sont d'un blanc jaunâtre. Le fruit est cylindrique, à côtes saillantes et obtuses, et couronné par les dents du calice. — Il fleurit en juin.

Nature du sol. — *Altitude.* — Cet *OEnanthe* paraît indifférent ; il recherche surtout les lieux humides et maritimes, et reste par conséquent dans les plaines.

Géographie. — Au sud, il habite le midi de la France et l'Espagne. — Au nord, toute la France occidentale et l'Angleterre jusqu'au 53°. — A l'occident, on le trouve aussi en Portugal. — A l'orient, il croît sur les rivages de l'Italie, à Trieste, à Naples, en Sicile, dans la Thrace

orientale , en Dalmatie , en Croatie , en Hongrie , en Transylvanie , en Tauride et dans l'Asie mineure.

Limites d'extension de l'espèce.

Sud , Royaume de Grenade..... 37°	}	Ecart en latitude :
Nord , Angleterre.......... 53	{	16°
Occident , Portugal .... 10 O.	}	Ecart en longitude :
Orient , Asie mineure........ 36 E.	}	46°
Carré d'expansion........... 736		

OEnanthe Phellandrium , Lam. — Grande et belle
espèce qui croît dans les marais et les fossés profonds, où
elle forme de véritables bosquets. Elle vit en société; elle enfonce dans la vase ses racines fibreuses , elle produit inces-
samment des stolons reproductifs , et l'on voit bientôt ses
tiges épaisses, fistuleuses et cannelées, s'élever comme une
futaie au-dessus de la surface des eaux. Ces tiges se ramifient beaucoup et produisent sans cesse de nouvelles racines;
leur extrémité inférieure se détruit peu à peu. Le feuillage est
léger, d'un vert sombre , profondément découpé, à lobes un
peu pliés dans leur longueur et redressés. Les ombelles sont
petites , nodiflores , verdâtres ou blanches et opposées aux
feuilles. Elles sont du reste régulières et bien fournies , sans
involucres , tandis que les ombellules ont des involucelles de
6 à 7 folioles aiguës. Le fruit est oblong , atténué au sommet et couronné par les dents du calice. — Elle fleurit en juin
et continue pendant plus de 2 mois , souvent accompagnée
du *Sparganium ramosum*, du *Carex riparia*, du *Lythrum
Salicaria* et de grandes plantes aquatiques, qu'elle éloigne
quelquefois par la profusion et la densité de ses fourrés.

Nature du sol. — Altitude. — Cet *OEnanthe* est le
plus aquatique, et il croît indistinctement sur tous les sols

pourvu qu'ils soient suffisamment inondés. Il s'élève peu et reste dans les plaines.

Géographie. — On le trouve, au sud, en France, en Espagne, dans le midi de l'Italie et en Sicile. — Au nord, en France, dans une grande partie de l'Europe centrale, dans toute la Scandinavie, à l'exception de la Laponie, en Finlande, en Angleterre et en Irlande. — A l'occident, il est cité en Portugal. — A l'orient, nous devons ajouter à l'Italie et à la Sicile la Dalmatie, la Croatie, la Hongrie, la Transylvanie, la Tauride, le Caucase, la Géorgie, les Russies septentrionale, moyenne et australe, ainsi que la Sibérie altaïque.

Limites d'extension de l'espèce.

Sud, Sicile................ 38°	}	Ecart en latitude :
Nord, Finlande............. 64	}	26°
Occident, Portugal.......... 10 O.	}	Ecart en longitude :
Orient, Sibérie altaïque...... 96 E.	}	106°
Carré d'expansion............. 2756		

G. ÆTHUSA, *Lin.*

On n'en connaît que 3 espèces, 1 de l'Ukraine, 1 de la Podolie, et la 3me de la majeure partie de l'Europe.

ÆTHUSA CYNAPIUM, Lin. — On rencontre cette espèce presque domestique, dans les champs, au milieu de nos jardins et autour de nos habitations. Son aspect n'a rien d'attrayant : ses tiges sont rondes, peu cannelées, souvent tachetées de brun. Son feuillage est sombre, d'un vert presque noir, découpé comme celui d'un grand nombre d'Ombellifères. Ses feuilles sont munies à leur base de gaînes étroites et membraneuses, et ses ombelles, ou terminales ou opposées aux feuilles, portent des involucelles de 3 bractées unilatérales et pendantes. De petits pétales verdâtres et échancrés se relèvent pour laisser sortir les étamines, et plus tard la plante dissémine de petits fruits arrondis à cinq arêtes. — Elle fleurit pendant tout l'été ; elle offre une variété sauvage, *Æ. elata*, Friedl. , qui habite les bois et les lieux ombragés.

Nature du sol. — *Altitude.* — Tous les terrains lui conviennent ; elle préfère cependant ceux qui sont salifères ou voisins des habitations, et s'élève peu dans les montagnes.

Géographie. — Au sud, elle existe dans le midi de la France, dans une partie de l'Espagne et en Sicile. — Au nord, dans la majeure partie de l'Europe, dans toute la Scandinavie, à l'exception de la Laponie, et toujours dans les lieux cultivés, gras ou voisins des habitations, dans la Finlande australe, en Angleterre et en Irlande. — A l'occident, elle a sa limite en Irlande. — A l'orient, on la trouve en Suisse, en Italie, en Sicile, en Hongrie, en Croatie, en Transylvanie, en Turquie, dans le Caucase, en Géorgie, sur les bords de la Caspienne, dans les Carpathes, dans les Russies septentrionale, moyenne et australe, ainsi que dans la Sibérie de l'Oural.

Limites d'extension de l'espèce.

Sud, Sicile................	38°	Écart en latitude :
Nord, Norvége............	62	24°
Occident, Irlande..........	9 O.	Écart en longitude :
Orient, Sibérie de l'Oural.....	57 E.	66°
Carré d'expansion..............	1584	

G. FŒNICULUM, *Hoffm.*

Ce genre est composé de 5 espèces, dont 3, européennes, habitent les parties chaudes de ce continent. — Les 2 autres, asiatiques, vivent aux Indes orientales et en Perse.

Fœniculum officinale, All. — Quoique cette espèce
ne fleurisse que dans le courant de l'été, on voit de bonne
heure ses jeunes pousses essayer de sortir du collet de leurs
profondes racines, puis elles se développent peu à peu,
donnent naissance à des feuilles très-grandes, d'un beau
vert, très-odorantes, et toujours laciniées. Plus tard encore
paraît la tige qui s'allonge avec rapidité, et devient presque
ligneuse à l'extérieur, quoique son intérieur renferme une
couche épaisse de moëlle. En juillet, paraissent de grandes
ombelles, d'un beau jaune, dont le centre, au point de départ des rayons, est solide et presque ligneux. Les ombellules centrales sont petites et souvent stériles, tandis que
les extérieures, toujours fertiles, sont munies de fleurs à pétales jaunes, arrondis, entiers et roulés, et d'étamines qui répandent leur poussière avant que les stigmates ne soient aptes à
l'imprégnation. Les fruits sont cylindriques et à cinq arêtes.
— Cette espèce vit en touffes considérables, qui, par leur dimension, leur beau feuillage et leurs fleurs dorées, ne peuvent
manquer d'attirer les regards. Ces touffes sont isolées sur les
coteaux pierreux et sur le bord des champs. Elle s'associe au
Saponaria officinalis, à l'*Althœa cannabina*, au *Salvia
Sclarœa*, etc.

Nature du sol. — *Altitude.* — Le fenouil aime les sols
calcaires et rocailleux, les terres argileuses, et ne s'élève pas
dans les montagnes.

Géographie. — Il a une grande puissance d'expansion,
mais il est bien plus commun dans le midi que dans le nord.
Il occupe toute la région méditerranéenne, l'Espagne, l'Algérie, et même l'Abyssinie. — Au nord, on le trouve en
France, à Charlemont près Givet, en Angleterre et en Irlande jusqu'au 54°. — A l'occident, il habite le Portugal.
— A l'orient, l'Italie, la Sicile, la Dalmatie, la Croatie,

la Hongrie, la Transylvanie, la Grèce, la Turquie, le Caucase, la Géorgie, les rivages de la Caspienne, et la Russie australe.

Limites d'extension de l'espèce.

Sud, Abyssinie............. 12°   } Écart en latitude :
Nord, Angleterre........... 54   }   42°
Occident, Portugal.......... 10 O.} Écart en longitude:
Orient, Géorgie............. 47 E.}   57°
       Carré d'expansion............. 2394

G. SESELI, *Lin.*

Distribution géographique du genre. — On connaît au moins 40 *Seseli*, dont 25 environ habitent l'Europe, où ils sont très-disséminés, mais vivant en plus grand nombre dans les pays chauds : en Italie, en Espagne, en Grèce, en Crimée, en Sicile, et quelques-uns dans la France, l'Allemagne et la Russie méridionale. — L'Asie en a 9 espèces : du Caucase, de la Sibérie altaïque, des Indes orientales et de la Dahurie. — On en compte 4 en Amérique, 3 du nord de ce continent et 1 du Chili. — On en cite 2 espèces au cap de Bonne-Espérance.

SESELI GOUANI, Koch. — On le rencontre sur les coteaux pierreux, dans les lieux incultes, exposés à toute l'ardeur du soleil. Il y forme de petits buissons rameux et divariqués, à feuilles radicales, triternées et très-profondément découpées, à lobes étroits et linéaires. Les feuilles de la tige sont moins divisées et sessiles sur une gaîne allongée ; les supérieures très-simples et formées d'une seule lanière allongée. Les ombelles sont petites, à 3 à 6 rayons ; les involucelles sont formés de bractées étroites et comme hordées d'une légère membrane ; les fruits, pubérulents dans leur jeunesse, sont glabres quand ils sont adultes, à côtes épaisses et carénées. — Il fleurit en juillet et août.

Nature du sol. — Altitude. — Terrains calcaires et rocailleux de la plaine.

Géographie. — Il habite l'Europe méridionale, le midi de la France, probablement une partie de l'Espagne, les environs de Fiume sur les bords de l'Adriatique, ce qui lui donne à peine 12 à 14° pour carré.

SESELI MONTANUM, Lin. — On le trouve sur les côteaux arides, le long des chemins, sur le bord des champs. Sa souche est presque ligneuse ; elle produit des tiges nombreuses et dressées, hautes et ramifiées. Ces tiges, souvent purpurines, sont garnies de feuilles glauques, ovales, oblongues, les inférieures pétiolées, découpées en segments linéaires. Les feuilles supérieures, moins développées, partent d'une gaîne étroite, allongée et bordée d'une membrane blanchâtre. La tige est terminée par 2 ou 3 rameaux qui portent chacun une ombelle à 18 à 20 rayons relevés, sans involucre. Les styles, persistants, prennent souvent de belles teintes de rouge ; les graines sont allongées, ovales, striées et sessiles au milieu d'involucelles assez grands pour former des corbeilles, où ces semences détachées se rassemblent jusqu'à ce que le vent, agitant les tiges, leur permette de se disperser. — Il fleurit en août et en septembre.

Nature du sol. — Altitude. — Il recherche les terrains calcaires, compactes ou marneux ; il semble préférer les plaines ou les coteaux peu élevés ; cependant de Candolle l'indique à 40ᵐ, à Angers, et à 1,400ᵐ, à Gavarnie. Il croit plus haut encore dans les Pyrénées.

Géographie. — Au sud, on le rencontre dans le midi de

la France, dans les Pyrénées, en Espagne et en Afrique,
dans les pâturages du Djebel-Cheliah. — Au nord, il habite
les Vosges, la basse Normandie et la Belgique. — A l'occident, Nantes et l'Espagne. — A l'orient, il croît en Istrie,
en Italie, en Dalmatie, en Croatie, en Hongrie, en
Transylvanie et en Turquie.

Limites d'extension de l'espèce.

Sud, Algérie.............. 35°   ⎱Écart en latitude :
Nord, Belgique............. 49   ⎰   14°
Occident, Espagne.......... 6 O.⎱Ecart en longitude :
Orient, Transylvanie........ 22 E.⎰   28°
          Carré d'expansion............. 392

SESELI TORTUOSUM, Lin. — Il végète dans les lieux
arides et pierreux, sur le bord des chemins et des champs.
Sa racine est fusiforme et profonde, entourée au sommet
des débris des anciennes feuilles. Sa tige est raide, presque
ligneuse, dure, rameuse, sinueuse et contournée. Ses feuilles
sont très-découpées, à divisions raides et glauques. Les
ombelles sont terminales, très-nombreuses et à rayons très-
rapprochés, surtout dans le centre. Les ombellules sont garnies d'involucelles à bractées lancéolées, pubescentes et
bordées de blanc. Les fleurs sont blanches ; les étamines répandent leur pollen avant le développement des stigmates.
C'est un peu plus tard que les styles paraissent, et, plus tard
encore, les stigmates desséchés se déjettent avec les styles
sur les deux côtés d'un fruit ovoïde, pubescent et à côtes
épaisses. — Fleurit en juillet et en août.

Nature du sol. — Altitude. — Terrains calcaires et rocailleux des plaines.

Géographie. — Au sud, ce *Seseli* se trouve dans le midi
de la France, dans une partie de l'Espagne, en Italie, en

Sicile. — Au nord , il s'arrête sur le plateau central de la France et dans la Podolie. — A l'occident, il reste en France. — A l'orient, il habite l'Italie , la Dalmatie , la Turquie , la Grèce , le mont Hymette , la Macédoine , les bords du canal de Xercès , la Tauride , le Caucase, la Géorgie, les bords de la mer Caspienne , Astrakan, Bakou , la Russie australe et la Sibérie de l'Oural.

Limites d'extension de l'espèce.

Sud, Sicile.................	38°	Écart en latitude :	
Nord, Podolie..............	48	10°	
Occident, France............	0	Écart en longitude ·	
Orient, Sibérie de l'Oural.....	60 E.	60°	
Carré d'expansion.............	600		

SESELI COLORATUM, Erh. — On rencontre cette plante bisannuelle sur les rochers , sur le bord des vignes , dans les lieux pierreux. Le collet de la racine est entouré de débris de feuilles desséchées. La tige est simple , ferme, cylindrique et striée. Les feuilles radicales, profondément découpées, ont les lobes linéaires, divergents et peu nombreux, trifurqués au sommet. Celles de la tige sont simplement trifurquées. Les gaînes , étroites, n'embrassent que la moitié de la tige. Les ombelles sont grandes , larges, terminales, offrant jusqu'à **20** rayons dressés et étalés , souvent privés d'involucre , mais les involucelles sont formés de 8 à 10 folioles lancéolées, membraneuses sur les bords. Les tiges et les fruits prennent souvent des nuances de pourpre. — Il fleurit en juillet et en août, quelquefois en septembre.

Nature du sol. — *Altitude.* — Il croît ici sur les terrains siliceux et rocheux, dans les Vosges sur le calcaire. — Il reste en plaine ou sur les coteaux peu élevés.

Géographie. — Au sud, le midi de la France et le midi de l'Italie. — Au nord, la Belgique, la Lithuanie, une partie de l'Allemagne. — A l'occident, la France. — A l'orient, le Piémont, la Hongrie, la Croatie, la Transylvanie, les Carpathes, la Russie moyenne et la Russie australe.

Limites d'extension de l'espèce.

Sud, Royaume de Naples......	40°	}	Écart en latitude :
Nord, Lithuanie.............	54	}	14°
Occident, France...........	3 O.	}	Écart en longitude :
Orient, Russie moyenne......	50 E.	}	53°
Carré d'expansion............	742		

G. LIBANOTIS, *Crantz*.

Les 9 espèces connues appartiennent seulement à l'Europe et à l'Asie. — La Sibérie en a 5. — Les 4 espèces d'Europe sont des Pyrénées et de la partie australe de cette contrée.

LIBANOTIS MONTANA, All. — On rencontre cette belle espèce sur les pelouses des montagnes, sur le bord des forêts, dans les lieux secs et un peu pierreux. Elle y vit disséminée en ndividus vigoureux, dont les racines profondes ont leur collet entouré des fibres desséchées des anciennes feuilles, caractère que l'on retrouve dans un grand nombre d'Ombellifères et dans beaucoup de plantes des montagnes, dont les racines, exposées au froid des hivers, sont protégées par ces nombreuses tuniques et par la couche de neige qui ne fond qu'au printemps. De fortes tiges glabres mais sillonnées sortent du milieu de feuilles élégamment découpées et se terminent par de larges ombelles involucrées, garnies d'un grand

nombre d'ombellules également entourées d'involucelles
découpés. Les fleurs sont blanches ou rosées, fertiles monoï-
quement, car le pollen s'échappe avant que les stigmates ne
soient aptes à s'imprégner. — Fleurit en juillet et en août.

Nature du sol. — Altitude. — Nous rencontrons cette
plante sur les terrains siliceux, volcaniques et détritiques ;
elle croît sur le calcaire dans le Jura, à Charlemont dans les
Ardennes, et dans beaucoup d'autres localités. Elle est indiquée par M. de Molh comme spéciale aux sols calcaires. —
Nous la trouvons jusqu'à 1,400 et 1,500^m au Mont-Dore.
De Candolle l'indique à 200^m à Mayence, et à 1,300^m,
dans le Jura. Ledebour la cite de 300 à 1,600^m dans le
Caucase.

Géographie. — Au sud, le midi de la France, les Pyrénées,
le midi de l'Italie. — Au nord, une partie de l'Allemagne, le
Danemarck, les prés secs de la Suède, le nord de la Gothie,
la Norvége, la Finlande australe, ainsi que l'Angleterre.
— A l'occident, le centre de la France et l'Angleterre.
— A l'orient, la Suisse, l'Italie, la Hongrie, la Croatie,
la Transylvanie, le Caucase, les Carpathes, les Russies
septentrionale, moyenne et australe, la Géorgie, les bords
de la Caspienne et la Dahurie.

Limites d'extension de l'espèce.

Sud, Royaume de Naples....	40°	}	Écart en latitude :
Nord, Norvége.............	64	}	24°
Occident, Angleterre.......	6 O.	}	Écart en longitude :
Orient, Dahurie............	118 E.	}	124°
Carré d'expansion.............			2976

G. ATHAMANTHA, *Lin.*

Distribution géographique du genre. Ces plantes, peu

nombreuses , sont presque toutes européennes ou asiatiques ; on en connaît 14, dont la moitié se trouve dans la
Sibérie et dans le Népaul. — L'Europe en a 5, toutes de
l'Europe australe ; — 2 autres vivent en Afrique, l'une à
Ténériffe et l'autre à la pointe australe.

ATHAMANTHA CRETENSIS, Lin. — Cette espèce, vivace
ou bisannuelle, croît dispersée dans notre région méridionale, sur les coteaux pierreux et exposés au soleil. Ses racines sont entourées à leur sommet de fibres desséchées. Ses
feuilles, couvertes de poils veloutés, blanchâtres et finement
découpées, sont appliquées sur la terre. La tige se termine
par des ombelles de fleurs blanches, légèrement velues en
dehors, et qui produisent des fruits presque cylindriques,
amincis au sommet, un peu comprimés sur le côté, et couverts de villosité. — Elle fleurit en juin et en juillet.

Nature du sol. — Altitude. — Nous ne connaisson
cette plante que sur le calcaire, ou M. de Mohl l'indique
également. Elle y croît aussi sur le Jura et sur le Ventoux.
— Elle occupe le sommet de cette dernière montagne de
1,300 à 1,900^m. De Candolle la cite à 400^m à Mende, où
nous l'avons aussi recueillie, et à 1,500^m dans le Jura.
Wahlenberg dit qu'elle s'élève jusqu'à 2,100^m dans la
Suisse septentrionale.

Géographie. — Au sud , les Pyrénées, l'Espagne, le
Portugal. — Au nord, la Suisse septentrionale. — A l'occident, le Portugal. — A l'orient, l'Italie, la Dalmatie,
la Transylvanie.

Limites d'extension de l'espèce.

Sud, Portugal.............. 40°   ⎫ Ecart en latitude :
Nord, Suisse............... 48   ⎬   8°

Occident, Portugal.......... 10 O.⎫ Écart en longitude :
Orient, Transylvanie......... 22 E. ⎭   32°
            Carré d'expansion............. 256

G. SILAUS , *Bess.*

Petit genre formé de 5 espèces. 3 sont européennes, de la Hongrie , de la Podolie , de la France et de l'Allemagne. 1 espèce est sibérienne, et la 5ᵉ est indiquée dans l'Amérique australe.

SILAUS PRATENSIS , Bess. — Si beaucoup d'Ombellifères recherchent les lieux secs et rocailleux , il en est aussi qui se plaisent dans les prairies humides et fertiles, où elles peuvent puiser en abondance les aliments nécessaires à leur végétation. De ce nombre est le *Silaus pratensis*. Sa racine s'enfonce profondément dans le sol , conserve la base de ses feuilles desséchées et en produit bon nombre de nouvelles , profondément découpées. La tige, glabre comme les feuilles, porte des ombelles sans involucres , formées de petites fleurs jaunâtres , où le calice manque complétement et où les pétales sont oblongs et amincis en languette recourbée. Les anthères sortent de dessous les pétales et deviennent fécondantes avant que les stigmates puissent être fécondés. Les fruits sont donc le résultat d'une fécondation indirecte ; ils sont cylindriques, chargés de 5 arêtes aiguës ; ils restent assez longtemps séparés et suspendus à l'époque de la dissémination , et sont alors généralement colorés en violet comme les pédoncules qui les supportent. — Il fleurit en juillet, août et septembre.

Nature du sol. — Altitude. — On le trouve sur tous les terrains, pourvu qu'ils soient humides, et principalement sur ceux qui sont arrosés par des eaux minérales ou salines. — Il reste ordinairement dans les plaines.

Géographie. — Au sud, le *Silaus* arrive jusqu'aux Pyrénées. — Au nord, il existe dans tout le centre de l'Europe, dans la Gothie, dans la Finlande australe et en Angleterre; il aime les rivages et les lieux soumis aux émanations maritimes. — A l'occident, il a sa limite en Angleterre. — A l'orient, on le rencontre en Piémont, en Lombardie, en Autriche, en Hongrie, en Croatie, en Transylvanie, dans les Russies moyenne et australe, dans le Simbirsk et dans les Sibéries de l'Oural et de l'Altaï. Pallas le cite sur les bords de l'Yrtich, dans les lieux salés, avec le *Carum verticillatum.*

Limites d'extension de l'espèce.

Sud, Pyrénées............... 43°	}	Écart en latitude :
Nord, Finlande............... 60	}	17°
Occident, Angleterre......... 7 O.	}	Écart en longitude :
Orient, Sibérie altaïque....... 90 E.	}	97°
Carré d'expansion............. 1649		

G. **MEUM**, *Haller.*

Très-petit genre européen, dont 1 espèce habite la Sicile et les 3 autres l'Europe médiane ou ses montagnes.

MEUM ATHAMANTICUM, Jacq. — Chaque famille a pour le botaniste des plantes préférées qu'il retrouve tous les ans avec bonheur, et qui, liées à d'anciens souvenirs, lui rappellent les premières impressions qu'il reçut dans ses voyages. Quand on arrive sur les pelouses élevées des montagnes, au milieu de toutes les richesses qu'elles nous présentent, on remarque des espaces couverts de feuilles légères, finement découpées, d'un beau vert, et qui répandent, quand on les froisse, le parfum aromatique qui appartient à un grand nombre d'Ombellifères. Ces jolies feuilles sortent du collet d'une racine plus odorante encore, qui s'enfonce dans la terre noire de ces plateaux, et qui conserve longtemps, comme un abri, les pétioles élargis et desséchés de celles qui se sont succédées pendant plusieurs années. Au milieu de ce charmant feuillage, naissent des tiges rougeâtres, qui se terminent par deux ombelles resserrées, sans involucre, mais à involucelle polyphylle, dont les ombellules intérieures ne donnent souvent que des fleurs avortées. Ces fleurs sont blanches sans calice, à pétales entiers et ovales. Les fruits sont cylindriques, à cinq arêtes saillantes et égales. — Il fleurit eu juin et en juillet.

Nature du sol. — *Altitude.* — Ce *Meum* aime les terrains siliceux et détritiques des montagnes. Il recherche le terrain noir des pelouses élevées. De Candolle le cite à 50^m dans les Ardennes et à 2,000^m dans les Alpes. Nous le trouvons, en Auvergne, sur le sommet de nos plus hautes montagnes, à 1,880^m. Sa principale station est un peu plus bas, entre 1,200 et 1,500^m, où il forme quelquefois des tapis étendus, entremêlés de *Narcissus poeticus*, de *Viola sudetica*, de *Trollius europæus*, d'*Heracleum Sphondylium*, etc.

Géographie. — Au sud, il croît dans les Pyrénées, dans les Asturies, en Espagne, dans les montagnes du midi de l'Italie. — Au nord, on le trouve dans les Vosges, dans la Suisse, en Ecosse, dans la Bohême, dans l'Eifel. — A l'occident, il habite les Asturies. — A l'orient, la Suisse, l'Italie et la Transylvanie. — Il est exactement remplacé, dans le midi de l'Espagne, par le *M. nevadense*, Boiss., qui habite la Sierra-Nevada.

Limites d'extension de l'espèce.

Sud, Royaume de Naples......	40°	} Écart en latitude :
Nord, Ecosse..............	58	} 18°
Occident, Asturies..........	9 O.	} Écart en longitude :
Orient, Transylvanie.........	21 E.	} 30°
Carré d'expansion............	540	

MEUM MUTELLINA, Gærtn. — Comme la précédente, cette espèce se trouve au milieu des gazons des montagnes, où elle est parfois très-abondante, et où elle vit en société. Ses racines, vivaces, profondes et chevelues, produisent des tiges simples, des feuilles découpées à segments linéaires et trifides. Les ombelles terminales sont garnies de fleurs blanches, souvent rosées, à cause de la coloration des styles et des stigmates; ses anthères sont violettes, et son pollen verdâtre se répand en abondance longtemps avant l'apparition des stigmates, ce qui n'empêche pas cette plante d'être souvent fertile et d'offrir des fruits cylindriques, marqués de cinq arêtes, comme ceux de la précédente. — Elle fleurit en juillet et en août.

Nature du sol. — *Altitude.* — Nous ne la connaissons que sur les terrains trachytiques, phonolitiques et détritiques, et toujours à une grande altitude, de 1,200 à 1,850^m. De Candolle la cite jusqu'à 2,000^m dans les Alpes. Wahlenberg dit qu'on la trouve, dans la Suisse septentrionale, dans les prairies alpines, depuis la limite supérieure des sapins jusque parmi les neiges éternelles.

Géographie. — Au sud, on la rencontre dans les Pyrénées, dans le midi de l'Italie et en Corse. — Au nord, en Suisse, dans les Carpathes. — A l'occident, dans les Pyrénées. — A l'orient, en Lombardie, dans le royaume de Naples, en Turquie, en Tauride.

Limites d'extension de l'espèce.

Sud, Royaume de Naples...... 40° } Ecart en latitude :
Nord, Carpathes............ 50 }   10°
Occident, Pyrénées.......... 4 O. } Ecart en longitude :
Orient, Tauride............ 32 E. }   36°
        Carré d'expansion............ 360

G. ANGELICA, *Lin.*

Distribution géographique du genre. — 13 espèces connues jusqu'à ce jour composent le genre *Angelica*. 7 sont
européennes, des Pyrénées, de l'Italie, du centre ou du
midi de l'Europe. — 4 sont américaines, toutes des Etats-
Unis et du Canada. — Une espèce représente le genre aux
Indes orientales. — Une autre habite Sainte-Hélène.

ANGELICA SYLVESTRIS, Lin. — Les plantes les plus communes sont souvent les plus belles, et ce sont toujours celles
qui, par leur nombre, servent à embellir les stations qu'elles
préfèrent. Celle-ci est répandue dans les bois, dans les prairies des montagnes, le long des petits ruisseaux qui descendent des plateaux et qui traversent des broussailles. C'est
une espèce tardive, dont la racine, peut-être vivace, peut-
être bisannuelle, conserve longtemps un bourgeon terminal,
enveloppé de gaînes pétiolaires, et ne lui donne son essor
qu'à la fin du printemps. Alors on voit grossir avec rapidité
une masse arrondie qui s'élève en même temps qu'elle se
développe, et qui renferme à la fois, et la tige, et les feuilles,
et toutes les ombelles qui doivent naître. Ce n'est qu'en
juillet et en août que cette plante acquiert toute son élévation.
Elle offre alors de hautes tiges d'un brun violet, un peu

velues au sommet, glauques et pulvérulentes à la base. Ces tiges, creuses et tapissées de moëlle à l'intérieur, sortent successivement et par articles de la base dilatée des pétioles. Les feuilles inférieures, à longs pétioles violacés, se divisent et se subdivisent en segments lancéolés, d'un beau vert en-dessus et blanchâtres en-dessous ; mais à mesure que la tige s'élève, les feuilles, qui embrassent chaque articulation, offrent un limbe de plus en plus restreint, jusqu'à ce qu'il s'efface ou soit réduit à quelques folioles. De la base dilatée et striée des pétioles, sortent alors les branches et les ombelles. Celles-ci, d'abord penchées, se redressent et présentent une multitude d'ombellules entourées d'involucelles persistants. L'ensemble est une large ombelle hémisphérique, blanche ou d'un lilas tendre, sur laquelle les insectes sont attirés par la sécrétion d'un miel abondant. Les pétales sont entiers et pointus, les étamines très-saillantes, en avance sur les stigmates. Le fruit est comprimé et chargé de cinq arêtes, dont les deux latérales se prolongent en ailes.

Nature du sol. — Altitude. — L'angélique préfère les terrains siliceux et devient presque indifférente sur les sols mouillés et à demi-ombragés ; elle abonde en Auvergne sur les coulées de lave et sur les sables des rivières, comme dans les prairies des montagnes. — Elle s'élève facilement de 1,000 à 1,200^m. Ledebour l'indique à 800^m dans le Caucase, et Wahlenberg dit que dans la Suisse elle atteint presque la limite supérieure du hêtre, et nous la trouvons sur le puy de Dôme jusqu'à 1,300^m.

Géographie. — Cette plante offre une aire d'expansion très-considérable, mais sa tendance est vers le nord. — Au sud, on la rencontre dans les Pyrénées, en Espagne et en Portugal, dans le midi de l'Italie et dans les bois de a Sicile. — Au nord, elle se trouve dans toute l'Europe centrale, dans toute la Scandinavie, y compris la Laponie, jusqu'au Cap-Nord, et elle y végète comme ici, dans les lieux humides, au milieu des buissons. Elle existe en Angleterre, en Irlande, aux Feroë et dans tous les archipels. — A l'occident, elle habite le Portugal. — A l'orient, elle végète en Suisse, en Italie, en Sicile, en Dalmatie, en Croatie, en Hongrie, en Transylvanie, dans le Caucase, dans les Carpathes, en Turquie, dans les Russies septentrionale, moyenne et australe, dans les Sibéries de l'Oural, de l'Altaï, du Baïkal, dans la Dahurie et jusqu'au détroit de Behring.

Limites d'extension de l'espèce.

Sud, Sicile	38°	Ecart en latitude :	
Nord, Cap-Nord	71	33°	
Occident, Portugal	10 O.	Ecart en longitude :	
Orient, Détroit de Behring	180 E.	190°	
Carré d'expansion	6270		

ANGELICA PYRENÆA, Spring. — Cette angélique habite les pentes élevées des montagnes, au milieu des gazons où elle est disséminée. Sa racine est épaisse, cylindrique; sa tige est simple, droite et striée; les feuilles sont radicales, d'un vert clair, profondément découpées. L'ombelle est terminale, sans involucre ou munie d'un involucre monophylle et sétacé. Les rayons, au nombre de 4 à 5, sont inégaux. Les ombellules offrent des fleurs blanches, quelquefois teintées de rose, très-serrées et accompagnées d'un involucelle formé de bractées déliées et nombreuses. Les semences sont ovales, à 3 crêtes sur le dos et de plus entourées d'une aile membraneuse. — Elle fleurit en juillet et en août.

Nature du sol. — *Altitude.* — Nous ne la connaissons que sur les terrains primitifs, volcaniques et détritiques.

Elle semble fuir le calcaire. — Elle habite seulement les hautes montagnes au-dessus de 1,200^m en Auvergne. De Candolle l'indique à 1,000^m au Queriguet, et à 2,500^m à Montcalm.

Géographie. — Elle a peu d'étendue ; au sud, elle ne dépasse pas les Pyrénées et les Asturies. — Au nord et au levant, les Vosges. — A l'occident, les Asturies.

Limites d'extension de l'espèce.

Sud, Pyrénées.............. 43° } Écart en latitude :
Nord, Vosges.............. 48 }   5°
Occident, Asturies.......... 9 O. } Écart en longitude :
Orient, Vosges............. 5 E. }   14°
      Carré d'expansion............ 70

G. **FERULA**, *Lin.*

Distribution géographique du genre. — Les férules, au nombre d'environ 36, appartiennent surtout à l'Asie et à l'Europe. Les 14 espèces propres à cette dernière contrée, sont dispersées dans toutes les parties chaudes de ce continent : en Italie, en Sicile, en Grèce, en Espagne, en Portugal, en Crimée, en Crète, en Turquie et dans la Russie australe. — Les 13 espèces propres à l'Asie habitent surtout la Sibérie et la Perse, quelques-unes l'Arménie et le Caucase. — On en connaît 5 en Afrique, 2 de la partie boréale, 3 de la pointe australe. — Enfin, il en existe 4 espèces de l'Amérique septentrionale, dont 2 du Mexique et 2 du Canada ou des Etats-Unis.

FERULA COMMUNIS, Lin. — C'est dans les lieux les plus secs et les plus exposés à l'ardeur du soleil que l'on trouve cette belle Ombellifère. Ses fortes et hautes tiges vertes, articulées, sont remplies d'une moëlle presque vaporeuse et d'un blanc pur, dans laquelle on remarque quelques faisceaux de fibres. Des feuilles très-grandes, découpées au point de ne plus offrir que des divisions capillaires, partent des pétioles élargis, qui sont fixés aux articulations de ces tiges. Ses ombelles sont grandes et d'un jaune d'or; celle qui occupe le centre est hermaphrodite, mais les autres, qui appartiennent aux branches latérales, ne portent ordinairement que des fleurs mâles, destinées à rendre plus certaine la fécondation indirecte de l'ombelle principale. Ces ombelles se dégagent peu à peu de la gaîne des feuilles où elles sont emprisonnées comme celles des angéliques. Le fruit est aplati sur le dos, muni de 5 arêtes, dont les deux latérales s'allongent en ailes. — Elle fleurit au milieu de l'été, en juin et en juillet, et vit souvent dans la société des *Cistus*, du *Smilax aspera*, du *Rosa sempervirens*, du *Rubia peregrina*, etc.

Nature du sol. — Altitude. — Elle aime les terrains calcaires ou les sables maritimes, et reste ordinairement en plaine ; cependant M. Boissier la cite dans le midi de l'Espagne de 600 à 1,300^m.

Géographie. — Cette plante est très-méridionale ; elle occupe toute l'Europe australe et la Barbarie, la Corse, les Baléares et les Canaries. — Au nord, elle s'arrête à l'entrée des Cévennes. — A l'occident, elle est en Portugal et aux Canaries. — A l'orient, elle habite l'Italie, la Sicile, la Sardaigne et la Grèce.

Limites d'extension de l'espèce.

Sud, Canaries............... 30° } Ecart en latitude :
Nord, Cévennes............. 44   }   14° .

Occident, Canaries.......... 18 O. } Ecart en longitude :
Orient, Grèce.............. 20 E. }   38°
     Carré d'expansion............. 532

G. PEUCEDANUM, *Lin.*

Distribution géographique du genre. — Ce genre est nombreux et renferme près de 70 espèces, presque toutes européennes et asiatiques. — Les 28 à 30 espèces d'Europe sont disséminées partout et principalement dans le centre, en Hongrie, en Autriche, en Carinthie, dans la Russie moyenne et dans la Russie australe. Quelques-unes habitent la Corse, l'île de Crète et le Portugal. — Un nombre presqu'égal existe en Asie et se trouve groupé dans la Sibérie altaïque, la Sibérie du Baïkal et la Dahurie. Les autres, en nombre bien moins considérable, sont des espèces des Indes orientales, de la Chine, du Japon, de la Perse et du Caucase. — On en connaît 9 espèces africaines, dont une seule de Ténériffe, et les 8 autres du cap de Bonne-Espérance ou au moins de l'Afrique australe. — 2 seulement habitent l'Amérique, 1 à la Louisiane, l'autre à la Caroline.

PEUCEDANUM PARISIENSE, DC. — Il habite les bois taillis, les broussailles et les sables des rivières. Il y forme de petites touffes d'un beau vert. Sa tige est striée, ses feuilles décomposées, à folioles linéaires, lancéolées et pointues. Les fleurs, blanches et quelquefois rosées constituent des ombelles terminales et dressées de 10 à 20 rayons, munies d'involucres et d'involucelles sétacés. Le fruit est petit et elliptique. — Fleurit en juillet et en août.

Nature du sol. — Altitude. — Terrains siliceux, graveleux ou sablonneux de la plaine.

Géographie. — Aire très-restreinte entre la Champagne et l'Auvergne, entre les vallées de la Loire et l'Istrie.

Limites d'extension de l'espèce.

Sud, Auvergne............. 45°   }Ecart en latitude :
Nord, Champagne........... 49   }   4°
Occident, Loire............. 4 O.}Ecart en longitude :
Orient, Trieste............. 11 E.}   15°
        Carré d'expansion............. 60

PEUCEDANUM CERVARIA, Lap. — On le trouve sur les coteaux incultes et pierreux, où il forme de petits buissons rameux et feuillés. Sa tige est haute, ferme et striée. Ses feuilles, 2 fois ailées, offrent des folioles grandes, ovales, obliques, fermes, luisantes, avec des dentelures très-aiguës qui se terminent par une arête. Les fleurs sont blanches, réunies en grandes ombelles terminales de 8 à 10 rayons. Les involucres sont formés par 6 à 8 bractées lancéolées et souvent réfléchies ; le fruit est ovale et glabre. — Fleurit en juillet et en août.

Nature du sol. — *Altitude.* — Ce *Peucedanum* préfère les terrains calcaires et rocailleux de la plaine et des coteaux. il s'élève cependant sur les montagnes, car de Candolle l'indique à 1,300ᵐ dans le Jura.

Géographie. — Au sud, on le trouve dans les Pyrénées, en Espagne et dans le midi de l'Italie. — Au nord, il habite une partie de l'Allemagne, les Carpathes, la Lithuanie. — A l'occident, il atteint l'ouest de la France. — A l'orient, il se trouve en Suisse, en Italie, en Autriche, en Dalmatie, en Hongrie, en Croatie, en Transylvanie, dans les provinces du Caucase, dans la Russie moyenne et dans la

Russie australe, dans les Sibéries de l'Oural et de l'Altaï,
dans le désert des Kirghiz.

Limites d'extension de l'espèce.

Sud, Royaume de Naples...... 40°   } Ecart en latitude :
Nord, Lithuanie............ 54   }   14°
Occident, France............ 5 O.} Ecart en longitude :
Orient, Sibérie altaïque....... 96 E.}   101°
        Carré d'expansion............. 1414

PEUCEDANUM OREOSELINUM, Mœnch. — On le trouve sur
les rochers, sur les coteaux pierreux, dans les bois taillis et
les prés secs, et même dans les prairies. Sa racine est
épaisse et vivace, dure et tortueuse. Ses tiges sont élevées,
cylindriques et striées. Les pétioles, renflés en gaines, se
terminent par un limbe trois fois ailé, à folioles cunéiformes,
incisées et trifides. Les pétioles communs et leurs subdivisions sont feuillés et comme brisés dans plusieurs endroits.
Les fleurs sont blanches, disposées en ombelles terminales
assez garnies et munies d'involucres et d'involucelles plus ou
moins réfléchis. Chaque tige porte ordinairement 2 ombelles.
Le fruit est arrondi. — Il fleurit en juillet et en août.

Nature du sol. — *Altitude.* — Il préfère les terrains sili-
ceux, volcaniques et rocailleux de la plaine et des coteaux.
De Candolle le cite à 40^m en Anjou, et à 1,300^m dans les
Pyrénées.

Géographie. — Au sud, on le rencontre dans les Pyrénées, en Espagne, dans le midi de l'Italie. — Au nord,
dans une grande partie de l'Europe centrale, en Danemarck,
en Gothie, sur les sables et les collines basses de la plaine.
— A l'occident, il ne sort pas de la France et de l'Espagne.
— A l'orient, il est en Suisse, en Italie, en Dalmatie, en

Hongrie, en Croatie, en Transylvanie, dans le Caucase, dans les Russies moyenne et australe.

Limites d'extension de l'espèce.

Sud, Royaume de Naples.....	40°	⎞ Ecart en latitude :
Nord, Gothie...............	56	⎠ 16°
Occident, France...........	5 O.	⎞ Ecart en longitude :
Orient, Russie moyenne......	54 E.	⎠ 59°
Carré d'expansion............	944	

PEUCEDANUM ALSATICUM, Lin. — Grande et belle Ombellifère qui habite les coteaux pierreux, les bords des champs et des vignes, les broussailles et les bords des chemins. Elle vit avec le *Fœniculum officinale*, le *Cornus sanguinea*, l'*Aristolochia Clematitis*, le *Coronilla varia*, etc. Sa racine vivace est épaisse et roussâtre. Ses tiges sont élancées, cylindriques, striées, dures, tortueuses, brunes ou rougeâtres. Ses feuilles sont planes, luisantes, quatre fois subdivisées. De chaque nœud de la tige part un rameau axillaire qui se subdivise, en sorte que la plante offre une pyramide fleurie sur laquelle on compte quelquefois plus de cent ombelles. Ces ombelles, composées de 8 à 10 rayons, sont formées de fleurs jaunâtres, dont les pétales sont recourbés en dedans et dont les étamines répandent un pollen blanchâtre et abondant, avant que les stigmates ne soient aptes à le recevoir. Les fruits sont oblongs, aplatis et rougeâtres. — Il fleurit en août et en septembre.

Nature du sol. — Altitude. — Il recherche les terrains calcaires et rocailleux ; on le trouve aussi sur les sables des rivières, sur les pépérites basaltiques de la plaine ou des coteaux peu élevés.

Géographie. — Au sud, il habite le midi de la France,

le midi de l'Italie, la Grèce, le mont Athos. — Au nord,
il se trouve en France, dans le centre de l'Allemagne, en
Bohême, en Thuringe et dans la Russie moyenne, en Volhynie et à Oremburg. — A l'occident, il ne paraît pas aller
au delà du plateau central. — A l'orient, il se trouve en
Suisse, en Autriche, en Dalmatie, en Croatie, en Hongrie,
en Transylvanie, dans la Tauride, dans le Caucase, dans
les Russies moyenne et australe et dans la Sibérie altaïque.

Limites d'extension de l'espèce.

Sud, Royaume de Naples...... 40°   ⎫Ecart en latitude :
Nord, Volhynie............. 51   ⎬   11°
Occident, France........... 0   ⎫Ecart en longitude :
Orient, Sibérie altaïque....... 96 E.⎬   96°
    Carré d'expansion............ 1056

G. IMPERATORIA, *Lin.*

5 espèces le composent ; une d'elles est répandue dans
toute l'Europe, une autre est du Caucase, une autre du
Piémont et la 4ᵉ de l'Espagne. Enfin, la 5ᵉ est originaire du
Mexique.

IMPERATORIA OSTRUTIUM, Lin. — On trouve cette belle
plante dans les vallées des montagnes. Ses racines, noueuses
et odorantes, produisent à la fonte des neiges des feuilles
larges et d'un beau vert, fortement engainées à la base, et
qui se développent lentement. La tige sort en été ; elle est
cylindrique et striée, peu rameuse, et se termine par de
grandes ombelles blanches ou teintées de rose, sans involucres, dont les fleurs, sans calice apparent, ont les étamines très-saillantes et les stigmates retardataires, comme

dans la plupart des Ombellifères. Ses semences sont très-grandes, garnies d'ailes membraneuses, et souvent réunies 3 à 3, au lieu d'être géminées. — Fleurit en juillet et en août.

Nature du sol. — Altitude. — Nous trouvons l'*Imperatoria* sur les terrains siliceux, granitiques, volcaniques et détritiques. Il habite toujours les montagnes, de 1,000 à 1,500ᵐ. De Candolle l'indique à 0 à Marras et à 1,400ᵐ dans les Alpes. Wahlenberg dit qu'il se développe surtout sur les montagnes, dans les lieux où les troupeaux ont séjourné, jusque dans la région alpine, au-dessus des sapins.

Géographie. — Au sud, cette plante se trouve dans les Pyrénées, en Espagne, et elle est aussi indiquée à Madère, où il est douteux qu'elle se trouve. — Au nord, elle occupe une grande partie du centre de l'Europe, le Danemarck, la Gothie australe, la Suède boréale, où elle est citée par Wahlenberg sur les pentes herbeuses des hautes vallées, dans la même station qu'au mont Dore. — A l'occident, elle existe aux Feroë, en Islande, et à Terre-Neuve selon de La Pilaye. — A l'orient, Ledebour l'indique en Tauride et sans doute en Lithuanie; mais elle est en Piémont, en Corse, en Hongrie, en Croatie, en Transylvanie.

Limites d'extension de l'espèce.

```
Sud, Espagne..............  40°  ) Ecart en latitude :
Nord, Islande.............. 65   )        25°
Occident, Terre-Neuve....... 60 O. ) Ecart en longitude :
Orient, Tauride............ 34 E. )       94°
     Carré d'expansion............. 2350
```

G. PASTINACA, *Lin.*

Distribution géographique du genre. — Les **16** espèces

qui le composent sont inégalement distribuées en Asie et en Europe; 10 habitent cette dernière contrée et y vivent dans les parties les plus chaudes, en Corse, aux Baléares, en Grèce, en Italie, en Crimée et en Carinthie. — 6 appartiennent soit aux grandes Indes et à la Sibérie, soit au Caucase et à la Syrie.

Pastinaca sativa, Lin. — S'il existe des plantes qui se font remarquer par l'élégance de leur port et la fraîcheur de leur feuillage, il en est d'autres qui semblent n'avoir aucun droit à notre admiration. Telle est peut-être celle qui nous occupe. Habitant le bord des chemins, la lisière des champs: souvent couvert par la poussière que le moindre vent soulève pendant les chaleurs de l'été, le panais n'en pousse pas moins avec vigueur. Ses profondes racines bisannuelles vont lui chercher une sève toujours abondante, et ses larges feuilles lustrées, d'un vert foncé, à lobes incisés, puisent dans l'atmosphère une partie de ses aliments. La gaîne élargie des feuilles supérieures renferme de jeunes ombelles qui se développent tard et s'étendent en nombreux rayons, au bas desquels paraissent quelques bractées caduques. Ces rayons supportent des ombellules de fleurs jaunes, dont les pétales sont roulés, les étamines saillantes et les stigmates non développés à l'époque de l'anthèse. Plus tard, les pédoncules se rapprochent, resserrent les ombellules et portent des fruits aplatis sur le dos, dilatés sur les bords, et qui perdent promptement la faculté de germer. — Il fleurit en juillet et en août.

Nature du sol. — Altitude. — Il recherche les terrains calcaires et argileux des plaines et des coteaux. Ledebour l'indique entre 800 et 1,400^m dans le Caucase occidental.

Géographie. — Au sud, il est commun en France, en

Espagne, dans le royaume de Naples et en Sicile. — Au nord, il habite toute l'Europe centrale, le Danemarck, la Gothie, la Norvége, la Suède et la Finlande australes. On le trouve aussi en Angleterre et en Irlande. — A l'occident, le panais se rencontre en Portugal, et il végète aussi en Amérique, dans le Saskhatchawan et sur les bords de la rivière Rouge, mais on le suppose naturalisé dans ces deux localités. — A l'orient, il habite la Suisse, l'Italie, où nous l'avons vu comme espèce dominante dans les prairies des environs de Turin, la Dalmatie, la Croatie, la Hongrie, la Transylvanie, la Tauride, le Caucase, les Carpathes, la Turquie, les Russies septentrionale, moyenne et australe, ainsi que les Sibéries de l'Oural et de l'Altaï.

Limites d'extension de l'espèce.

Sud, Sicile.	38°	Ecart en latitude :	
Nord, Norvége.	60		22°
Occident, Portugal.	10 O.	Ecart en longitude :	
Orient, Sibérie altaïque.	96 E.		106°
Carré d'expansion.		2332	

G. HERACLEUM, *Lin.*

Distribution géographique du genre. — On connaît plus de 40 *Heracleum* presque tous originaires de l'Europe et de l'Asie. — 22 habitent cette dernière contrée, et leur centre principal est aux Indes orientales, dans la Sibérie et dans le Népaul; un autre centre est le Caucase, et les autres espèces sont solitaires, en Syrie, sur les bords de la mer Caspienne et en Arménie. — 2 sont spéciales à l'Amérique boréale. — Une seule est du Chili.

HERACLEUM SPHONDYLIUM, Lin. — Les plantes com-

munes ont , sur toutes les autres, de nombreux avantages.
Elles sont connues de tout le monde ; elles se présentent partout à nos regards et à nos observations. Elles se lient à tous
les souvenirs que nous retracent les sites qu'elles affectionnent.
Celle-ci abonde dans les prairies et domine par sa haute stature les humbles graminées qui en forment le gazon. Elle
enfonce profondément de puissantes racines , et ses feuilles,
précoces et d'un vert tendre, se développent de bonne heure.
Elles varient dans la forme que présentent les découpures de
leurs lobes, mais elles sont grandes , velues , rudes au toucher , munies de larges pétioles qui prennent , comme les
tiges, des nuances de pourpre et de violet. Ces dernières
sont très-hautes, striées , creuses et tapissées de moëlle
blanche. Elles se ramifient , et de larges ombelles terminent
la tige et les rameaux. L'assemblage de toutes ces fleurs est
régulièrement bombé. Les fleurs des ombellules extérieurés
sont très-souvent femelles. Il arrive même que l'ombelle centrale tout entière n'offre pas une seule fleur hermaphrodite.
Dans les nombreuses ombellules , séparées par la longueur
inégale des rayons , on remarque que les fleurs extérieures
ont les pétales plus grands, irréguliers, et que ce sont presque
les seules fertiles. Il serait impossible, en effet, que chacune
d'elles pût produire deux semences ; l'ombelle est si abondamment fournie, que les fruits ne pourraient pas s'y placer.
Toutes les ombellules fleurissent en même temps , dans
l'ombelle centrale d'abord , et ensuite dans les ombelles des
rameaux. Mais, dans chaque ombellule , ce sont les fleurs extérieures qui s'épanouissent les premières, et la floraison
continue vers le centre où les dernières fleurs sont déformées
et avortées. Les pétales sont irréguliers et bifides, blancs ,
roses ou lilacés ; les anthères, petites et verdâtres , sont

d'abord retenues par les pétales, puis elles se relèvent et répandent leur pollen sur des stigmates développés en même temps qu'elles. Aussi toutes les fleurs bien conformées portent graines. Pendant la maturation, les pédoncules se redressent peu à peu et forment alors une surface plane ou concave, due à des graines aplaties, vertes, rougeâtres, brunes ou violettes, selon l'époque de leur maturité et selon les variétés auxquelles elles appartiennent. Les ombelles se resserrent dans la maturation, selon Vaucher, parce que leurs rayons, comme ceux des *Daucus*, sont planes du côté interne, relevés et cartilagineux de l'autre ; ils ont ainsi rempli deux fonctions, ils se sont étalés à la fécondation lorsqu'ils étaient striés et cylindriques, et non pas planes du côté interne. — Il fleurit depuis la fin du printemps jusqu'à la fin de l'été, et produit beaucoup d'effet dans les prairies par ses belles ombelles de fleurs blanches, roses ou lilas, par ses jeunes feuilles d'un vert tendre qui s'empressent de repousser dès que l'herbe est fauchée, et dont les nervures sont alors couvertes de poils blancs et droits qui les font paraître velues. Lors de sa floraison, ses larges ombelles se mélangent aux corymbes dorés du *Barkhausia taraxifolia* ou du *Crepis biennis*, aux longs épis bleus du *Salvia pratensis*, aux disques argentés du *Chrysanthemum Leucanthemum*, aux couronnes purpurines du *Centaurea Jacea*, et souvent elles sont dominées par les panicules violacées du *Dactylis glomerata* ou par les épis veloutés de l'*Alopecurus pratensis*. Ailleurs, cet *Heracleum* suit les bords des ruisseaux, ou bien il habite les clairières des bois.

Nature du sol. — Altitude. — Il est indifférent et recherche les lieux gras et fertiles, où le sol est profond et frais. Il atteint en Auvergne jusqu'à 1,500 à 1,600^m d'alti-

tude. De Candolle l'indique aussi à 1,600ᵐ dans les Pyrénées. Wahlenberg le cite en Suisse dans tous les prés, jusqu'à la limite des sapins.

Géographie. — Il y a eu probablement confusion entre
cette espèce et quelques autres qui lui ressemblent beaucoup.
Cet *Heracleum* appartient aux régions boréales et il s'avance
peu vers le sud ; il existe, assez rare, dans les Pyrénées, où
il est souvent remplacé par *H. pyrenaïcum*. Dans le royaume
de Grenade, l'*H. granatense*, Boiss., lui est parallèle, et
entre l'Auvergne et les Pyrénées, c'est l'*H. Lecokii*, Gren.
et Godron, qui abonde dans les prairies y tenant lieu de
l'*H. Sphondylium*. Ce dernier est indiqué aussi par Tenore
dans le midi de l'Italie. — Au nord, il est commun dans
toute l'Europe centrale, dans tout le Danemarck, mais il
s'arrête dans la Gothie et la Norvége australes. On le trouve
en Angleterre, en Irlande et dans les 3 archipels anglais.
— A l'occident, il est cité en Portugal et dans la partie
boisée de l'Amérique du nord, où probablement il est remplacé par une espèce très-voisine.—A l'orient, il se rencontre
en Suisse, en Italie, en Dalmatie, en Croatie, en Hongrie,
en Transylvanie, en Turquie, au mont Athos, dans les
Carpathes, la Tauride, les Russies septentrionale, moyenne
et australe, dans les Sibéries de l'Oural et de l'Altaï, au
Kamtschatka et aux îles Aléoutiennes.

Limites d'extension de l'espèce.

Sud, Royaume de Naples.....	40°	} Ecart en latitude :	
Nord, Norvége...............	62	}	22°
Occident, Portugal..........	10 O.	} Ecart en longitude :	
Orient, Iles Aléoutiennes.....	180 E.	}	190°
Carré d'expansion............	4180		

VI 22

HERACLEUM LECOKII, Gren. et God. — Cette plante abonde dans les prairies, où elle est parfois l'espèce dominante, et où on la distingue à ses ombelles jaunes ou verdâtres. Elle vit en société avec le *Cirsium rivulare*, le *Veratrum album*, le *Sanguisorba officinalis*, et avec les hautes graminées des prairies herbeuses des vallées. Elle est bisannuelle; sa tige est droite, fistuleuse et sillonnée, peu ramifiée. La forme de ses feuilles varie, et les pétioles sont d'autant plus longs que leur point d'insertion est plus bas sur la tige. Elles sont profondément divisées en segments crénelés, pubescents en dessus et tomenteux en dessous. Les fleurs sont disposées en grandes ombelles, de 10 à 16 rayons. Le fruit est gros, en cœur renversé, échancré au sommet et entièrement glabre. — Il fleurit en juillet et en août.

Nature du sol. — Altitude. — Indifférent à la nature du sol, mais n'habitant que les montagnes, entre 500 et 1,200^m.

Géographie. — Il nous est presque impossible de déterminer l'aire d'expansion de cette espèce, qui paraît être locale. Nous l'avions considérée comme *H. sibiricum*, dont elle diffère ; elle a été confondue, par de Candolle, avec *H. flavescens*, dont MM. Grenier et Godron l'ont séparée pour en faire une espèce distincte. Nous ne la connaissons que dans le centre de la France, entre l'Ardèche et la Lozère, et entre le Cantal et l'Aveyron, où elle occupe à peu près 4 degrés de surface. Nous ne devons pas lui rapporter le *H. flavescens* de l'Italie et de la Sibérie, ni le *H. sibiricum* du Caucase et du nord de l'Europe et de l'Asie.

G. TORDYLIUM, *Lin.*

Il en existe 5 espèces, dont 3 européennes, occupent

plutôt le midi que le nord, 1 de l'orient et 1 de l'Afrique
boréale.

TORDYLIUM MAXIMUM, Lin. — Il est bisannuel et croît çà
et là dispersé sur les bords des chemins, le long des haies
et des vignes, sur les coteaux pierreux. Sa tige est droite,
peu rameuse, hérissée de poils rudes. Ses feuilles sont peu
nombreuses ; les inférieures profondément découpées, à folioles rondes, obliques, obtuses et velues; les supérieures
oblongues et incisées. Les fleurs, petites et blanches, naissent en ombelles opposées aux feuilles. Les ombellules
centrales sont presque sessiles pendant la floraison. Les
fruits sont aplatis, serrés les uns contre les autres, et présentent la forme d'un disque brun, dont le contour est
épais, mais ni crénelé ni festonné. — Il fleurit en juin, en
juillet et en août.

Nature du sol. — Altitude. — Il est indifférent et croît
dans tous les lieux rocailleux de la plaine et des coteaux.

Géographie. — Au sud, on le trouve en France, en Espagne et en Sicile. — Au nord, on le rencontre dans une
grande partie de l'Allemagne, au Hartz, etc. ; il est aussi
en Angleterre jusqu'au 52°. — A l'occident, il existe en
Portugal. — A l'orient, il habite l'Italie, la Sicile, la
Hongrie, la Croatie, la Transylvanie, la Turquie, la Tauride, le Caucase, le Talüsch et la Géorgie, jusque sur les
bords de la mer Caspienne.

Limites d'extension de l'espèce.

Sud, Sicile.................. 38°   ⎫ Ecart en latitude :
Nord, Angleterre........... 52   ⎬   14°

Occident, Portugal.......... 10 O. ⎫ Écart en longitude :
Orient, Lenkoran........... 47 E. ⎭   57°
       Carré d'expansion............. 798

G. LASERPITIUM, *Lin.*

Distribution géographique du genre. — Près de 30 espèces le composent, et sur ce nombre une vingtaine sont
européennes. Elles appartiennent surtout à l'Europe australe. Elles sont disséminées en Espagne, en Italie, en Sicile, en Crimée, et quelques-unes habitent la France, la Suisse
et la Silésie. — 8 à 9 sont asiatiques, de la Sibérie, des
Indes orientales, du Caucase et de l'Asie mineure. — Une
seule semble égarée au cap de Bonne-Espérance.

LASERPITIUM ASPERUM, Crantz. — Les racines de cette
belle espèce, qui habite les bosquets et la lisière des bois,
offrent à leur collet des masses de fibres qui proviennent des
feuilles desséchées des années précédentes. Elles produisent
un jet nouveau qui se développe au-dessous de la tige qui
vient de périr. Les feuilles sont élégantes, solides, rudes au
toucher, glauques et composées de larges folioles dentées.
Les tiges fermes, élevées et peu rameuses, sont munies de
feuilles moins développées, à larges gaînes, qui protégent
les ombelles de leurs membranes solides. Les fleurs paraissent assez tard ; elles sont blanches et disposées en grandes
ombelles, à surface plane et à involucres polyphylles. Les
pétales sont échancrés, et les fruits, presque cylindriques,
sont munis de quatre ailes membraneuses très-saillantes.
— Il fleurit en juillet et en août, et se trouve souvent
associé à l'*Orobus niger*, au *Melittis Melissophyllum*, au

Sonchus Plumieri, au *Senecio Cacaliaster*, au *Cirsium erisithales*, etc.

Nature du sol. — *Altitude.* — Il recherche les terrains siliceux et détritiques, les lieux rocailleux. De Candolle le cite à 50ᵐ en Sologne, et à 1,600ᵐ à Mont-Louis, dans les Pyrénées. Nous le trouvons en Auvergne jusqu'à 1,500ᵐ.

Géographie. — Cette belle espèce se trouve, au sud, dans les Pyrénées, dans une partie de l'Espagne, et dans le midi de l'Italie. — Au nord, elle existe dans la majeure partie de l'Europe centrale, en Danemarck, en Norvége et en Finlande australes, dans la Gothie et dans la Suède boréale, au pied des montagnes, dans les lieux bien exposés à la chaleur solaire. — A l'occident, elle ne dépasse pas les Asturies. — A l'orient, elle est en Suisse jusqu'à la limite supérieure du hêtre, en Italie, en Hongrie, en Dalmatie, en Croatie, en Transylvanie, dans les Carpathes, dans les Russies moyenne et australe. — Nous réunissons ici les deux variétés, *L. asperum* et *L. latifolium*; c'est cette dernière qui s'avance dans le nord.

Limites d'extension de l'espèce.

Sud, Royaume de Naples......	40°	} Ecart en latitude :
Nord, Suède boréale........	64	} 24°
Occident, Asturies..........	9 O.	} Ecart en longitude :
Orient, Russie moyenne......	58 E.	} 67°
Carré d'expansion............	1608	

LASERPITIUM NESTLERI, Soy.-Wil. — Cette plante habite, comme la précédente, à laquelle elle ressemble, les bois et les taillis, les coteaux buissonneux. Elle est vivace. Sa tige est droite et pleine. Ses feuilles inférieures sont grandes,

longuement pétiolées, et divisées en segments ovales en
cœur à leur base et trilobés, ou cunéiformes et non lobés,
d'un beau vert en dessus, un peu glauques en dessous. Les
feuilles supérieures sont sessiles, d'autant moins développées
qu'elles sont plus rapprochées du sommet, et munies de
gaînes solides et renflées. Les ombelles sont aussi très-
grandes, à rayons épais et sillonnés. Les fruits sont oblongs,
glabres, munis d'ailes égales. — Fleurit en juin et en juillet.

Nature du sol. — *Altitude.* — Il croît sur les terrains
calcaires et rocailleux ; il habite les coteaux, mais il peut
s'élever dans les montagnes, car de Candolle le cite depuis
200^m à Sérane, jusqu'à 1,200^m dans les Cévennes.
M. Boissier l'indique à 1,450^m dans le royaume de Grenade.

Géographie. — Au sud, on le rencontre dans le midi de
la France, dans les Pyrénées et dans le midi de l'Espagne.
Il est cité en Grèce sur l'Olympe bithynique. — Au nord et
à l'est, il croît sur le plateau central de la France, en Carniole et en Hongrie. — A l'ouest, il végète en Portugal.

Limites d'extension de l'espèce.

Sud, Royaume de Grenade.... 36°	}	Écart en latitude :
Nord, Hongrie............. 48	}	12°
Occident, Portugal.......... 10 O.	}	Ecart en longitude :
Orient, Grèce............. 21 E.	}	31°
Carré d'expansion............. 372		

LASERPITIUM SILER, Lin. — Il croît dans les lieux secs
et rocailleux, dans les fentes des rochers. Ses tiges sont
droites, striées et un peu rameuses. Ses feuilles sont grandes,
2 ou 3 fois découpées à lobes lancéolés, entières, glabres,
et d'un beau vert. Les fleurs forment de larges ombelles
très-fournies. Les pétales sont blancs, et les stigmates sont

en retard, relativement au développement des étamines. Ses graines allongées ont des ailes à peine saillantes. — Il fleurit en juillet et août.

Nature du sol. — Altitude. — Il préfère les terrains calcaires et rocailleux de la plaine et des montagnes peu élevées.

Géographie. — Il se rencontre dans le midi de la France jusque dans les Pyrénées, en Espagne, dans le midi de l'Italie et dans la Grèce septentrionale. — Au nord et à l'est, il se trouve en Suisse et dans le Wurtemberg, dans le Tyrol, en Dalmatie et en Transylvanie.

Limites d'extension de l'espèce.

Sud, Grèce................	38°	⎱ Ecart en latitude :
Nord, Wurtemberg..........	48	⎰ 10°
Occident, Pyrénées.........	50 O.	⎱ Ecart en longitude :
Orient, Grèce..............	21 E.	⎰ 71°
Carré d'expansion............	710	

LASERPITIUM GALLICUM, Lin. — Il habite aussi les coteaux rocailleux, les fissures des rochers et les débris amoncelés. Il est bisannuel, sa tige est glabre, striée et peu rameuse; elle a 1, 2 et rarement 3 feuilles d'un vert brillant, à segments cunéiformes, multifides et mucronés. La tige est ordinairement terminée par 2 ombelles très-volumineuses de fleurs blanches et serrées. Les semences sont munies d'ailes très-développées. — Il fleurit en juin et en juillet.

Nature du sol. — Altitude. — Il recherche les terrains calcaires, rocheux et rocailleux. — Il préfère les coteaux et les montagnes à la plaine, et atteint même 1,600 à 2,100ᵐ sur les pentes pierreuses des montagnes de l'Andalousie.

Géographie. — Au sud, il habite le midi de la France, les Pyrénées, l'Espagne, la Sardaigne. — Au nord, il croît en France jusqu'à Dijon. — A l'occident, il reste dans les Pyrénées et en Espagne. — A l'orient, il atteint le Piémont et le royaume de Naples, la Sardaigne et la Hongrie.

Limites d'extension de l'espèce.

Sud, Royaume de Grenade....	37°	}	Écart en latitude :	
Nord, France...............	47	}	10°	
Occident, Espagne..........	8 O.	}	Écart en longitude :	
Orient, Royaume de Naples...	15 E.	}	23°	
Carré d'expansion..............	230			

G. ORLAYA, *Hoffm.*

On n'en connaît que 3 espèces toutes de l'Europe australe, et dont une atteint facilement le nord de l'Afrique.

ORLAYA GRANDIFLORA, Hoffm. — Lorsque cette plante annuelle apparaît dans les champs, elle y vit en société nombreuse, et l'on croirait de loin voir une couche de neige déposée sur la terre, tant ses fleurs blanches sont nombreuses et apparentes. Elle se ramifie beaucoup, montre des feuilles petites et profondément découpées, et des ombelles multipliées, entourées de fleurs plus grandes, qui rappellent celles du *Viburnum Opulus*, tandis que les pétales extérieurs, plus larges et plus allongés, ressemblent à ceux des *Iberis*. Ces belles fleurs extérieures sont les seules fertiles, les autres sont ordinairement mâles, mais le retard de développement que présentent les stigmates des fleurs extérieures, font de cet *Orlaya* une espèce tout-à-fait monoïque. Les semences qui succèdent à l'élégante couronne de cette espèce sont aplaties, chargées de poils rudes et d'arêtes aiguillonnées, presque ailées et recouvertes de pointes. — Elle fleurit en juillet et en août.

Nature du sol. — *Altitude.* — Elle recherche les terrains calcaires ou argileux des plaines.

Géographie. — Au sud, on la rencontre en France, en Espagne, jusque dans le royaume de Grenade et en Grèce. — Au nord, elle est disséminée en France, en Belgique et dans quelques parties de l'Allemagne, jusque dans le Hanovre. — A l'occident, elle a sa limite en Espagne. — A l'orient, on la connaît en Suisse, en Italie, en Sicile, en Hongrie, en Transylvanie, en Turquie, en Tauride, dans le Caucase, et Ledebour la cite avec doute dans la Russie moyenne.

Limites d'extension de l'espèce.

Sud, Royaume de Grenade.... 36°	⎫	Écart en latitude :
Nord, Hanôvre............. 53	⎬	17°
Occident, Espagne........... 8 O.	⎫	Écart en longitude :
Orient, Caucase............. 48 E.	⎬	56°
Carré d'expansion............. 952		

G. DAUCUS, *Lin.*

Distribution géographique du genre. — Les *Daucus*, disséminés un peu partout, appartiennent cependant en grande partie au pourtour de la Méditerranée. On en connaît 36 espèces, et sur ce nombre 16 sont européennes et toutes de l'Italie, de la Sicile, de la Grèce, de la Crète ou de la France australe. — 11 vivent en Afrique, toutes dispersées sur la lisière nord de ce continent : en Barbarie, en Mauritanie et en Egypte. — On ne cite que 2 *Daucus* en Asie, 1 dans l'Asie mineure, l'autre en Perse. —

3 espèces vivent dans l'Amérique du nord, sur le vaste territoire des États-Unis. — 3 autres se rencontrent au Chili et au Brésil.— Un *Daucus* vit isolé à la Nouvelle-Hollande.

DAUCUS CAROTTA, Lin. — Il est peu d'espèces plus communes. Elle se montre tard, mais en abondance, le long des chemins, dans les prairies sèches, et surtout dans les champs dont la moisson a été coupée de bonne heure. On la voit alors mélanger ses ombelles blanches ou rosées au *Galeopsis Ladanum*, à l'*Heliotropium europeum*, à l'*Euphorbia falcata*, etc. Sa racine, toujours perpendiculaire et fusiforme comme celle de nos carottes cultivées, produit des tiges plus ou moins rameuses, droites ou couchées, et des feuilles souvent velues et toujours profondément découpées. Les ombelles, à rayons nombreux, largement étalés, se font remarquer par de jolis involucres dont les caractères sont cependant très-variables, et par quelques fleurs avortées qui occupent le centre de l'ombelle, et sont d'un rouge pourpre très-foncé. — La carotte présente, d'une manière très-développée, des caractères qui appartiennent du reste à un grand nombre d'Ombellifères, et qui consistent dans les mouvements des rayons des ombelles et des ombellules. Lorsque la plante fleurit, le sommet de la tige, d'où partent les principaux pédoncules, est endurci par le dépôt d'une certaine quantité de matière nutritive que les insectes savent parfaitement trouver dans nos herbiers. Ces pédoncules restent alors complétement immobiles et comme empâtés dans ce dépôt de nourriture. Mais à mesure que les graines se développent, cette nourriture est absorbée par les fruits ; les rayons de l'ombelle s'aplatissent à l'intérieur, et tous, se relevant vers le centre, forment ainsi un faisceau entouré par l'involucre, et dans lequel les graines mûrissent emprisonnées. Elles se séparent du carpophore, et se répandent quand les pédoncules, s'écartant d'eux-mêmes, leur permettent de tomber sur le sol. Elles se disséminent alors par petits paquets, car elles s'accrochent par les poils recourbés dont les fruits sont abondamment pourvus. — Elle fleurit depuis le mois de juin jusqu'au mois de septembre et d'octobre.

Nature du sol. — *Altitude.* — La carotte préfère les sols calcaires et argileux, mais elle croît partout, même sur les sables des rivières et à toutes les hauteurs, depuis 0 jusqu'à 1,400^m, hauteur signalée dans le Jura par de Candolle.

Géographie. — On rencontre cette plante sur une très-grande surface. — Au sud, elle habite l'Espagne, l'Algérie et les lieux incultes de l'Abyssinie. — Au nord, toute l'Europe centrale, le Danemarck, la Gothie boréale, la Norvége et la Suède australes, la rive gauche de la Narowa, en Esthonie, par 58, et non la rive droite, en Ingrie, selon M. Ruprecht, l'Angleterre, les Hébrides et les Shetland. — A l'occident, elle se trouve en Portugal, et elle est indiquée encore dans quelques parties de l'Amérique, où elle a été naturalisée. — A l'orient, elle végète en Suisse, en Italie et au milieu des nombreuses espèces que nourrit la Sicile; elle croît dans les Carpathes, dans toute la Turquie, dans le Caucase et la Géorgie, autour de la Caspienne, dans les Russies moyenne et australe, dans les Sibéries de l'Oural, de l'Altaï et du Baïkal, en Chine et en Cochinchine, ainsi que dans le Kamtschatka. — On la cite encore dans l'Inde et à l'île Maurice.

Limites d'extension de l'espèce.

Sud, Abyssinie.............	10°	} Écart en latitude :
Nord, Norvége............	60	} 50°

Occident, Portugal......... 10 O. ⎱ Écart en longitude:
Orient, Kamtschatka........ 170 E. ⎰   180°
           Carré d'expansion............ 9000

G. CAUCALIS, *Hoffm.*

Distribution géographique du genre. — Ce genre peu
nombreux ne contient que 11 espèces, dont 5 européennes,
de l'Espagne ou de l'Europe australe et moyenne. — 3 sont
asiatiques, du Japon et de l'Asie mineure. — 3 sont
africaines, 2 de l'Egypte et 1 de la Mauritanie.

CAUCALIS DAUCOÏDES, Lin. —Cette petite espèce annuelle, répandue le long des chemins, au pied des haies et
dans les champs incultes, n'est connue que des botanistes.
On la reconnaît à ses tiges inclinées et souvent couchées, à
ses petites feuilles profondément découpées, et à ses petites
ombelles trifides de fleurs blanches et sans éclat. Ses pétales
extérieurs sont plus grands que les autres et fortement échancrés. Comme dans l'*Orlaya grandiflora*, ce sont ses fleurs
extérieures, plus grandes et irrégulières, qui sont les seules
fertiles, car celles du centre de l'ombelle sont toutes mâles.
Les fruits, munis d'arêtes chargées d'aiguillons bifides, tombent séparément à la maturité. Ils sont très-gros et réunis
3 à 3. — Il fleurit en mai, juin et juillet.

Nature du sol. — Altitude. — Ce *Caucalis* habite les
terrains calcaires et marneux des plaines et des coteaux;
mais il peut s'élever; Ledebour l'indique, dans le Talüsch,
entre 700 et 1,300ᵐ.

Géographie. — Au sud, il existe dans le midi de la
France, en Espagne, en Algérie. — Au nord, on le trouve
dans presque toute l'Europe centrale, jusque dans le Danemarck austral, et en Angleterre jusqu'au 55°. — A l'occi-

dent, il reste en Espagne. — A l'orient, on le connaît en Suisse, en Italie, en Dalmatie, en Croatie, en Hongrie, en Transylvanie, dans le Caucase, en Tauride, en Géorgie, en Arménie, dans le Talusch, dans les Carpathes, en Turquie, dans les Russies moyenne et australe.

Limites d'extension de l'espèce.

Sud, Algérie................	35°	}	Ecart en latitude :
Nord, Angleterre...........	55	}	20°
Occident, Espagne..........	8 O.	}	Ecart en longitude :
Orient, Caucase............	48 E.	}	56°
Carré d'expansion............	1120		

CAUCALIS LEPTOPHYLLA, Lin.—Cette espèce remplace la précédente dans notre région méridionale. Elle se trouve dans les mêmes stations. Elle a aussi ses ombelles petites, latérales, opposées aux feuilles; ces dernières sont découpées, recouvertes de poils rudes, redressés, tandis qu'ils sont couchés sur la tige. Ses fleurs sont presque toutes fertiles, les pétales sont bifides, presque réguliers, et offrent à leur base un petit enfoncement. Les étamines sont courtes et le fruit hérissé de pointes tuberculées. — Elle est annuelle et fleurit en juin et en juillet.

Nature du sol. — *Altitude.* — Ce *Caucalis* préfère les terrains calcaires et marneux, et reste dans les lieux cultivés ou habités de la plaine, des coteaux et même des montagnes, car Ledebour l'indique, dans le Talüsch, entre 700 et 1,300^m.

Géographie. — Au sud, on le connaît en France, en Espagne, en Algérie et aux Canaries.— Au nord, il arrive en France, dans la Lozère et à Lyon, en Suisse, dans le duché du Luxembourg. — A l'occident, nous l'avons cité aux Canaries. — A l'orient, il habite l'Italie, la Sicile, la Dalmatie, la Transylvanie, la Grèce, la Turquie, la Tauride, le Caucase, la Géorgie et la Perse.

Limites d'extension de l'espèce.

Sud, Canaries............... 30°	Ecart en latitude :
Nord, Luxembourg........... 50	20°
Occident, Canaries........... 18 O.	Ecart en longitude :
Orient, Perse............... 49 E.	67°
Carré d'expansion.............. 1340	

G. **TURGENIA**, *Hoffm.*

Il a été démembré des *Caucalis* et ne contient que 3 espèces, dont une appartient à la Turquie, une à la Perse, et la 3ᵉ est commune à cette dernière contrée et à l'Europe, où peut-être elle a été importée.

TURGENIA LATIFOLIA, Hoffm. — Le port particulier et les fleurs roses ou carminées de cette Ombellifère annuelle, la font distinguer dans les champs et sur les coteaux, où elle est commune et où elle fleurit pendant la majeure partie de l'été. Ses tiges sont droites, ses feuilles découpées, et toute la plante hérissée de poils blanchâtres. Les ombelles et les ombellules sont peu garnies, composées de fleurs hermaphrodites et fertiles à l'extérieur et de fleurs mâles à l'intérieur. Les pétales extérieurs sont plus grands et échancrés, les stigmates retardent et sont fécondés par les fleurs mâles du centre ou des autres ombelles. Le fruit, un peu resserré sur le côté et presque didyme, est porté sur 2 ou 3 rayons seulement, et se trouve recouvert de tubercules aigus. — Il fleurit en mai, en juin et en juillet.

Nature du sol. — Altitude. — Il croît sur les terrains calcaires, marneux et argileux, et reste ordinairement dans les plaines ou sur les coteaux ; M. Boissier l'indique de 600 à 800^m dans le midi de l'Espagne.

Géographie. — Au sud, il végète en France, en Espagne et en Algérie. — Au nord, on le trouve en France, dans le midi de l'Allemagne et en Angleterre jusqu'au 53°. — Il a sa limite occidentale en Espagne. — A l'orient, il est répandu en Italie, en Sicile, en Dalmatie, en Croatie, en Hongrie, en Transylvanie, en Grèce, en Turquie, dans le Caucase, en Géorgie, en Perse, dans la Russie australe et dans la Sibérie de l'Altaï.

Limites d'extension de l'espèce.

Sud, Algérie	34°	Ecart en latitude :	
Nord, Angleterre	53	19°	
Occident, Espagne	8 O.	Ecart en longitude :	
Orient, Sibérie de l'Altaï	96 E.	104°	
Carré d'expansion	1976		

G. **TORILIS**, *Adans.*

Distribution géographique du genre. — On connaît 14 *Torilis*, dont 7 européens. Ils occupent l'Europe australe et moyenne, la Grèce, l'Espagne, l'Autriche et la Podolie. — 4 espèces asiatiques sont dispersées : 2 au Japon, 1 au Népaul, 1 en Syrie. — 3 *Torilis* africains habitent le Cap, les Canaries et l'Afrique boréale.

TORILIS ANTHRISCUS, Gmel. — Il est annuel et habite les haies, le bord des champs, les lieux incultes. Sa tige est grêle, dure et rameuse. Ses feuilles sont profondément dé-

coupées, incisées, dentées, et le segment terminal des
feuilles supérieures est allongé et pointu. Les fleurs, blanches
ou teintées de rose, constituent de petites ombelles opposées
aux feuilles. Elles sont portées sur 5 à 10 rayons garnis de
poils droits, tandis que ces mêmes poils sont courts et renversés sur la tige ; les fleurs extérieures sont ordinairement
seules fertiles, et leurs styles et leurs stigmates sont développés quand celles du centre répandent leur pollen. Les ombelles sont longuement pédonculées ; les fruits sont couverts
d'aiguillons recourbés, et les 2 akènes tombent réunis en se
désarticulant ensemble de leur pédicelle. — Il fleurit en juin
et en juillet.

Nature du sol. — *Altitude.* — Il est indifférent et croît
partout dans la plaine et sur les basses montagnes.

Géographie. — Au sud, on le trouve en France, en Espagne et en Algérie. — Au nord, dans toute l'Europe centrale, en Danemarck, en Gothie, dans la Norvége, la Suède
et la Finlande australes en Angleterre, et jusqu'au 58°. — A
l'occident, il habite le Portugal. — A l'orient, on le connaît en Suisse, en Italie, en Sicile, en Dalmatie, en Croatie,
en Hongrie, en Transylvanie, en Grèce, en Turquie, dans
les Carpathes, dans le Caucase, en Géorgie, dans les Russies
moyenne et australe.

Limites d'extension de l'espèce.

Sud, Algérie................ 35°	}	Ecart en latitude :
Nord, Finlande............. 60	}	25°
Occident, Portugal.......... 10 O.	}	Ecart en longitude :
Orient, Géorgie............. 47 E.	}	57°
Carré d'expansion............. 1425		

Torilis helvetica, Gmel. — Il est annuel ou bisannuel,

et ressemble beaucoup au précédent. Il croît dans les haies,
au milieu des broussailles, sur les coteaux incultes où il
devient quelquefois très-abondant. C'est une plante sans
élégance, qui forme de petites touffes rameuses, à divisions
nombreuses et divergentes. Ses ombelles sont blanches,
souvent teintées de rose, et ses fruits assez gros et d'un vert
foncé. Les deux akènes restent suspendus au sommet d'un
carpophore très-mince qui part du haut du pédicelle. —
Il fleurit en juin, en juillet et quelquefois en août, dans les
champs, après la moisson.

Nature du sol. — Altitude. — Il préfère les terrains
calcaires et argileux, et croît aussi en abondance sur les sables
des rivières. Il vit en plaine ou à une faible altitude; Ledebour l'indique entre 300 et 600^m dans le Breschtau.

Géographie. — Au sud, on le trouve en France, en Espagne ; mais dans cette contrée il est souvent remplacé par une
espèce parallèle, le *T. neglecta*, Boiss. On le connaît encore
dans le midi de l'Italie, en Sicile et aux Canaries. — Au
nord, il habite la France, une grande partie de l'Allemagne,
l'Angleterre, jusqu'au 55°. — A l'occident, il est en Portugal, aux Canaries. — A l'orient, en Dalmatie, en Hongrie, en Transylvanie, en Turquie, dans le Caucase et dans la
Russie australe.

Limites d'extension de l'espèce.

Sud, Canaries	30°	}	Ecart en latitude :
Nord, Angleterre	55	}	25°
Occident, Canaries	18 O.	}	Ecart en longitude :
Orient, Caucase	48 E.	}	66°
Carré d'expansion	1650		

TORILIS NODOSA, Gærtn. —Il est annuel et se trouve abondamment répandu dans les lieux incultes, sur les bords des chemins, etc. Ses tiges sont longues, grêles et dures, rudes au toucher par la présence de poils raides et caducs. Ses feuilles sont profondément découpées, à découpures étroites et pointues. Les ombelles sont simples, sessiles le long des tiges, opposées aux feuilles; elles offrent quelquefois, dit Vaucher, le singulier spectacle de deux méricarpes différents dans le même fruit, l'extérieur fortement aiguillonné, et l'intérieur simplement tuberculé et plus ordinairement fertile. — Il fleurit pendant la majeure partie de l'été.

Nature du sol. — Altitude. — Il est indifférent et croît partout, en plaine et sur les coteaux.

Géographie. — Il est répandu, au sud, dans le midi de la France, en Corse, en Espagne, en Algérie et aux Canaries. — Au nord, il arrive jusque dans le nord de la France, à Paris, en Istrie, dans le Tyrol, et même en Angleterre jusqu'au 56°, et dans le Danemarck austral. — A l'occident, il est en Portugal et aux Canaries. — A l'orient, on le connaît en Italie, en Sicile, en Dalmatie, en Croatie, en Hongrie, en Transylvanie, en Grèce, en Turquie, en Tauride, dans le Caucase, la Géorgie et l'Asie mineure.

Limites d'extension de l'espèce.

Sud, Canaries..............	30°	}	Ecart en latitude :
Nord, Angleterre..........	56	}	26°
Occident, Canaries.........	18 O.	}	Ecart en longitude :
Orient, Caucase...........	48 E.	}	66°
Carré d'expansion...........	1716		

G. SCANDIX, *Lin.*

Distribution géographique du genre. — 11 espèces le composent : 5 appartiennent à l'Europe australe. — 5 à l'Asie, c'est-à-dire 3 à la Perse, 2 à l'Asie mineure. — L'Afrique n'a pas de *Scandix*. — Et une espèce se trouve isolée au Chili.

Scandix pecten Veneris, Lin. — Petite plante annuelle commune dans nos champs, où elle se distingue à ses feuilles d'un beau vert et profondément découpées, à ses petites ombelles de fleurs blanches, et surtout à ses fruits allongés ou plutôt terminés par un long bec. L'involucre manque ordinairement, mais l'involucelle se compose de 5 à 7 folioles, elles-mêmes divisées. Les fleurs du centre de l'ombelle sont stériles, et les étamines des fleurs hermaphrodites se penchent sur les stigmates et y répandent leur pollen avant que ceux-ci ne soient développés. Dès que la fécondation est opérée, on voit grandir l'anneau calicinal, coloré en rouge violet, et qui finit par renfermer, jusqu'à la dissémination, le stylopode comme dans une gaîne. Les rayons de l'ombelle, d'abord rapprochés, s'écartent pendant la maturation. — Il fleurit en mai, juin et juillet.

Nature du sol. — Altitude. — Il préfère les terrains calcaires et argileux, mais il n'est pas complétement exclu des autres. Il croît en plaine et s'élève facilement à 1,000ᵐ dans les montagnes. M. Boissier le cite, dans le midi de l'Espagne, de 0 à 2,000ᵐ.

Geographie. — Il a été répandu sur une grande surface avec les graines des céréales. — Au sud, il habite toute la région méditerranéenne, excepté l'Egypte, y compris la Corse, les Baléares et l'Algérie. Il croît aussi aux Canaries. — Au nord, il est disséminé dans toute l'Europe, jusque dans le Danemarck austral, la Gothie boréale, l'Angleterre et l'Irlande. — A l'occident, il est en Portugal. — A l'orient, il se rencontre en Italie, en Sicile, en Dalmatie,

en Croatie, en Hongrie, en Transylvanie, en Grèce, en
Turquie, en Tauride, dans le Caucase, en Géorgie, dans
la majeure partie de l'Asie mineure, en Perse et dans la
Russie moyenne.

Limites d'extension de l'espèce.

Sud, Canaries.............. 30°		Écart en latitude :
Nord, Gothie boréale....... 59		29°
Occident, Canaries.......... 18 O.		Écart en longitude :
Orient, Géorgie........ ..... 47 E.		65°
Carré d'expansion............ 1885		

G. ANTHRISCUS, *Hoffm.*

On ne connaît que 10 espèces de ce genre, toutes européennes, et presque toutes de l'Europe australe, de la Sicile,
de la Tauride, du midi de la France. — Quelques-unes de
ces espèces pénètrent en Asie ; une d'elles habite le Caucase.

ANTHRISCUS SYLVESTRIS, Hoffm. — Quand le mois de
mai est sur le point de finir, après avoir donné le dernier essor
à la végétation vernale, les prairies nous offrent une multitude d'ombelles blanches et légères, qui répandent l'odeur
du miel, et qui commencent à s'épanouir avant que les nombreuses graminées qui les entourent n'aient ouvert leurs
glumes à leurs étamines suspendues. Le *Crepis biennis*, le
Tragopogon pratensis, accompagnent souvent l'*Anthriscus
sylvestris*, qui est à la fois une plante des plus fraîches et
des plus communes. Tantôt il blanchit les prairies sous la
multitude de ses fleurs, d'autres fois il se réunit en petits
groupes, profitant de l'ombre d'un arbre ou d'une haie. Il
associe ses ombelles aux fleurs globuleuses et soufrées du

Trollius europæus, ou il fait ressortir par sa blancheur les fleurs roses du *Silene diurna* ou un groupe de *Myosotis*. S'il est inondé par la pluie ou la rosée, il penche ses ombelles parsemées de perles liquides qui brillent, étincellent et s'évaporent si le soleil vient percer les nues, ou succéder à l'apparition de l'aurore. — Il est vivace, ses tiges sont glabres, rougeâtres, renflées sous les nœuds et profondément cannelées. Son feuillage, d'un beau vert, est très-profondément découpé, et donne à toute la plante cet air de légèreté que présentent souvent les Ombellifères. Les ombelles sont terminales, à rayons glabres. Les fleurs sont d'un blanc pur, sans calice, à pétales échancrés qui se recouvrent mutuellement. Les filets des étamines, d'abord très-courts, grandissent assez rapidement, répandent leur pollen dans la matinée et se dégètent sous les pétales. Le fruit, resserré sur les côtés, surmonté d'un bec moins long que la semence elle-même, se présente en faisceaux serrés, d'un beau vert, mais ne tarde pas à noircir.

Nature du sol. — Altitude. — Il croît partout, sur tous les terrains, pourvu que le sol ait un peu de fraîcheur. — Il vit à la fois en plaine et sur les montagnes. Nous le trouvons en Auvergne de 300 à 1,500^m. De Candolle le cite à 100^m dans les forêts de Pise, et à 1,400^m dans le Jura et dans les Alpes. M. Boissier l'indique dans le midi de l'Espagne depuis 1,000 jusqu'à 1,600^m, et Ledebour dans le Talüsch, entre 1,000 et 1,600^m; dans les îles Loffoden, il monte encore à 360^m, selon Lessing.

Géographie. — Il vit pour ainsi dire de l'équateur au pôle ; il est, de toutes les Ombellifères, celle qui atteint la plus grande expansion en latitude. — On le trouve, au sud, en Espagne, en Algérie, et dans les lieux humides et élevés de l'Abyssinie, où il fleurit en juin. — Au nord, il oc-

cupe toute l'Europe centrale, toute la Scandinavie, jusqu'au
Cap-Nord. En Laponie, il vit dans les prés, autour des
maisons, disséminé, mais abondant dans les lieux où il se
rencontre. Il habite aussi l'Angleterre, l'Irlande, les 3 archipels, la Finlande et le pays des Samoyèdes. — A l'occident, il est en Portugal. — A l'orient, il végète en Suisse,
où il dépasse la limite du hêtre, en Italie, en Sicile, en
Dalmatie, en Croatie, en Hongrie, en Transylvanie, dans
les Carpathes, en Turquie, en Grèce, en Tauride, dans le
Caucase, en Géorgie, dans toutes les Russies, dans les Sibéries de l'Oural, de l'Altaï et du Baïkal, ainsi que dans la
Dahurie.

Limites d'extension de l'espèce.

Sud, Abyssinie............. 10°	}	Ecart en latitude :
Nord, Pays des Samoyèdes..... 70	}	60°
Occident, Portugal......... 10 O.	}	Ecart en longitude :
Orient, Dahurie........... 119 E.	}	129°
Carré d'expansion............ 7740		

ANTHRISCUS VULGARIS, Pers. — Ombellifère annuelle,
d'une grande délicatesse. Elle vit en petits groupes, le long
des haies, sur le bord des prés, autour des habitations et sur
les décombres. Sa tige est droite et faible, striée et rameuse;
ses feuilles, d'un beau vert, sont molles, velues et très-fi-
nement découpées. Les supérieures sont sessiles, munies
d'une gaîne bordée de blanc. Les ombelles sont opposées aux
feuilles. Les fleurs sont extrêmement petites et régulières,
au nombre de 5 ou 6 sur la même ombellule, et presque
toutes portées sur des pédicelles courts et inégaux. Une de
ces fleurs est ordinairement femelle, tandis que les autres ont
leurs 5 étamines. Les ovaires sont déjà hispides; ils se trans-

forment en fruits ovales , recouverts de poils courbés et terminés par un bec conique. — Il fleurit en mai et en juin.

Nature du sol. — *Altitude.* — Tous les terrains lui
conviennent, pourvu qu'ils soient un peu salés ou exposés
aux émanations animales. Il s'élève peu dans les montagnes.

Géographie. — Au sud , il est répandu en France et en
Espagne , jusque dans le royaume de Grenade. — Au nord,
il est disséminé dans une grande partie de l'Europe , dans
tout le Danemarck, dans la Gothie australe , en Angleterre,
en Irlande et aux Shetland seulement. Wahlenberg dit qu'on
le rencontre, dans la Suède méridionale et littorale , dans les
champs qui ont été fumés avec les *Fucus* et les *Zostera*. —
A l'occident, il existe en Portugal. — A l'orient , il habite
la Suisse , l'Italie, la Dalmatie , la Croatie , la Hongrie , la
Transylvanie , la Turquie , la Grèce , l'île de Cos , la Tauride, le Caucase , la Géorgie et la Sibérie du Baïkal.

Limites d'extension de l'espèce.

Sud, Royaume de Grenade.... 37°	}Ecart en latitude :	
Nord, Shetland............... 61	}	24°
Occident, Portugal.......... 10 O.	}Ecart en longitude:	
Orient, Sibérie du Baikal.... 116 E.	}	126°
Carré d'expansion............ 3024		

G. CHÆROPHYLLUM , *Lin.*

Distribution géographique du genre. — Ce genre est en
grande partie européen , car, sur 30 espèces connues, 17
habitent l'Europe et se trouvent disséminées un peu partout,
mais principalement dans la partie australe et dans les montagnes. — On en compte 9 en Asie, et encore sur ce
nombre 3 sont du Caucase et presque européennes, les autres

de la Géorgie, du Japon, de la Sibérie altaïque et des
Indes orientales. — 1 espèce vit au cap de Bonne-Espé-
rance , 1 autre dans le Maroc. — Enfin, il y en a 2 aux
Etats-Unis d'Amérique.

CHÆROPHYLLUM TEMULUM, Lin. — Cette espèce si commune et bisannuelle ne donne , la première année, qu'une
touffe de feuilles radicales, découpées comme celles d'un
grand nombre d'Ombellifères. A peine abritées le long des
haies , dans les buissons ou sur le bord des chemins , ces
feuilles résistent à l'hiver , et font partie de cette verdure
rougeâtre ou douteuse qui ne reprend son éclat qu'aux premières chaleurs du printemps. On peut les briser pendant les
gelées , mais elles reprennent leur souplesse sans offrir aucune trace de désorganisation. Alors il sort de ces feuilles
une tige élevée , tachée de petits points bruns ou rougeâtres,
parsemée de poils rudes et renversés. Cette tige se ramifie
aux aisselles des feuilles , et , dès le commencement de juin,
des ombelles élégamment penchées signalent la floraison
de cette plante. Toutefois ces ombelles se redressent pour
s'épanouir, et toutes les ombellules, entourées d'involucelles
ciliés et réfléchis , fleurissent à la fois dans la même ombelle , puis la floraison continue dans chacune d'elles , de la
circonférence au centre. Les anthères, plus tôt aptes que les
stigmates, répandent leur pollen avant que les organes femelles ne soient en état de le recevoir. Les fruits sont glabres,
noirâtres ou bruns. — Il fleurit en juin et en juillet.

Nature du sol. — Altitude. — Il est indifférent et croît
partout dans la plaine ou à une faible altitude.

Géographie. — Au sud , on le trouve en France, dans
une partie de l'Espagne, dans le midi de l'Italie, en Sicile
et en Afrique, sur les pentes inférieures du Djebel-Cheliah,

dans l'Aurès. — Au nord, il est répandu dans toute l'Europe,
dans tout le Danemarck et la Gothie, dans la Norvége australe; dans la Suède, il devient sporadique et presque domestique,.ne quittant plus les villages et les lieux habités. On
le trouve aussi en Angleterre et en Irlande. — A l'occident,
on le rencontre en Portugal. — A l'orient, il habite la
Suisse, l'Italie, la Dalmatie, la Croatie, la Hongrie, la
Transylvanie, la Turquie, les Carpathes, la Tauride, le
Caucase, la Géorgie, les Russies moyenne et australe et la
Dahurie. ·

Limites d'extension de l'espèce.

Sud, Algérie..............	35°	} Ecart en latitude :
Nord, Suède..............	60	} 25°
Occident, Portugal.........	10 O.	} Ecart en longitude :
Orient, Dahurie...........	110 E.	} 120°
Carré d'expansion............	3000	

CHÆROPHYLLUM AUREUM, Lin. — Cette espèce, comme
le *C. hirsutum*, auquel il ressemble, habite les lieux frais
et arrosés des montagnes. Sa racine ligneuse produit chaque
année une pousse nouvelle située près du point de départ de
la tige qui périt. La tige nouvelle est simple et velue. Son
feuillage, ses fleurs et leur fécondation sont les mêmes que
ceux du *C. hirsutum*. Les pédoncules du milieu de l'ombelle sont souvent simples. Son fruit a cinq arêtes bien marquées : il se sépare et tombe de bonne heure, laissant son
carpophore libre sous la forme d'un filet ligneux, bifide au
sommet. — Il fleurit en juin et en juillet.

Nature du sol. — Altitude. — Nous le trouvons, en
Auvergne, sur les terrains siliceux et détritiques, sur les sols
volcaniques. — Il croît dans les montagnes entre 600 et

1,200^m d'altitude. De Candolle le cite à 900^m dans le Jura, et à 1,600^m dans les Alpes. Ledebour dit que dans le Caucase il habite entre 300 et 1,600^m.

Géographie. — Au sud, on le trouve dans les Pyrénées et dans le midi de l'Italie. — Au nord, il croît en Suisse, dans le sud de la Belgique. — Il a sa limite occidentale sur le plateau central de la France ou dans les Pyrénées. — A l'orient, il habite l'Italie, la Croatie, la Hongrie, la Transylvanie, la Turquie, la Tauride, le Caucase et l'Arménie.

Limites d'extension de l'espèce.

Sud, Royaume de Naples......	40°	Ecart en latitude : 10°
Nord, Belgique..............	50	
Occident, France............	1 O.	Ecart en longitude : 49°
Orient, Caucase.............	48 E.	
Carré d'expansion..............		490

Chærophyllum hirsutum, Lin. — Nous rencontrons partout, dans les lieux montagneux, pourvu qu'ils soient humides et à demi-ombragés, cet élégant *Chærophyllum*, aux feuilles molles, découpées et velues. Les ombelles terminales sont blanches, rarement rosées et toujours bien garnies. Le calice est nul, les pétales échancrés, et les fleurs extérieures, hermaphrodites, ne montrent leurs stigmates développés qu'à l'époque où les fleurs mâles du centre des ombellules pourraient les féconder. — Il est vivace, et fleurit en juin, juillet et août. Il est parfois très-abondant, couvrant les bords des ruisseaux d'eaux vives de son joli feuillage, serrant ses ombelles les unes contre les autres, et s'associant à la fraîche végétation des sources et des lieux ombragés.

Nature du sol. — *Altitude.* — Les terrains siliceux,

primitifs et volcaniques sont ceux qu'il préfère, mais l'eau
lui est plus indispensable encore. — C'est une espèce des
montagnes, qui descend rarement dans les plaines et qui peut
s'élever très-haut. Elle végète en Auvergne depuis 600^m jusqu'à 1,800^m. De Candolle la cite à 200^m dans le Palatinat
et à 1,600^m dans les Alpes et dans les Pyrénées. M. Boissier
l'indique sur le bord des ruisseaux, dans sa région alpine,
entre 1,600 et 2,100^m, Ledebour dans le Talüsch, entre
800 et 1,400^m. Elle monte dans les Alpes au-dessus de la limite
des sapins, et là, dit Wahlenberg, toute la plante est velue,
et les pétales même sont quelquefois garnis de cils, tandis que
les pédoncules et les pédicelles restent entièrement glabres.

Géographie. — Au sud, ce cerfeuil habite les Pyrénées
et jusqu'au midi de l'Espagne. — Au nord, il est assez répandu dans presque toute l'Europe, jusque dans les Carpathes et dans la Lithuanie. — A l'occident, on le trouve
dans les Asturies et l'Espagne. — A l'orient, on le rencontre
en Suisse, en Italie, en Croatie, en Hongrie, en Transylvanie, en Grèce, en Turquie, en Tauride, dans le Caucase,
dans le Simbirsk inférieur, près du Volga.

Limites d'extension de l'espèce.

Sud, Royaume de Grenade.... 36°	}	Ecart en latitude :
Nord, Lithuanie........... 55	}	19°
Occident, Asturies.......... 9 O.	}	Ecart en longitude :
Orient, Simbirsk........... 46 E.	}	55°
Carré d'expansion........... 1045		

G. MYRRHIS, *Scop.*

On n'en connaît que 3 espèces; une de l'Europe australe,
une de la Calabre, la troisième de la Géorgie.

Myrrhis odorata , Scop. — Il habite les prés montagneux. Sa racine s'y enfonce perpendiculairement et produit des feuilles découpées et velues, dont l'odeur est très-aromatique. Ces feuilles offrent quelquefois des taches blanchâtres. Ses ombelles sont composées d'un petit nombre de rayons; ses fleurs blanches, à pétales échancrés, souvent irréguliers, sont fréquemment stériles. Après la fécondation, les pédoncules se redressent et portent quelques fruits aplatis latéralement, enveloppés d'une double écorce, dont l'extérieure porte cinq arêtes ovales et aiguës. — Il fleurit en juin et en juillet.

Nature du sol. — Altitude. — Il recherche les terrains siliceux et détritiques, et peut atteindre 1,000 à 1,200^m.

Géographie. — Au sud, cette espèce s'étend en France jusque dans les Pyrénées. — Au nord, on la rencontre dans les Vosges , dans une partie de l'Allemagne ; elle est sporadique en Danemarck , en Gothie , en Suède , et habite la Norvége australe. On la trouve aussi en Angleterre et aux Hébrides. Elle a cette dernière localité pour limite occidentale.—A l'orient, elle se retrouve en Piémont, en Lombardie, en Hongrie , en Croatie , en Transylvanie , sur quelques points de la Russie moyenne et dans les provinces du Caucase.

Limites d'extension de l'espèce.

Sud, Pyrénées.............. 43°	}	Ecart en latitude :
Nord, Norvége.............. 59	}	16°
Occident, Hébrides.......... 10 O.	}	Ecart en longitude :
Orient, Caucase............ 48 E.	}	58°
Carré d'expansion............. 928		

G. MELOPOSPERMUM , Koch.

Séparé des *Ligusticum*, Lin., et ne contenant que cette seule espèce.

MELOPOSPERMUM CICUTARIUM, DC. — Quoique la nature nous offre partout la preuve de sa puissance , même dans les plantes les plus faibles et dans celles qui échappent à notre vue , nous sommes cependant plus frappés quand nous nous trouvons en face de ces végétaux énormes , dont les dimensions nous surprennent et attirent malgré nous toute notre attention. Qui donc ne resterait étonné devant les touffes puissantes d'une Ombellifère qui atteint deux mètres ? et surtout quand ces masses de feuillage incisé , de blanches et larges ombelles , sont dispersées au milieu de prairies couvertes de fleurs, arrosées d'eaux pures et murmurantes , parsemées de rochers éboulés des montagnes supérieures, ou de groupes verdoyants d'aulnes et de saules ! Une racine blanche et spongieuse fixe solidement cette belle plante dans les localités qu'elle affectionne. Ses grandes feuilles sont fortement découpées , son involucre est formé de plusieurs bractées, et ses involucelles, polyphylles, entourent des ombellules à pédicelles raccourcis. Deux sortes d'ombelles existent : les terminales, qui sont larges , grandes , munies de fleurs hermaphrodites et fertiles, et de plus petites toujours mâles et destinées à assurer la fécondation des stigmates retardataires des ombelles terminales. Le fruit, souvent déformé et contracté latéralement, offre cinq arêtes membraneuses et ailées. — Fleurit en mai, juin et juillet.

Nature du sol. — Altitude. — Nous trouvons cette belle espèce sur les terrains primitifs et graveleux toujours humides , et sur des montagnes peu élevées, entre 500 et 1,200^{m} environ.

Géographie. — Il se trouve , au sud, dans les Pyrénées. — Au nord, dans le Tessin, dans le Tyrol, la Carniole. — A l'occident, dans les Pyrénées. — A l'orient, dans l'Epire méridionale , en Piémont, en Lombardie.

Limites d'extension de l'espèce.

Sud, Pyrénées.............. 43° } Écart en latitude :
Nord, Tyrol............... 48   }   5°
Occident, Pyrénées.......... 3 O. } Écart en longitude :
Orient, Epire.............. 18 E. }   21°
        Carré d'expansion............. 105

G. CONIUM, *Lin.*

Il contient 3 espèces, dont 1 de l'Italie, 1 de la Croatie et la 3e de l'Europe, de l'Asie et de l'Amérique septentrionale.

CONIUM MACULATUM, Lin. — S'il est des plantes dont la vue nous procure de vives sensations de plaisir, si quelques-unes d'entr'elles nous rappellent de gracieux souvenirs, il en est aussi qui se lient à des sentiments de tristesse et de mélancolie. Le noir feuillage de la ciguë, sa tige maculée, sa station habituelle dans les cimetières, près du *Malva sylvestris* et de l'*Artemisia vulgaris*, sont sans doute les motifs qui excitent notre répulsion pour cette espèce. Elle sort cependant de l'enceinte destinée aux sépultures ; on la trouve sur les décombres, autour des habitations, et même sur le bord des ruisseaux, pourvu que le terrain soit gras et fertile. Elle s'élève alors à plus d'un mètre. Ses racines s'enfoncent perpendiculairement dans le sol ; ses tiges cylindriques et rameuses, souvent tachées de brun, garnies elles-mêmes d'un feuillage foncé et léger, se terminent par des ombelles de grandeur moyenne, planes, à rayons inégaux. Ces ombelles ont un involucre de plusieurs bractées, et des involucelles latéraux formés d'un petit nombre de bractéoles. Les fleurs sont blanches, à pétales égaux, légèrement échan-

crés, à styles croisés, sur lesquels les étamines s'inclinent
pour répandre leur pollen avant que les stigmates ne soient
épanouis. Malgré cette fécondation indirecte, les fleurs sont
ordinairement fertiles, et les fruits qui leur succèdent sont
ovales, recourbés sur le côté, avec des arêtes saillantes et
crénelées. — La ciguë est bisannuelle ; elle fleurit en juin,
juillet et août.

Nature du sol. — Altitude. — Elle préfère les terrains
argileux et fertiles, marneux plutôt que sablonneux, humides
plutôt que secs, et reste toujours en plaine ou dans des lieux
peu élevés ; cependant Ledebour la cite dans le Brechtau,
entre 400 et 1,000^m.

Géographie. — Cette plante a une aire d'expansion très-
étendue, comme la plupart de celles qui suivent l'homme.
— Au sud, elle croît en Espagne, en Algérie, aux Canaries.
— Au nord, elle se rencontre à peu près dans toute l'Europe, dans tout le Danemarck et la Gothie, dans la Norvége, la Suède et la Finlande australes. Elle y habite aussi les
lieux fertiles et les rivages. Elle végète en Angleterre, en
Irlande, aux Hébrides et aux Orcades. — A l'occident,
elle est connue en Portugal, aux Canaries, et naturalisée sur
quelques parties de l'Amérique du nord. — A l'orient, elle
est en Suisse, en Italie, en Sicile, en Dalmatie, en Croatie,
en Hongrie, en Transylvanie, dans les Carpathes, en
Grèce, en Turquie, en Tauride, dans le Caucase, dans
toute l'Asie moyenne, dans les Russies septentrionale,
moyenne et australe, dans les Sibéries de l'Oural, de l'Altaï
et du Baïkal.

Limites d'extension de l'espèce.

Sud, Canaries.............. 30°   } Ecart en latitude :
Nord, Norvége............. 60   }   30°

Occident, Canaries.......... 28 O. } Ecart en longitude !
Orient, Sibérie du Baïkal.... 116 E. }   144°
     Carré d'expansion............. 4320

FAMILLE DES ARALIACÉES.

Les Araliacées réunissent un assez grand nombre de
plantes exotiques d'une organisation très-remarquable, et
qui croissent dans toute la zone tropicale et sur ses limites,
mais surtout dans l'Amérique septentrionale. Elles sont très-
rares dans l'Asie boréale, et à peine représentées en Europe,
où les flores les plus riches n'en ont que 2 espèces.

G. HEDERA, *Lin.*

Distribution géographique du genre. — Le nombre des
espèces de ce genre s'élève environ à 60, et la majeure
partie appartient à l'hémisphère austral. — Le centre principal est l'Amérique du sud ; 24 espèces s'y sont donné
rendez-vous, et se trouvent principalement au Pérou et au
Brésil. — L'Amérique du nord n'en a que 5, toutes originaires de la zone torride, du Mexique et de la Jamaïque.
— On connaît en Asie 20 *Hedera*, presque tous confinés
sur le même point, c'est-à-dire, 16 aux Indes orientales,
3 au Népaul et 1 à la Chine. — Un autre centre se trouve
à Java, où l'on en cite 6 espèces, et 1 à Amboine. — L'Europe n'a que 2 lierres. — L'Afrique en a également 2 espèces
reléguées aux îles Canaries.

HEDERA HELIX, Lin. — Pourquoi la nature a-t-elle
donné à certaines plantes des tissus d'une délicatesse ex-

trême, que le moindre souffle déchire, et à d'autres un feuillage épais et résistant, sur lequel l'eau glisse sans le mouiller, que le vent fait osciller sans le détruire, qui résiste à la neige et aux gelées les plus intenses? Pourquoi ces différences dans une même contrée, sous un ciel soumis aux mêmes caprices des saisons? Dieu ne nous offre-t-il pas ces contrastes pour nous montrer sa sagesse et sa puissance, et le feuillage immortel du lierre ne s'élève-t-il pas au milieu des frimas comme un gage d'espoir pour les scènes de vie et d'amour que le printemps doit faire renaître? Mais alors le lierre n'est-il pas oublié? Seul, en hiver, il attire nos regards sur les vieux troncs qu'il décore de ses guirlandes, et plus tard sa sombre verdure est effacée par le vert transparent du feuillage, par les fleurs brillantes de toutes ces tribus végétales qui s'empressent de jouir d'un printemps auquel le lierre impassible reste complétement étranger. — Cet arbrisseau revêt toutes les formes et se plie à toutes les circonstances. Nous le voyons ramper dans les forêts sur les feuilles mortes qui en couvrent le sol. Ses rameaux flexibles s'y étendent avec rapidité, en croisent d'autres qui arrivent de directions opposées, et les bois offrent quelquefois de véritables tapis où le lierre et la pervenche, mariant leur feuillage toujours vert, semblent partager les fleurs d'un bleu céleste qui n'appartiennent qu'à la dernière de ces plantes. Alors les feuilles du lierre sont palmées et anguleuses; ses nervures se dessinent en blanc ou en jaune pâle sur un fond rouge ou d'un vert sombre; le lierre rampant des forêts semble une espèce particulière. S'il atteint un arbre, et surtout s'il rencontre l'écorce rugueuse d'un chêne ou d'un châtaignier, il s'y applique et s'y colle au moyen de nombreuses radicelles qui s'échappent des deux côtés de sa tige et se disposent en séries. C'est au moyen de ces espèces de crochets qu'il s'attache solidement aux

arbres, aux murailles, aux ruines et aux rochers. La nature
tient en réserve, sous l'écorce du lierre, une multitude de
germes destinés à produire les radicelles accrochantes, et
dont un contact détermine immédiatement l'éruption. — Le
jeune lierre applique exactement sur son support et ses
branches légèrement sinueuses et la face inférieure de ses
feuilles disposées avec la plus grande régularité; la nature
du support lui importe peu; il accepte tous les arbres, préférant cependant ceux dont l'écorce est rugueuse; il s'appuie
également sur les rochers, et s'empare des chaumières aussi
bien que des ruines des donjons et des murailles délabrées
des forteresses. En vieillissant, ses branches se soudent, ses
feuilles perdent leurs angles; elles s'élargissent, et l'arbrisseau
arrive même à se détacher de son support ou à l'étreindre de
ses replis enlacés. Rien de plus pittoresque qu'un lierre vieilli
qui arrive au sommet d'un arbre, ou qui s'élève au-dessus
d'une muraille. Il a su monter rapidement, mais il ne sait
pas descendre, et, loin de courber ses branches nouvelles
vers la terre, il les élève vers le ciel, et se couvre de feuilles
entières ou trilobées. Ces branches aériennes sont dépourvues de ces radicelles qui semblent avoir besoin de l'excitation d'un corps étranger pour se développer, mais, en re-
vanche, elles sont munies de bourgeons à leurs aisselles et
se terminent par des boutons verdâtres et écailleux. — Le
lierre ne s'accroît, du reste, que par l'extrémité de ses branches. Les jeunes feuilles sont plissées en deux avant leur développement, et enveloppées d'un duvet blanchâtre qui ne
tarde pas à disparaître. Elles deviennent alors très-glabres, et
résistent pendant plusieurs années sans tomber, solidement
fixées par des pétioles très-fibreux. — A la fin de l'automne,
quand les autres végétaux abandonnent leurs feuilles desse-
chées et disséminent leurs fruits, le lierre fleurit. Il offre

des ombelles irrégulières de fleurs jaunâtres , à pétales caducs, dont l'épanouissement est presque simultané pour
chaque ombelle. Les anthères, mobiles sur leurs filets, s'ouvrent en dehors avant la nubilité des stigmates , et la fleur
offre sur l'ovaire un disque épais et nectarifère qui sécrète en
abondance une liqueur sucrée très-recherchée des insectes.
— Ce disque forme la partie supérieure d'une baie à cinq
loges, souvent réduite à trois ou à quatre par avortement,
et ne contenant ordinairement chacune qu'une seule graine
volumineuse. — Ces fruits, d'un noir bleuâtre, ne mûrissent qu'au printemps suivant, et deviennent jaunes dans
l'*H. chrysocarpa*, rouges dans l'*H. canariensis*, que l'on
considère comme deux variétés de l'*H. Helix*. — Tandis
que la plupart des lierres exotiques sont dressés et non grimpants, le nôtre, le lierre européen, décore nos paysages
de ses gracieux festons de verdure; mais c'est surtout en
Auvergne, appuyé sur les rochers volcaniques, qu'il acquiert
tout son éclat et toute sa puissance. Des lierres immenses
s'étalent en magnifiques éventails sur les basaltes du canton
d'Ardes; leur feuillage contraste avec la couleur noire de ses
rochers ; s'ils laissent quelques espaces vides au milieu de leurs
branches étalées, on y voit fleurir le *Sedum Telephium*, le
Sempervivum arachnoïdeum, ou quelques touffes du *Valeriana tripteris*. — Sur la butte basaltique de Montboissier,
canton de Cunlhat, nous suivions avec intérêt les variations
du lierre qui abonde sur les ruines du château et sur les
prismes amoncelés. Nous étions à la fin de l'automne. Pendant qu'il rampait sur les masses de basalte entassées sur le
sol , ses feuilles, petites et nombreuses, étaient anguleuses ,
d'un vert presque noir et veinées de blanc ou de gris jaunâtre. Il formait ainsi un réseau qui enlaçait une multitude
de prismes. Ailleurs , le lierre s'approchait des vieilles mu-

railles , il commençait à s'y cramponner , et déjà les angles
de ses feuilles palmées étaient arrondis. Enfin , prenant plus
de développement, il formait sur les ruines des masses de
verdure. Alors ses feuilles étaient entières, à peine ondulées,
d'un vert jaunâtre , et une multitude de bouquets de fleurs
n'attendaient plus que quelques jours pour s'épanouir. —
Cet arbrisseau abonde en Auvergne , sur les vieux arbres ;
nous en avons recueilli un dont les replis étranglaient un cerisier ; nous l'avons vu envahir des houx , et mêler son feuillage à celui de cet arbre toujours vert. Il couvre souvent de
vieux châtaigniers, de vieux chênes et même des noyers.

Nature du sol. — Altitude. —Il est indifférent : il s'appuie sur tous les arbres, sur tous les rochers. Il croît sur
tous les terrains. Nous l'avons cité en Auvergne sur le basalte et le sol volcanique ; nous l'avons vu à Ganges (Hé-
rault) sur le calcaire ; à Saint-Jean-du-Gard sur le granit;
à Châteauneuf (Puy-de-Dôme) sur le porphyre le plus compacte. Il s'étend sur le terrain détritique des forêts, et croît
partout. — Il habite la plaine et la montagne , et s'élève ,
en Auvergne , à 1,000 ou 1,200^m. M. Boissier l'indique ,
dans le midi de l'Espagne , entre 650 et 800^m. Wahlenberg dit qu'il végète , dans la Suisse septentrionale, dans
les bois et sur les rochers des plaines et des montagnes,
qu'il y est commun et n'atteint pas tout à fait la limite du
hêtre ; il cesse à 1,050^m, et déjà depuis longtemps il reste
à l'état rampant aux expositions méridionales.

Géographie. —Presque seul de son genre en Europe, le
lierre y est très-répandu et atteint, au sud , le midi de
l'Espagne, la Corse , les Baléares, arrive en Algérie, à
Madère et aux Canaries. — Au nord , il est commun dans
tout le centre de l'Europe, dans le Danemarck , la Gothie,
la Norvége et la Suède australe ; dans ces dernières locali-

tés il vit sur les rochers principalement , près des rivages.
Il habite aussi l'Angleterre , l'Irlande , les Orcades , les
Shetland et l'Islande , sans prendre pied aux Hébrides ni
aux Feroë. — A l'occident , il est en Portugal , à Madère ,
aux Canaries. — A l'orient , on le connaît en Suisse , en
Italie , en Sicile , en Grèce , en Tauride , en Géorgie , dans
le Caucase. Il végète en Turquie , dans la Russie moyenne
où il ne fructifie pas et où souvent il habite les plus sombres
forêts , et dans la Podolie.

Limites d'extension de l'espèce.

Sud , Canaries.............. 30°	}	Écart en latitude :
Nord , Islande.............. 65	}	35°
Occident , Canaries.......... 18 O.	}	Écart en longitude :
Orient , Géorgie............. 47 E.	}	65°
Carré d'expansion............. 2275		

FAMILLE DES CORNÉES.

Cette famille , peu nombreuse , rare sous les tropiques ,
appartient surtout à la zone tempérée de l'hémisphère boréal.
Ses deux centres principaux sont l'Amérique septentrionale
et les montagnes du Népaul. Les flores d'Europe les plus
riches n'en ont que 3 espèces.

G. CORNUS, *Lin.*

Distribution géographique du genre. — Il existe au
moins 22 espèces de ce genre , dont la moitié se trouve

dans les parties tempérées de l'Amérique du nord , aux
Etats-Unis, au Canada et dans les montagnes du Mexique.
— 6 espèces existent en Sibérie , au Népaul , au Japon
et aux Indes orientales. — 4 sont européennes. — Une est
de l'Amérique du Sud.

CORNUS SANGUINEA , Lin. — Il est des arbrisseaux qui
ont le privilége de se faire remarquer pendant toutes les saisons, et cette espèce est du nombre. Ses longs rameaux
flexibles prennent, en hiver, des teintes de carmin et de
vermillon qui deviennent d'autant plus vives que le froid est
plus intense , et l'on admire alors , dans les haies et les buissons , ce cornouiller dont les rameaux contrastent avec l'é-
corce verte du houx et du fusain , et avec l'écorce légère et
cannelée de l'érable commun. Aucun bourgeon ne se montre sur ces branches , qui perdent , au printemps , la teinte
rouge de l'hiver ; les jeunes feuilles forment , au sommet
des rameaux , des boutons soyeux , préservés du froid par
leur villosité. — Ces feuilles, d'abord plissées sur leurs nervures latérales et moyennes, s'étendent rapidement au printemps, offrant des nervures confluentes , et conservant en
dessous une légère pubescence. Les supérieures , rapprochées, accompagnent et protégent de jolis corymbes d'un
blanc jaunâtre , dont les fleurs extérieures s'épanouissent
avant celles du centre , mais dont la floraison est rapide. Le
pollen, blanchâtre , se répand sur les stigmates au lever du
soleil , et bientôt de petites baies vertes et allongées succèdent aux fleurs. — A l'automne , ces baies sont noires, et le
feuillage du cornouiller se rembrunit ; ses feuilles se pana-
chent de pourpre et prennent quelquefois des nuances assez
vives. Le corymbe terminal tombe du sommet de la branche , qui donne alors , au printemps suivant , des rameaux

atéraux et stériles, tandis que les autres, plus anciens, deviennent fertiles à leur tour ; véritable génération alternante
si commune dans les végétaux. — Il fleurit en mai et en
juin.

Nature du sol. — Altitude. — Il préfère les calcaires et
habite principalement la plaine et les coteaux. Wahlenberg
dit qu'en Suisse il dépasse à peine la limite des noyers. Ledebour le cite, dans le Caucase, à 1,000^m, dans le Breschtau, entre 400 et 500^m, et, dans le Talüsch, à 1,100^m.

Géographie. — Au sud, il existe en France, en Espagne, en Corse, en Italie, en Sicile. — Au nord, il est répandu dans toute l'Europe, dans le Danemarck, la Gothie
et jusque dans la Norvége australe, ainsi qu'en Angleterre
et en Irlande. — A l'occident, on le connaît en Portugal ;
Pursh l'indique au Canada et de la Pilaye à Terre-Neuve.
— A l'orient, il se trouve en Dalmatie, en Croatie, en
Hongrie, en Transylvanie, en Tauride, dans le Caucase,
dans la Géorgie, et dans toutes les provinces qui entourent
la mer Caspienne ; dans les Carpathes, la Turquie, les
Russies moyenne et australe, les Sibéries de l'Oural, de
l'Altaï et du Baïkal.

Limites d'extension de l'espéce.

Sud, Sicile................	38°	⎫ Écart en latitude :
Nord, Norvége.............	60	⎬ 22°
Occident, Canada.	75 O.	⎫ Écart en longitude :
Orient, Sibérie du Baïkal....	116 E.	⎬ 191°
Carré d'expansion.............. 4202		

CORNUS MAS, Lin. — Il se présente sous un aspect bien
différent de celui du cornouiller sanguin. C'est un arbre de
moyenne grandeur, à bois tortu, qui habite aussi les haies et
la lisière des bois. — Trois fois dans l'année il change de

parure. Longtemps avant que les feuilles ne paraissent , les branches du cornouiller se sont garnies de petites fleurs jaunes , primitivement abritées sous de larges écailles. Ces fleurs, dont une seule est ordinairement fertile dans chaque bouquet, répandent une odeur de miel qui attire les premiers insectes sortis de leurs retraites d'hiver. — Plus tard, les feuilles se développent ; elles sont ovales, d'un vert foncé et fortement nervées. C'est à peine si l'on distingue alors de ce feuillage les fruits, qui sont noués depuis longtemps, mais dont la couleur se confond encore avec celle des feuilles qui les entourent. — Enfin, à l'automne, on voit briller, dans le feuillage du cornouiller, des fruits d'un rouge vif, ovales et comme vernissés , qui sont des drupes contenant un seul noyau très-dur.

Nature du sol. — *Altitude.* —Il recherche les terrains calcaires et marneux de la plaine et des coteaux. Ledebour le cite cependant à 1,000^m dans le Caucase.

Géographie.— C'est, en général, un arbre peu répandu, très-rare sur le plateau central de la France, et trouvant sa limite méridionale en Grèce et dans le midi de l'Italie. — Au nord , on le rencontre dans la partie septentrionale de la France, en Belgique , en Bohême, en Thuringe. — Il a sa limite occidentale en France. —A l'orient , il existe en Suisse , en Tyrol , en Italie , en Dalmatie , en Hongrie , en Croatie, en Transylvanie , en Grèce , en Turquie , dans le Caucase , en Géorgie, en Tauride , dans l'Ukraine et la Podolie , et jusque sur les bords de la Caspienne.

Limites d'extension de l'espèce.

Sud, Royaume de Naples......	40°	}	Écart en latitude :
Nord, Bohême..............	50	}	10°

Occident, France............ 4 O. ⎞ Écart en longitude :
Orient, Caucase........... 48 |E. ⎠   52°
         Carré d'expansion............. 520

FAMILLE DES LORANTHACÉES.

Petit groupe composé d'arbrisseaux toujours verts et parasites, habitant la zone tropicale, et ne se trouvant que par exception dans la zone tempérée. C'est à peine si l'Europe en possède 2 ou 3 espèces, qui disparaissent à l'est, dans les îles et sur les montagnes.

G. **VISCUM**, *Lin.*

Distribution géographique du genre. — Les espèces, toutes parasites, qui composent ce genre sont au nombre de 100 environ, et végètent presque toutes sous la zone torride ou du moins dans les parties chaudes des zones tempérées. L'Amérique du nord et l'Asie sont les deux centres principaux. — Le nombre des espèces asiatiques est au moins de 30, presque toutes des Indes orientales, quelques-unes du Népaul et du Japon. Le second centre est aux Antilles, et notamment à Saint-Domingue, à la Martinique, à la Jamaïque, à Cuba. Le nombre de ses espèces est de 27 à 28. — Un autre groupe de *Viscum* habite l'Amérique du sud et surtout le Brésil, le Pérou, l'Uruguay, et quelques-unes atteignent le Chili. On en connaît 21 espèces propres à la partie méridionale du Nouveau-Monde. — L'Afrique en possède au moins 13 espèces, dont 9 ou 10 du Cap ou de la pointe australe, 1 d'Abyssinie et les autres de l'île Maurice. — 6 espèces habitent l'Océanie et surtout Java, Timor, l'île de Norfolk et la Nouvelle-Zélande. — L'Europe est presque étrangère à la distribution géographique des *Viscum*, car elle n'en possède que 2 espèces. Ces plantes ont, en général, une aire d'expansion très-restreinte.

VISCUM ALBUM, Lin. — Le guy est une des plantes ligneuses les plus remarquables de nos climats, des plus singulières dans le paysage. Sa station réelle est d'être parasite sur le sapin. On le voit attaquer avec vigueur ce géant des forêts d'arbres verts, s'implanter sur ses branches, absorber sa sève parfumée, donner à ses feuilles toute l'ampleur qu'elles peuvent acquérir, et vivre, pendant des siècles, comme l'arbre vigoureux dont il s'est constitué le parasite. Le guy s'est échappé des forêts d'arbres verts; les oiseaux, en quittant leur séjour d'été, l'ont transporté sur les alisiers et sur les *Cratægus*; ils l'ont semé sur les pommiers sauvages, et, descendant dans nos vergers, ils en ont couvert nos arbres fruitiers. Ailleurs, ils ont abandonné ses graines sur la cime des tilleuls, sur l'écorce lisse des trembles et des peupliers blancs, sur les rameaux cannelés de l'*Acer campestre*, et le *Robinia*, importé de l'Amérique du nord, n'a pas été préservé de ce parasite envahissant. — Quoique paraissant presque indifférent pour son support, le guy ne se présente pas toujours avec le même aspect. Il est plus vigoureux, plus rameux et ses feuilles sont plus larges sur le sapin que sur les autres arbres; ses touffes sont plus jaunes sur les pommiers; il croît en touffes plus volumineuses et plus arrondies sur les tilleuls et sur les peupliers blancs que dans toutes ses autres stations. Nous ne l'avons jamais vu sur le chêne. — L'aspect du guy est très-curieux; sa tige cassante et dichotome est garnie d'une

écorce verte ou jaunâtre ; et la moelle y est remplacée par
des rayons médullaires ; ses feuilles sont entières , épaisses,
charnues, à nervures divergentes et jaunâtres comme le reste
de la plante. — La cime arrondie que forme chaque touffe
de guy offre une série de dichotomies successives , dont toutes les pièces, solidement fixées, semblent articulées les
unes sur les autres, et à l'extrémité de chacune d'elles se
trouvent trois fleurs également articulées, dont deux latérales et une terminale. Entre ces fleurs latérales existent
deux feuilles , dont chaque aisselle produit un rameau sem-
blable à celui dont nous parlons , et ainsi de suite d'année
en année. Mais il arrive presque toujours qu'indépendam-
ment de ces deux rameaux axillaires, il en sort d'autres autour des articulations, et , quand le développement est complet , il y a quatre rameaux accessoires et deux axillaires,
ce qui donne des verticilles de six, souvent diminués par des
avortements. — Le guy fleurit au mois de mars, et se présente en touffes dioïques. Tantôt le même arbre est garni
d'individus de sexe différent , tantôt un seul sexe en occupe
la cime , ce qui nous a paru être l'effet du hasard. La fleur
est jaune , les pétales sont épais, et les anthères sessiles,
collées sur ces mêmes pétales, s'y présentent en petites masses épaisses, offrant un réseau aréolaire dont les mailles
sont remplies d'un pollen très-fin et un peu adhérent. Ces
étamines s'ouvrent déjà dans le bouton. Le stigmate est sessile et peu apparent. — Après la fécondation , l'ovaire ne
tarde pas à grossir ; il blanchit peu à peu, et , au bout d'une
année , lorsque les fleurs nouvelles paraissent , il s'est trans-
formé en une baie blanche et demi-transparente , ovale et
remplie d'une pulpe visqueuse, dans laquelle une seule graine
aplatie se trouve engagée. — Les baies pesantes tombent
sur la terre et sont perdues pour la reproduction , mais beau-

coup d'entre elles servent d'aliment aux oiseaux, qui, dans leurs voyages rapides, les disséminent sur les arbres où ils se reposent. Alors la graine collée sur la branche laisse sortir une ou plusieurs radicelles qui cherchent à pénétrer, à travers l'écorce, jusque dans la couche extérieure de l'aubier. Là elles se ramifient et prennent possession du milieu qui leur convient, et, quand elles ont ainsi assuré l'existence du premier bourgeon, les deux cotylédons s'étalent, et la jeune plante prend successivement du développement. Elle s'allonge chaque année, et chaque année la couche nouvelle de l'aubier vient serrer la base de sa tige, tandis que des racines nouvelles s'implantent et se ramifient au milieu de ces jeunes fibres du bois, donnant ainsi aux buissons arrondis du guy une solidité qui leur permet de résister aux tempêtes et de ne tomber qu'avec les branches qui les supportent. — Le *V. album* est remplacé, à Grenade, par le *V. cruciatum*, Sieber, qui croît sur les branches de l'olivier, et, à Norfolk, entre la Nouvelle-Zélande et la Nouvelle-Calédonie, par le *V. distichum*, Endl., qui lui est aussi parallèle, selon Bauer.

Nature du sol. — Altitude. — Nous avons cité le guy sur un grand nombre d'arbres où il croît habituellement ; nous pouvons ajouter que M. Bouteille l'indique sur un très-vieux bouleau aux environs de Magny (Seine-et-Oise), et M. Cosson sur un chêne dans la forêt de Trops (Aube). Wahlenberg l'indique, en Suède, sur les arbres feuillés tels que le poirier, le chêne, le hêtre, etc. Nous ne connaissons aucune autre citation sur ce dernier végétal. M. Grenier l'a vu sur le *Pinus sylvestris* dans la vallée du Quayras, et M. Godron sur les peupliers, à Nancy. Il reste dans la plaine ou sur des montagnes peu élevées. Nous ne l'avons pas vu au-dessus de 1,000^m.

Géographie. — Le guy est circonscrit dans des limites assez étroites ; au sud, il ne passe pas le plateau central de la France , et n'atteint pas le 44°. Il est pourtant cité par Tenore et Gussone en Italie et en Sicile , et de Candolle dit qu'il est commun , en Provence, sur les amandiers. Il existe en Espagne. — Au nord, on rencontre le guy dans la majeure partie de l'Europe , en Danemarck , en Gothie , dans la Norvége et la Suède australe , et il est seulement sporadique en Finlande. Il croît, en Angleterre , jusqu'au 55°. — A l'occident, il a sa limite en Angleterre. — A l'orient, il s'étend davantage , vit en Suisse , en Toscane, où, selon Santi, il habite les châtaigniers ; à Majorque, en Dalmatie, en Croatie , en Hongrie , en Transylvanie , en Grèce, en Turquie, en Livonie,où Ledebour en cite un seul échantillon sur un tilleul ; en Lithuanie , où il habite les bouleaux ; dans la Russie australe, en Tauride, dans le Caucase , en Géorgie , sur les bords de la Caspienne et dans la Sibérie de l'Oural, où il croît aussi sur le bouleau. M. Bové le cite, aux environs de Balbek , sur les poiriers et les aubépines ; mais , d'après les observations de M. Decaisne , ce pourrait être une espèce voisine.

Limites d'extension de l'espèce.

Sud , Sicile............... 38°	}	Écart en latitude :
Nord , Norvége............. 60	}	22°
Occident , Angleterre........ 6 O.	}	Écart en longitude :
Orient , Sibérie de l'Oural..... 65 E.	}	71°
Carré d'expansion............ 1562		

FAMILLE DES CAPRIFOLIACÉES.

*Tableau des proportions relatives des espèces dans le sens
des latitudes.*

	Latitude.	Longitude.		
Nigritie............	0° à 10°	18° O. à 5° E.	0 :	0
Abyssinie	10 à 16	32 E. à 41 E.	0 :	0
Algérie............	33 à 36	5 O. à 6 E.	1 :	-336
Royaume de Grenade.	36 à 37	5 O. à 8 O.	1 :	208
Sicile.............	37 à 38	10 E. à 13 E.	1 :	321
Portugal.	37 à 42	9 O. à 11 O.	1 :	253
Royaume de Naples..	38 à 42	11 E. à 16 E.	1 :	237
Caucase............	40 à 44	35 E. à 48 E.	1 :	300
Tauride	43 à 46	31 E. à 34 E.	1 :	299
Plateau central.....	44 à 47	0 à 2 E.	1 :	157
France	42 à 51	7 O. à 6 E.	1 :	268
Russie méridionale...	47 à 50	22 E. à 49 E.	1 :	318
Allemagne.........	45 à 55	2 E. à 14 E.	1 :	207
Carpathes.........	49 à 50	19 E. à 22 E.	1 :	133
Angleterre	50 à 58	1 O. à 7 O.	1 :	169
Russie moyenne.....	50 à 60	17 E. à 58 E.	1 :	176
Scandinavie entière..	55 à 71	3 E. à 29 E.	1 :	219
Danemarck........	52 à 57	7 E. à 12 E.	1 :	216
Gothie	55 à 59	10 E. à 15 E.	1 :	194
Suède.............	55 à 69	10 E. à 22 E.	1 :	289
Norvége...........	58 à 71	2 E. à 10 E.	1 :	245
Russie septentr^le....	60 à 66	19 E. à 57 E.	1 :	173
Finlande..........	60 à 70	18 E. à 28 E.	1 :	189
Laponie	65 à 71	14 E. à 40 E.	1 :	356
EUROPE ENTIÉRE.................			1 :	405

Tableau des proportions relatives des espèces dans le sens des longitudes.

	Latitude.	Longitude.	
Irlande............	51° à 55°	7° O. à 13° O.	1 : 242
Angleterre.......	50 à 58	1 O. à 7 O.	1 : 169
Allemagne.......	45 à 55	2 E. à 14 E.	1 : 207
Russie moyenne...	50 à 60	17 E. à 58 E.	1 : 176
Sibérie de l'Oural.	44 à 67	55 E. à 74 E.	1 : 213
Sibérie altaïque...	44 à 67	66 E. à 97 E.	1 : 199
Sibérie du Baïcal..	49 à 67	93 E. à 116 E.	1 : 242
Dahurie..........	50 à 55	110 E. à 119 E.	1 : 144
Sibérie orientale...	56 à 67	111 E. à 163 E.	1 : 236
Sibérie arctique...	67 à 78	60 E. à 161 E.	0 : 0
Kamtschatka......	46 à 67	148 E. à 170 E.	1 : 75
Pays des Tschukhis.	» »	155 E. à 175 O.	0 : 0
Iles de l'Océan or^{al}.	51 à 67	170 E. à 130 O.	1 : 99
Amérique russe...	54 à 72	170 O. à 130 E.	1 : 148

Tableau des proportions relatives des espèces dans le sens des altitudes.

	Latitude.	Altitude en mètres.	
Roy. de Gr^{de}, rég. alp. et niv.	36° à 37°	1500 à 3500	1 : 243
Roy. de Grenade, rég. niv..	36 à 37	2500 à 3500	0 : 0
Pyrénées..............	42 à 43	500 à 2700	1 : 162
Pyrénées élevées........	42 à 43	1500 à 2700	1 : 159
Pic du Midi, de Bagnères..	»	»	0 : 0
Plat. central, rég. montagn.	44 à 47	500 à 1900	1 : 129
Plateau central, sommets..	44° à 47°	1500 à 1900	1 : 51
Alpes.........	45 à 46	500 à 2700	1 : 174
Alpes élevées...........	45 à 46	1500 à 2700	1 : 175

Tableau des proportions relatives des espèces dans les îles.

	Latitude.	Longitude.	
Iles du Cap-Vert....	12° à 14°	24° O. à 27° O.	0 : 0
Canaries..........	28 à 30	15 O. à 20 O.	1 : 503
Hébrides.........	57 à 58	8 O. à 10 O.	1 : 331
Orcades..........	59	5 O. à 6 O.	1 : 121
Shetland.........	60 à 61	3 O. à 4 O.	1 : 154
Feroë............	62	9 O.	1 : 297
Islande..........	64 à 66	16 O. à 27 O.	0 : 0
Mageroë..........	71	24 E.	1 . 194
Spitzberg.........	79 à 80	10 E. à 20 E.	0 : 0
Ile Melville........	76	114 O.	0 : 0
Ile J. Fernandez....	33 à 40 S.	76 O.	0 : 0
Nouv. Zélande (nord).	35 à 42 S.	171 O. à 176 O.	0 : 0
Malouines........	52 S.	59 O. à 65 O.	0 : 0

Les Caprifoliacées, par leurs tiges ligneuses, par l'abondance et la dispersion de leurs individus, tiennent une place importante dans les grandes scènes de la nature. Ces plantes appartiennent en très-grande partie à la zone tempérée de l'hémisphère boréal, soit à l'Amérique et à l'Asie, soit à l'Europe où elles sont en plus petit nombre. On en trouve peu sous les tropiques, et quelques-unes seulement en dehors de cette zone, dans l'Amérique australe et dans la Nouvelle-Hollande. — L'Europe n'est donc pas leur principale patrie, et c'est à peine si, en moyenne, elles font 1⁄400 de la végétation. C'est entre le 45° et le 60° de latitude qu'elles atteignent leur maximum ; les Carpathes, le plateau central de la France, la Russie moyenne, l'Angleterre sont des contrées où elles sont de 1⁄133 à 1⁄176, c'est-à-dire, où elles atteignent leur plus grand développement ; au sud du 45°,

et au nord du 65°, le nombre des espèces va en s'affaiblis-
sant. Les Caprifoliacées remplacent, dans notre zone moyenne,
les Rubiacées ligneuses des tropiques. — Elles n'offrent rien
de constant ni de régulier dans leur dispersion dans le sens
des longitudes, elles semblent cependant devenir un peu plus
abondantes en Asie, en se rapprochant de l'Amérique. —
Elles se maintiennent dans les montagnes, à l'exception des
sommets très-élevés dont elles disparaissent. — Leur proportion dans les îles n'offre rien de régulier, et les rapports
sont d'ailleurs établis sur un trop petit nombre d'espèces.

G. **ADOXA**. *Lin.*

Il ne contient qu'une seule espèce.

Adoxa Moschatellina, Lin. — Délicate et charmante
espèce qui fuit la lumière et qui ne laisse plus de traces sur
la terre, quand le soleil pourrait la détruire en la frappant
de ses rayons brûlants. Elle se cache sous le feuillage des
haies ou sous l'ombrage des bois, protégée par les feuilles
naissantes du hêtre ou par les branches étagées des sapins.
Nous la trouvons en petits groupes mêlés à ceux de l'*Oxalis
Acetosella*, à ceux du *Polypodium driopteris*, du *Blech-
num spicant*, du *Ranunculus auricomus*, du *Viola sylvestris*. — Elle choisit un sol assez meuble pour y étendre son
rhizome délicat, qui s'allonge par une extrémité tandis
qu'il se détruit par l'autre. Ce rhizome rappelle celui de
l'*Oxalis Acetosella*. On y voit de petites saillies qui indiquent
la place des anciennes feuilles, et à l'aisselle desquelles naissent les jeunes pousses du rhizome qui s'étale et se ramifie
en donnant naissance, à son sommet, à des radicules dont
l'extrémité est munie de suçoirs charnus. — Cette disposi-

tion du rhizome lui permet de produire de légers gazons de feuilles glauques et découpées , ainsi que des tiges anguleuses et demi-transparentes , qui portent aussi des feuilles opposées. — Au sommet de cette tige feuillée naissent de petites fleurs verdâtres qui répandent une odeur musquée, et qui , réunies au nombre de 5 , et sessiles au sommet de leur pédoncule , semblent constituer un capitule cubique. La floraison , qui a lieu dans le mois d'avril ou de mai, commence par la fleur supérieure et continue sur celles qui sont latérales. Ces dernières ont toutes 5 parties et 10 étamines, tandis que la supérieure , contrairement à ce qui a lieu dans les genres *Ruta* , *Chrysosplenium* , etc. , n'a que 4 divisions et 8 étamines. — La fécondation s'opère directement ; les anthères de la fleur supérieure s'ouvrent toutes à la fois , tandis que dans les fleurs latérales les 3 anthères supérieures répandent d'abord leur pollen , et les 5 autres ensuite , et successivement par ordre de hauteur. Les anthères, insérées par le milieu sur le filet, sont disposées horizontalement, et s'ouvrent sur leur surface supérieure ; la paroi amincie qui les recouvre se fond ou se détruit entièrement, et fait disparaître leurs deux lobes ; le pollen, jaunâtre, est alors renfermé dans une boîte qui a perdu son couvercle, et, lorsqu'il s'est dispersé , on ne voit plus que la petite coupe discoïde dans laquelle il était contenu , et les 5 petites papilles du stigmate sont imprégnées. — Le fruit est une baie de 4 à 5 loges monospermes. Insensiblement ces loges se détruisent, et le péricarpe présente une véritable baie. Aux approches de la dissémination , le pédoncule s'allonge et se penche contre terre , et se contourne de diverses manières , et enfin la baie verte et consistante tombe entière (1). Voici quelques dates

____

(1) Vaucher, Hist. physiol. des plantes de l'Europe, t. 2, p. 614.

précises de floraison. — 7 avril 1828, environs de Marin-
gues ; — 20 avril 1833, Royat ; — 22 avril 1838, bois
de Gondolle ; — 19 mai 1828, environs de Riom ; — 24
mai 1842, bords du lac Pavin ; — 28 mai 1748, à Upsal
(Linné).

Nature du sol. — *Altitude.* — Il recherche les terrains
détritiques, riches en débris de végétaux, peu importe la
nature chimique. — Il habite souvent la plaine, mais il peut
s'élever, et nous l'avons trouvé au mont Dore, dans les
bois de sapins, jusques à 1,000 et 1,200^m.

Géographie. — C'est une plante du nord qui, d'après
MM. Grenier et Godron, paraît manquer dans le bassin
sous-pyrénéen pour reparaître dans les Pyrénées centrales.
Les montagnes lui permettent aussi d'atteindre le midi
de l'Italie et l'Espagne. — Au nord, elle se trouve dans
toute l'Europe centrale, en y comprenant toute la Scandinavie et la Laponie. Elle végète aussi en Angleterre. — A
l'occident, on la rencontre dans une grande partie de l'Amérique du nord, au Canada, dans les contrées boisées, entre
54 et 64° ; dans les montagnes Rocheuses, entre 42 et 46°.
— A l'orient, elle habite la Suisse, l'Italie, la Dalmatie,
la Croatie, la Hongrie, la Transylvanie, les Carpathes,
toutes les Russies, le Caucase, toutes les Sibéries, la Dahurie, le Kamtschatka et l'Amérique russe.

Limites d'extension de l'espéce.

Sud, Espagne............	38°	Écart en longitude :
Nord, Laponie............	70	32°
Occident et *Orient*.........	360	Écart en latitude : 360°
Carré d'expansion	11520	

G. **SAMBUCUS**, *Lin.*

Distribution géographique du genre. — 18 ou 20 espèces le composent et sont très-disséminées sur la terre.
— Leur centre principal est l'Asie, où cependant on n'en
connaît que 7, dont 3 de la Chine, les autres du Japon,
de la Cochinchine, du Népaul et des Indes orientales. —
3 espèces sont européennes. — 3 autres habitent l'Amérique du nord, — et 2 l'Amérique du sud, au Pérou et au
Brésil. — On trouve un *Sambucus* à Java, un autre à la
Nouvelle-Hollande. — En Afrique, un seul est cité aux
Canaries.

SAMBUCUS EBULUS, Lin. — Il arrive assez souvent qu'un
même genre renferme à la fois des espèces ligneuses et des
plantes herbacées ; c'est ce qui a lieu dans celui qui nous
occupe. Le S. *Ebulus* a des tiges qui périssent tous les ans ;
mais ses racines traçantes et vigoureuses le reproduisent en
abondance, et c'est sans doute à ce mode de propagation
qu'il faut attribuer ces grandes réunions d'individus serrés
que nous trouvons le long des chemins et dans les champs
que la culture abandonne pendant quelques années. — Ses
tiges vertes, herbacées, sont munies de feuilles nombreuses,
et leur rapprochement forme de petits bosquets d'un vert
sombre qui, lorsque les chaleurs arrivent, sont cachés sous
de larges corymbes de fleurs. — Ces fleurs, d'un blanc pur,
ont les anthères violettes et sont toutes réunies au sommet
de la plante. Leur tissu est plus épais que celui des fleurs des
espèces ligneuses ; leurs anthères s'ouvrent en dehors, et
leurs 3 stigmates occupent le fond de la coupe élégante
que forme la corolle monopétale. Les fruits sont des baies

arrondies d'un noir violacé et d'une odeur désagréable. — Il fleurit en juillet et août.

Nature du sol. — *Altitude.* — Il préfère les terrains calcaires, marneux, argileux ou salifères. Il est presque domestique, et reste ordinairement confiné autour des habitations ou sur le bord des chemins. — Il végète le plus ordinairement dans les plaines. M. Boissier le cite à $1,000^m$ dans les lieux stériles de sa région montagneuse. Ledebour l'indique à 400^m dans le Breschtau, et dans le Talüsch jusqu'à $1,000^m$. Wahlenberg dit qu'en Suisse il dépasse la limite supérieure du noyer.

Géographie. — Au sud, l'hièble croît en France, aux Baléares, en Espagne, en Barbarie et à Madère. — Au nord, il se trouve dans le centre de l'Europe, dans le Danemarck et la Gothie, où il est seulement sporadique. Wahlenberg l'indique en Suède comme domestique. En Angleterre et en Irlande, il va jusqu'au 58°. — A l'occident, il est cité en Portugal et à Madère. — A l'orient, il est en Suisse, en Italie, en Sicile, en Dalmatie, en Croatie, en Hongrie, en Transylvanie, en Grèce, en Turquie, dans le Caucase, en Tauride, en Géorgie, dans les Carpathes, dans les Russies moyenne et australe.

Limites d'extension de l'espèce.

Sud, Madère..............	33°	(Écart en latitude.	
Nord, Angleterre..........	58	25°	
Occident, Madère..........	19 O.	)Écart en longitude:	
Orient, Russie moyenne......	58 E.	77°	
Carré d'expansion.............	1925		

SAMBUCUS NIGRA, Lin. — Le sureau, que l'on trouve sur la lisière des forêts, sa station naturelle, est devenu un arbrisseau presque domestique , commun dans les haies , surtout dans celles des jardins des campagnes. C'est l'arbre de la chaumière qui se montre également sur les ruines des palais. Ses branches sont couvertes d'un épiderme fauve et rugueux, et ses pousses vigoureuses, qui semblent articulées à la naissance de feuilles opposées, sont remplies d'un tissu médullaire abondant, d'une blancheur éclatante. — Ses feuilles ailées sont roulées en dedans sur leurs deux bords et appliquées ainsi les unes sur les autres. Dès le mois de février on voit ces jeunes feuilles, d'un rouge vineux, entourées d'écailles pétiolaires , essayer de développer leur limbe. Dès le mois d'avril elles sont étalées, d'un vert sombre , et abandonnent déjà les stipules étroites qui ont assisté à leur développement. — Des bourgeons volumineux , qui contiennent les fleurs, paraissent au sommet des rameaux fertiles, et d'autres bourgeons florifères diminuent de grosseur à mesure qu'ils s'éloignent du bourgeon terminal. Déjà, dès l'automne, on aperçoit cette promesse de fleurs qui ne s'épanouissent qu'au mois de juin suivant. — Ces fleurs d'une odeur particulière, sont disposées en corymbes d'un blanc jaunâtre, qui rendent le sureau très-élégant. Les fleurs extérieures de chaque corymbe s'ouvrent les premières, et l'épanouissement continue avec assez de rapidité pour que l'arbre paraisse entièrement couvert de fleurs. — Alors la fécondation s'opère et les anthères jaunâtres s'ouvrent en dehors. — Presque toutes les fleurs sont fertiles, et des baies d'un violet presque noir, à pédicelles rouges ou violacés, changent en automne l'aspect de cette espèce. Tous les corymbes s'inclinent, et les oiseaux, attirés par ces baies succulentes, transportent rapidement à de grandes distances , les trois ou quatre semences osseuses et ridées qu'elles contiennent. C'est un des arbres dont la floraison est le plus influencée par la chaleur. Nous l'avons vu en fleur le 6 avril 1851, à Marseille ; il donnait ses premières fleurs le 27 juin 1853, à Lezoux, en plaine, et le 24 juillet 1853, à Laqueuille et à Rochefort à 1,000ᵐ d'altitude.

Nature du sol. — Altitude. — Cet arbre est indifférent et croît partout, dans la plaine et dans les montagnes, jusqu'à la limite supérieure du cerisier. Les plus beaux que nous ayons vus en Auvergne, croissent sur les laves et les scories, à 1,000ᵐ d'altitude. M. Boissier le cite dans le midi de l'Espagne, entre 650 et 1,300ᵐ ; dans le Caucase il atteint 1,000ᵐ.

Géographie. — Le sureau habite, au sud, le midi de la France, l'Espagne et l'Algérie. — Au nord, il atteint le Danemarck, la Gothie et la Norvége australe, et reste sporadique, confiné près des habitations dans la Suède et la Finlande. Il croît en Angleterre, en Irlande et aux Orcades. — A l'occident, on le trouve en Portugal et en Amérique, sur la côte méridionale de Terre-Neuve, où, selon de la Pilaye, sa souche seule persiste, tandis que les rameaux périssent tous les ans. — A l'orient, il existe en Suisse, dans les Carpathes, en Turquie, en Italie, en Sicile, en Dalmatie, en Croatie, en Hongrie, en Transylvanie, en Grèce, en Tauride, dans le Caucase, en Géorgie, dans les Russies moyenne et australe. — M. Wedel dit qu'il est commun à Sauces, dans l'Amérique du sud.

Limites d'extension de l'espèce.

Sud, Algérie........	35°	} Écart en latitude :
Nord, Norvége.............	59	} 24°
Occident, Terre-Neuve.......	60 O.	} Écart en longitude :
Orient, Russie moyenne......	58 E.	} 118°
Carré d'expansion.............	2832	

SAMBUCUS RACEMOSA, Lin. — Si l'espèce précédente entoure nos habitations et semble faire partie de nos espèces domestiques, celle-ci, au contraire, recherche les lieux sauvages, les taillis des montagnes, et prospère surtout au milieu des coulées de laves de nos anciens volcans, où elle forme de larges buissons. C'est un arbrisseau rameux, remarquable par la moelle roussâtre qui emplit l'intérieur de ses rameaux, par ses feuilles nombreuses dont la dernière paire avoisine les fleurs, et par la disposition de ces dernières en grappes presque globuleuses. — Dès le commencement du printemps, les branches souvent inclinées de ce sureau montrent leurs bourgeons florifères enveloppés d'écailles colorées en pourpre ou en violet ; bientôt ils s'entr'ouvrent, et au mois d'avril ou de mai, selon l'élévation, on voit épanouir une multitude de petites fleurs verdâtres, dont la fécondation directe ou indirecte est parfaitement assurée. Les feuilles prennent de l'accroissement pendant que le fruit mûrit ; et l'on voit en été ce sureau chargé de grappes de baies rouges, dont la vivacité contraste avec le vert du feuillage. — Il produit beaucoup d'effet parmi les noisetiers, le *Ribes petræa*, le *Rubus Vitis idæa*, le *Viburnum Lantana*, etc., qui composent sa société la plus habituelle. Dans l'Amérique septentrionale, il a pour parallèle le *S. pubens* qui n'en est peut-être qu'une variété.

Nature du sol. — Altitude. — Il recherche les terrains siliceux et rocailleux, les laves et les scories des volcans. Il préfère les montagnes à la plaine, et nous le rencontrons en Auvergne jusqu'à 1,500^m d'élévation. De Candolle le cite à 40^m à Liége et à 1,200^m dans le Jura. Wahlenberg dit qu'en Suisse il monte bien au-dessus de la limite du hêtre, à 1,700^m, où il décore les sombres forêts de sapins de ses fruits éclatants.

Géographie. — Il se trouve , au sud , dans les Pyrénées,
en Espagne et dans le midi de l'Italie. — Au nord , il occupe une partie de l'Allemagne , et ne dépasse guère les
Carpathes. Il atteint cependant Varsovie. — A l'occident ,
il se trouve en Amérique , dans le Canada , sur les bords de
la rivière Colombie , près du fort Vancouvert , et sur le versant Est des montagnes Rocheuses. — A l'orient, il végète
en Suisse , en Italie, en Hongrie , en Croatie , en Transylvanie, en Turquie, dans la Russie moyenne, dans les Sibéries
de l'Oural , de l'Altaï et du Baïkal , dans la Dahurie ,
au Kamtschatka et à l'île de Sitka.

Limites d'extension de l'espèce.

Sud, Royaume de Naples. . . .   40°   ⎰Écart en latitude :
Nord, Varsovie.   52   ⎱   12°
Occident, Montagnes Roch^{ses}. .   120 O. ⎰Écart en longitude :
Orient, Ile Sitcha. . . . .   180 E. ⎱   300°
          Carré d'expansion.   3600

G. VIBURNUM, *Lin.*

Distribution géographique du genre. — Il existe plus
de 60 *Viburnum*, et ils ont deux centres principaux de grou-
pement, l'Asie et l'Amérique du Nord. — L'Asie seule en
a plus de 30 espèces, dont moitié des Indes orientales , 5
du Népaul, 6 du Japon, les autres de la Chine, de la Dahurie et de l'Arménie. — L'Amérique septentrionale en a
21 ou 22, dont quelques-unes seulement du Mexique et
de la Jamaïque, les autres des Etats-Unis et du Canada.
— L'Amérique du sud n'en a que 3 espèces. — L'Europe
n'en possède pas davantage. — En Afrique , on ne connaît
qu'un *Viburnum* aux Canaries.

Viburnum Lantana , Lin. — Les fleurs du printemps
sont toujours accueillies avec reconnaissance ; elles réveil-
lent dans notre âme ces sentiments d'admiration et de res-
pect pour le Créateur qui les fait éclore et qui les ramène
ainsi périodiquement sous nos yeux. Les *Viburnum* tiennent un rang distingué parmi ces espèces printanières. Le
V. Lantana forme des buissons aux branches grisâtres et
aux larges feuilles opposées , qui croissent dans les haies ,
sur la lisière des bois et surtout au milieu des laves de nos
volcans éteints. Les feuilles et les jeunes pousses sont couvertes de poils nombreux , grisâtres et étoilés , paraissant
former à la plante une sorte de fourreau qui remplace ,
comme abri protecteur, les écailles qui manquent à ses bourgeons. Les jeunes feuilles sont engagées l'une dans l'autre et
roulées sur leur face supérieure. — Les branches stériles
s'accroissent indéfiniment, mais les autres sont bientôt terminées par un corymbe dont l'apparition était annoncée dès
l'automne précédent. Ce corymbe est garni de fleurs blanches, ayant une très-légère nuance de jaune, et qui
s'épanouissent presque toutes en même temps. Ce *Viburnum*
est alors un des plus beaux ornements des lieux arides , où
il se montre en abondance mélangé au *Sambucus racemosa*,
au *Cratægus Oxyacantha*, à l'*Acer campestre*, etc. — Ses
belles feuilles , aux dentelures glanduleuses, grandissent encore après la floraison, et ses baies , ovales et aplaties, leur
prêtent le charme de leur brillant coloris. Vertes d'abord ,
elles ne tardent pas à jaunir ; elles s'orangent ensuite , deviennent d'un rouge vif et carminé , puis elles passent au
violet et au noir. La maturation , qui n'est pas simultanée,
mais successive , nous montre souvent ces riches colorations
dans le même corymbe. — Il fleurit en mai et en juin.

Nature du sol. — *Altitude*. --- Il croît sur tous les ter-

rains , mais il préfère ceux qui sont calcaires ou volcaniques.
Il habite la plaine et les montagnes. Nous le trouvons jusqu'à 1,000 et 1,200ᵐ. Il monte à 1,550ᵐ sur le versant sud
du mont Ventoux, jusqu'à 1,000 à 1,200ᵐ dans le Caucase ou sur les montagnes qui en dépendent , et jusqu'à
2,000ᵐ dans le Talüsch. Wahlenberg l'indique aussi en
Suisse jusqu'à 1,200ᵐ.

Géographie. — En France, il arrive jusque dans les Pyrénées, l'Espagne , et, en Italie , jusque dans le royaume
de Naples. — Au nord , il habite la majeure partie de l'Allemagne , les Carpathes , Varsovie, et l'Angleterre jusqu'au
54°. — A l'occident , il vit en Portugal. — A l'orient , il
végète en Suisse, en Italie , en Dalmatie , en Hongrie , en
Croatie , en Transylvanie , dans le Caucase , dans la Géorgie
et jusque sur les bords de la mer Caspienne , en Tauride
et dans la Russie méridionale.

Limites d'extension de l'espèce.

Sud, Royaume de Naples...... 40°   } Écart en latitude :
Nord, Angleterre........... 54   }   14°
Occident, Portugal.......... 10 O. } Écart en longitude :
Orient, Géorgie......... ... 47 E. }   57°
   Carré d'expansion 798

VIBURNUM OPULUS, Lin. — C'est encore dans les haies ,
sur le bord des forêts ou dans leurs clairières que l'on rencontre cet élégant arbrisseau. Ses feuilles sont abritées dans
des bourgeons écailleux ; mais , aussitôt que le printemps
les appelle , elles montrent leur tissu transparent , leur vert
tendre et leurs gracieuses découpures. Peu de temps après ,
des corymbes paraissent au sommet des rameaux et plus rarement à l'aisselle des feuilles , et bientôt l'arbrisseau tout en-

tier ouvre des couronnes virginales qui préludent à l'épanouissement des fleurs fertiles. Celles-ci , entourées de leur brillant cortége, s'épanouissent successivement de la circonférence au centre , et , quand l'œuvre de la fécondation est accompli , la couronne de fleurs stériles se flétrit et disparaît. — De jeunes baies , lisses , luisantes et vertes encore, restent longtemps cachées dans le feuillage de la viorme , mais , à l'automne , ces baies ovales et demi-transparentes deviennent d'un rouge éclatant ; le pédoncule s'incline, elles se montrent suspendues, et, peu après, le froid des matinées d'automne vient aussi colorer le feuillage. C'est ainsi qu'une même espèce se présente avec différentes parures aux diverses époques de sa vie. Cette viorme fleurit en mai et en juin. Le *Viburnum oxycoccos* , DC. , lui est exactement parallèle , et le remplace dans le Canada et jusqu'au cercle polaire.

Nature du sol. — Altitude. — Cet élégant arbrisseau se montre sur tous les terrains , et si , dans le centre de la France , il descend quelquefois dans la plaine , il préfère certainement les coteaux et même les montagnes ; nous le trouvons jusqu'à la hauteur de $1,200^m$. En Suisse, dit Wahlenberg, il habite les bois humides des plaines et des montagnes , et reste bien en dessous de la limite du hêtre ; il ne monte pas aussi haut que le *V. Lantana.* Ledebour l'indique, dans le Breschtau, entre 150 et $1,000^m$.

Géographie. — Au sud , il atteint, en France , les Pyrénées , l'Espagne , et , en Italie, le royaume de Naples. — Au nord , il se trouve dans la majeure partie de l'Europe, dans toute la Scandinavie jusqu'à la Laponie australe, en Angleterre et en Irlande. — A l'occident, il habite le Portugal. — A l'orient, il existe en Suisse, en Italie , en Dalmatie, en Hongrie , en Croatie , en Transylvanie , dans les Carpathes, en Turquie, en Tauride, en Géorgie, dans toutes les Russies, dans les Sibéries de l'Oural, de l'Altaï, du Baïkal et dans la Dahurie.

Limites d'extension de l'espèce.

Sud, Royaume de Naples...... 40°   Écart en latitude :
Nord, Laponie.............. 66   26°
Occident, Portugal......... 10 O. Écart en longitude :
Orient, Dahurie........... 119 E.   129°
        Carré d'expansion.. 3354

VIBURNUM TINUS, Lin. — Dans les lieux rocailleux et parmi les buissons, on remarque cette espèce dont les feuilles toujours vertes et la floraison presque hivernale ne peuvent manquer de frapper le botaniste qui parcourt notre région méridionale. Ses feuilles, opposées, coriaces et d'un vert sombre, sont appliquées l'une contre l'autre avant leur développement, et dépourvues de ces écailles et de ces stipules qui protégent les jeunes pousses de la plupart des végétaux. — Les fleurs terminent les rameaux et se présentent en corymbes blancs ou rosés d'une grande élégance. Presque toutes s'épanouissent à la fois, mais on voit pendant quelques jours des corolles ouvertes et d'un blanc pur, et des boutons roses sur le point de s'ouvrir. — Les baies restent plus d'une année pour mûrir complétement. Elles sont d'un noir bleu, ayant des reflets presque métalliques. Elles offrent au sommet les 5 dents desséchées du calice et à leur base 3 petites écailles. — Les fleurs répandent une légère odeur de miel et s'épanouissent à la fin de l'hiver.

Nature du sol. — *Altitude.* — Cet arbrisseau affectionne les lieux calcaires et rocailleux de la plaine.

Géographie. — Il est plus méridional que les autres *Vi-*

burnum. Il arrive, en Afrique, à Alger, à Tanger et dans
l'Atlas. — Au nord, il reste sur le bord méridional du plateau central et sur les bords de l'Adriatique. —A l'occident,
il habite le Portugal. — A l'orient, on le trouve à Majorque, en Corse, en Italie, en Sicile, en Turquie et en Dalmatie.

Limites d'extension de l'espèce.

Sud, Algérie............... 35° } Écart en latitude :
Nord, Istrie............... 45   }   10°
Occident, Portugal.......... 10 O. } Écart en longitude :
Orient, Turquie............ 20 E. }   30°
    Carré d'expansion............ 300

G. LONICERA, *Lin.*

Distribution géographique du genre. — Le nombre des
Lonicera est au moins de 65, et la moitié de ces espèces
fait partie de la végétation de l'Asie. Les Indes orientales,
l'Hymalaïa, les montagnes du Népaul, la Sibérie altaïque
sont les contrées où l'on en trouve le plus grand nombre ;
quelques-unes habitent le Japon, la Chine, la Dahurie et
la Géorgie. — Après l'Asie vient l'Amérique du nord, où
l'on en connaît 16 à 18 espèces, la plupart des États-Unis,
un petit nombre du Mexique, de la Californie et même de
la Jamaïque. — L'Amérique du sud n'a que 2 *Lonicera.*
— On en connaît 13 en Europe, soit de la partie australe
et méditerranéenne, soit de l'Europe médiane. — 3 espèces
sont de Java et de la Nouvelle-Hollande. — Une seule, africaine, se trouve en Lybie.

LONICERA IMPLEXA, Ait. — Ce chèvrefeuille forme des
buissons très-rameux, et en partie couchés dans les lieux

rocailleux et sur le bord des champs. Ses rameaux sont lisses, couverts d'une écorce violette ou d'un rouge brun, comme saupoudrés de poussière glauque. Ses feuilles entières, d'une consistance très-ferme, rappellent celles de plusieurs chèvre-feuilles étrangers. Elles sont très-lisses, d'un vert foncé presque luisant en dessus, et glauque en dessous. Elles persistent pendant l'hiver. Les supérieures sont réunies par leur base, et celles qui sont voisines des fleurs sont plus grandes que les autres et fortement élargies. Les fleurs sont rouges ou jaunes, réunies par petits bouquets, et sessiles dans la corbeille formée par la soudure des feuilles. — Il fleurit en mai et en juin, et continue souvent pendant tout l'été.

Nature du sol. — Altitude. — Il habite les terrains calcaires et rocailleux de la plaine.

Géographie. — Au sud, il est en France, en Corse, en Espagne, aux Baléares, en Algérie. — Au nord, il atteint à peine le plateau central et l'Istrie. — A l'occident, il reste en France et en Espagne. — A l'orient, il se trouve dans toute l'Italie et la Sicile, en Dalmatie et en Grèce.

Limites d'extension de l'espèce.

Sud, Algérie.............. 35°	}	Écart en latitude :
Nord, Istrie............... 45	}	10°
Occident, Espagne.......... 8 O.	}	Écart en longitude :
Orient, Grèce.............. 21 E.	}	29°
Carré d'expansion............. 290		

LONICERA ETRUSCA, Saut. — Cette espèce n'habite pas les bois comme la précédente, elle reste dans les haies et dans les buissons, et forme souvent seule des touffes élargies qui s'élèvent rarement au-dessus de 2 à 3 mètres, et qui n'ont pas besoin d'appui pour se soutenir. Elle constitue un arbrisseau très-rameux , à écorce fauve ou grise , fendillée longitudinalement, comme celle de plusieurs autres chèvre-feuilles. — Les feuilles d'un beau vert, glauques en dessous, opposées, se soudent à la partie supérieure des rameaux. Elles offrent à leur aisselle un bourgeon horizontal et conique qui les maintient étalées et qui souvent est accompagné de deux autres bourgeons plus petits, phénomène qui paraît commun à tous les *Lonicera*. — Les fleurs sont disposées en verticilles superposés, entourées de feuilles connées. Elles sont jaunes et rouges, très-parfumées , et s'épanouissent dès le milieu du mois de juin. Comme les autres espèces , elles sont munies d'un nectaire allongé qui sécrète un miel odo-rant, et le soir, quand les ondes de l'air transportent ce parfum , de nombreux papillons viennent butiner sur ces fleurs, dont les flots d'ambroisie ne sont accessibles qu'aux lépidoptères munis de longs suçoirs pour puiser jusqu'au fond de la corolle ; c'est ainsi qu'on voit le joli *Sphinx por-cellus*, couleur de rose , rester suspendu par son vol rapide au-dessus de la corolle qui vient d'éclore, et le *Sphinx œno-theræ*, aux ailes festonnées, abandonner l'épilobe des ma-rais, pour venir partager ce festin éthéré. — Mais la fleur se flétrit à son tour, et des baies d'un beau rouge viennent ajouter leur éclat aux harmonies de l'automne.

Nature du sol. — Altitude. — Il recherche les terrains calcaires et rocailleux de la plaine ; mais, dans le midi de l'Espagne , il se trouve entre 650 et 1,600^m.

Géographie. — Son aire n'est pas très-étendue. Au sud, il végète en France , en Espagne , en Corse et en Algérie. — Au nord , il existe en France , dans le Bourbonnais et le Lyonnais ; il est aussi dans la Suisse méridionale. — A l'oc-cident , il reste en Espagne. — A l'orient , il atteint le midi de l'Italie et la Sicile , la Dalmatie et la Grèce.

Limites d'extension de l'espèce.

Sud, Algérie.............. 35°	} Écart en latitude :	
Nord, France............. 46	} 11°	
Occident, Espagne......... 8 O.	} Écart en longitude :	
Orient, Grèce............. 20 E.	} 28°	
Carré d'expansion............ 308		

LONICERA PERICLYMENUM, Lin. — Ceux qui ont parcouru les bois du centre de l'Europe et surtout des contrées qui tendent vers le nord, ont été frappés du charme que leur imprime ce gracieux arbrisseau, et des guirlandes fleuries et odorantes qu'il mêle au feuillage des arbres de la forêt. — Elevant d'abord une tige droite et débile, il s'approche d'un tronc hospitalier, il s'appuie doucement sur lui, puis, se contournant en spirale, il l'entoure de ses replis, le serre de plus en plus. Loin de céder à l'accroissement de son support, sa spirale s'y imprime et s'y incruste ensuite, jusqu'à ce que la jeune tige de l'arbre ait acquis assez de force pour étouffer son adversaire dans les sillons qui ont pénétré sa surface d'accroissement. C'est pour nos contrées une de ces scènes de combats et de violence, une de ces tentatives d'envahissement dont les forêts tropicales nous offrent de si nombreux exemples. — Des feuilles douces et velues, et des rameaux qui ne présentent pas de traces de volubilité, naissent de cette tige enroulée. — Les derniers se terminent par de beaux verticilles dont les fleurs extérieures s'ouvrent les premières. Elles sont panachées de jaune et de vert, offrent parfois quelques teintes de rouge, et se succèdent depuis le mois de juin jusqu'au milieu de l'automne. Le calice et le tube extérieur de la corolle sont couverts de poils glanduleux. Les cinq étamines et le pistil se redressent, dès l'épanouissement, vers la lèvre supérieure de la corolle, mais déjà la fécondation s'est opérée avant que la fleur ne soit ouverte, et les parfums du soir que la brise nous apporte, et ceux du matin que la rosée entraîne en remontant dans les airs, ne sont pas pour nous l'indice d'un futur hyménée, mais le signe certain d'un mystère accompli. La corolle tombe, et un mois après des baies arrondies et sessiles, d'un rouge éclatant, succèdent à ces fleurs parfumées.

Nature du sol. — Altitude. — Il croît sur les terrains siliceux et graveleux, et surtout volcaniques, entièrement opposé en cela au *L. etrusca* qui prospère sur les calcaires, sur les sols argileux ou sur les pépérites volcaniques. — Il végète en plaine et dans la montagne, où nous le trouvons jusqu'à 1,000^m environ.

Géographie. — Au sud, il existe en France, en Espagne, à l'île de Chypre, et, selon M. Boissier, dans l'Afrique boréale occidentale. — Au nord, il habite la France, l'Allemagne, la Belgique, le Danemarck, la Gothie, la Norvége australe, où Wahlenberg dit qu'il croît sur les rochers voisins du rivage, l'Angleterre, l'Irlande et les archipels, mais non les Feroë. — A l'occident, il est dans le Portugal et dans le Maroc. — A l'orient, on le rencontre en Suisse, en Italie, en Sicile et en Grèce, en Hongrie, en Croatie, en Transylvanie.

Limites d'extension de l'espèce.

Sud, Maroc................	35°	Écart en latitude :
Nord, Shetland............	61	26°
Occident, Portugal.........	11 O.	Ecart en longitude :
Orient, Chypre.............	31 E.	42°
Carré d'expansion............	1092	

Ledebour cite dans sa flore cette espèce au Kamtschatka, sans indiquer aucune station intermédiaire. Nous devons considérer jusqu'ici cette localité comme accidentelle.

LONICERA XYLOSTEUM, Lin. — Commun dans les bois frais et humides, dans les haies et les buissons, et sur le bord des eaux, cet arbrisseau montre de bonne heure ses feuilles molles et veloutées et ses fleurs géminées qui sont loin d'avoir l'éclat de celles des *Lonicera* dont nous venons de parler. Ces fleurs sont petites et jaunâtres, moins irrégulières et à tubes moins profonds que celles de la section des *Caprifolium*. La floraison a lieu dans le mois de mai, à l'aisselle des feuilles, et de petites baies violacées, un peu aplaties au sommet, soudées comme les ovaires qui les produisent, les remplacent peu de temps après. — Il fleurit en mai et en juin.

Nature du sol. — Altitude. — Cet arbrisseau paraît indifférent à la nature du sol et recherche seulement les lieux humides et abrités. Nous le rencontrons, en Auvergne, sur la lisière des forêts du sapin jusqu'à 1,200^m. Ledebour l'indique à 1,000^m dans le Caucase. Wahlenberg dit qu'il monte, en Suisse, jusqu'à la limite supérieure des hêtres.

Géographie. — Au sud, on le trouve dans le midi de la France, en Espagne et dans le midi de l'Italie. — Au nord, il existe en Allemagne, dans toute la Scandinavie, à l'exception de la Laponie, dans toute la Finlande, et en Angleterre où il a peut-être été transporté, car il s'étend peu à l'ouest, et manque sur une grande partie du littoral de la France et du nord, de Nantes à Hambourg. — A l'occident, l'Angleterre et l'Espagne sont ses limites. — A l'orient, il est en Sicile, en Italie, en Dalmatie, en Hongrie, en Transylvanie, en Croatie, dans le Caucase, dans les Carpathes, en Turquie, dans toutes les Russies et dans les Sibéries de l'Oural et de l'Altaï.

Limites d'extension de l'espèce.

Sud, Royaume de Naples..... 40° } Écart en latitude :
Nord, Finlande............. 69 }   29°
Occident, Angleterre........ 6 O. } Écart en longitude :
Orient, Sibérie altaïque....... 97 E. }   103°
          Carré d'expansion............. 2987

LONICERA NIGRA , Lin. — Cette espèce préfère les broussailles des lieux élevés, les jeunes taillis; elle se montre fréquemment dans la jeune végétation ligneuse qui s'empare des coulées de lave, et habite au milieu des *Sambucus racemosa*, *Rubus idæus*, *Ribes petræa*, etc. Elle se présente sous la forme de petits arbrisseaux d'un beau vert, dont le sommet des entrenœuds inférieurs des rameaux est garni d'une petite manchette desséchée. Deux paires de bourgeons écailleux, superposés aux bourgeons développés, sortent aussi d'une gaîne écailleuse. Ce sont ces bourgeons supplémentaires, disposés exactement dans le même plan et dont la première paire se développe quelquefois, qui donnent aux chèvrefeuilles de cette section leur position généralement horizontale. — Les rameaux de ce *Lonicera* ne se développent pas indéfiniment comme ceux des *Caprifolium*; ils se terminent bientôt par un bouton conique, entouré d'écailles sèches et opposées, qui émet un rameau portant, aux aisselles de ses feuilles, un pédoncule biflore ou un simple bouton. Vaucher fait remarquer que si l'aisselle a été florifère, ce qui arrive fréquemment, elle ne donne plus de fleurs ni de boutons, mais la tige ou le rameau ne périt

pas; au contraire, il se termine presque toujours par trois
boutons, dont celui du milieu avorte quelquefois. — De
jolies fleurs roses, géminées comme celles de tous les *Xylosteum*, paraissent au mois de juin, et ont leur tube rempli
de liqueur miellée, que sécrète un nectaire logé dans une
poche renflée, située à la base de la corolle. Les pédoncules,
d'abord couchés sur les feuilles, se relèvent pour laisser
épanouir leurs fleurs. — A ces fleurs succèdent de grosses
baies noires, un peu oblongues et séparées, qui contrastent
avec les fruits rouges des espèces au milieu desquelles végète
ordinairement le *Lonicera nigra*.

Nature du sol. — Altitude. — Il croît sur les terrains
siliceux, volcaniques et rocailleux, sur les laves, sur les scories, sur les phonolites et presque toujours à une grande
élévation, de 1,000 à 1,500^m en Auvergne. De Candolle
l'indique à 1,600^m à la Dôle et à 2,000^m au mont Cenis.

Géographie. — Il se trouve, au sud, dans les Pyrénées,
en Grèce au mont Athos. — Au nord, il habite la Suisse,
la Russie moyenne, l'île d'Osilie, la Lithuanie. — A l'occident, il reste dans le milieu de la France. — A l'orient,
il croît dans la Hongrie, la Croatie, la Transylvanie, les
Carpathes, dans la Sibérie altaïque et dans le Kamtschatka.

Limites d'extension de l'espèce.

Sud, Mont Athos............	40°	⎞ Écart en latitude :
Nord, Ile d'Osilie..........	58	⎠ 18°
Occident, France...........	0	⎞ Écart en longitude :
Orient, Kamtschatka........	170 E.	⎠ 170°
Carré d'expansion...........	3060	

Lonicera alpigena, Lin. — Cet arbrisseau, qui s'élève
peu, reste souvent mélangé aux grandes plantes herbacées

des montagnes. Il se distingue à ses larges feuilles d'un beau vert, à ses fleurs rapprochées deux à deux et d'un violet brunâtre sans éclat, et, enfin, à ses baies rouges, serrées l'une contre l'autre, libres ou à peine soudées, et portées sur de longs pédoncules. Ses bourgeons sont toujours dressés, et la liqueur miellée abonde dans la fleur comme dans celle du *L. nigra.* — Il fleurit en juin.

Nature du sol. — *Altitude.* — Il aime les terrains siliceux et rocailleux, les sols volcaniques ; il est indiqué sur le calcaire, au mont Ventoux et dans le Jura. — Il croît dans les montagnes, de 1,200 à 1,500^m en Auvergne, à 1,000^m dans les environs de Gap, à 1,800^m dans les Pyrénées, selon de Candolle. Wahlenberg l'indique en Suisse depuis la limite inférieure du noyer jusqu'au delà de la limite supérieure du hêtre, et presque jusqu'à la limite supérieure du sapin.

Géographie. — Au sud, il se trouve dans les Pyrénées, dans le midi de l'Italie, au mont Athos en Grèce. — Au nord, il est en Suisse et dans le Jura. — A l'orient, on le trouve en Piémont, en Hongrie, en Croatie, en Transylvanie et en Grèce.

Limites d'extension de l'espèce.

Sud, Mont Athos............ 40°	}	Écart en latitude :
Nord, Suisse............... 48	}	8°
Occident, France............ 0	}	Écart en longitude :
Orient, Grèce.............. 20 E.	}	20°
Carré d'expansion............. 160		

FAMILLE DES RUBIACÉES.

*Tableau des proportions relatives des espèces dans le sens
des latitudes.*

	Latitude.	Longitude.	
Nigritie..	0° à 10°	18° O. à 5° E.	1 : 9
Abyssinie	10 à 16	32 E. à 41 E.	1 : 45
Algérie..........	33 à 36	5 O. à 6 E.	1 : 64
Roy. de Grenade...	36 à 37	5 O. à 8 O.	1 : 49
Sicile	37 à 38	10 E. à 13 E.	1 : 64
Portugal........	37 à 42	9 O. à 11 O.	1 : 63
Royaume de Naples.	38 à 42	11 E. à 16 E.	1 : 61
Caucase..........	40 à 44	35 E. à 48 E.	1 : 62
Tauride..........	43 à 46	31 E. à 34 E.	1 : 53
Plateau central	44 à 47	0 à 2 E.	1 : 72
France..........	42 à 51	7 O. à 6 E.	1 : 47
Russie méridionale..	47 à 50	22 E. à 49 E.	1 : 76
Allemagne........	45 à 55	2 E. à 14 E.	1 : 85
Carpathes........	49 à 50	19 E. à 22 E.	1 : 71
Angleterre........	50 à 58	1 O. à 7 O.	1 : 84
Russie moyenne ...	50 à 60	17 E. à 58 E.	1 : 88
Scandinavie entière.	55 à 71	3 E. à 29 E.	1 : 103
Danemarck.......	52 à 57	7 E. à 12 E.	1 : 100
Gothie	55 à 59	10 E. à 15 E.	1 : 97
Suède.	55 à 69	10 E. à 22 E.	1 : 96
Norvége	58 à 71	2 E. à 10 E.	1 : 94
Russie septentr^{le}...	60 à 66	19 E. à 57 E.	1 : 107
Finlande........	60 à 70	18 E. à 28 E.	1 : 135
Laponie	65 à 71	14 E. à 40 E.	1 : 118
EUROPE ENTIÈRE............................			1 : 57

Tableau des proportions relatives des espèces dans le sens des longitudes.

	Latitude.	Longitude.		
Irlande.........	51° à 55°	7° O. à 13° O.	1 :	81
Angleterre.....	50 à 58	1 O à 7 O.	1 :	84
Allemagne.....	45 à 55	2 E. à 14 E.	1 :	85
Russie moyenne .	50 à 60	17 E. à 58 E.	1 :	88
Sibérie de l'Oural.	44 à 67	55 E. à 74 E.	1 :	88
Sibérie altaïque..	44 à 67	66 E. à 97 E.	1 :	133
Sibérie du Baïkal.	49 à 67	93 E. à 116 E.	1 :	161
Dahurie........	50 à 55	110 E. à 119 E.	1 :	144
Sibérie orientale.	56 à 67	111 E. à 163 E.	1 :	354
Sibérie arctique..	67 à 78	60 E. à 161 E.	0 :	0
Kamtschatka....	46 à 67	148 E. à 170 E.	1 :	150
Pays des Tschukhis.	»	155 E. à 175 O.	0 :	0
Iles de l'Océan or^l.	51 à 67	170 E. à 130 O.	1 :	124
Amérique russe..	54 à 72	170 O. à 130 E.	1 :	296

Tableau des proportions relatives des espèces dans le sens des altitudes.

	Latitude.	Altitude en mètres.		
Roy. de Gr^{de}, rég. alp. et niv.	36° à 37°	1500 à 3500	1 :	37
Roy. de Grenade, rég. niv.	36 à 37	2500 à 3500	1 :	122
Pyrénées..............	42 à 43	500 à 2700	1 :	65
Pyrénées élevées........	42° à 43°	1500 à 2700	1 :	64
Pic du Midi de Bagnères..	0	0	1 :	37
Plat. central, rég. montagn.	44 à 47	500 à 1900	1 :	83
Plateau central, sommets.	44 à 47	1500 à 1900	1 :	103
Alpes.	45 à 46	500 à 2700	1 :	74
Alpes élevées..........	45 à 46	1500 à 2700	1 :	87

Tableau des proportions relatives des espèces dans les îles.

	Latitude.	Longitude.	
Iles du Cap-Vert..	12° à 14°	24° O. à 27° O.	0 : 33
Canaries.........	28 à 30	15 O. à 20 O.	0 : 77
Hébrides........	57 à 58	8 O. à 10 O.	1 : 55
Orcades........	59	5 O. à 6 O.	1 : 59
Shetland........	60 à 61	3 O. à 4 O.	1 : 62
Feroë..........	62	9 O.	1 : 99
Islande.........	64 à 66	16 O. à 27 O.	1 : 51
Mageroë........	71	24 E.	0 : 0
Spitzberg........	79 à 80	10 E. à 20 E.	0 : 0
Ile Melville......	76	114 O.	0 : 0
Ile J. Fernandez..	33 à 40 S.	76 O.	1 : 60
Nouv. Zélande (nord).	35 à 42 S.	171 O. à 176 O.	1 : 32
Malouines........	52 S.	59 O. à 65 O.	0 : 0

Grande et magnifique famille, contenant un nombre considérable d'arbres et d'arbrisseaux répandus surtout dans la zone tropicale des deux continents, et plus particulièrement en Amérique. En dehors des tropiques, on trouve encore des Rubiacées, dont plusieurs, herbacées, désignées sous le nom d'étoilées, croissent surtout en Europe, et atteignent même les parties les plus froides, tandis que d'autres tribus habitent, les unes l'Australie, les autres l'Amérique australe, d'autres encore les îles Canaries et les parties chaudes de l'Afrique. — Les Rubiacées européennes appartiennent toutes à la tribu des étoilées. Leur proportion diminue graduellement du sud au nord. C'est dans le royaume de Grenade et en France qu'elles atteignent leur maximum, 1/49 à 1/47, tandis qu'elles ne sont plus que 1/118 en Laponie et 1/135 dans la Finlande. Ces proportions se rapprochent de celles indiquées par M. de Humboldt, ou 1/29 pour

l'ensemble de la zone torride , 1/60 pour la zone tempérée,
1/80 pour la zone glaciale. On a pu voir, en tête de notre
premier tableau , que, dans la Nigritie, les Rubiacées
font 1/9 de la végétation. Ce rapport n'est dépassé sur aucun point du globe. — Dans le sens des longitudes , nous
voyons les Rubiacées diminuer successivement de l'ouest à
l'est , et les proportions devenir peu comparables dans les
contrées les plus septentrionales. — Dans les montagnes ,
ces plantes diminuent avec la hauteur, mais d'une manière
peu rapide. — Dans les îles , elles paraissent relativement
plus nombreuses que sur les continents dont elles dépendent.

G. SHERARDIA, *Lin.*

Très-petit genre composé de 3 espèces , 1 de la Grèce,
1 de l'Europe et de l'Asie ; la dernière de l'île de l'Ascension.

SHERARDIA ARVENSIS , Lin. — Ce *Sherardia* croît communément dans les champs cultivés , dans les prairies , sur
le bord des chemins, où ses tiges, annuelles et couchées, forment pendant la majeure partie de l'année de jolies touffes d'un beau vert. Ses tiges sont articulées et rameuses ,
garnies de nombreux verticilles de six feuilles, et chacune de
leurs divisions se termine par un nombre égal ou supérieur
de feuilles florales disposées en rosettes. C'est au milieu de
ces corbeilles étoilées que naissent les petites fleurs violettes
de cette espèce. Elles s'épanouissent en juin , et continuent
pendant l'été et l'automne. Les anthères , très-saillantes ,
répandent un pollen bleuâtre sur deux stigmates papillaires, et
une partie de ces fleurs se trouve bientôt remplacée par de
petits fruits géminés , velus, et portant chacun trois dents
qui représentent les divisions endurcies du calice.

Nature du sol. — Altitude. — Ce *Sherardia* est indifférent et croît partout, mais il reste dans la plaine.

Géographie. — Il est encore plus commun au sud qu'au nord ; on le trouve dans tout le midi de la France, où il affectionne surtout les prairies ; dans toute l'Espagne , en Algérie , à Madère, aux Canaries. — Au nord , il est très-répandu dans toute l'Europe centrale , en Danemarck, en Gothie, dans la Norvége et la Suède australes, où il se rapproche des rivages sablonneux. Il est aussi en Angleterre et en Irlande. A l'occident, nous avons cité Madère et les Canaries ; nous y ajoutons le Portugal. — A l'orient , il habite la Suisse , les Carpathes, la Turquie , l'Italie , la Sicile , la Dalmatie, la Croatie, la Hongrie , la Transylvanie , la Grèce, le Caucase , la Tauride, la Géorgie, les bords de la Caspienne , la Syrie, presque toute l'Asie mineure, les Russies moyenne et australe , la Sibérie de l'Oural où Pallas le recueillait mêlé au *Teucrium Chamœpytis* et au *T. Polium,* sur le bord même du fleuve Oural , aux avant-postes de Denvartzofskoï, le 12 mai 1773 , et enfin dans la Sibérie du Baïkal.

Limites d'extension de l'espèce.

Sud, Canaries..............	30°	}Ecart en latitude :
Nord , Norvége............	60	} 30°
Occident , Canaries.........	18 O.	}Écart en longitude :
Orient , Sibérie du Baïkal....	116 E.	} 134°
Carré d'expansion.............	4020	

G. ASPERULA, *Lin.*

Distribution géographique du genre. — On connaît 50 *Asperula* inégalement dispersés en Europe et en Asie. —

36 espèces sont européennes, et presque toutes de l'Europe australe, de l'Italie, de la Grèce, de la Tauride, de la Dalmatie, de l'Espagne et des montagnes des Pyrénées. — 11 espèces asiatiques font partie de la végétation du Caucase et de l'Asie mineure, de la Perse, de l'Arabie-Pétrée et de la Sibérie. — Une seule est originaire de l'Afrique boréale. — 2 seulement sont américaines, et toutes les 2 du Brésil.

ASPERULA ARVENSIS, Lin. — On suit avec intérêt, au milieu de nos moissons, l'existence de ces plantes annuelles, qui, placées en quelque sorte sous les auspices de l'homme, qui est loin de les protéger, viennent, à ses yeux et malgré lui, partager les soins qu'il accorde à ses espèces privilégiées. Celle qui nous occupe vit au milieu des blés avec les *Adonis*, avec le *Ranunculus arvensis* et cette foule de plantes des moissons dont nous avons indiqué déjà la liste et les associations. Ses tiges, quadrangulaires et rougeâtres, sont munies de nombreuses articulations, de branches multipliées et de feuilles réunies en verticilles. Des taches blanches se montrent sur la face inférieure de ces organes. Au sommet des rameaux, on remarque d'élégantes corbeilles formées par la disposition régulière de bractées, ciliées par de longs poils blancs, au milieu desquels des fleurs groupées viennent ouvrir leur corolle d'un bleu pur. — Dès le mois de mai ces fleurs s'épanouissent ; elles s'ouvrent et se ferment pendant plusieurs jours. Les anthères ne sortent pas du tube ; elles s'ouvrent immédiatement sur le stigmate, et de petits fruits, ronds et lisses, restent cachés au milieu des bractées jusqu'à ce que le vent les dissémine.

Nature du sol. — Altitude. — Cet *Asperula* est indifférent. Il croît sur tous les sols et semble préférer ceux qui sont volcaniques ou calcaires et marneux. Il aime la plaine, mais il s'élève en Auvergne jusqu'à 1,000^m avec les moissons, et, dans le Talüsch, de 950 à 1,300^m.

Géographie. — Au sud , le midi de la France, l'Espagne, les Baléares, la Grèce et l'Algérie. — Au nord , l'Allemagne moyenne et australe, et l'île d'Osilie dans la Russie moyenne. — A l'occident, le Portugal. — A l'orient, la Suisse , l'Italie , la Sicile , la Dalmatie , la Croatie , la Hongrie , la Transylvanie , la Turquie, la Russie australe , le Caucase , la Tauride , la Géorgie, le Talüsch et la Perse.

Limites d'extension de l'espèce.

Sud, Algérie................ 35°	Écart en latitude :	
Nord, Ile d'Osilie........... 58	23°	
Occident, Portugal.......... 10 O.	Écart en longitude :	
Orient, Géorgie............. 48 E.	58°	
Carré d'expansion............. 1334		

ASPERULA CYNANCHICA , Lin. — Dans les lieux les plus secs et les plus stériles , et lorsque déjà l'été s'avance , on voit de larges touffes de cette jolie aspérule fixées dans le sol par une racine longue et ligneuse, qui , comme celle de la garance , offre des nuances vives de rouge et d'orangé. Ses tiges, couchées et très-rameuses, toujours articulées, sont garnies de feuilles peu nombreuses , souvent réunies deux à deux au sommet des rameaux , et se terminent par de nombreux bouquets de fleurs roses ou carnées qui s'épanouissent en juillet. Les anthères sont placées à l'entrée du tube de la corolle , et répandent leur pollen sur deux stigmates amenés par un seul style à des hauteurs inégales. Déjà la fécondation est opérée quand la fleur s'épanouit. Le fruit est double , comme dans les autres aspérules , non couronné et se sépare facilement en deux parties monospermes.

— Cette espèce est souvent associée au *Scleranthus perennis,*
au *Dianthus carthusianorum*, au *Sedum album*, au *S. re-*
flexum, etc.

Nature du sol. — *Altitude.* — Nous trouvons, en Auvergne, cette plante très-vigoureuse sur les sables volcaniques, et elle s'y élève jusqu'à 1,200^m. Elle croît aussi en
abondance sur les sables de l'Allier et sur les calcaires. On
la trouve, dans le Siennois, jusque sur des carrières d'al-
bâtre, et presque partout elle est citée sur le calcaire, et
toujours dans les lieux secs. M. Lloyd l'indique comme
jouant un grand rôle sur les sables maritimes de Nantes, où
elle constitue la var. *densiflora.* En Hollande, cet *Aspe-*
rula croît aussi sur les bords de la mer, et, dans les Pyrénées,
il peut atteindre 2,000^m d'après de Candolle. Wahlenberg
dit aussi que, dans la Suisse septentrionale, il dépasse la
limite supérieure du sapin. Ledebour l'indique, dans le
Breschtau, entre 400 et 1,600^m, et il cite, dans le Caucase oriental, une variété qui atteint 2,800 et 3,000^m.

Géographie. — Au sud, il croît en France, en Espagne,
aux Baléares, en Grèce. — Au nord, il végète en Allemagne et s'avance jusque dans l'île d'Osilie, en Angleterre et
en Irlande jusqu'au 55°. — A l'occident, il reste en Espagne. — A l'orient, on le rencontre en Suisse, en Italie, en
Sicile, en Dalmatie, en Croatie, en Hongrie, en Transylvanie, en Grèce, dans le Caucase, dans la Tauride et la
Géorgie, dans les Carpathes, en Turquie, dans les Russies
moyenne et australe, et dans la Sibérie de l'Oural.

Limites d'extension de l'espèce.

Sud, Grèce................ 36°	}	Écart en latitude :
Nord, Ile d'Osilie.......... 58	}	22°

Occident, Espagne............ 8 O.⎫ Écart en longitude:
Orient, Sibérie de l'Oural..... 65 E.⎭   73°
        Carré d'expansion............ 1606

ASPERULA ODORATA , Lin. — Cette plante est du petit
nombre de celles qui acceptent l'ombrage des forêts ; c'est
une des espèces les plus sociales et qui parfois, seule sous
les hêtres et les sapins d'une vaste forêt , cache le sol sous
les verticilles étagés de son feuillage. — Ses racines sont traçantes, munies partout de rejets verticillés qui prennent des
nuances de rouge quelquefois très-vives. Ses tiges, anguleuses et rudes au toucher, sont terminées par un joli bouquet de fleurs d'un blanc de lait. Les anthères , blanches ou
violacées , ne répandent leur pollen qu'après l'épanouissement de la corolle ; elles s'inclinent sur deux stigmates
papillaires et inégaux. — Il semble que cette inégalité de
stigmates soit due à un arrêt de développement, car rarement les deux ovaires sont fertiles : l'un avorte ordinairement et l'autre s'allonge par le côté, et de telle manière
que le point d'insertion du style ne paraît plus qu'une cica-
trice située à la base d'un péricarpe hérissé. — Toute la
plante , à demi-fanée , répand l'odeur suave des mélilots et
de l'*Anthoxanthum odoratum*, mais, comme cette dernière
espèce, elle est inodore quand elle est fraîche. — Elle fleurit
en mai et en juin , et vit souvent en société avec : *Prenan-*
thes purpurea , *Neottia nidus avis* , *Monotropa Hypopi-*
thys, *Stellaria nemorum* , *Geranium Robertianum* , *Arum*
vulgare , etc.

  Nature du sol. — *Altitude.* — Il recherche les sols siliceux ou volcaniques , mais se trouve aussi sur les calcaires,
pourvu que le terrain soit détritique et contienne beaucoup
de débris de feuilles décomposées. Nous trouvons cette es-

pèce en Auvergne sous les sapins, jusqu'à 1,500 mètres. De Candolle l'indique à 0 en Bretagne et à 1,000^{m} dans les Alpes et dans les Pyrénées. Elle croît toujours en plaine dans le nord de la France et en Belgique, où elle est précédée, dans les bois, par l'*Endymion nutans*, le *Narcissus pseudo-Narcissus* et le *Luzula pilosa*. Wahlenberg l'indique en Suisse jusqu'à la limite supérieure du hêtre. Ledebour la cite, dans le Breschtau, entre 400 et 1,000^{m}, et dans le Talüsch entre 800 et 1,600^{m}.

Géographie. — On trouve cette espèce, au sud, dans les Pyrénées, en Corse, en Italie et en Sicile. — Au nord, c'est une plante commune dans toutes les forêts de hêtres et de sapins, dans le centre de l'Europe, en Danemarck, en Gothie, dans la Norvége, la Suède et la Finlande australe. Elle y recherche les sombres forêts de hêtres et se montre aussi dans les bois de chêne des provinces orientales et littorales. On la trouve aussi en Angleterre, en Irlande et aux Shetland. — Elle a sa limite occidentale dans les îles britanniques. — A l'orient, on la rencontre en Suisse, dans les Carpathes, en Italie, en Croatie, en Hongrie, en Transylvanie, en Turquie, en Tauride, dans le Caucase, en Géorgie, autour de la Caspienne, dans les Russies septentrionale, moyenne et australe, dans les Sibéries de l'Oural, de l'Altaï et du Baïkal.

Limites d'extension de l'espèce.

Sud, Sicile................	38°	Ecart en latitude : 23°
Nord, Shetland............	61	
Occident, Irlande..........	10 O.	Ecart en longitude : 126°
Orient, Sibérie du Baïkal....	116 E.	
Carré d'expansion............	2898	

Asperula galioides, Bieb. — On rencontre cette espèce sur les collines un peu sèches et rocailleuses, sur les pelouses, ou mélangée à l'herbe des prairies qui ne sont pas très-humides. Elle s'élève au-dessus des autres plantes, offre des tiges articulées, des feuilles linéaires et glauques, et des fleurs blanches paniculées qui lui donnent plutôt l'aspect d'un *Galium* que d'un *Asperula*. Sa corolle, assez profonde, forme avant son épanouissement une petite chambre close, dans laquelle la fécondation s'opère d'une manière certaine, et cependant plusieurs de ses fleurs restent stériles. — Elle fleurit en juin et en juillet.

Nature du sol. — *Altitude.* — Nous la trouvons sur les terrains calcaires et rocailleux de la plaine, sur les pépérites volcaniques. Ledebour l'indique dans le Breschtau entre 800 et 1,800^m.

Géographie. — Au sud, elle existe dans les Pyrénées, en Espagne et en Portugal. — Au nord, on la trouve dans une grande partie de l'Allemagne, sur les bords du Rhin, dans le Wurtemberg, en Bohême, et dans la Russie moyenne jusqu'à Saint-Pétersbourg. — A l'occident, elle est en Portugal. — A l'orient, en Suisse, en Italie, en Hongrie, en Transylvanie, en Turquie, dans les Carpathes, en Tauride, dans le Caucase, en Géorgie, dans les Russies moyenne et australe et dans la Sibérie de l'Oural.

Limites d'extension de l'espèce.

Sud, Espagne	40°	}	Écart en latitude :
Nord, Pétersbourg	60	}	20°
Occident, Portugal	10 O.	}	Écart en longitude :
Orient, Sibérie de l'Oural	62 E.	}	72°
Carré d'expansion	1440		

G. CRUCIANELLA, *Lin.*

Distribution géographique du genre. — Les *Crucianella*, au nombre d'environ 24, constituent un genre en grande partie asiatique, puisque 14 espèces vivent en Perse, en Arménie, au Caucase, dans le Liban et dans la Géorgie. — L'Europe en a 8, dont 5 de l'Europe australe et 3 de l'île de Crète. — Une espèce habite l'Egypte. — Une autre Vera-Cruz, en Amérique.

CRUCIANELLA ANGUSTIFOLIA, Lin. — Si cette espèce n'a rien qui puisse lui donner de l'importance sur les pelouses sèches et dans les lieux rocailleux, où elle se développe ordinairement, elle offre des phénomènes physiologiques bien dignes d'être remarqués. C'est une petite plante annuelle, sèche et glauque, à tiges carrées et articulées, dont les rameaux, partant de la base, s'écartent immédiatement de la tige et reprennent ensuite la position verticale. Ils se terminent par un épi quadrangulaire ou aplati, allongé, et qui donne à la plante, au premier abord, quelque chose de la physionomie d'une graminée. — Les épis sont formés de bractées opposées, à l'aisselle desquelles naissent de petites fleurs jaunâtres, solitaires et peu apparentes. L'écaille ou la bractée s'écarte pour laisser sortir la fleur un instant. Celle-ci s'ouvre le soir et se referme dans la matinée. Les étamines, non saillantes, fécondent deux stigmates dont le développement est inégal et dont l'imprégnation n'est probablement pas simultanée. Alors la corolle tombe, la bractée se resserre pour abriter de petits fruits oblongs et géminés, puis elle s'ouvre de nouveau pour que ces fruits mûris puissent se répandre. — Ses graines, qui germent aux premières pluies du printemps, laissent sortir du milieu de leurs cotylédons une tigelle chargée de petits verticilles qui simulent un *Equisetum* en miniature. —Cette plante fleurit à la fin du printemps ; elle mûrit rapidement ses graines et disparaît dès les premières chaleurs de l'été. — Elle vit souvent en société avec le *Jasione montana*, le *Festuca myurus*, le *Scleranthus annuus*, etc.

Nature du sol. — *Altitude.*—Ce *Crucianella* croît sur les terrains siliceux, graveleux et sablonneux, sur les pouzzolanes volcaniques. Il habite la plaine et peut s'élever, dans les montagnes : de 1,500 à 1,600^m dans les Pyrénées, de 0 à 1,600^m dans le midi de l'Espagne, de 1,000 à 1,300^m dans le Talûsch.

Géographie. — Il est méridional et se trouve dans le midi de la France, en Corse, dans toute l'Espagne et sur les sables des bords de la mer, en Algérie, où il s'élève aussi sur les montagnes. — Au nord, il arrive sur le plateau central et jusque dans la Vienne. — A l'occident, il croît en Portugal. — A l'orient, il végète en Italie, en Sicile, en Corse, en Sardaigne, en Grèce, au mont Athos, en Crimée, dans le Caucase et dans la Géorgie.

Limites d'extension de l'espèce.

Sud, Algérie...............	35°	⎫ Écart en latitude :
Nord, France..............	46	⎬ 11°
Occident, Portugal......·....	10 O.	⎫ Ecart en longitude :
Orient, Géorgie............	47 E.	⎬ 57°
Carré d'expansion............	627	

G. RUBIA, *Lin.*

Distribution géographique du genre. —Ce genre, en

grande partie américain, est composé de 50 espèces , dont 32 appartiennent au nouveau continent; 27 sont du Brésil, du Pérou et du Chili. — Les 5 autres, de l'Amérique septentrionale, restent toutes dans la région tropicale, au Mexique, à la Jamaïque, à la Guadeloupe, à l'exception d'une seule qui est de la Caroline. — L'Europe a 8 espèces de *Rubia*, toutes de la partie australe et méditerranéenne. — Les *Rubia* asiatiques, au nombre de 7, sont des Grandes-Indes, du Népaul, de la Sibérie et de la Syrie. — Parmi les 4 espèces africaines on en connaît 2 du Cap, 1 de l'Afrique boréale et 1 des Canaries.

RUBIA PEREGRINA , Lin. — On rencontre cette espèce dans les buissons, sur les collines rocailleuses, dans les haies et sur le bord des champs , où ses puissantes racines , traçant ou pénétrant dans le sol, produisent de longues tiges quadrangulaires qui rampent ou s'accrochent aux corps voisins au moyen des aiguillons recourbés dont leurs angles sont munis. C'est ainsi que cette plante rameuse parvient à dépasser les buissons, à les recouvrir de ses rameaux aux feuilles verticillées , toujours vertes et accrochantes , et de ses corymbes de petites fleurs jaunâtres. Ces fleurs sont abondantes; elles se montrent en mai et en juin, et durent longtemps. Elles sont nocturnes, comme celles des crucianelles ; cependant elles restent quelquefois épanouies aussi pendant le jour. Un assez grand nombre avorte ; celles qui sont fertiles donnent naissance à des baies rondes et noirâtres. — On trouve souvent cette espèce avec le *Smilax aspera* , le *Paliurus aculeatus* , le *Catananche cœrulea* , le *Pistacia Terebinthus*, etc.

Nature du sol. — *Altitude*. — Cette garance croît sur les terrains calcaires et rocailleux de la plaine et des coteaux. Elle s'élève à 1,450^m dans le midi de l'Espagne.

Géographie. — Elle se trouve, au sud, dans le midi de la France, en Corse, en Espagne, en Barbarie, aux Canaries. — Au nord, elle est indiquée à Nantes et même aux environs de Paris; elle atteint l'Angleterre et l'Irlande jusqu'au 54°. — A l'occident, elle vit en Portugal et aux Canaries. — A l'orient, elle existe en Italie, en Sicile, dans la Thrace et la haute Albanie, en Croatie, en Transylvanie, dans les Russies moyenne et australe.

Limites d'extension de l'espèce.

Sud, Canaries..............	30°	Écart en latitude :	
Nord, Angleterre...........	54	24°	
Occident, Canaries..........	18 O.	Écart en longitude :	
Orient, Nijneinovogorod......	57 E.	75°	
Carré d'expansion.............	1800		

Rubia tinctorum, Lin. — Peu différente de l'espèce précédente, cette plante se reconnaît à ses longues racines entourées d'une écorce spongieuse imbibée de sucs colorés, et composée de fibres et de moelle qui contiennent aussi des matières colorantes diverses où le rouge domine. Des bourgeons pointus et écailleux partent de ces racines ou tiges souterraines, et donnent naissance à des tiges et à des feuilles dont le port et les caractères rappellent tout à fait le *R. peregrina.* Ses fleurs sont moins nombreuses, plus complétement nocturnes; ses stigmates très-inégaux et globuleux; ses baies sont noirâtres. — Cette garance croît aussi dans les haies et dans les lieux pierreux, quelquefois sur les vieilles murailles. Il est douteux qu'elle soit réellement spontanée sur le plateau central.

Nature du sol. — Altitude. — Terrains calcaires et meubles de la plaine, basaltes des coteaux.

Géographie. — Il est très-difficile de l'établir, cette espèce cultivée ayant été introduite dans un grand nombre de localités. Elle est certainement méridionale et se trouve, au sud, dans toute la région méditerranéenne, en Espagne, en Algérie, dans l'Atlas. — Au nord, elle est disséminée dans l'Europe centrale, et n'a pas de limite bien fixe. Elle est même citée jusque dans l'Altenfiord, mais évidemment introduite. — A l'occident, elle croît en Portugal. — A l'orient, elle est en Italie, en Sicile, en Turquie, en Grèce, en Tauride, dans le Caucase, en Géorgie et dans les Russies moyenne et australe, où très-probablement elle est bien spontanée.

Limites d'extension de l'espèce.

Sud, Algérie	35°	}	Écart en latitude :
Nord, Russie moyenne	50	}	15°
Occident, Portugal	10 O.	}	Écart en longitude :
Orient, Russie moyenne	58 E.	}	68°
Carré d'expansion	1020		

G. GALIUM, *Lin.*

Distribution géographique du genre. — Il existe au moins 200 *Galium*, très-dispersés sur toute la terre, mais dominant en Europe où l'on en compte à peu près la moitié. La région méditerranéenne est leur principal foyer. La Grèce, l'Italie, la Corse, la Sardaigne, l'île de Crète, la Sicile et l'Espagne sont les contrées où l'on en trouve le plus. Viennent ensuite les Alpes, les Pyrénées, la France, la Hongrie et l'Autriche, ainsi que la Tauride et la Russie méridionale. — 33 à 35 espèces habitent l'Asie et surtout les Indes orientales, le Népaul, la Sibérie altaïque ; quelques autres sont disséminées en Chine, au Japon , en Perse, en Syrie, en Arabie et même au Kamtschatka. — On en compte plus de 40 en Amérique, également partagées entre les deux parties de ce continent. Les espèces septentrionales habitent les Etats-Unis et le Canada , excepté 5 qui sont mexicaines. — Ces dernières se lient aux espèces méridionales, toutes réunies au Brésil, au Pérou et au Chili. — L'Afrique a aussi ses *Galium* au nombre de 23 à 25, dont moitié du Cap et de la pointe australe ; 2 sont de l'Abyssinie, 2 d'Egypte, 5 de la Barbarie , 2 de Ténériffe, 1 de Madère et 1 des Açores. — L'Océanie a 4 *Galium* , dont 2 de la Nouvelle-Hollande et 2 de Java.

GALIUM CRUCIATUM , Scop. — On voit, dans les premiers jours du printemps, les jeunes pousses de ce *Galium* qui cherchent à s'élever au-dessus de l'herbe des prairies, ou qui croissent en touffes serrées le long des chemins et sur le bord des champs. Ses feuilles sont larges , molles et velues, d'un vert jaunâtre , réunies quatre par quatre , appliquées les unes sur les autres, et donnent aux jeunes pousses de ce *Galium* l'apparence d'épis quadrangulaires. Il sort de leurs aisselles de légers verticilles de fleurs petites et nombreuses, d'un jaune assez pur, et qui répandent une forte odeur de miel. Dès le mois de mars on voit épanouir leurs corolles , mais la floraison continue de bas en haut et se prolonge pendant toute la durée du printemps. Les verticilles de fleurs sont généralement mâles sur les côtés et hermaphrodites au centre. Dès que la fécondation est opérée , les corolles des fleurs mâles se détachent , mais leurs pédicelles persistent à côtés des ovaires fécondés , dont un seul pour chaque fleur arrive à sa maturité. Les pédicelles destinés à soutenir les fruits acquièrent seuls de la mobilité. Ils s'inclinent, puis se déjettent tout à fait , et sont abrités par les feuilles qui s'abaissent à leur tour , de sorte que la tige entière paraît être une pyramide quadrangulaire sur les faces de laquelle chaque série de feuilles est régulièrement appliquée. Cette disposition fait que les fruits mûrissent très-lentement, et que la dissémination se prolonge jusque pendant l'hiver.

Nature du sol. — Altitude. — Plante indifférente qui croît partout et devient souvent domestique. Elle peut s'élever assez haut sur les montagnes. Wahlenberg l'indique le long des haies et des chemins jusqu'à la limite supérieure du hêtre. — Ledebour la cite dans le Breschtau entre 2,000 et 3,200^m, et dans le Talusch entre 1,600 et 2,000^m.

Géographie. — Au sud, elle croît dans le midi de la France, en Espagne , en Corse et dans le royaume de Naples. — Au nord , on la trouve dans presque toute l'Europe centrale, dans les Carpathes , en Angleterre et aux Hébrides. — A l'occident, elle existe en Portugal. — A l'orient, elle est en Suisse, en Italie , en Tauride , en Dalmatie, en Croatie, en Hongrie , en Transylvanie, dans le Caucase , en Géorgie , en Arménie , dans les Russies moyenne et australe, dans les Sibéries de l'Oural et de l'Altaï.

Limites d'extension de l'espèce.

Sud, Royaume de Naples......	40°	}	Ecart en latitude :
Nord, Angleterre...........	59	}	19°
Occident, Portugal..........	10 O.	}	Ecart en longitude :
Orient, Sibérie altaïque.......	97 E.	}	107°
Carré d'expansion............	2033		

Galium tricorne, With. — Ce *Galium* croît dans les champs, au milieu des moissons, et se distingue facilement à ses tiges couchées et rameuses, à ses verticilles rapprochés. Ses feuilles, dit Vaucher, présentent à chaque aisselle un pédoncule aplati, divisé en trois pédicelles, dont deux latéraux chargés d'une fleur mâle, trifide, à trois étamines, et un central à fleur véritablement hermaphrodite, et dont les stigmates sont inégaux. Après la fécondation les pédicelles des fleurs mâles s'allongent en pointe mousse, ceux des fleurs femelles s'élargissent en se couvrant d'aspérités sur leur face supérieure, et se recourbent en dessous pour abriter leurs deux graines. — Fleurit en mai, juin et juillet; il est annuel.

Nature du sol. — *Altitude.* — Il préfère les terrains calcaires et marneux, et reste ordinairement dans les plaines. M. Boissier l'indique cependant jusqu'à 1,600^m dans le royaume de Grenade.

Géographie. — On le rencontre, au sud, en France, en Espagne, en Algérie, aux Canaries. — Au nord, il est disséminé dans l'Europe centrale et arrive jusque dans le Danemarck austral. Il devient sporadique en Gothie, et probablement en Angleterre, où on le trouve çà et là jusqu'au 56°. — A l'occident, il habite les Canaries. — A l'orient, il est indiqué dans le midi de l'Italie, en Dalmatie, eu Croatie, en Hongrie, en Transylvanie, en Tauride, dans le Caucase, en Géorgie, dans le Talüsch et à Bakou.

Limites d'extension de l'espèce.

Sud, Canaries..............	30°	Ecart en latitude :	
Nord, Angleterre..........	56		26°

Occident, Canaries.......... 18 O. ⎱ Écart en longitude :
Orient, Bakou............. 47 E. ⎰   65°
          Carré d'expansion............. 1690

GALIUM APARINE, Lin. — En employant des caractères
appartenant à un même genre, en donnant à chacun des organes des formes semblables aux organes d'une autre plante,
la nature sait, par quelques dispositions particulières, par
quelques changements dans les proportions, produire des
végétaux si différents, qu'on les croirait, au premier abord,
éloignés dans la série. Que l'on compare, en effet, les gazons fleuris du *G. verum*, les blanches panicules du *G. Mollugo* et les longues tiges accrochantes du *G. Aparine*, on y
trouvera certainement de grandes dissemblances, qui ne
tiennent pourtant qu'à des caractères très-secondaires. — Le
G. aparine est une plante annuelle, sociale, domestique.
Elle abonde autour de nos habitations, dans les haies de
nos jardins, dans tous les lieux où la présence de l'homme
et des animaux engraisse le sol où elle doit puiser sa nourriture avec voracité. Elle se glisse dans les buissons, elle
s'accroche au moyen des aiguillons courts et recourbés dont
les angles de ses tiges, les nervures et les bords de ses
feuilles sont abondamment garnis. Elle croît aussi en larges
touffes le long des ruisseaux, sur les sables des rivières,
dans les lieux à demi-ombragés, où elle forme des fourrés
très-épais en reliant en un faisceau tous les végétaux sur
lesquels elle s'appuie. C'est une des espèces les plus incom-
modes à rencontrer, et près de laquelle on ne peut passer
sans emporter des fragments de ses tiges ou sans être couvert de ses fruits accrochants. — Comme toutes les plantes
grimpantes et gourmandes, elle croît très-vite, et, en peu de

semaines, elle couronne les buissons au-dessus desquels elle
étale ses feuilles verticillées. Un seul rameau s'échappe ordinairement de chaque verticille. — Les fleurs sont petites et
blanches, et les fruits qui les remplacent, ronds et réunis
deux à deux, sont garnis de poils accrochants comme les
autres parties de la plante. — Elle fleurit depuis le mois de
mai jusqu'au mois de septembre.

Nature du sol. — *Altitude.* — Ce *Galium* est indifférent
et croît partout, dans les plaines, sur les coteaux et dans les
montagnes jusqu'à 1,000 ou 1,200ᵐ. M. Boissier l'indique entre 1,000 et 1,600ᵐ dans le royaume de Grenade.
Ledebour dit que, dans le Caucase, il ne dépasse pas 800ᵐ.

Géographie. — Il habite une grande partie de la terre;
au sud, l'Espagne, l'Algérie, Madère, les Açores, les Canaries et les îles du Cap-Vert. — Au nord, toute l'Europe,
y compris la Scandinavie entière, l'Angleterre, l'Irlande,
les Hébrides et les Orcades. — A l'occident, nous avons cité
les Açores et les Canaries; ajoutons le Portugal, le Canada,
la Colombie, la côte nord-ouest de l'Amérique, le fort Vancouvert. — A l'orient, il est connu partout, en Suisse,
dans les Carpathes, en Turquie, en Grèce, en Italie, en
Sicile, en Tauride, dans le Caucase, en Géorgie, dans
toutes les Russies, dans les Sibéries de l'Oural, de l'Altaï et
du Baïkal, en Dahurie et dans les îles Aléoutiennes. — On
connaît encore ce *Galium* dans l'hémisphère austral, au détroit
de Magellan, au Port-Famine et au Port-Gregory, à la baie
du Bon-Succès, à l'île Chiloë et au cap de Bonne-Espérance.

Limites d'extension de l'espèce.

Sud, Iles du Cap-Vert. . . . . 12°   ⎱ Ecart en latitude :
Nord, Laponie. 70   ⎰   58°

Occident, Canada . . . .   72 O. ⎱ Ecart en longitude :
Orient, Aléoutiennes . . . . 180 E. ⎰   252°
          Carré d'expansion 14616

GALIUM ULIGINOSUM, Lin. — Il est vivace et croît en société dans les marais, sur le bord des étangs et des fossés,
dans les prairies marécageuses. Ses tiges sont longues, anguleuses, garnies d'aspérités crochues. Ses feuilles sont réunies par 6 à chaque verticille ; ses fleurs sont grandes, un
peu campanulées, d'un beau blanc rehaussé par la couleur
brune des anthères. Les pédoncules fructifères sont redressés et portent des fruits glabres, presque lisses. — Il fleurit
en juin et en juillet.

Nature du sol. — Altitude. — Il est aquatique et presque indifférent. Il recherche les sols tourbeux et mouillés des
plaines et des montagnes peu élevées.

Géographie. — Au sud, on le trouve en France, en Espagne et en Algérie. — Au nord, il habite la majeure partie de l'Europe, toute la Scandinavie, y compris la Laponie
entière, où il reste d'une manière absolue dans la plaine ;
l'Angleterre, l'Irlande, les Orcades, les Shetland, les Feroë,
l'Islande et non les Hébrides. — A l'occident, sa limite
est en Islande, mais il est aussi en Portugal. — A l'orient,
il s'étend en Suisse, en Hongrie, en Croatie, en Transylvanie, dans les Carpathes, en Tauride, dans les déserts de
la Caspienne, dans toutes les Russies, dans les Sibéries de
l'Oural, de l'Altaï, du Baïkal et dans la Sibérie orientale.

Limites d'extension de l'espèce.

Sud, Algérie . . . . 35° ⎱ Ecart en latitude :
Nord, Laponie . . . . 70 ⎰   35°

Occident, Islande............ 25 O. | Écart en longitude :
Orient, Sibérie orientale..... 160 E. | 185°
Carré d'expansion............. 6475

GALIUM ANGLICUM, Huds. — Frêle et délicate espèce annuelle qui se présente en touffes légères dans les lieux stériles, sur les pelouses sèches et peu fournies. Ses tiges sont grêles et ramifiées de tous côtés. Ses feuilles sont petites et recourbées, formant des verticilles de 4 à 8 feuilles, garnies, comme les tiges, de poils crochus. Les fleurs sont petites, d'un blanc jaunâtre, et souvent polygames ; elles s'ouvrent le matin et se referment dans la soirée, après avoir été fécondées. Ses fruits sont lisses ou granuleux, placés à l'extrémité des rameaux, sur des pédicelles presque droits. — Il fleurit en juin et en juillet, et reste souvent inaperçu à cause de sa ténuité.

Nature du sol. — *Altitude.* — Il habite les terrains siliceux, sablonneux, les sols volcaniques, et s'élève facilement sur les montagnes, et jusqu'à 1,000^m en Auvergne. Il est cité par M. Boissier dans les champs de seigle, entre 1,000 à 2,000^m sur les montagnes du midi de l'Espagne.

Géographie. — Au sud, on le rencontre en France, en Espagne, aux Baléares, en Algérie, jusque sur les rochers élevés du Beni-Souik, aux Açores, et aux Canaries. — Au nord, il vit disséminé dans une bonne partie de l'Europe moyenne, sans atteindre la Scandinavie, mais il se montre en Angleterre jusqu'au 53°. — A l'occident, il est en Portugal et aux Açores. — A l'orient, on le connaît en Suisse, en Italie, en Sicile, en Dalmatie, en Transylvanie, en Tauride, dans le Caucase, en Géorgie, sur les bords de la Caspienne et dans la Russie australe.

Limites d'extension de l'espèce.

Sud, Canaries.............. 30°   } Ecart en latitude :
Nord, Angleterre.......... 53   }   23°
Occident, Açores........... 30 O. } Ecart en longitude :
Orient, Bords de la Caspienne.. 48 E. }   78°
          Carré d'expansion............ 1794

GALIUM DIVARICATUM, Lam. — Annuel et délicat, il
croît sur les coteaux stériles comme le précédent, auquel
il ressemble, et avec lequel il a été plusieurs fois confondu.
Ses tiges sont droites, grêles; ses rameaux capillaires, très-
ouverts, chargés au sommet de 2 à 3 fleurs; ses pédoncules
divariqués. Les rameaux florifères et les pédoncules sont le
double plus longs que ceux du *G. anglicum*. — Il fleurit en
juin et en juillet.

Nature du sol. — Altitude. — Terrains siliceux et rocailleux des plaines.

Géographie. — C'est une espèce toute méridionale que
l'on trouve dans le midi de la France, en Corse, en Espagne, en Italie, en Sicile, en Dalmatie, en Croatie, en
Hongrie et en Grèce, et qui au nord s'arrête à Lyon et à
Bourges.

Limites d'extension de l'espèce.

Sud, Royaume de Grenade.... 37°   } Ecart en latitude :
Nord, France.............. 46   }   9°
Occident, Espagne.......... 8 O. } Ecart en longitude :
Orient, Grèce.............. 20 E. }   28°
          Carré d'expansion............ 252

GALIUM PALUSTRE, Lin. — On rencontre abondamment

ce *Galium* vivace dans les marais, sur le bord des étangs, dans les lieux très-humides et quelquefois dans l'eau. C'est une plante délicate qui vit en sociétés nombreuses, et qui doit ce caractère à ses rhizomes qui s'étendent en tous sens et se multiplient par de nombreux rejets. Ses tiges débiles sont munies de verticilles de quatre feuilles élargies à leur extrémité, et se terminent par des panicules diffuses de jolies fleurs blanches, dont la pureté est encore rehaussée par des anthères purpurines. La fécondation s'opère au moment où l'épanouissement a lieu, d'une manière presqu'instantanée, époque où de beaux stigmates blancs et papillaires sont aptes à recevoir le pollen. Ses fruits sont lisses et étalés sur la panicule élargie. — Le *G. trifidum* lui est parallèle dans le nord de l'Europe, et le *G. tinctorium* dans le nord de l'Amérique. — Il fleurit en juin et en juillet.

Nature du sol. — Altitude. — Il est aquatique, indifférent, préférant peut-être les terrains siliceux à ceux qui sont calcaires. — Il s'élève très-facilement dans les montagnes, et peut atteindre 1,000 à 1,200^m en Auvergne et dans les Alpes.

Géographie. — On rencontre ce *Galium*, au sud, dans les Pyrénées et en Espagne. — Au nord, dans presque toute l'Europe, dans toute la Scandinavie et dans la Laponie, où il habite le bord des ruisseaux, dans la région sylvatique où il atteint l'Altenfiord, par 70° 30′. Il habite l'Angleterre, l'Irlande, les archipels anglais, ainsi que l'Islande et non les Feroë. — A l'occident, il a sa limite en Islande, et se trouve aussi disséminé en Portugal. — A l'orient, il croît en Suisse, en Italie, en Thrace, en Colchide, en Dalmatie, en Croatie, en Hongrie, en Transylvanie, dans les Carpathes, dans toutes les Russies et dans les Sibéries de l'Oural, de l'Altaï et du Baïkal.

Limites d'extension de l'espèce.

Sud, Midi de l'Espagne......   37° | Ecart en latitude :
Nord, Laponie............   70 | 33°
Occident, Islande.........   22 O. | Ecart en longitude :
Orient, Sibérie du Baïkal.....   116 E. | 138°
     Carré d'expansion.............   4554

GALIUM ROTUNDIFOLIUM, Lin. — Il croît en jolies touffes verdoyantes au milieu des bois et particulièrement dans les bois de pins, où il est mêlé au *Pyrola chlorantha*, au *P. uniflora*, etc. Il offre une souche couchée et vivace, d'où partent plusieurs tiges simples et droites, et de longs rejets rampants. Les feuilles sont réunies 4 ensemble, ovales, petites et arrondies dans le bas de la plante, plus grandes, ciliées, d'un vert gai et à 3 nervures dans la partie supérieure des tiges. Les fleurs sont petites, blanches et terminales, portées sur des pédicelles munis de dichotomies ou de trichotomies. Il succède à ces fleurs de jolis fruits globuleux et couverts de poils. — Il fleurit en juin et en juillet.

Nature du sol. — Altitude. — Il croît sur les terrains primitifs et sur les scories des volcans, à la hauteur de 800 à 2,000^m. Ledebour l'indique dans le Talüsch, entre 900 et 1,600^m, et Wahlenberg dit qu'il est rare dans la Suisse septentrionale, et qu'il se tient exclusivement dans la région du hêtre.

Géographie. — Il est très-méridional, et se trouve, au sud, en France, en Corse, dans les Pyrénées, en Espagne, à Madère, aux Canaries, et jusque près du mont Gardo à l'île de Saint-Nicolas du Cap-Vert. — Au nord, il végète dans une bonne partie de l'Allemagne, en Bohême, en Thuringe, en Wurtemberg, et s'arrête en Gothie, où il croît aussi sous les pins dans les lieux élevés. — A l'occident, il est en Portugal et dans les îles africaines. — A l'orient, on le rencontre dans le midi de l'Italie, en Hongrie, en Croatie, en Transylvanie et en Turquie.

Limites d'extension de l'espèce.

Sud, Iles du Cap-Vert........ 13° } Ecart en latitude :
Nord, Gothie............... 56 }   43°
Occident, Iles du Cap-Vert.... 25 O. } Ecart en longitude :
Orient, Turquie............. 22 E. }   47°
      Carré d'expansion............. 2021

GALIUM BOREALE, Lin. — Il croît en touffes sur les pentes boisées des montagnes, d'où ses graines sont souvent entraînées par les eaux et viennent germer sur les sables des rivières. Il est vivace, à racines rampantes. Ses tiges sont droites, glabres et rameuses, accompagnées de rejets rampants. Les feuilles sont quaternées et souvent inégales, ovales, à 3 nervures. Des glandes assez nombreuses sont placées sur la tige, entre les feuilles supérieures. Les fleurs sont axillaires, blanches, réunies en panicules lâches, souvent trichotomes; les fruits sont hérissés de poils recourbés et écailleux. — Il fleurit en juin et en juillet.

Nature du sol. — Altitude. — Nous ne connaissons ce *Galium*, rare sur le plateau central, que sur les sables des rivières. Thurmann l'indique dans les prés tourbeux, et M. Mougeot sur le granit et le syénite des Vosges. — Il habite ordinairement les montagnes. De Candolle le cite à 200^m dans le Palatinat et à 1,200^m dans le Jura. — Ledebour l'indique à 800^m dans les prairies du promontoire

occidental du Caucase, et à 650^m dans le Kamtschatka.
MM. Grenier et Godron font observer qu'il occupe toute la
région des sapins de la chaîne du Jura, des Alpes et des Pyrénées.

Géographie. — Au sud, il manque dans toute la région
des oliviers, et trouve sa limite dans les Pyrénées. — Au
nord, il existe dans la plus grande partie de l'Europe, dans
toute la Scandinavie, dans les prairies et les pâturages de toute
la Suède, où il abonde, excepté dans la région alpine, sur
les bords des lacs et des rivières, dans les lieux humides et
herbeux de la Laponie. Il est aussi répandu en Angleterre,
en Irlande, aux Hébrides, aux Orcades, aux Feroë, en Islande, mais il manque aux Shetland. — A l'occident, on
le rencontre en Amérique, à la cataracte du Niagara, du
lac Vinipeg aux montagnes Rocheuses, par 68° de latitude,
abondant; sur les bords de la rivière Colombie. — A l'o-
rient, il habite l'Italie, la Hongrie, la Croatie, la Transylvanie, les Carpathes, toutes les Russies, le Caucase, toutes
les Sibéries, la Dahurie et le Kamtschatka.

Limites d'extension de l'espèce.

Sud, Pyrénées............	43°	}	Écart en latitude :
Nord, Laponie............	70	}	27°
Occident, Amérique........	125 O.	}	Écart en longitude :
Orient, Kamtschatka........	170 E.	}	295°
Carré d'expansion........	7965		

GALIUM VERUM, Lin. — Il est abondamment répandu
dans les lieux incultes, sur les berges des chemins, sur les
pelouses des montagnes, au milieu des bruyères et des clairières des bois. Il y produit beaucoup d'effet par la multi-

tude de ses fleurs d'un jaune pur, par son léger feuillage et par l'association de ses thyrses dorés aux faisceaux carminés des *Dianthus*, aux corolles bleues des campanules, aux épis du *Betonica officinalis*, aux panicules mobiles du *Briza media*, ou aux touffes délicates du *Stellaria graminea*. Sa racine est épaisse et ligneuse ; ses tiges sont rondes, droites ou couchées ; ses feuilles sont étroites, roulées, un peu déjetées de côté et réunies en verticilles de 8. Les fleurs forment une panicule allongée ; mais, dans chacune des petites panicules dont est formée la panicule générale, la fleur qui paraît la première, dit Vaucher, est la terminale. Les autres suivent régulièrement, en sorte qu'on trouve sur le même pied des graines mûres et des fleurs à peine ouvertes. La floraison a lieu à toutes les heures du jour, et les corolles, une fois épanouies, ne se referment plus ; on peut voir, sur la même grappe, des fleurs dans tous les états de fécondation. Cette plante fleurit sans étaler ses panicules, parce que ses tiges et ses rameaux sont dépourvus de renflements ; mais, à la maturation, les pédicelles fructifères se réfractent, parce que leur base a acquis un renflement corné. Ses pédicelles sont déjetés, mais les fruits, roulés sur les pédoncules, ne sont pas cachés sous les feuilles. Ce sont de petites baies géminées et lisses, dont l'une avorte très-souvent. Il fleurit en mai, en juin et en juillet, et répand alors une forte odeur de miel.

Nature du sol. — Altitude. — Il est indifférent et croît partout, sur les sables des rivières, sur les scories volcaniques, sur les trachytes et les basaltes, et surtout le long des parcs où les bestiaux passent la nuit. Il végète également sur les calcaires et dans les lieux arrosés par des eaux minérales, où il prend les caractères de la variété *maritima*. — Il croît en plaine et sur de hautes montagnes, à 1,200 et 1,500^m

en Auvergne, entre 1,100 et 2,000ᵐ dans le royaume de
Grenade, entre 300 et 1,000ᵐ dans le Breschtau, et Ledebour indique encore une de ses variétés comme dépassant
2,000ᵐ dans le Talüsch. De Candolle le cite à 0 partout et
à 1,200ᵐ dans les Alpes et dans le Jura.

Géographie. — Il est très-répandu et s'avance, au sud,
en France, en Espagne, en Sicile, en Barbarie, où M. Cosson l'a rencontré dans la plaine de Lambèse et sur le Djebel-
Cheliah, dans l'Aurès. — Au nord, il occupe toute l'Europe centrale, et se modifie en Scandinavie, où l'on trouve
une variété *ochroleuca*, en Danemarck, en Gothie, en
Norvége, en Suède et en Finlande. Cette variété est aussi
commune que le type dans nos climats, et croît aussi dans les
mêmes stations. Le type habite l'Angleterre, l'Irlande, les
archipels anglais, l'Islande et non les Feroë. — A l'occident, l'Islande est sa limite. — A l'orient, on le rencontre
en Suisse, dans une partie de l'Italie, et la variété *pubescens* en Sicile ; il est en Grèce, sur les sables mouvants de
l'île de Samos, en Turquie, en Dalmatie, en Croatie, en
Hongrie, en Transylvanie, dans le Caucase, en Tauride, en
Géorgie, dans les Carpathes, en Turquie, dans les Russies
septentrionale, moyenne et australe, dans les Sibéries de
l'Oural, de l'Altaï et du Baïkal, et dans la Dahurie.

Limites d'extension de l'espèce.

Sud, Algérie................	35°	}	Ecart en latitude :
Nord, Norvége.............	62	}	27°
Occident, Islande...........	24 O.	}	Ecart en longitude :
Orient, Dahurie...........	119 E.	}	143°
Carré d'expansion.............	3861		

GALIUM MOLLUGO, Lin. — Ce *Galium* est presque aussi

commun que le précédent, et contribue beaucoup aussi à la décoration des campagnes par ses innombrables panicules de fleurs blanches qui s'élèvent pour fleurir dans les haies, au-dessus des buissons, où souvent ses grappes neigeuses contrastent avec les fleurs violettes du *Vicia Cracca*, avec les fleurs jaunes du *Lathyrus pratensis*, ou avec les épis pur-purins du *Lythrum Salicaria*. On rencontre partout cette belle plante vivace, aux tiges dures et presque ligneuses à la base, munies d'une écorce sèche, et plus haut herbacées, quadrangulaires, renflées aux articulations qui donnent naissance à des feuilles longues, pointues, verticillées et très-ouvertes. Tantôt la plante traîne sur le sol, tantôt elle s'élève, appuyée sur d'autres végétaux. Ses fleurs blanches se succèdent longtemps depuis le mois de mai jusqu'au mois d'août. Parfois elle repousse en automne, et conserve pendant tout l'hiver la verdure de ses jeunes pousses. — Souvent mêlée à la précédente, ces deux plantes s'hybri-dent et donnent naissance à une espèce intermédiaire ordi-nairement stérile, remarquable par l'abondance de ses fleurs et leur nuance ochroleuque, qui tient le milieu entre la couleur des deux parents.

Nature du sol. — *Altitude.* — Ce *Galium* est indiffé-rent et se contente de tous les terrains; il peut s'élever dans les montagnes. Nous le trouvons en Auvergne jus-qu'à 1,400^m. De Candolle l'indique aussi à 0 partout, et à 1,400^m dans les Alpes et dans le Jura. Wahlenberg le cite en Suisse, au-dessus de la limite des sapins.

Géographie. — On a probablement confondu plusieurs espèces sous cette dénomination. Le *G. elatum*, Thuill., celui de notre circonscription, est sans doute distinct. La variété *ochroleucum*, du nord de l'Europe, devrait peut-être aussi être considérée comme espèce. Ce groupe s'étend au

sud, dans le midi de la France, jusque dans les Pyrénées,
en Espagne, en Portugal, dans le midi de l'Italie et même
à Madère. — Au nord, il se trouve dans presque toute
l'Europe centrale, dans tout le Danemarck et toute la Go-
thic, dans la Norvége, la Suède et la Finlande australes. Il
est aussi en Angleterre, en Irlande et en Islande, mais dans
aucun des archipels. — A l'occident, nous avons cité l'Islande, le Portugal et Madère. — A l'orient, il habite la Suisse,
les Carpathes, la Turquie, la Dalmatie, la Croatie, la
Hongrie, la Transylvanie, les Russies septentrionale,
moyenne et australe, la Tauride, le Caucase, la Géorgie
et la Sibérie de l'Oural.

Limites d'extension de l'espèce.

Sud, Madère...............	33°	}	Ecart en latitude :
Nord, Finlande............	62	}	29°
Occident, Madère..........	19 O.	}	Ecart en longitude :
Orient, Sibérie de l'Oural.....	59 E.	}	78°
Carré d'expansion...........	2262		

Galium erectum, Huds. — Cette espèce a dû être
confondue avec la précédente, dont elle diffère par son port,
par sa floraison plus précoce, en mai et en juin, par ses fleurs
plus grandes et ses anthères plus grosses. Elle croît aussi le
long des haies, dans les buissons et dans les pâturages.

Nature du sol. — Altitude. — Elle habite les terrains
siliceux et graveleux des plaines et des coteaux. M. Boissier
la cite entre 600 et 2,000^m dans le royaume de Grenade.

Géographie. — Il est probable qu'elle est incomplète. Ce
Galium s'avance, au sud, en Espagne, et jusqu'en Algérie dans
l'Aurès. Au nord, il est en Suisse, dans l'Allemagne méri-

dionale, sur le plateau central de la France, en Belgique et en Angleterre. — A l'occident, il habite l'Espagne et l'Angleterre. — A l'orient, la Sicile, la Corse, la Sardaigne, la Hongrie, la Dalmatie, la Croatie, la Transylvanie et la Turquie.

Limites d'extension de l'espèce.

```
Sud, Algérie.............. 35°  ⎞ Écart en latitude :
Nord, Angleterre.......... 53   ⎠        18°
Occident, Espagne......... 8 O. ⎞ Écart en longitude :
Orient, Turquie........... 22 E. ⎠        30°
        Carré d'expansion............ 540
```

GALIUM LUCIDUM, All. — Souvent confondue avec la précédente, cette espèce en est très-distincte ; elle forme de larges touffes sur le bord des chemins, dans les prés secs. Ses tiges sont luisantes, couchées à la base ; ses feuilles sont roulées en-dessous, ce qui les rend presque rondes, et empêche d'apercevoir ou toucher les petites aspérités qui sont sur leurs bords. Les fleurs sont plus petites que dans le *G. erectum*, les fruits plus allongés. — Il fleurit en mai, en juin et en juillet.

Nature du sol. — Altitude. — Il croît sur le calcaire jurassique, en plaine ou sur les coteaux.

Géographie. — Son aire d'expansion doit avoir été quelquefois confondue avec celle de l'espèce précédente. Il croît en France, en Espagne et en Algérie. — Au nord, il s'arrête sur le plateau central et à Lyon. — A l'occident, il reste en Espagne. — A l'orient, on le rencontre en Piémont, à Majorque, à Gênes, à Rome, dans le Caucase, et dans les Sibéries de l'Altaï et du Baïkal.

Limites d'extension de l'espèce.

Sud, Algérie............... 35°   ⎞ Ecart en latitude :
Nord, Sibérie du Baïkal....... 50   ⎠   15°
Occident, Espagne........... 6 O. ⎞ Ecart en longitude :
Orient, Sibérie du Baïkal.... 116 E. ⎠   122°
         Carré d'expansion............ 1830

GALIUM RUBRUM, Lin. — Il forme de petites touffes parmi les broussailles, sur les débris des rochers ; ses tiges sont couchées, étalées ; ses feuilles, verticillées par 8, sont étalées, linéaires, d'un vert clair, glabres et luisantes. Ses fleurs, pourprées, sont disposées en panicule très-ramifiée. Elles s'ouvrent le matin et se ferment le soir. Les styles, légèrement inégaux, s'allongent après la fécondation qui dure plusieurs jours — M. Lamotte fait remarquer que ce *Galium*, de la Lozère, est intermédiaire entre le *G. rubrum*, du midi, et le *G. obliquum*, Vill., et paraît être un passage entre ces 2 plantes ; il appartient au premier par ses fleurs d'un rouge sanguin, quelquefois orangées ou jaunâtres, et au second par ses tiges plus robustes, couvertes de poils dans le bas, et étalées à la base.

Nature du sol. — Altitude. — Il est indifférent à la nature du sol, et croît à une faible altitude sur les terrains rocailleux.

Géographie. — Au sud, il habite la France, le Piémont, la Corse et la Sardaigne. — Au nord, le plateau central de la France, la Suisse méridionale et le Tyrol. — A l'occident, il reste en France. — A l'orient, il arrive jusque dans la Hongrie et la Transylvanie.

Limites d'extension de l'espèce.

Sud, Sardaigne............ 41°		Ecart en latitude :
Nord, Tyrol.............. 48		7°
Occident, France.......... 0		Ecart en longitude :
Orient, Transylvanie........ 22 E.		22°
Carré d'expansion............ 154		

GALIUM SAXATILE, Lin. — Il forme de jolis gazons serrés, d'un beau vert, sur les pelouses des montagnes, parmi les bruyères, dans les lieux rocailleux. Il est vivace, et sa racine donne naissance à des tiges nombreuses, les unes stériles et couchées, les autres fructifères et dressées. Les feuilles sont verticillées par 6, les inférieures obovées et arrondies en verticilles rapprochés, les supérieures oblongues, lancéolées en verticilles éloignés. Ces feuilles sont garnies de cils sur leurs bords. Les fleurs sont quelquefois axillaires et solitaires, plus souvent elles sont portées sur un pédoncule qui se divise en 3 pédicelles uniflores. Ces fleurs sont d'un blanc un peu jaunâtre. Le fruit est lisse. — Ce *Galium* fleurit tard, en juillet et en août. Il est parfois très-commun. Nous l'avons vu, dans les clairières des bois de sapins, s'étaler sur la terre et la couvrir, mêler ses fleurs à celles du *Veronica officinalis*, du *Potentilla Tormentilla*, et s'étendre en larges tapis sous des groupes d'*Aira flexuosa* entièrement roses et étalant leurs panicules carminées au-dessus de ces gazons.

Nature du sol. — Altitude. — Il habite les terrains siliceux, rocailleux, sablonneux ou détritiques, les trachytes, les scories des volcans, aussi manque-t-il aux calcaires jurassiques. — Il croît dans les montagnes, et atteint de grandes

élévations, 1,500 à 1,700^m, en Auvergne. De Candolle
l'indique à 1,600^m dans les Alpes, et à 2,400^m au port
d'Oo, dans les Pyrénées.

Géographie. —Au sud, on le rencontre dans les Pyrénées,
en Espagne, dans le royaume de Naples. — Au nord, il se
trouve dans une grande partie de l'Europe centrale, dans
tout le Danemarck, dans la Gothie et la Norvége australes,
en Angleterre, en Irlande, dans tous les archipels et en
Islande. — A l'occident, il est en Portugal et en Islande.
— A l'orient, en Suisse, en Italie et dans les montagnes
de l'Oural.

Limites d'extension de l'espèce.

Sud, Royaume de Naples......	40°	}	Ecart en latitude :
Nord, Islande..............	65	}	25°
Occident, Islande...........	22 O.	}	Ecart en longitude.
Orient, Oural..............	55 E.	}	77°
Carré d'expansion.............	1925		

GALIUM SYLVESTRE, Poll. — Nous réunissons peut-être
à tort, sous cette dénomination, plusieurs espèces distinctes,
telles que *G. lœve*, Thuill., *G. Bocconi*, All., *G. supinum*,
Lam., *G. commutatum*, Jord., que bien d'autres auteurs
ont, sans doute, confondues, et qu'il nous serait impossible
de séparer. Leur caractère sera, par cela même, assez mal
déterminé. Ce sont des plantes vivaces, qui croissent dans
les clairières des bois, sur les pelouses, dans les prés secs, et
dont les tiges, lisses et cylindriques, sont tantôt droites,
tantôt et plus souvent diffuses et gazonnantes. Les feuilles
sont minces, étalées, élargies, glaucescentes, souvent réfléchies, d'un beau vert, réunies par 6 à 8 en verticilles. Les
fleurs sont blanches, un peu campanulées, les panicules plus

ou moins rameuses , plus ou moins resserrées. Les fruits sont grisâtres et chagrinés. Il fleurit en juin, juillet et août.

Nature du sol. — *Altitude.* — Ce *Galium* recherche les terrains siliceux et volcaniques , les sols sablonneux. Il atteint , en Auvergne, nos plus hautes montagnes jusqu'à 1,800^m. M. Boissier l'a trouvé , en Espagne , de 1,600 à 2,800^m.

Géographie. — Au sud, il habite la France, les Pyrénées, le midi de l'Espagne et le royaume de Naples. — Au nord , on le trouve en Allemagne, en Danemarck, en Gothie et dans la Norvége australe. Il atteint aussi l'Angleterre ou plutôt l'Ecosse, jusqu'au 57°, et l'Islande. — Il trouve, dans cette dernière localité, sa limite occidentale. — A l'orient, il existe en Suisse et en Italie , en Hongrie , en Croatie, en Transylvanie , en Turquie.

Limites d'extension de l'espèce.

Sud, Royaume de Grenade.... 37°   ) Ecart en latitude :
Nord, Islande............... 65   }   28°
Occident, Islande.......... 20 O. | Ecart en longitude ·
Orient, Turquie............ 22 E. }   42°
      Carré d'expansion............ 1176

G. VAILLANTIA, *DC.*

Il est formé de 2 espèces, toutes deux de l'Europe australe.

VAILLANTIA MURALIS , Lin. — Très-petite plante qui rampe sur les rochers, les vieux murs et les pentes rocailleuses des coteaux. Son organisation, bien étudiée par Vaucher, est des plus remarquables. Toutes ses parties sont dures et glabres. Ses feuilles sont disposées sur quatre rangs sur des tiges tétragones, et chaque verticille se recouvre de manière à former une petite pyramide quadrangulaire. Ces feuilles sont déjetées et les fleurs sont ternées entre chaque aisselle. La fleur centrale, seule fertile, s'incline pendant la maturation, et les deux autres conservent assez longtemps leurs pédicelles redressés ; après la fécondation les bases des calices se soudent, leurs limbes grandissent et forment trois cornes qui couronnent le fruit. À l'époque de la dissémination, la graine, toujours solitaire, sort par la base entre ces trois cornes qui s'écartent, et le péricarpe ouvert reste attaché à la tige. — La floraison, qui a lieu de bonne heure, commence par le bas de la plante, et les fruits inférieurs sont mûrs avant que les fleurs du sommet ne soient épanouies. — Les fleurs, continue Vaucher, sont placées entre les aisselles et non aux aisselles ; il en a compté 12 dans chaque verticille supérieur, 8 stériles et 4 fertiles, dont les fruits mûrs sont pendants entre les aisselles des 4 feuilles (1). — Le *Vaillantia* fleur t en avril et en mai.

Nature du sol. — Altitude. — Il croît sur les terrains calcaires et rocheux de la plaine.

Géographie. — Il est méridional et se trouve, au sud, dans le midi de la France, de l'Espagne et de l'Italie, en Corse, en Sicile, en Grèce, aux Baléares. — Au nord, il a sa limite en Istrie et sur le bord du plateau central. —A l'occident, il est en Portugal. —A l'orient, en Italie, en Dalmatie, en Croatie, en Grèce, dans la Turquie occidentale et méridionale.

(1) Hist. physiol. des plantes d'Europe, t. 2, p. 706.

Limites d'extension de l'espèce.

Sud, Royaume de Grenade.... 36°   ⎫ Écart en latitude :
Nord, Plateau central........ 44   ⎬   8°
Occident, Portugal.......... 10 O. ⎫ Écart en longitude :
Orient, Grèce.............. 20 E. ⎬   30°
    Carré d'expansion............ 240

FAMILLE DES VALÉRIANÉES.

*Tableau des proportions relatives des espèces dans le sens
des latitudes.*

	Latitude.	Longitude.		
Nigritie...........	0° à 10°	18°O. à 5° E.	0 :	0
Abyssinie	10 à 16	32 E. à 41 E.	0 :	0
Algérie...........	33 à 36	5 O. à 6 E.	1 :	168
Royaume de Grenade.	36 à 37	5 O. à 8 O.	1 :	268
Sicile............	37 à 38	10 E. à 13 E.	1 :	143
Portugal..........	37 à 42	9 O. à 11 O.	1 :	253
Royaume de Naples..	38 à 42	11 E. à 16 E.	1 :	131
Caucase...........	40 à 44	35 E. à 48 E.	1 :	127
Tauride...........	43 à 46	31 E. à 34 E.	1 :	107
Plateau central.....	44 à 47	0 à 2 E.	1 :	145
France	42 à 51	7 O. à 6 E.	1 :	155
Russie méridionale...	47 à 50	22 E. à 49 E.	1 :	278
Allemagne.........	45 à 55	2 E. à 14 E.	1 :	144
Carpathes.........	49 à 50	19 E. à 22 E.	1 :	265
Angleterre	50 à 58	1 O. à 7 O.	1 :	226
Russie moyenne.....	50 à 60	17 E. à 58 E.	1 :	276
Scandinavie entière..	55 à 71	3 E. à 29 E.	1 :	351

	Latitude.	Longitude.		
Danemarck........	52° à 57°	7° E. à 12° E.	1 :	325
Gothie	55 à 59	10 E. à 15 E.	1 :	272
Suède............	55 à 69	10 E. à 22 E.	1 :	385
Norvége..........	58 à 71	2 E. à 10 E.	1 :	306
Russie septentr[le]....	60 à 66	19 E. à 57 E.	1 :	289
Finlande..........	60 à 70	18 E. à 28 E.	1 :	236
Laponie..........	65 à 71	14 E. à 40 E.	0 :	0
EUROPE ENTIÈRE..........................			1 :	180

Tableau des proportions relatives des espèces dans le sens des longitudes.

	Latitude.	Longitude.		
Irlande.........	51° à 55°	7° O. à 13° O.	1 :	243
Angleterre	50 à 58	1 O. à 7 O.	1 :	226
Allemagne	45 à 55	2 E. à 14 E.	1 :	144
Russie moyenne...	50 à 60	17 E. à 58 E.	1 :	276
Sibérie de l'Oural.	44 à 67	55 E. à 74 E.	1 :	298
Sibérie altaïque...	44 à 67	66 E. à 97 E.	1 :	299
Sibérie du Baïcal..	49 à 67	93 E. à 116 E.	1 :	290
Daburie.........	50 à 55	110 E. à 119 E.	1 :	252
Sibérie orientale...	56 à 67	111 E. à 163 E.	1 :	234
Sibérie arctique...	67 à 78	60 E. à 161 E.	0 :	0
Kamtschatka.....	46 à 67	148 E. à 170 E.	0 :	0
Pays des Tschukhis.	»	»	155 E. à 175 O.	0 : 0
Iles de l'Océan or[al].	51 à 67	170 E. à 130 O.	0 :	0
Amérique russe...	54 à 72	170 O. à 130 E.	0 :	0

Tableau des proportions relatives des espèces dans le sens des altitudes.

	Latitude.	Altitude en mètres.		
Roy. de Gr[de], rég. alp. et niv.	36° à 37°	1500 à 3500	1 :	162
Roy. de Grenade, rég. niv..	36 à 37	2500 à 3500	0 :	0

	Latitude.	Altitude en mètres.	
Pyrénées..............	42° à 43°	500 à 2700	1 : 138
Pyrénées élevées........	42 à 43	1500 à 2700	0 : 0
Pic du Midi, de Bagnères..	»	»	0 : 0
Plat. central, rég. montagn.	44 à 47	500 à 1900	1 : 125
Plateau central, sommets..	44° à 47°	1500 à 1900	0 : 0
Alpes..................	45 à 46	500 à 2700	1 : 149
Alpes élevées..........	45 à 46	1500 à 2700	1 : 175

Tableau des proportions relatives des espèces dans les îles.

	Latitude.	Longitude.		
Iles du Cap-Vert....	12° à 14°	24° O. à 27° O.	0 : 0
Canaries..........	28 à 30	15 O. à 20 O.	1 : 181
Hébrides	57 à 58	8 O. à 10 O.	0 : 0
Orcades..........	59	5 O. à 6 O.	0 : 0
Shetland	60 à 61	3 O. à 4 O.	0 : 0
Feroë............	62	9 O.	0 : 0
Islande..........	64 à 66	16 O. à 27 O.	0 : 0
Mageroë........ .	71	24 E.	0. 0
Spitzberg...... ..	79 à 80	10 E. à 20 E.	0 : 0
Ile Melville........	76	114 O.	0 : 0
Ile J. Fernandez....	33 à 40 S.	76 O.	0 : 0
Nouv. Zélande (nord).	35 à 42 S.	171 O. à 176 O.	0 : 0
Malouines........	52 S.	59 O. à 65 O.	0. 0

La famille des Valérianées n'est pas une des plus importantes du règne végétal, mais elle est encore assez nombreuse. Dans l'ancien continent ces plantes sont principalement répandues dans l'Europe moyenne et tout autour du bassin de la Méditerranée, en Tauride et dans le Caucase, et ensuite dans la Sibérie et le Népaul, ainsi qu'au Japon. Elles ne se trouvent ni dans la zone torride, ni au delà du tropique du Capricorne. — Dans le nouveau monde, au contraire, on les trouve en quantité assez considérable dans les montagnes de la zone torride, ainsi que dans les parties australes du continent, au Chili et jusque sur les terres Magellaniques et sur les îles voisines. — En Europe, notre premier tableau nous montre ces plantes inégalement dispersées et atteignant leur maximum, 1⁄107 et 1⁄127, dans la Tauride et le Caucase. Viennent ensuite les contrées qui touchent la Méditerranée, le royaume de Naples, la Sicile, l'Algérie, la France. Ces plantes diminuent en allant vers le nord, jusqu'en Laponie où il n'en reste plus qu'une seule espère. — Dans le sens des longitudes, notre second tableau montre un affaiblissement graduel à l'est et une disparution complète en approchant de l'Amérique du nord. — Les montagnes ne sont pas favorables au développement des Valérianées, et si les zones inférieures conservent à peu près la proportion des contrées au milieu desquelles elles s'élèvent, les zones supérieures et les sommets sont bientôt abandonnés par elles. — Quant aux îles, à l'exception des Canaries, nous voyons ces plantes les fuir ou se trouver réduites à une seule espèce que nous avons considérée comme 0.

G. VALERIANA, *Lin.*

Distribution géographique du genre. — Ce genre contient plus de 100 espèces, dont la moitié environ habitent l'Amérique centrale; là est le grand centre des Valérianes. 25 de ces 50 espèces croissent au Pérou, les autres au Chili, au Brésil, au Paraguay, et quelques-unes même vont jusque sur les terres Magellaniques et aux Malouines. — L'Amérique du nord a près de 20 espèces, presque toutes du Mexique et de la Nouvelle-Grenade, très-peu des

Etats-Unis ou de la partie boréale du continent. — L'Europe et l'Asie ont à peu près le même nombre de valérianes, 18 à 20. Celles de l'Asie habitent principalement les Indes orientales, le Népaul, puis la Sibérie, et atteignent les îles Aléoutiennes. Un autre groupe est dans le Caucase ou dans l'Asie mineure, établissant ainsi le passage aux espèces européennes. — Celles-ci se trouvent principalement dans l'Europe australe et moyenne, en Italie, dans les Pyrénées, dans les Alpes ; quelques-unes en Grèce, en Autriche, en Bohême et en Suède. — Une seule, africaine, est reléguée au cap de Bonne-Espérance.

VALERIANA OFFICINALIS, Lin. — Il arrive dans l'année une époque où les fleurs sont si abondantes, qu'on ne sait plus à laquelle on doit donner la préférence. C'est à la fin de juin que l'on trouve cette admirable confusion, et c'est alors, aussi, que la valériane fleurit dans les taillis, sur le bord des bois et parmi les buissons. Ses racines odorantes, ses feuilles découpées et d'un vert noir, ses hautes tiges fistuleuses et striées, et surtout ses corymbes violacés dont l'odeur et la forme ont quelque chose de l'héliotrope, la font bientôt distinguer au milieu de ses nombreuses compagnes. — La floraison commence par le bouton qui est posé à l'aisselle de la première dichotomie, puis s'ouvrent successivement ceux des dichotomies secondaires, et enfin ceux qui, serrés les uns contre les autres en une sorte de corymbe, résultent des subdivisions nouvelles raccourcies, et même avortées. Souvent les fleurs sont polygames; la corolle est toujours un peu irrégulière, à cinq divisions; elle a trois étamines et une petite poche nectarifère. — Le fruit est muni, comme celui des *Centranthus,* d'une aigrette légère dont les 10 branches velues sont roulées sur elles-mêmes, et qui, sensibles à l'état de l'atmosphère, se resserrent si la pluie arrive, mais s'étalent au soleil et confient leur sort aux courants capricieux de l'air agité. — La valériane vit le plus souvent en société dans les bois humides et associée au *Spiræa Ulmaria*, au *Crepis paludosa*, au *Silene diurna*, au *Galeobdolon luteum*, etc.

Nature du sol. — Altitude. — Elle est indifférente et croît dans tous les terrains, préférant les lieux frais, humides et à demi-ombragés. — Elle habite la plaine et les montagnes. Nous la trouvons en Auvergne jusqu'à 1,200^m; de Candolle la cite à 0 en Bretagne et à 1,200^m dans les Pyrénées ; Ledebour l'indique entre 900 et 1,000^m sur le promontoire du Caucase occidental.

Géographie. — Quoique très-commune dans le centre de la France, la valériane s'arrête dans la région des oliviers, pour paraître de nouveau dans les Pyrénées ; elle se rencontre aussi en Espagne, dans le midi de l'Italie et en Sicile. — Au nord, elle abonde dans toute l'Europe, dans toute la Scandinavie, où elle croît aussi au milieu des buissons et le long des prés humides, jusque dans la Laponie, même au Cap-Nord, mais ses fleurs deviennent inodores dans ces froides régions. Elle habite aussi l'Angleterre, l'Irlande, les Hébrides, les Orcades et l'Islande. — A l'occident, elle ne va pas au delà de cette dernière habitation. — A l'orient, elle existe en Suisse, en Italie, en Dalmatie, en Hongrie, en Croatie, en Transylvanie, dans le Caucase, en Géorgie, dans les Carpathes, en Turquie, dans toutes les Russies, dans les Sibéries de l'Oural, de l'Altaï et du Baïkal, et dans la Dahurie.

Limites d'extension de l'espèce.

Sud, Sicile................	38°	}	Ecart en latitude :
Nord, Cap Nord............	71	}	33°
Occident, Islande..........	22 O.	}	Ecart en longitude :
Orient, Dahurie..........	119 E.	}	141°
Carré d'expansion...........	4653		

VALERIANA DIOÏCA, Lin. — Les prairies humides et marécageuses sont parsemées, dès le mois d'avril, de cette petite valériane qui partage le terrain avec les *Orchis maculata* et *latifolia*, le *Menyanthes trifoliata*, le *Scorzonera humilis*, le *Caltha palustris*, et d'autres espèces moins précoces qui viennent à leur tour cacher le sol tourbeux sous l'abondance de leurs fleurs. — Ses racines minces et allongées tracent à une petite profondeur ; ses feuilles, entières à la base de la tige, et d'un vert foncé, sont profondément divisées à sa partie supérieure. La corolle est plus grande dans les plantes mâles que dans les individus femelles ; elle est rose ou lilacée comme celles de toutes nos valérianes, et ses graines sont aussi régulièrement aigrettées.

Nature du sol. — Altitude. — Cette plante recherche les terrains très-mouillés, marécageux, tourbeux et siliceux, c'est-à-dire les sols détritiques. Elle s'élève jusqu'à 1,000ᵐ en Auvergne. De Candolle la cite à 30ᵐ en Anjou, et à 1,200ᵐ à Allos. Wahlenberg dit qu'elle croît, en Suède, jusqu'à la limite du sapin.

Géographie. — Cette espèce reste en France, au midi, sur le plateau central, sans descendre en Provence, et sans remonter dans les Pyrénées ; elle atteint cependant l'Espagne et les montagnes du royaume de Naples. — Au nord, elle est connue dans tout le centre de l'Europe, dans le Danemarck, dans la Gothie et la Finlande australes, dans la Norvége boréale ; elle est aussi en Angleterre. — A l'occident, elle abonde dans l'ouest de la France, mais ne dépasse pas l'Angleterre. — A l'orient, on la trouve en Suisse, dans quelques parties de l'Italie, en Dalmatie, en Croatie, en Hongrie, en Transylvanie, en Tauride, dans les Carpathes et dans la Russie moyenne.

Limites d'extension de l'espèce.

Sud, Royaume de Naples...... 40°	}	Ecart en latitude :
Nord, Norvége............. 60	}	20°
Occident, Angleterre....... 6 O.	}	Ecart en longitude :
Orient, Russie moyenne...... 55 E.	}	61°
Carré d'expansion............ 1220		

VALERIANA TUBEROSA, Lin. — Il habite les lieux montagneux, les prairies et les pentes des coteaux. Sa racine est épaisse, tubéreuse, dure et très-odorante. Ses feuilles radicales sont lancéolées, entières et rétrécies en pétioles ; celles de la tige sont peu nombreuses, d'un vert cendré et profondément découpées. Les fleurs sont disposées en une panicule terminale et serrée de fleurs rosées et odorantes. — Il fleurit en mai et en juin.

Nature du sol. — *Altitude.* — Il croît sur les terrains calcaires et marneux de la plaine et des montagnes. De Candolle le cite à 0 à Toulon et à 1,400ᵐ dans les Alpes de Provence. M. Boissier l'indique en Espagne, dans sa région montagneuse.

Géographie. — Cette plante est très-rare sur le plateau central de la France, et reste sur ses confins méridionaux.

Elle est commune, au sud, dans la Provence, en Espagne, et se retrouve en Algérie, dans les pâturages supérieurs du Djebel-Cheliah dans l'Aurès, et sur le Djebel-Tougour (Cosson). — Au nord, elle s'arrête sur le bord du plateau central, aux environs de Dijon, et en Istrie sur les rivages de l'Adriatique. — A l'occident, on la trouve en Portugal. — A l'orient, elle est en Italie, en Sicile, en Dalmatie, en Croatie, en Grèce, dans le Caucase, en Géorgie, dans l'île de Chypre, dans la Russie australe, dans les Sibéries de l'Oural et de l'Altaï.

Limites d'extension de l'espèce.

Sud, Royaume de Grenade.... 36°		Écart en latitude :
Nord, France.............. 46		10°
Occident, Portugal.......... 10 O.		Ecart en longitude :
Orient, Sibérie de l'Altaï..... 96 E.		106°
Carré d'expansion............. 1060		

VALERIANA TRIPTERIS, Lin. — Dès le mois de mai les rochers et les lieux rocailleux des montagnes se couvrent de cette belle espèce dont les fleurs roses et lilacées se succèdent longtemps. De très-longues racines s'insinuent entre les pierres, jusqu'à ce qu'elles aient trouvé le sol que l'accumulation des fragments de rochers défend contre le soleil ; de longs rhizomes tracent aussi entre ces débris souvent ensevelis dans les coussins épais des *Trichostomum,* des *Hypnum* et d'autres mousses gazonnantes. C'est seulement au-dessus de ces abris que l'on voit paraître de nombreux rameaux garnis de feuilles d'un vert foncé, dont les supérieures se divisent en trois. Ces rameaux sont terminés par de longs corymbes, quelquefois dioïques et plus souvent polygames.

— Elle forme des touffes très-puissantes au milieu des *Vaccinium Myrtillus*, près des buissons du *Lonicera nigra*, de l'*Epilobium spicatum*, etc.

Nature du sol. — *Altitude.* — Cette valériane recherche les terrains siliceux et volcaniques, rocheux ou rocailleux. Elle descend quelquefois dans la plaine, mais sa station ordinaire, en Auvergne, est de 1,000 à 1,500^m. De Candolle l'indique à 200^m à Sorane, et à 1,800^m dans la vallée d'Eynes, dans les Pyrénées.

Géographie. — Au sud, on la trouve dans les Pyrénées et dans le midi de l'Italie. — Au nord, elle habite le centre de l'Allemagne, les Carpathes. — A l'occident, elle ne dépasse pas le plateau central. — A l'orient, le royaume de Naples, la Dalmatie, la Croatie, la Hongrie et la Transylvanie.

Limites d'extension de l'espèce.

Sud, Royaume de Naples......	40°	Écart en latitude :
Nord, Carpathes.............	50	10°
Occident, France.............	0	Écart en longitude :
Orient, Transylvanie.........	20 E.	20°
Carré d'expansion..............	200	

G. CENTRANTHUS, DC.

Il n'existe que 6 espèces de ce genre, dont 4 de l'Europe australe, de la Corse et de la Sardaigne, et 2 asiatiques, de l'Arménie et de l'île de Chypre.

CENTRANTHUS CALCITRAPA, Dufr. — Cette plante annuelle et assez rare a peu d'importance. Ses tiges, grosses à la base, se rétrécissent rapidement au sommet, et sont fistuleuses dans toute leur longueur. Elles sont munies de feuilles simples, à longs pétioles dans le bas de la tige, tandis que les autres deviennent de plus en plus sessiles et découpées à mesure qu'elles approchent du sommet. Les fleurs sont disposées en jolies grappes roses, et leur appendice n'est plus qu'une bosse ou une légère saillie; leur anthère est unique, et se trouve placée au-dessous d'un stigmate trifide. — Elle fleurit en mai, juin et juillet. Elle croît sur les vieux murs, sur les coteaux pierreux.

Nature du sol. — Altitude. — Ce *Centranthus* recherche les terrains calcaires et rocailleux. Il préfère les plaines, mais il s'élève facilement et atteint jusqu'à 2,000^m dans le midi de l'Espagne.

Géographie. — Il est méridional et se trouve dans le midi de la France, en Corse, en Espagne, aux Baléares, dans toute la région méditerranéenne excepté l'Egypte, en Algérie, aux Canaries. — Au nord, on le rencontre sur le bord du plateau central, et, d'après MM. Grenier et Godron, il remonte le Rhône jusqu'à Nantua. — A l'occident, il est en Portugal et aux Canaries. — A l'orient, en Italie, en Sicile, en Dalmatie et en Turquie.

Limites d'extension de l'espèce.

Sud, Canaries............... 30° ⎫ Ecart en latitude :
Nord, France............... 46   ⎭   16°
Occident, Canaries.......... 18 O. ⎫ Ecart en longitude :
Orient, Turquie............. 25 E. ⎭   43°
      Carré d'expansion............ 688

CENTRANTHUS RUBER, DC. — Grande et magnifique espèce qui a pour mission de décorer les rochers, de s'implanter sur les ruines et de couvrir de fleurs le donjon qui s'écroule aussi bien que le roc éternel. Ses profondes racines s'enfoncent dans les fissures et y résistent aux sécheresses prolongées. Ses feuilles glauques, larges et opposées, peuvent puiser dans l'air presque toute la nourriture de la plante ; aussi dès le printemps, ces tiges se divisent en nombreux rameaux feuillés. Elles se terminent par des panicules étagées , d'un beau rouge, où la floraison commence par le centre pour s'en éloigner ensuite et gagner les parties extérieures des grappes. Ces fleurs ont un tube allongé , au-dessus duquel on voit en saillie une seule étamine pourprée. Elle s'ouvre du côté opposé au stigmate. La corolle est terminée inférieurement par un éperon prolongé et nectarifère. Le calice, à peine apparent pendant la floraison, se déroule dès que la corolle se flétrit, et se transforme en une frange ciliée, en une véritable aigrette, au moyen de laquelle le fruit, indéhiscent et monosperme , est facilement entraîné dans les airs. — Cette espèce est parfois associée au *Cheiranthus Cheiri,* à l'*Antirrhinum majus*, et nous l'avons vue former, au milieu des guirlandes de lierre , la parure éclatante d'un temple abandonné. — Elle fleurit en juin et en juillet.

Nature du sol. — Altitude. — Il habite les terrains rocheux, quelle que soit leur nature, les vieilles murailles et le voisinage des habitations. Il reste dans les plaines.

Géographie. — Sa géographie est assez difficile à établir, car dans un grand nombre de localités il est naturalisé et échappé des jardins , où les vents s'emparant de sa graine élégamment plumeuse , l'emportent au loin sur les ruines et sur les montagnes. — Au sud, il est répandu dans tout le midi de la France , en Espagne , en Algérie, sur les rochers de l'Atlas. — Au nord , il est disséminé sur quelques points de la France , de la Suisse, du Tyrol et de l'Istrie. — A l'occident, il est en Portugal. — A l'orient, il existe en Italie, en Sicile, en Turquie, en Dalmatie, en Croatie et en Grèce.

Limites d'extension de l'espèce.

Sud, Algérie..............	35°	)Écart en latitude :	
Nord, Tyrol...............	47	)	12°
Occident, Portugal..........	10 O.	)Écart en longitude :	
Orient, Turquie............	20 E.	)	30°
Carré d'expansion............	360		

CENTRANTHUS ANGUSTIFOLIUS, DC. — Moins élégant que le précédent, à feuilles plus étroites, à tiges moins rameuses, il vit en petits groupes sur les rochers, et plus souvent dans les lieux secs et pierreux. Ses fleurs et ses fruits offrent exactement la même conformation. Ses fleurs rouges ou roses descendent jusqu'à l'albinisme. On pourrait considérer cette espèce, ainsi que la précédente, comme des plantes toujours vertes, car, si elles ne végètent qu'au printemps, elles résistent au moins pendant l'hiver. — Il fleurit en juin et en juillet.

Nature du sol. — Altitude. — Il croît sur les terrains calcaires et rocheux, sur les coteaux graveleux, et peut s'élever très-haut dans les montagnes. De Candolle l'indique à 60^m à Aix, et à 1,000^m à Mont-Louis, dans les Pyrénées, et au creux du Van dans le Jura. M. Boissier le cite dans les fissures des rochers du royaume de Grenade, entre 2,300 et 2,800^m. MM. Grenier et Godron disent que dans le Jura il se trouve jusqu'à la hauteur de la région des sapins.

Géographie. — Au sud, ce *Centranthus* se trouve en France, en Espagne et en Barbarie, sur les rochers de

l'Atlas et du Djebel-Tougour. — Au nord, il habite le
Jura et la Suisse occidentale. — A l'occident, il reste sur
le plateau central de la France. — A l'orient, il s'avance
jusque dans le royaume de Naples, en Grèce et dans la
haute Albanie.

Limites d'extension de l'espèce.

Sud, Atlas................ 35°	}	Ecart en latitude :
Nord, Suisse.............. 48	}	13°
Occident, France........... 0	}	Ecart en longitude :
Orient, Grèce............. 21 E.	}	21°
Carré d'expansion........... 273		

G. VALERIANELLA, *Poll.*

Distribution géographique du genre. — On en connaît
36 espèces, dont 23 sont dispersées en Europe dans la région
méditerranéenne, en Italie, en Sicile, en Grèce, en Crimée,
en France et en Allemagne. — L'Asie en a 8, dont 4 ou
5 continuent la série européenne et vivent au Caucase, en
Géorgie, et 2 autres en Sibérie et en Perse. — On en
cite 3 espèces dans l'Amérique septentrionale ; — une seule
au Chili ; — une seule en Afrique, en Abyssinie.

VALERIANELLA OLITORIA, Poll. — Ses semences, répandues en automne sur la terre nue des champs et des jardins,
ne tardent pas à se développer sous l'influence des pluies, et
bientôt de petites rosettes de feuilles spatulées et d'un beau
vert se montrent sur le sol. Elles grandissent et s'étalent
jusqu'à ce que le froid les arrête sans les détruire. Elles font
alors partie de cette verdure hivernale qui décore la terre si

la neige ne vient pas la couvrir. Dès les premiers jours de
soleil, une tige dichotome sort du milieu de la rosette ; elle
se divise et se termine par des corymbes de fleurs bleuâtres
et très-petites, que l'on remarque cependant, car à cette
époque la nature n'est pas prodigue, et l'on compte facilement les espèces printanières. La disposition des fleurs de
cette valérianelle tient à la division infinie des tiges, qui
sont régulièrement dichotomes. Les premières fleurs sont
sessiles aux dichotomies, et à mesure que celles-ci se multiplient, les fleurs se rapprochent, et enfin au sommet des rameaux ces bifurcations de la tige sont tellement rapprochées,
que les fleurs elles-mêmes simulent des corymbes. Leurs trois
anthères répandent un pollen blanchâtre sur trois stigmates
papillaires, et l'ovaire, accompagné du calice persistant, devient un fruit à trois loges, dont une seule, fertile, est bossue
et celluleuse sur le dos. — Le *V. radiata* lui est exactement parallèle dans l'Amérique septentrionale.

Nature du sol. — *Altitude.* — Cette plante est indifférente et accepte tous les terrains, et reste ordinairement
dans les plaines, excepté dans les régions méridionales.

Géographie. — Elle est du nombre des espèces dont
la culture a étendu le domaine, car elle habite ordinairement les champs cultivés où ses semences très-fines ont été
transportées. C'est ainsi qu'elle se rencontre, au sud, en
France, en Espagne, en Algérie, à Madère et aux Canaries.
— Au nord, elle vit aussi disséminée dans toute l'Europe,
en Allemagne, en Danemarck, en Gothie, dans la Norvége,
la Suède et la Finlande australe. Dans ces dernières localités elle est presque littorale ; elle végète aussi en Angleterre et en Irlande. — A l'occident, elle est en Portugal et
aux Canaries. — A l'orient, elle s'étend aussi très-loin, en
Suisse, en Italie, en Sicile où, selon Gussone, elle croît dis-

séminée dans les prairies, en Dalmatie, en Croatie, en
Hongrie, en Transylvanie, en Tauride, dans le Caucase,
en Géorgie, dans les Carpathes, en Turquie, dans les Russies septentrionale, moyenne et australe.

Limites d'extension de l'espèce.

Sud, Canaries................ 30°   ⎰Écart en latitude :
Nord, Finlande.............. 62   ⎱   32°
Occident, Canaries........... 18 O.⎱Écart en longitude :
Orient, Russie moyenne...... 58 E.⎰   76°
        Carré d'expansion............ 2432

VALERIANELLA CARINATA, Lois. —Cette espèce est aussi
très-commune quoique paraissant un peu moins domestique
que la précédente. Elle est répandue dans les moissons, dans
les vignes, au milieu des prairies artificielles jeunes ou dé-
garnies. Elle a le même port que les autres espèces du
genre dont elle diffère par son fruit antérieurement creusé
en nacelle, par son limbe calicinal unidenté, par son fruit
triloculaire, sillonné, par sa loge fertile nullement celluleuse ni bossue, et par ses loges stériles recourbées dans leur
longueur. Elle offre une variété ou plutôt une monstruosité
très-commune, dans laquelle les lobes du calice ont pris
beaucoup d'accroissement, tandis que les corolles se sont
transformées en feuilles.

Nature du sol. — *Altitude.* — Terrains calcaires et
marneux de la plaine.

Géographie. —Elle occupe, au sud, la France, le
midi de l'Italie, la Sicile et l'Algérie. — Au nord, la
Bohême, la Prusse, la Bavière, la Belgique, la Podolie,
la France et l'Angleterre jusqu'au 55°, où elle a été sans

doute importée.— A l'orient, elle habite l'Italie, la Sardaigne, la Hongrie, la Transylvanie, la Grèce, la Tauride, le Caucase et la Géorgie.

Limites d'extension de l'espèce.

Sud, Algérie..............	35°	}	Écart en latitude :
Nord, Angleterre..........	55	}	20°
Occident, Angleterre.......	7 O.	}	Écart en longitude :
Orient, Géorgie...........	47 E.	}	54°
Carré d'expansion...........	1080		

VALERIANELLA DENTATA, Poll. — Se trouve dans les mêmes stations que la précédente. Annuelle et fugace comme elle, elle disparaît bientôt sans laisser de traces de sa présence. Ses tiges sont très-dichotomes, et ses petits paquets de fleurs sont ordinairement entremêlés de fleurs mâles assez nombreuses. Le fruit est triloculaire, sillonné en avant; sa loge fertile n'est pas bossue, et ses loges stériles sont plus longues que celle qui renferme la graine. — Le *V. spherocarpa* lui est parallèle en Sicile, le *V. trigonocarpa* en Turquie. Nous réunissons à cette espèce le *V. auricula*, DC., qui en diffère un peu par le port, mais dont les caractères ont été souvent confondus avec ceux du *V. dentata*. — Le *Valerianella membranacea*, Lois., est encore voisin des deux précédentes. Il est ordinairement plus petit et disparaît plus tôt encore des champs cultivés qu'il habite dans notre région méridionale. Nous sommes forcés de réunir ces 3 espèces au point de vue géographique, faute de pouvoir séparer l'aire d'expansion qui appartient à chacune d'elles.

Nature du sol. — Altitude. — Cette plante préfère les terrains siliceux et argileux de la plaine.

Géographie. — Elle s'avance peu dans le midi de la France, mais se retrouve en Espagne, dans le midi de l'Italie et en Algérie. — Au nord , elle est assez répandue dans le centre de l'Europe, dans toute la Gothie, dans le Danemarck central, en Angleterre et en Irlande. — A l'orient, on la trouve en Italie, en Dalmatie, en Croatie, en Hongrie, en Transylvanie, dans le Caucase et dans une partie de la Géorgie.

Limites d'extension de l'espèce.

Sud, Algérie...............	35°	}	Écart en latitude :
Nord, Gothie...............	58	}	23°
Occident, Irlande...........	12 O.	}	Écart en longitude :
Orient , Géorgie............	47 E.	}	59°
Carré d'expansion............	1357		

VALERIANELLA CORONATA, DC. — C'est encore le port des espèces précédentes. Ses fleurs sont rapprochées en tête, les dents du calice sont un peu crochues et couronnent le fruit. Ses feuilles supérieures ne sont pas entières, mais pinnatifides. Le fruit a la même organisation que dans les précédentes. — Cette plante fleurit en mai et en juin , et habite aussi les moissons et les champs cultivés.

Nature du sol. — Altitude. — Comme toutes les valérianelles, elle recherche les lieux calcaires et marneux des plaines et les endroits bien exposés, où elle peut, dès le printemps, recevoir les premiers rayons du soleil.

Géographie. — De notre région méridionale, cette plante s'étend dans toute l'Espagne, en Algérie et aux Canaries. — Au nord, elle habite une partie de la France, s'avance accidentellement jusqu'au delà de Paris ; elle se retrouve à Liége, dans le Tyrol, à Gœttingue, dispersée çà et là. — A l'occident, elle est en Espagne, et probablement en Portugal et aux Canaries. — A l'orient, on la rencontre en Italie, en Sicile, aux Baléares, en Dalmatie, en Croatie, en Hongrie, en Transylvanie, en Grèce, dans les moissons de l'île de Mélos, dans les prés de la Tauride, où elle est probablement indigène, dans le Caucase et dans la Géorgie.

Limites d'extension de l'espèce.

```
Sud, Canaries..............  30°  ) Écart en latitude :
Nord, Liége...............  51   )        21°
Occident, Canaries.........  18 O. ) Écart en longitude :
Orient, Géorgie............  47 E. )        65°
     Carré d'expansion............  1365
```

FAMILLE DES DIPSACÉES.

Tableau des proportions relatives des espèces dans le sens des latitudes.

	Latitude.	Longitude.	
Nigritie..	0° à 10°	18° O. à 5° E.	0 : 0
Abyssinie........	10 à 16	32 E. à 41 E.	1 : 278
Algérie..........	33 à 36	5 O. à 6 E.	1 : 129
Roy. de Grenade...	36 à 37	5 O. à 8 O.	1 : 111
Sicile	37 à 38	10 E. à 13 E.	1 : 135
Portugal.........	37 à 42	9 O. à 11 O.	1 : 138
Royaume de Naples.	38 à 42	11 E. à 16 E.	1 : 140
Caucase..........	40 à 44	35 E. à 48 E.	1 : 118
Tauride..........	43 à 46	31 E. à 34 E.	1 : 149
Plateau central....	44 à 47	0 à 2 E.	1 : 188

	Latitude.		Altitude en mètres.
France............	42° à 51°	7° O. à 6° E.	1 : 149
Russie méridionale..	47 à 50	22 E. à 49 E.	1 : 131
Allemagne.........	45 à 55	2 E. à 14 E.	1 : 150
Carpathes.........	49 à 50	19 E. à 22 E.	1 : 146
Angleterre........	50 à 58	1 O. à 7 O.	1 : 271
Russie moyenne...	50 à 60	17 E. à 58 E.	1 : 176
Scandinavie entière.	55 à 71	3 E. à 29 E.	1 : 251
Danemarck.......	52 à 57	7 E. à 12 E.	1 : 216
Gothie..........	55 à 59	10 E. à 15 E.	1 : 226
Suède..........	55 à 69	10 E. à 22 E.	1 : 385
Norvége.........	58 à 71	2 E. à 10 E.	1 : 408
Russie septentr^le...	60 à 66	19 E. à 57 E.	1 : 433
Finlande.........	60 à 70	18 E. à 28 E.	1 : 315
Laponie.........	65 à 71	14 E. à 40 E.	1 : 355
EUROPE ENTIÈRE..........................			1 : 113

*Tableau des proportions relatives des espèces dans le sens
des longitudes.*

	Latitude.	Longitude.	
Irlande........	51° à 55°	7° O. à 13° O.	1 : 323
Angleterre.....	50 à 58	1 O à 7 O.	1 : 271
Allemagne.....	45 à 55	2 E. à 14 E.	1 : 150
Russie moyenne .	50 à 60	17 E. à 58 E.	1 : 176
Sibérie de l'Oural.	44 à 67	55 E. à 74 E.	1 : 165
Sibérie altaïque..	44 à 67	66 E. à 97 E.	1 : 239
Sibérie du Baïkal.	49 à 67	93 E. à 116 E.	1 : 484
Dahurie........	50 à 55	110 E. à 119 E.	1 : 252
Sibérie orientale.	56 à 67	111 E. à 163 E.	0 : 0
Sibérie arctique..	67 à 78	60 E. à 161 E.	0 : 0
Kamtschatka....	46 à 67	148 E. à 170 E.	0 : 0
Pays des Tschukhis.	»	155 E. à 175 O.	0 : 0
Iles de l'Océan or^l.	51 à 67	170 E. à 130 O.	0 : 0
Amérique russe..	54 à 72	170 O. à 130 E.	0 : 0

Tableau des proportions relatives des espèces dans le sens des altitudes.

	Latitude.	Altitude en mètres.	
Roy. de Gr^de, rég. alp. et niv.	36° à 37°	1500 à 3500	1 : 122
Roy. de Grenade, rég. niv.	36 à 37	2500 à 3500	0 : 0
Pyrénées..............	42 à 43	500 à 2700	1 : 243
Pyrénées élevées........	42° à 43°	1500 à 2700	0 : 0
Pic du Midi de Bagnères..	0	0	0 : 0
Plat. central, rég. montagn.	44 à 47	500 à 1900	1 : 166
Plateau central, sommets.	44 à 47	1500 à 1900	0 : 0
Alpes...............	45 à 46	500 à 2700	1 : 201
Alpes élevées..........	45 à 46	1500 à 2700	0 : 0

Tableau des proportions relatives des espèces dans les îles.

	Latitude.	Longitude.		
Iles du Cap-Vert..	12° à 14°	24° O. à	27° O.	0 : 0
Canaries..........	28 à 30	15 O. à	20 O.	1 : 201
Hébrides.........	57 à 58	8 O. à	10 O.	1 : 165
Orcades..........	59	5 O. à	6 O.	1 : 182
Shetland.........	60 à 61	3 O. à	4 O.	0 : 0
Feroé............	62	9 O.		0 : 0
Islande..........	64 à 66	16 O. à	27 O.	0 : 0
Mageroë.........	71	24 E.		0 : 0
Spitzberg........	79 à 80	10 E. à	20 E.	0 : 0
Ile Melville......	76	114 O.		0 : 0
Ile J. Fernandez..	33 à 40 S.	76 O.		0 : 0
Nouv. Zélande (nord).	35 à 42 S.	171 O. à	176 O.	0 : 0
Malouines........	52 S.	59 O. à	63 O.	1 : 62

Les Dipsacées constituent une famille peu nombreuse qui appartient surtout à la partie chaude de la zone tempérée de l'ancien continent et au cap de Bonne-Espérance. La

région méditerranéenne en offre un assez grand nombre.
— Ces plantes ne sont pas très-répandues en Europe, et
leur nombre diminue d'une manière très-sensible à mesure
que l'on approche des régions polaires. Le royaume de
Grenade est le pays où elles dominent; elles y forment 1/111;
en Norvége elles ne font plus que 1/408. Leur moyenne est
à peu près 1/200 de la population végétale. — Notre second tableau nous montre que les Dipsacées disparaissent à
l'est dès que les pays deviennent très-froids et se rapprochent
de l'Amérique. — Le troisième tableau démontre leur absence des hautes montagnes. — Le quatrième prouve qu'elles
sont aussi peu fréquentes dans les îles.

G. DIPSACUS, *Lin.*

Distribution géographique du genre. — Sur 15 espèces
connues, 8 sont asiatiques et 7 européennes. — Les premières sont des Indes orientales, du Népaul, de la Perse et
de Ceylan. — Les secondes du midi de l'Europe : de la
Corse, de la Sicile, de la Tauride ou de la France. Elles appartiennent donc toutes à l'hémisphère septentrional de l'ancien continent, et sont réparties sur une bande assez large,
qui s'étend depuis l'extrémité occidentale de l'Europe tempérée ou australe, jusqu'à la Sibérie ou au Népaul.

DIPSACUS SYLVESTRIS, Lin. — Lorsque le soleil a brûlé
de ses feux cette fraîche végétation du printemps, éclose sous
l'influence de ses premiers rayons, on voit, sur le bord des
champs et des chemins, une plante vigoureuse dont la tige
simple ou rameuse s'élève avec rigidité, et dont les feuilles
épineuses et les capitules hérissés défendent d'approcher
de trop près. C'est le *Dipsacus*, dont la singulière organisa-

tion doit nous arrêter un instant. — Ses graines, qui germent
au printemps, emploient toute l'année à développer une
rosette de feuilles légèrement épineuses, régulièrement
étalées, qui résistent à l'hiver. Au printemps suivant, ces
jeunes feuilles s'accroissent encore, et une tige vigoureuse
sort de leur centre. De belles feuilles l'accompagnent, et,
soudées par leur base, elles forment de gracieux bassins
dans lesquels les gouttes de pluie se rassemblent, et où les
oiseaux savent trouver une réserve qui semble destinée à
leurs besoins. Des aiguillons verts ou blanchâtres, à demi-
transparents, couvrent les tiges et les nervures des feuilles.
— Au sommet de la tige et des rameaux on trouve un capitule allongé, muni à sa base d'un involucre étalé de plusieurs bractées, et dans ce capitule, couvert d'alvéoles quadrangulaires se trouvent des fleurs très-nombreuses, disposées avec la plus grande symétrie. La floraison, qui n'a lieu
qu'en juillet ou même plus tard, commence par le milieu
du capitule où l'on voit une couronne fleurie. Elle continue
au-dessus et au-dessous de cette zone, en sorte que très-
souvent les deux couronnes de fleurs vont en s'éloignant et
sont séparées par un intervalle défleuri. On connaît dès la
veille les fleurs qui doivent s'épanouir le lendemain ; le
bouton s'allonge rapidement, et sort de l'alvéole. La corolle s'ouvre en quatre divisions, dont la supérieure est plus
élargie ; le stigmate en languette se montre le premier,
et les quatre étamines, dont les filets sont pliés, se détendent ; leurs anthères, anguleuses et rougeâtres, s'ouvrent et répandent un pollen blanchâtre.   Plus tard, les
semences, quadrangulaires et sans aigrettes, régulièrement
logées dans les alvéoles, se détachent et se répandent,
quand les vents de l'automne viennent agiter les tiges desséchées du *Dipsacus*. — On le rencontre fréquemment

associé au *Cichorium Intybus* , au *Senecio Jacobœa,* aux *Cirsium* et aux *Carduus.*

Nature du sol. — *Altitude.* — Il est indifférent et se trouve partout, mais en plaine et rarement sur les montagnes même peu élevées ; car, en Suisse, Wahlenberg fait observer qu'il atteint à peine la limite supérieure du noyer.

Géographie. — Il est commun dans toute la France, et, au sud, il s'étend en Corse, en Espagne , en Barbarie, aux Canaries. — Au nord , il est répandu dans tout le centre de l'Europe, et vient s'arrêter dans le Danemarck qu'il occupe tout entier. Il se trouve aussi en Angleterre, et en Irlande. — A l'occident , il habite le Portugal et les Canaries. — A l'orient, il végète en Suisse, en Italie, en Sicile, en Dalmatie, en Croatie, en Hongrie, en Transylvanie, en Turquie, en Grèce, en Tauride, dans le Caucase, en Géorgie et en Perse, dans les Carpathes, les Russies moyenne et australe.

Limites d'extension de l'espèce.

Sud, Canaries............... 30°	}	Écart en latitude :
Nord, Danemarck........... 57	}	27°
Occident, Canaries.......... 18 O.	}	Écart en longitude :
Orient, Perse .... 51 E.	}	69°
Carré d'expansion.............. 1863		

Dipsacus pilosus, Lin. — C'est encore sur le bord des fossés et le long des haies et des ruisseaux que l'on voit végéter cette grande espèce annuelle dont la tige n'est que faiblement aiguillonnée. Ses feuilles sont glabres, appendiculées mais non réunies à leur base, et ses capitules, portés sur de longs pétioles, sont globuleux, alvéolés comme ceux de l'espèce précédente, mais garnis de paillettes molles et flexibles. Les fleurs sont petites, rosées ou blanchâtres, et présentent les mêmes phénomènes que celles du *D. sylvestris*. — Il fleurit en juillet et en août. Le *D. strigosus* de la Perse, le *D. inermis* du Népaul, et le *D. asper* des Indes orientales, lui sont parallèles.

Nature du sol. — *Altitude.* — Il est indifférent pourvu que le terrain soit frais et humide, et souvent il reste dans la plaine, mais il peut aussi s'élever sur les montagnes; nous le trouvons en Auvergne jusqu'à 1,000^m. Ledebour l'indique dans le Breschtau entre 400 et 800^m, et dans le Talüsch de 0 à 1,300^m.

Géographie. — On le rencontre, au sud, dans les Pyrénées et en Espagne. — Au nord, il s'étend dans une partie du nord de l'Europe, en France, dans les environs de Paris, dans le Jura, dans une grande partie de l'Allemagne, dans la Gothie australe, dans tout le Danemarck et en Angleterre. — Il n'est pas occidental et reste en Angleterre et en France. — A l'orient, on le trouve en Suisse, où il est rare et n'atteint pas les montagnes, en Croatie, en Hongrie, en Transylvanie, dans le Caucase, la Géorgie, la Perse boréale et dans les Russies moyenne et australe.

Limites d'extension de l'espèce.

Sud, Perse................ 34°	}	Ecart en latitude :
Nord, Danemarck.......... 57	}	23°
Occident, Angleterre........ 6 O.	}	Ecart en longitude :
Orient, Géorgie............ 46 E.	}	52°
Carré d'expansion............ 1196		

DIPSACUS LACINIATUS, Lin — Il habite le bord des fossés, les lieux arrosés par des eaux minérales, et il présente les mêmes mœurs que le *D. sylvestris*. Il en diffère par ses feuilles profondément découpées, par ses aiguillons moins roides, et par ses capitules latéraux qui s'élèvent plus haut que celui du milieu. — Il fleurit en août: il est bisannuel.

Nature du sol. — *Altitude.* — Lieux salés ou calcaires des plaines et des montagnes. — Ledebour le cite à 400ᵐ dans le Breschtau, et entre 500 et 1,300ᵐ dans le Talüsch.

Géographie. — On le trouve assez rarement dans le midi de la France, mais il existe dans l'ouest, dans l'est et dans le centre de cette contrée où il est rare. — Il atteint, au sud, le royaume de Naples et la Sicile. — Au nord, il se rencontre en Alsace, dans une partie de l'Allemagne, en Bohême, en Volhynie. — A l'occident, il existe au Portugal. — A l'orient, il habite l'Italie, la Croatie, la Hongrie, la Transylvanie, la Tauride, le Caucase, la Grèce, la Macédoine méridionale, la Salonique, la Géorgie, les bords et les déserts de la Caspienne, les Russies moyenne et australe. Pallas le cite en Russie près du ruisseau de Targoum, dans un sol salé, au milieu des plantes maritimes, et en Sibérie dans une foule de localités, comme le long du fleuve Oural et du Volga, dans des lieux abandonnés autrefois par la Caspienne. (Pallas, t. 1, p. 576 et t. 5, p. 246.)

Limites d'extension de l'espèce.

Sud, Sicile.................	37°	}	Écart en latitude :
Nord, Volhynie.............	51	}	14°
Occident, Portugal..........	11 O.	}	Écart en longitude :
Orient, Sibérie de l'Oural.....	60 E.	}	71°
Carré d'expansion.............	994		

G. **CEPHALARIA**, Schrad.

Distribution géographique du genre. — Environ 20 espèces composent ce genre, et la moitié appartient à l'Europe et s'y trouve très-dispersée depuis la Grèce et la Tauride jnsqu'au Bannat et à la Russie australe. — Les espèces asiatiques, au nombre de 5, sont du Caucase, de la Syrie, de la Géorgie et de la Sibérie. — Une petit groupe, composé de 6 espèces, se trouve isolé au cap de Bonne-Espérance.

CEPHALARIA LEUCANTHA, Schrad. — Cette plante croît en touffes dans les lieux incultes et pierreux, sur le bord des chemins, sur la lisière des vignes et des champs cultivés. Ses feuilles sont profondément découpées ; ses fleurs qui se montrent très-tard, en juillet ou en août, sont blanches ou légèrement teintes de jaune, et leur involucelle se termine en une couronne membraneuse. Le fruit, tétragone, est couronné par le limbe du calice et renfermé dans l'involucelle. — Elle est vivace et fleurit en juillet et en août.

Nature du sol. — *Altitude.* — Elle habite les terrains calcaires et rocailleux de la plaine et des coteaux, mais elle s'élève davantage dans les pays très-chauds. M. Boissier l'indique dans les montagnes du royaume de Grenade, comme croissant dans les fissures des rochers, entre 800 et 1,800^m, et il en cite une variété *scabra*, qui végète, *in declivibus umbrosis*, entre 1,000 et 1,300^m, et qui serait identique au *C. scabra* du cap de Bonne-Espérance.

Géographie. — Il est méridional et atteint, comme nous venons de le voir, le midi de l'Espagne. — Au nord, il arrive sur le plateau central et sur le littoral de l'Istrie. —

A l'occident, il croît en Portugal. — A l'orient, il est dans
le midi de l'Italie, en Sardaigne, en Croatie, en Dalmatie,
en Grèce, en Tauride, dans le Caucase et en Géorgie.

Limites d'extension de l'espèce.

Sud, Royaume de Grenade.... 36°	}	Ecart en latitude :
Nord, Plateau central........ 44	}	8°
Occident, Portugal.......... 10 O.	}	Ecart en longitude :
Orient, Géorgie............ 47 E.	}	57°
Carré d'expansion............. 456		

G. KNAUTIA, *Lin.*

Distribution géographique du genre. — On en connaît
15 espèces dont 12 sont européennes ; elles se trouvent en
Espagne, en Sicile, en France, en Hongrie et en Allemagne. — Les 3 espèces asiatiques sont du Caucase et de
l'orient.

KNAUTIA ARVENSIS, Coult. — Lorsque l'on remarque
avec quelle facilité, avec quelle profusion la nature varie les
formes et l'aspect des végétaux, en modifiant légèrement
ou en associant de diverses manières des objets presque
semblables, on reste pénétré d'une respectueuse admiration
pour l'auteur de toutes ces merveilles. Des fleurs conformées
comme celles des *Dipsacus*, mais étalées sur un disque,
au lieu d'être groupées en épis, donnent un port tout différent à la plante qui les porte, et le *Knautia*, touchant par
tous les points aux *Dipsacus*, en diffère essentiellement par
le port. — On trouve cette espèce dans les prairies sèches,
sur les pelouses et sur le bord des champs. Elle étale sur le
sol sa rosace de feuilles découpées et souvent grises ou blan-

châtres ; elle élève sa tige plus ou moins rameuse, et nous montre de jolis capitules d'un bleu clair ou lilacé, dont les fleurs extérieures, plus développées, forment une couronne autour des autres. Tantôt toutes ces fleurs sont fertiles, hermaphrodites ou femelles, tantôt les capitules entiers ne sont formés que de fleurs mâles dont les stigmates ont avorté. Chaque fois que des fleurs nombreuses sont réunies et rapprochées, la nature semble avoir pris moins de soins pour donner à chacune d'elles des organes complets de reproduction ; elle compte sur les fécondations indirectes, si fréquentes dans les organisations compliquées. — Toute la plante est couverte de longs poils blancs. Les involucres, très-velus, sont formés de bractées alternativement larges et étroites. Les corolles, fermées, en bouton, sont également munies de quelques poils blancs. Les anthères, vacillantes sur leurs filets, sont violettes et allongées. Elles s'ouvrent longitudinalement et montrent un pollen à gros grains, jaune d'abord, et qui, restant quelque temps adhérent à l'anthère, devient rouge brique ou orangé ; les fruits sont velus et terminés par une petite couronne de dents acérées et terminées par un poil. Ces capitules ont une odeur assez forte qu'il est difficile de définir. — Fleurit en juin, juillet et août.

Nature du sol. — Altitude. —Cette scabieuse préfère les terrains calcaires ou argileux, un peu compactes. Elle croît en plaine, mais s'élève très-facilement sur les montagnes, et atteint en Auvergne 1,500^m. Wahlenberg l'indique en Suisse, dans les prés secs et dans les champs, presque à la limite supérieure des sapins. M. Boissier la place dans sa région montagneuse entre 1,200 et 1,600^m.

Géographie. — Au sud, elle est commune en France, en Espagne, et elle arrive dans les champs de l'Algérie. —Au nord, elle est répandue dans toute l'Europe centrale, dans toute la Scandinavie et la Finlande, où elle vit aussi dans les champs et dans les prés, dans la Laponie australe et aux Lofföden, selon Lessing. Elle est en Angleterre, en Irlande, aux Orcades et aux Hébrides. — A l'occident, on la trouve à Nantes, sur les bords de la mer, en Portugal et en Irlande. — A l'orient, elle vit en Suisse, en Italie, en Sicile, en Tauride, dans le Caucase, dans les Carpathes, la Turquie, toutes les Russies et dans la Sibérie de l'Oural.

Limites d'extension de l'espèce.

Sud, Algérie............... 35°	}	Ecart en latitude :
Nord, Lofföden............. 70	}	35°
Occident, Portugal......... 10 O.	}	Ecart en longitude :
Orient, Sibérie de l'Oural..... 59 E.	}	69°
Carré d'expansion........... 2415		

KNAUTIA HYBRIDA, Coult. — Cette plante ressemble au *K. arvensis*, avec lequel elle a été confondue ; elle croît, comme cette dernière, dans les champs et sur la lisière des vignes. Elle en diffère par ses capitules à fleurs d'un rose pâle, par ses involucelles à 2 dents velues et par ses involucres à 24 dents. Ses graines sont aplaties et remarquables par un bel ombilic blanc et saillant au-dessus du réceptacle. Elle fleurit en juin et en juillet.

Nature du sol. — Altitude. — Cette scabieuse se plaît sur les terrains calcaires et rocailleux de la plaine.

Géographie. — Au sud, on la trouve en France, en Corse, dans le midi de l'Italie et probablement en Sicile. — Au nord, elle est très-restreinte et reste dans les vignes de l'Istrie et sur le bord du plateau central de la France.

Limites d'extension de l'espèce.

Sud, Royaume de Naples...... 40° } Ecart en latitude :
Nord, Plateau central........ 44 }   4°
Occident, France............. 0 } Ecart en longitude :
Orient, Royaume de Naples.... 16 E. }   16°
        Carré d'expansion............. 64

KNAUTIA SYLVATICA, Duby.—C'est la scabieuse des prés,
des montagnes et des bois taillis. Ses grandes feuilles se développent de bonne heure, tantôt entières et tantôt un peu
dentées. Ses tiges peu rameuses s'élèvent très-haut , et ses
capitules larges et bombés, d'un violet tirant plus sur le
rose que sur le bleu , sont un des plus beaux ornements des
prairies. L'involucre est garni, plus que la tige et les feuilles,
de longs poils blancs; les bractées verticillées qui le forment,
veinées et velues sur les bords , sont de trois dimensions ;
les plus grandes sont en dehors , les plus petites en dedans ,
et les moyennes entre les deux autres. Les anthères, d'un
beau lilas, sont portées sur de longs filets pliés dans le bouton, comme celles des Plantaginées. — Elle est vivace et
abonde dans les prairies , où elle fleurit en juin , juillet et
août, et où elle se mêle au *Geranium sylvaticum*, au *Pimpinella magna* à fleurs roses , à l'*Equisetum sylvaticum*, et
à une foule d'autres plantes ; mais elle les domine presque
toujours par son abondance et sa beauté.

Nature du sol. — Altitude. — Elle recherche les terrains
siliceux et détritiques. Elle abonde sur les sols frais et volcaniques, et préfère partout les montagnes à la plaine. Nous
la trouvons jusqu'à 1,500 ou 1,600^m de hauteur, dans toute
la région des sapins et dans les prairies qui la dominent.

Wahlenberg la cite aussi commune dans la Suisse, dans les lieux boisés, jusqu'à la limite supérieure des sapins. M. Boissier l'indique dans sa région montagneuse du royaume de Grenade, à environ 1,500^m.

Géographie. — C'est une des plantes les plus communes de notre région montagneuse. Elle disparaît dans les plaines du midi de la France, pour se montrer de nouveau dans les Pyrénées et dans toutes les montagnes de l'Espagne. — Au nord, on la trouve dans tout le centre de l'Europe, et elle s'arrête en Gothie et en Lithuanie. — A l'occident, elle est en Portugal. — A l'orient, elle occupe la Suisse et toute l'Italie, la Sicile, le Caucase, la Turquie, les Russies moyenne et australe, et la Sibérie de l'Oural.

Limites d'extension de l'espèce.

Sud, Royaume de Grenade.... 37°	}	Écart en latitude :
Nord, Lithuanie............ 55	}	18°
Occident, Portugal........ 10 O.	}	Écart en longitude :
Orient, Sibérie de l'Oural..... 72 E.	}	82°
Carré d'expansion............. 1476		

KNAUTIA LONGIFOLIA, Koch. — Quoique cette plante soit très-distincte de la précédente, elle a été confondue avec elle dans presque toutes les flores, et considérée comme une variété du *K. sylvatica.* Cette confusion nous empêche de séparer l'aire géographique de cette espèce qui habite les pelouses élevées de nos montagnes, une partie de l'Allemagne, le Caucase et l'Arménie.

G. SCABIOSA, *Lin.*

Distribution géographique du genre. — Les scabieuses

forment un genre nombreux dont les espèces dépassent 80,
et appartiennent toutes à l'ancien continent. — 45 sont européennes et habitent les parties chaudes de ce continent :
l'Italie, la Grèce, l'Espagne, la Sicile, la Crimée, le midi
de la France, le Portugal, et quelques autres la Hongrie,
la Carniole, le Bannat, la Russie, la Turquie. — 20 espèces
asiatiques se trouvent surtout en Sibérie, en Dahurie, aux
grandes Indes, à la Chine et au Népaul; quelques-unes croissent en Syrie, en Arabie, dans le Caucase et dans l'Asie
mineure. — 15 scabieuses sont indiquées en Afrique, 7 à
la pointe australe, aux environs du Cap, 8 de l'Afrique boréale : Egypte, Mauritanie, Açores et Ténériffe.

Scabiosa Succisa, Lin. — Quand l'automne vient nous offrir les dernières scènes de la végétation, et ramener quelques
fleurs sur les prairies que la faux a moissonnées, cette plante
est une des premières à s'y montrer. Elle occupe aussi les
bois taillis, les prairies des montagnes. Elle s'associe au
Parnassia palustris, à l'*Euphrasia officinalis*, au *Gentiana Pneumonanthe*. — Ses racines traçantes avancent par
une de leurs extrémités et se détruisent par l'autre, et les
tiges dichotomes sont munies à leur base de feuilles ovales
ou spatulées. — Les capitules qui terminent les dichotomies
n'ont pas de couronne élargie, comme ceux des autres scabieuses ; les fleurs très-multipliées forment une demi-sphère
d'un bleu pâle ou lilacé avec des variétés roses, carnées, et
même des variétés entièrement blanches. La floraison commence, comme dans les *Dipsacus*, par la zone du milieu
et continue en se rapprochant à la fois et du sommet et de la
base du capitule. Souvent la plante est dioïque, et les fleurs femelles sont réunies en têtes plus petites; les mâles, en groupes
plus volumineux, ont leurs étamines pliées sur leurs filets, qui

se détendent lors de l'épanouissement et rendent les anthères saillantes. — Fleurit en juillet et en août.

Nature du sol. — Altitude. — Cette scabieuse aime
les terrains siliceux ou volcaniques, tourbeux, détritiques
et mouillés. Elle s'élève assez haut dans les montagnes,
dans les prés humides et dans les clairières des forêts.
Nous la trouvons encore à 1,500^m.

Géographie. — C'est une plante des plus communes,
qui s'arrête, au sud, dans les Pyrénées, en Espagne et dans
le Portugal. — Au nord, elle s'étend très-loin dans toute
l'Europe centrale, dans la Scandinavie entière, y compris
la Laponie australe, selon Fries, et même les îles Loffoden,
selon Lessing. Elle occupe l'Angleterre, l'Irlande, l'Islande
et tous les archipels intermédiaires. — A l'occident, on la
trouve en Portugal. — A l'orient, elle habite la Suisse, l'Italie, la Dalmatie, la Croatie, la Hongrie, la Transylvanie, les
Carpathes, le Caucase, la Turquie, les Russies septentrionale,
moyenne et australe, les Sibéries de l'Oural et de l'Altaï.

Limites d'extension de l'espèce.

Sud, Portugal............... 40°	}	Ecart en latitude :
Nord, Loffoden.............. 68	}	28°
Occident, Islande........... 24 O.	}	Ecart en longitude :
Orient, Sibérie de l'Altaï..... 97 E.	}	131°
Carré d'expansion.............. 3668		

SCABIOSA COLUMBARIA, Lin. — Cette scabieuse fuit les
lieux humides et se montre communément sur les pelouses
sèches, le long des chemins et dans les champs. Elle varie
à l'infini pour sa dimension et surtout par les découpures de
son feuillage ; ses feuilles radicales sont velues, obtuses, les

caulinaires bipinnées. Ses capitules sont d'un bleu pâle, radiés comme ceux du *Knautia arvensis*, mais moins garnis
que ceux du *Knautia sylvatica* et surtout que ceux du *Succisa pratensis*. Sa corolle est à 5 divisions très-inégales, surtout dans les fleurs de la circonférence; le fruit est couronné
par une petite lame membraneuse; il est évasé et offre dans
son milieu une étoile à 5 rayons noirs. — Elle fleurit pendant tout l'été, et souvent même en automne, comme beaucoup d'autres espèces, si la tige principale a été coupée à
l'époque des foins. — Nous réunissons à cette espèce le
S. lucida, Vill., que nous considérons comme distincte,
mais que la plupart des auteurs ont placée parmi les nombreuses variétés du *S. Columbaria*.

Nature du sol. — Altitude. — Cette espèce recherche,
en Auvergne, les terrains secs, siliceux, volcaniques, détritiques; en Normandie elle croît sur les roches calcaires, ainsi
que dans le Siennois, en Italie, à Nantes, etc. — Elle s'é-
lève depuis la plaine, où elle est commune jusque sur les pentes des plus hautes montagnes de l'Auvergne, de 1,600 à
1,700ᵐ. Tenore ne l'indique cependant en Italie que de
0 à 100ᵐ. M. Boissier ne la cite pas non plus à une grande
hauteur.

Géographie. — La réunion de plusieurs espèces, que l'on
distinguera sans doute parmi ses variétés, donne à cette
plante une aire d'expansion assez grande. — Au sud, elle
habite l'Espagne, Madère, l'Algérie et l'Abyssinie où elle
offre comme en Europe des formes nombreuses et différentes. — Au nord, elle se trouve dans toute l'Europe centrale, en Danemarck et en Gothie, dans la Norvége, la Suède,
la Finlande australe, ainsi qu'en Angleterre. — A l'occident, elle est à Madère et en Portugal. — A l'orient,
elle existe en Suisse, en Italie, en Dalmatie, en Croatie, en

Hongrie, en Transylvanie, en Grèce, en Turquie, en Tauride, dans le Caucase, en Géorgie, à Lenkoran, dans le
Talüsch, dans les Carpathes, dans les Russies moyenne et
australe.

Limites d'extension de l'espèce.

Sud, Abyssinie .... 10°	}	Ecart en latitude :
Nord, Finlande.............. 62	}	52°
Occident, Madère........... 19 O.	}	Ecart en longitude :
Orient, Géorgie............. 47 E.		66°
Carré d'expansion............... 3432		

FIN DU TOME SIXIÈME.

Clermont, impr. de Ferdinand Thibaud.